RとPythonで学ぶ
実践的
データサイエンス
&機械学習

野村総合研究所　有賀友紀　大橋俊介

RStudio &
Jupyter Notebook
対応

技術評論社

本書の付属データのダウンロードについて

　本書をご購入の皆さまは、本書サポートページより次の内容のデータおよびPDFを
ダウンロードしていただけます。

- 本書で使用しているサンプルスクリプトおよびサンプルデータ
- Anacondaのインストール
- RとRStudioのインストール
- RStudioの使い方
- Anacondaでのライブラリ追加方法
- Jupyter Notebookの使い方

　ダウンロードするには、本書サポートページの該当箇所で以下のパスワードを入力
してください。

RtoPythonDataScience2019 【すべて半角】

■ 本書サポートページ
　https://gihyo.jp/book/2019/978-4-297-10508-2

　本書に記載された内容は、情報の提供のみを目的としています。したがって、本書を用い
た開発、運用は、必ずお客様自身の責任と判断によって行ってください。これらの情報によ
る開発、運用の結果について、技術評論社および著者はいかなる責任も負いません。

　本書記載の情報は、2019年2月現在のものを掲載していますので、ご利用時には、変更さ
れている場合もあります。また、ソフトウェアに関する記述は、特に断わりのないかぎり、
2019年2月時点での最新バージョンをもとにしています。ソフトウェアはバージョンアップ
される場合があり、本書での説明とは機能内容などが異なってしまうこともあり得ます。本
書ご購入の前に、必ずバージョン番号をご確認ください。

　以上の注意事項をご承諾いただいたうえで、本書をご利用願います。これらの注意事項を
お読みいただかずに、お問い合わせいただいても、技術評論社および著者は対処しかねます。
あらかじめ、ご承知おきください。

　本文中に記載されている会社名、製品名などは、各社の登録商標または商標、商品名で
す。会社名、製品名については、本文中では、™、©、®マークなどは表示しておりません。

はじめに

データサイエンスや統計解析、機械学習についての解説、RやPythonを使った実行、実装の方法については、すでに優れた多くの書籍が出版されています。これらの理論や実際の操作を知るだけならば、特に目新しい解説書が必要ということもないでしょう。

ただし、アカデミックな教科書や理論書の多くは、分析のために採取されたデータを扱う前提で書かれています。一方、ビジネスの場面で遭遇するのは、業務を遂行する中で「たまった」データを使いたいという要望です。実務における分析では、統計の理論や実行の方法だけでなく、雑多なデータ項目の中で何を使ってよいのか、何を入れてはいけないのか、そのまま入れてもよいのか、いけないとしたらどうすべきか、といったことを判断できる知識が必要です。

また、機械学習の実践的な方法についても多くの良書が出版されています。ただし、機械学習が重視するのは「予測」であり「機械による判断」です。予測や自動的な判断は、データサイエンスに対して企業が求めるニーズの一部です。分析者は、統計解析と機械学習の違いや、それぞれで何ができるのか、何ができないのかを知っておく必要があります。

現在のところ、これらのポイントをデータサイエンスの初心者や初級者向けに解説した書籍は少ないように思います。そして、これを理解するには、統計モデルそのものの意味やさまざまな制約を知っておく必要があります。

そこで、この本が重視しているのは以下の3点です。

- 統計的なモデリングとは何なのかを直感的に理解できるようにする
- モデルに基づく要因の分析と予測の違いを理解できるようにする
- 実際にモデルを作ったり、結果を解釈したりする際の落とし穴にはまらないようにする

本書は、株式会社 野村総合研究所のシステムコンサルティング事業本部で実施している「アナリティクス研修」の一部を整理し、これに必要な情報を補足しつつ書籍化したものです。

研修を実施する中で実感したのは、技術的に十分な知識を身につけている人でも、現実のデータに直面すると簡単な回帰分析すらできないことがあるという事実です。これはなぜだろうという疑問もまた本書を執筆するひとつのきっかけになりました。

ボリュームや準備時間の関係で、すべての研修メニューを書籍化することは残念ながら

断念せざるを得ませんでした。やむなく割愛した中には、表計算ソフトウェアを使った簡単な実習、ビジネス上の課題を想定したディスカッション、協調フィルタリングとアソシエーションルールの解説、時系列分析の解説、数理最適化や強化学習を含む最適化手法の解説、オープンデータを利用した総合演習などが含まれています。

　一方、実務で遭遇するデータ品質の問題や加工のポイント、回帰モデル、決定木、クラスタリング、次元削減、いくつかの教師あり学習の手法とディープラーニングまで、主要な内容はほぼ盛り込むことができました。データからモデルを作り、そこからなんらかの結果を得るという基本的な手順を体験する目的であれば、必要最低限の内容を網羅しているはずです。

　原稿の執筆にあたっては、研修で説明している内容、特に「枝葉」の部分に相当する（しかし重要な）ポイントをできるだけ取りこぼさないように注意しました。また、研修ではセッションを区切ってパッチワークのように実演や実習を重ねていくことから、一般論から各論へとトップダウンに概念を整理して説明していくという形にはなっていません。その結果、書籍としては記述がやや冗長になったところは否めません。これを補う意味で、本文中にはキーワードによる参照を多く配置し、章の間の行き来が容易にできるようにしています。

　データサイエンスの幅広い領域のすべてを本書がカバーすることはできませんが、自身で継続的・発展的な学習を進めていくための素養は、本書を一通り読めば身につけることができるでしょう。本書が、データサイエンスに関心のある多くの方にとって、学習の一助となれば幸いです。

2019 年 2 月吉日

著者一同

本書で扱う範囲

本書では、データサイエンスを以下のように捉えています。

① データの中から関連性を抽出し、現象の解明や要因の分析に役立つ知識を得る
② データに潜むなんらかの関連性をもとに予測（カテゴリの判別や数値の推定）を行う

上記の観点をもとに、本書では、基本的な統計解析の手法からディープラーニングまでを扱います。特に、統計的なモデルを作成する意味や、手法ごとの「考え方の違い」については詳細な説明を加えました。

本書で除外した項目もあります。データを蓄積し、必要に応じてさまざまな切り口で可視化するといったビジネスインテリジェンスの領域や、結果を最大化（最小化）する選択肢を知る、選択を自動的に行うといった最適化手法の領域は、本書では対象外としました。データベースの操作や大量のデータを扱う手法、非構造化データの処理といった、いわゆるデータエンジニアリングの領域についても対象外としています。

本書で使っている主なツールはRとPythonです。特に前半はR、後半はPythonの利用を前提としています。これは、両者がデータサイエンスの活用においてスタンダードとなっているツールであること、無償で入手できることが理由です。両者はそれぞれに向き・不向きがあるため、片方に寄せるということはしていません。特に入門編に相当する箇所では、RとPythonの両者をできるだけ比較できるような形でまとめています。

本書の構成

本書の構成は以下のとおりです。

第1章　データサイエンス入門
第2章　RとPython
第3章　データ分析と基本的なモデリング
第4章　実践的なモデリング
第5章　機械学習とディープラーニング
付録　ツールの準備と利用法　【本書サポートページよりダウンロード可能】

第1章ではデータサイエンスについて、その概要を俯瞰します。

第2章では、RとPythonという2つのツールについて、その特徴と扱い方を解説します。データサイエンスそのものの内容からは少し離れ、RとPythonの基本的な文法やプログラミングを学習するための入門編とも言える内容となっています。この2つを使ったプログラミングについてすでに知っているという方は飛ばしていただいてもかまいません。

第3章と第4章では主に現象を説明するという観点で、統計的なモデリングの手法を解説します。モデリングを実際に行うためのツールとしてRを使用します。これは、「本書で扱う範囲」で述べた①の領域に対応します。第4章では特に、実務で重要となるデータ加工の考え方についてもページを割いて説明します。第4章の最後では、因果推論に関わる技法について説明を加えています。

第5章では予測を目的とした機械学習の手法を解説します。モデリングを実際に行うためのツールとしては、Pythonを使用します。これは、「本書で扱う範囲」で述べた②の領域に対応します。

RやPythonを実行する環境はさまざまですが、パーソナルコンピュータ上でこれらを扱う場合、RについてはRStudio、PythonについてはAnacondaとJupyter Notebookを使うのが便利でしょう。これらのインストール方法と基本的な使い方についての解説は、付録で記述しています（iiページに記載している本書サポートページからダウンロードしてください）。第2章以降の学習を進める際に参照してください。

サンプルスクリプトとサンプルデータ

本書で利用するサンプルスクリプトとサンプルデータは、本書サポートページからダウンロードできます。ダウンロード方法については、iiページを参照してください。本書で利用しているツール類のインストール方法を解説したPDFもダウンロードできます。

提供するサンプルデータは、以下のいずれかに該当します。

- 架空のデータとしてゼロから作成したもの
- 現実のデータの特徴（分布、相関関係など）を参考にしながら、架空のデータとして作成したもの

なお、第3章（3.1.4項）と第4章（4.3.2項）で使用する東京都の自治体の指標については、政府が提供するe-StatのWebサイト（https://www.e-stat.go.jp/）から入手したデータをもとに、指標を加工・再作成したものです。実際のデータとは異なるのでご注意ください。

● 本書サンプルの動作環境

本書のサンプルスクリプトは、実行環境として RStudio および JupyterNotebook の利用を前提としています。これらの実行環境は、Windows 10/Windows 8/Windows 7、macOS、Linux に対応しています。

なお、サンプルスクリプトの最終的な動作確認は以下の環境で行なっています。

第2章～第4章

- Windows 7（64bit）、R 3.5.2、RStudio 1.1.463
- Windows 7（64bit）、Anaconda 3（64bit）、Jupyter Notebook 5.6.0、Python 3.7.0

第5章

- Windows 7（64bit）、Anaconda 3（64bit）、Jupyter Notebook 4.2.1、Python 3.6.0

謝辞

本書の上梓に尽力くださった野村総合研究所の和田充弘さん、技術評論社の取口敏憲さん、風工舎の川月現大さん、そして本書の査読を快く引き受けて頂いた野村総合研究所の福島健吾さんに御礼を申し上げます。

目次

第 1 章　データサイエンス入門 ………………………………………… 1

1.1　データサイエンスの基本 …………………………………………… 2
1.1.1　データサイエンスの重要性 ……………………………………… 2
1.1.2　データサイエンスの定義とその歴史 …………………………… 3
(1) データサイエンスの定義 …………………………………………… 3
(2) データサイエンスのルーツ ………………………………………… 4
(3) データマイニング、そしてビッグデータ ………………………… 4
(4) 機械学習 ……………………………………………………………… 5
(5) 統計学からデータサイエンスへ …………………………………… 6
(6) 検索ワードで見るデータサイエンス ……………………………… 6
1.1.3　データサイエンスにおけるモデリング ……………………… 8
(1) 統計モデル …………………………………………………………… 8
(2) データサイエンスにおけるモデリング …………………………… 9
(3) 統計モデルの活用 …………………………………………………… 10
1.1.4　データサイエンスとその関連領域 …………………………… 11
(1) データサイエンスの領域 …………………………………………… 11
(2) データサイエンスとAI ……………………………………………… 14
(3) データサイエンスとBI ……………………………………………… 14

1.2　データサイエンスの実践 …………………………………………… 16
1.2.1　データサイエンスのプロセスとタスク ……………………… 16
(1) CRISP-DM …………………………………………………………… 16
(2) 6つのフェーズとその進め方 ……………………………………… 16
(3) その他のフレームワーク …………………………………………… 18
1.2.2　データサイエンスの実践に必要なツール …………………… 19
(1) ツールの分類 ………………………………………………………… 19
(2) Excelを使ったデータ分析 ………………………………………… 20
(3) 専用の商用パッケージ ……………………………………………… 21
(4) R、Pythonなどのプログラミング言語 …………………………… 21
(5) クラウド型の商用サービス ………………………………………… 22
1.2.3　データサイエンスの実践に必要なスキル …………………… 22
(1) スキルの多様化 ……………………………………………………… 23
(2) ビジネス、データサイエンス、データエンジニアリング ……… 24
(3) チームワークの重要性 ……………………………………………… 26
1.2.4　データサイエンスの限界と課題 ……………………………… 27
(1) データサイエンスの限界 …………………………………………… 27
(2) データサイエンスと法・倫理 ……………………………………… 28
コラム　ビジネス活用における留意点 ……………………………… 31

第 2 章　RとPython …………………………………………………… 33

2.1　RとPython …………………………………………………………… 34
2.1.1　RとPythonの比較 ……………………………………………… 34
(1) 分野とユーザーの違い ……………………………………………… 34
(2) 基本機能とライブラリ ……………………………………………… 35
(3) 統計解析での利用 …………………………………………………… 35
(4) 機械学習での利用 …………………………………………………… 36

	(5) 扱いやすさ	36

2.2　R入門　**37**

2.2.1　Rの概要　37
(1) Rの特徴　37
(2) Rの実行環境　37
(3) 関数　39
(4) ベクトル処理　39

2.2.2　Rの文法　40
(1) 算術演算とオブジェクトへの格納　43
(2) ベクトル　44
(3) 論理演算　45
(4) 型と構造の確認　45
(5) ベクトルの内容を取り出す　46
(6) ベクトルへの要素の追加　47
(7) 行列 (マトリクス)　47
(8) 関数の作成　48

2.2.3　データ構造と制御構造　49
(1) データの構造　49
(2) オブジェクトの型　57
(3) 制御構造　59

2.3　Python入門　**62**

2.3.1　Pythonの概要　62
(1) Pythonの特徴　62
(2) Pythonの実行環境　62
(3) オブジェクト指向　63
(4) 拡張ライブラリ　63

2.3.2　Pythonの文法　65
(1) 算術演算とオブジェクトへの格納　70
(2) print()の使い方　71
(3) リスト　72
(4) 論理演算　74
(5) 型の確認　74
(6) リストの内容を取り出す　75
(7) タプル　75
(8) ディクショナリ　76

2.3.3　Pythonでのプログラミング　77
(1) プログラムの記法　80
(2) 関数の作成　81
(3) 条件分岐　82
(4) 繰り返し (ループ) 処理　82
(5) クラスとメソッド　83

2.3.4　NumPyとpandas　85
(1) NumPy　86
(2) pandas　91

2.4　RとPythonの実行例の比較　**94**

2.4.1　簡単な分析の実行例　94

第3章　データ分析と基本的なモデリング　**103**

3.1　データの特徴を捉える　**104**

3.1.1　分布の形を捉える——ビジュアルでの確認　104

ix

(1) ヒストグラムと密度プロット	104
(2) 密度プロットの意味	104
(3) Rでの実行	106
(4) グループ間の比較とボックスプロット	110

3.1.2 要約統計量を算出する――代表値とばらつき　111
(1) 代表値　111
(2) ばらつきの指標　112
(3) 分布の偏り　114
(4) Rでの要約統計量の算出　114

3.1.3 関連性を把握する――相関係数の使い方と意味　117
(1) 関連性の把握　117
(2) 相関係数の使い方　118
(3) 相関と因果　119
(4) 相関係数の数学的な意味　120

3.1.4 Rを使った相関分析――自治体のデータを使った例　122
(1) 分析の目的　122
(2) データの準備と加工　122
(3) Rでの実行　123

3.1.5 さまざまな統計分析――理論と実際の考え方　131
(1) 分布の見た目　131
(2) さまざまな統計分布　131
(3) 実際のデータ分析での考え方　133

3.2 データからモデルを作る　135

3.2.1 目的変数と説明変数――説明と予測の「向き」　135
(1) モデリングにおける変数の扱い　135
(2) 目的変数　135
(3) 説明変数　136
(4) 説明・予測の向き　137

3.2.2 簡単な線形回帰モデル――Rによる実行と結果　138
(1) 勤続年数によって残業時間はどの程度増えるか、減るか　138
(2) 線形回帰モデル　139
(3) Rを使った線形回帰モデルの作成　140
(4) 詳細情報の表示　144

3.2.3 ダミー変数を使ったモデル――グループ間の差異を分析　147
(1) カテゴリとダミー変数　147
(2) ダミー変数を使った回帰モデル　148
(3) ダミー変数を使った回帰モデルの解釈　150
(4) 平均値の差の検定　152

3.2.4 複雑な線形回帰モデル――交互作用、モデル間の比較　153
(1) 複数の要因を考慮する　153
(2) モデリングにおける想定　157
(3) 交互作用項を加える　158
(4) 交互作用の意味　160
(5) 回帰モデルの比較　161
(6) モデルの解釈　164

3.2.5 線形回帰の仕組みと最小二乗法　165
(1) 回帰モデルと説明・予測の向き　165
(2) 実測値と残差　168
(3) 最小二乗法　169
(4) 線形回帰におけるモデリング　171

3.3 モデルを評価する　172

3.3.1 モデルを評価するための観点　172

3.3.2	**この結果は偶然ではないのか?──有意確率と有意差検定**	**174**
	(1) 母集団とサンプリング	174
	(2) 有意確率についての留意点	178
	(3) Rを使った有意差検定	179
	(4) 有意確率と効果量	184
3.3.3	**モデルはデータに当てはまっているか?──フィッティングと決定係数**	**186**
	(1) 決定係数	186
	(2) 決定係数の性質	189
	(3) 決定係数と有意確率の関係	190
	(4) 尤度に基づく指標	191
	(5) そのほかの考え方	192
3.3.4	**モデルは複雑すぎないか?──オーバーフィッティングと予測精度**	**193**
	(1) モデルの複雑さ	193
	(2) オーバーフィッティング	196
	(3) AIC (赤池情報量基準)	197
	(4) 正則化	198
	(5) 予測精度	198
	(6) 予測精度の指標	199
	(7) 予測精度を確認する	200
3.3.5	**残差の分布──線形回帰モデルと診断プロット**	**201**
	(1) 残差の分布	201
	(2) 線形回帰の診断プロット	202
3.3.6	**説明変数同士の相関──多重共線性**	**205**
	(1) 多重共線性	205
	(2) VIFの確認	206
	(3) 多重共線性と交互作用	210
	(4) 交互作用項と中心化	210
	(5) ダミー変数とVIF	212
3.3.7	**標準偏回帰係数**	**213**
	(1) 説明変数の効果をどう測るか	213
	(2) 標準化と標準偏回帰係数	214
	(3) Rでの標準偏回帰係数の算出	214

第4章 実践的なモデリング 219

4.1	**モデリングの準備**	**220**
4.1.1	**データの準備と加工**	**220**
	(1) データの準備	220
	(2) データのクレンジングと加工	221
4.1.2	**分析とモデリングの手法**	**222**
	(1) 関連性の分析	223
	(2) グループ化	223
	(3) 現象の説明、要因の分析	223
	(4) 結果の予測	224
	(5) 次元の削減	224
4.2	**データの加工**	**226**
4.2.1	**データのクレンジング**	**226**
	(1) 数値が文字列として格納されている	226
	(2) 行 (レコード) と列 (フィールド) がうまく分割されていない	227
	(3) 論理的におかしい数字がある、特定の値が不自然に多い	227
	(4) 文字列を記録している項目で、表記が一致していない	227
	(5) 扱いづらい記述形式	228

	(6) 不要な項目、重複した項目など	228
	(7) 長すぎる名称	229
	(8) 欠損値がある	229
	(9) 外れ値がある	229
	(10) ケースごとに固有のID	229
4.2.2	**カテゴリ変数の加工**	**230**
	(1) カテゴリ変数と水準	230
	(2) 分類の基準を変える	231
	(3) 別の変数への置き換え	231
	(4) ダミー変数に展開する際のベースライン	232
	(5) 複数のカテゴリ変数間で重複する水準の扱い	232
4.2.3	**数値変数の加工とスケーリング**	**233**
	(1) 数値変数の加工と留意点	233
	(2) 単純なスケーリング	234
	(3) スケーリングの手法	236
4.2.4	**分布の形を変える――対数変換とロジット変換**	**239**
	(1) 対数関数による変換	240
	(2) ロジット関数による変換	243
	(3) 対数変換を使った回帰モデル	246
4.2.5	**欠損値の処理**	**252**
	(1) 欠損値の扱い	252
	(2) 欠損値の処理方法（除外）	254
	(3) 欠損値の処理方法（代入）	256
	(4) 欠損値発生のメカニズムと対処方法	256
4.2.6	**外れ値の処理**	**257**
	(1) 外れ値がもたらす問題	257
	(2) 外れ値の定量的な評価	258
	(3) 分布の変換と外れ値	258
	(4) 外れ値の影響を受けにくい分析手法	263
4.3	**モデリングの手法**	**264**
4.3.1	**グループに分ける――クラスタリング**	**264**
	(1) 「分類する」ということ	264
	(2) クラスタリングの仕組み	265
	(3) クラスタリング時の注意――標準化、変数の集約	266
	(4) 階層型クラスタリング	268
	(5) 非階層型クラスタリング（k平均法）	273
	(6) 散布図の描画	273
	(7) クラスタリングの利用局面	275
4.3.2	**指標を集約する――因子分析と主成分分析**	**275**
	(1) モデルの次元	275
	(2) 因子分析	276
	(3) 主成分分析	279
	(4) 因子分析と主成分分析の使い分け	280
	(5) 次元削減	281
	(6) Rを使った因子分析	288
	(7) 因子分析の結果の解釈	290
	(8) 因子得点に基づくクラスタリング	293
	(9) Rを使った主成分分析	293
	(10) 主成分得点に基づくクラスタリング	296
	(11) 算出された指標値の保存	298
	(12) 回帰分析への応用	298
	(13) 因子分析、主成分分析の利用局面	300
4.3.3	**一般化線形モデル（GLM）とステップワイズ法**	**302**

(1) 線形回帰モデルが適用できない場合 ……………………………… 302
(2) 一般化線形モデル (GLM) …………………………………………… 302
(3) GLMの必要性 ……………………………………………………… 304
(4) ステップワイズ法による変数選択 ……………………………… 305
4.3.4 2値データを目的変数とする分析——ロジスティック回帰 …… 306
(1) 0か1かの判別 ……………………………………………………… 306
(2) ロジスティック回帰の仕組み …………………………………… 310
(3) Rによるロジスティック回帰 …………………………………… 311
(4) 予測値の算出についての注意 …………………………………… 320
(5) ロジスティック回帰の利用局面 ………………………………… 320
4.3.5 セグメントの抽出とその特徴の分析——決定木 ……………… 321
(1) 数式を使わないモデリング ……………………………………… 321
(2) Rを使った決定木の作成 ………………………………………… 322
(3) 決定木による予測値の算出 ……………………………………… 328
(4) 決定木の利用局面 ………………………………………………… 330
4.4 因果推論 …………………………………………………………………… 332
4.4.1 データから因果関係を明らかにする——統計的因果推論 …… 332
(1) 統計的因果推論 …………………………………………………… 332
(2) 実験計画法とランダム化比較試験 (RCT) ……………………… 333
(3) 回帰不連続デザイン ……………………………………………… 333
(4) バックドア基準 …………………………………………………… 334
(5) 傾向スコア ………………………………………………………… 334
(6) 操作変数 …………………………………………………………… 334
(7) 構造方程式モデリング …………………………………………… 335
(8) LiNGAM …………………………………………………………… 336
4.4.2 因果関係に基づく変数選択 …………………………………………… 336
(1) 偏回帰係数は何を示しているのか ……………………………… 336
(2) 事例：何を説明変数とすべきか ………………………………… 337
(3) 共通の要因 (交絡変数) ………………………………………… 339
(4) 合成された結果 (合流点) ……………………………………… 343
(5) 途中に位置する変数 (中間変数) ……………………………… 344
(6) バックドア基準と因果推論 ……………………………………… 345

第5章 機械学習とディープラーニング ……………………… 347

5.1 機械学習の目的と手順 …………………………………………………… 348
5.1.1 機械学習の基本 …………………………………………………………… 348
(1) 機械学習とは ……………………………………………………… 348
(2) 機械学習の目的 …………………………………………………… 349
(3) 学習とフィッティング …………………………………………… 349
(4) 教師あり学習とそのアルゴリズム ……………………………… 350
(5) 教師なし学習とそのアルゴリズム ……………………………… 352
(6) そのほかの機械学習 ……………………………………………… 352
5.1.2 機械学習の手順 …………………………………………………………… 353
(1) データ分割 (split) ……………………………………………… 353
(2) 学習 (fit) ………………………………………………………… 356
(3) 予測 (predict) …………………………………………………… 356
(4) 評価 (validation / test) ………………………………………… 356
(5) チューニング ……………………………………………………… 357
5.1.3 データの準備に関わる問題 …………………………………………… 358
(1) 学習データの問題 ………………………………………………… 359
(2) 半教師あり学習と能動学習 ……………………………………… 363

	5.1.4	特徴抽出と特徴ベクトル	365
		(1) 特徴ベクトルの必要性	365
		(2) 特徴ベクトルの作り方	366
	コラム	機械学習と強化学習	368

5.2 機械学習の実行　　370

5.2.1 機械学習ライブラリの活用 —— scikit-learn　　370

5.2.2 機械学習アルゴリズムの例 —— ランダムフォレスト　　371
(1) ランダムフォレストの仕組み　　371
(2) ランダムフォレストの主要なハイパーパラメータ　　372
(3) 説明変数の重要度の算出　　373

5.2.3 機械学習アルゴリズムの例 —— サポートベクターマシン (SVM)　　374
(1) SVMの仕組み　　374
(2) ハイパーパラメータなどの設定　　375

5.2.4 機械学習の実行例　　376
(1) 初期処理 (ライブラリ読み込みなど)　　377
(2) データの取り込み、データ分割　　378
(3) 教師ラベルの加工　　378
(4) カテゴリ変数のダミー変数化　　380
(5) 標準化　　380
(6) チューニングと検証データを用いた評価　　380
(7) モデルの選択　　382
(8) テストデータを用いた評価　　386
(9) ドメイン知識の活用　　386
(10) まとめ　　388

5.3 ディープラーニング　　390

5.3.1 ニューラルネットワーク　　390
(1) 基本原理　　390
(2) 普遍性定理　　391

5.3.2 ディープラーニングを支える技術　　392
(1) ディープなネットワーク構造の実現　　392
(2) 大規模データへの対応・高速演算の実現　　395
(3) 特徴量抽出機能の実現　　395

5.3.3 ディープラーニング・フレームワーク　　397
(1) TensorFlow　　397
(2) Keras　　397
(3) PyTorch、Chainer　　398
(4) MXNet、Microsoft Cognitive Toolkit　　398

5.3.4 ディープラーニングの実行　　399
(1) 初期処理 (ライブラリ読み込みなど)　　405
(2) ネットワーク構造の定義　　405
(3) モデルのコンパイル　　406
(4) 学習の設定と実行　　407
(5) ネットワーク構造のチューニング　　408
(6) 結果の評価と考察　　409

5.3.5 生成モデル　　410
(1) 生成モデルとは　　410
(2) 生成モデルの抱える課題　　411
(3) 生成モデルの主な用途　　412

参考文献　　413

索引　　414

第 1 章

データサイエンス入門

1.1 データサイエンスの基本

1.2 データサイエンスの実践

1.1 | データサイエンスの基本

1.1.1 データサイエンスの重要性

　近年、データサイエンスという言葉をよく目にするようになりました。しかし、「データサイエンスとは何か？」という問いに答えるのは難しく、人によって答えはさまざまでしょう。

　「サイエンス」という言葉が示すように、データを対象とした科学、またはデータを使って現象を明らかにするための科学的方法論のひとつだと考える人がいるかもしれません。あるいは、実用を目指す工学の一種であり、ソフトウェアエンジニアリングの分野のひとつだと考える人もいるかもしれません。あるいは、企業の経営者やビジネスリーダーが理解して取り組むべき、ビジネスの課題のひとつであると捉える人もいるかもしれません。これらは、どれも正しく一概に決めることはできません。しかし、「データを扱うための統計的・数理的な技法とその応用」というところはほぼ共通しているでしょう。

　データサイエンスの発展は、情報技術（IT）の発展と不可分です。気象予測におけるスーパーコンピュータの活用など、科学技術の分野でデータとITが果たしてきた役割は明らかです。ただ、20世紀を通じてビジネス領域でのITの役割は、数字を集計して管理することが主でした。売上や仕入、在庫などを迅速に集計して把握すること、また、そのためのプロセスを合理化することがITの使命であったと言えます。

　現在の情報システムは売上や仕入、在庫といった数字だけではなく、商品の属性や顧客の属性のみならず、いつどこで何が誰に売れたかといった情報を詳細に管理しています。皆がスマートフォンを使って商品を買い、製品や設備に組み込まれたセンサーが情報を送信するようになって、扱うデータの量や種類は爆発的に増えました[1]。このため、競争に勝とうとする企業は、データを有効に活用して施策を決定する必要に迫られています。これは企業だけでなく、住民や学生に向けてサービスの質を高めようとする行政や教育機関などにおいても同様です。

　データ活用が求められる分野は多岐にわたり、企業に限って例を挙げれば、来店客の特

---

[1] 　現在では、このような仕組みはIoT(Internet of Things：モノのインターネット)と呼ばれるようになっています。

性に基づいて店舗を分類する、需要を推定して適切な仕入数量を決める、サービスの解約に結び付く要因を知る、機器の故障をその予兆から予測するなど、さまざまな局面での活用が考えられます。勘と経験が不要となったかどうかは議論のあるところですが、多くの仕事が勘と経験"だけ"では立ちゆかないという時代が来ていることは明らかです。

　また、従来は専門家が高い費用を払って利用していた分析ツールを、誰もが利用できるようになったという点も見逃せません。現在のパーソナルコンピュータはかつてのスーパーコンピュータ並みの性能を持っており、最先端のアルゴリズムを実装したソフトウェアもオープンソースで公開されるようになっています。データ分析に使われる専用のツールは、一昔前なら大学での研究か、企業内では品質管理やマーケティングリサーチなど特定の分野で使われるものでした。今では、データサイエンスの分野についての基礎的な理解といくらかのITリテラシーさえあれば、誰もがその活用を試すことができます。

　データをもとにどのような知見を引き出すか、またはデータを使ってどのような価値を生み出していくかが、企業にも、そこで働く人々にも、また、行政や教育に携わる人にも求められる時代になったと言えます。

1.1.2　データサイエンスの定義とその歴史

（1）データサイエンスの定義

　前項で述べたように、データサイエンスという言葉は、かなり広い意味で使われています。大きくは、従来の統計解析、データマイニング、機械学習といった領域を含んでおり、またその人の関心や出身分野によって重点の置き方は異なるでしょう。

　明確に共有された定義はありませんが、この言葉が文献で使われた古い例として挙げられるのは、計算機学者であるピーター・ナウア（Peter Naur）の1974年の著書です[2]。ナウアはデータサイエンスを「データを扱うことの科学」と考え、データの変換や保管、表現形式の決定といった問題に対処する原理と考えていました。ナウアの言葉の使い方は今日でいうデータサイエンスよりも、データマネジメント、またはデータエンジニアリングと呼ばれる領域に近く、現在の言葉の使われ方とは異なります。

　現在のような意味でデータサイエンスという言葉が使われるようになったのは1990年代

---

[2]　Peter Naur, *Concise Survey of Computer Methods*, Petrocelli Books, 1974
　　http://www.naur.com/Conc.Surv.html

です。特に注目されるのは、統計学者の林知己夫による定義でしょう[3]。林は「データサイエンスは、統計学、データ分析、およびそれらを統合した概念であるだけでなく、その結果をも含む概念である」と記し、さらにその目的を「複雑な自然的、人間的、社会的現象の特徴や隠れた構造を、確立された伝統的理論や手法とは異なる観点から、データによって明らかにすること」であると述べています[4]。

（2）データサイエンスのルーツ

　　データサイエンスのルーツを遡ると、17世紀の統計学や確率論に行きつきます。しかし、それが注目されるようになったのは、20世紀、特に1940年代以降にコンピュータ技術が発展したことと大きく関連しています。手計算では不可能だった膨大なデータの処理が可能となり、複雑な計算も短時間で完了するようになったことで、統計学は大きな力を得たのです。

　　1950年代になると、「大量のデータ処理」や「高速な計算」とは異なるアプローチが盛んに研究されるようになりました。コンピュータを論理的な判断をする機械とみなすことで、より高度で人間的な情報処理を可能にしようという研究、すなわち**人工知能**（Artificial Intelligence：**AI**）研究の発展です。AI研究そのものは統計学とは別の潮流ですが、その中の一分野として研究されてきた「機械学習」は、後にデータサイエンスの一角を占めるようになります。

　　AI研究は1980年代にはビジネス界やメディアを巻き込んで大きなブームとなります[5]。しかし、コンピュータの性能の限界やAIへの期待が高すぎたことから、10年ほどでそのブームは沈静化しました。それと入れ替わりに注目されるようになったのが「データマイニング」です。

（3）データマイニング、そしてビッグデータ

　　データマイニング（data mining）は、1990年代から盛んに使われるようになった言葉です。データマイニングの目的は、大量に蓄積されたデータを解析することで、ビジネス

---

[3]　林知己夫は統計数理研究所の所長を務め、特に「数量化理論」と呼ばれる多変量解析手法の提唱者として知られています。また、定量的分析に基づく日本人の国民性研究に注力し、『日本らしさの構造　こころと文化をはかる』（東洋経済新報社、1996年）など多くの著書を残しています。

[4]　Hayashi C. (1998) What is Data Science ? Fundamental Concepts and a Heuristic Example. In: Hayashi C., Yajima K., Bock HH., Ohsumi N., Tanaka Y., Baba Y. (eds) Data Science, Classification, and Related Methods. *Studies in Classification, Data Analysis, and Knowledge Organization*. Springer, Tokyo

[5]　1950年代から60年代は第1次AIブーム、80年代は第2次AIブーム、現在は第3次AIブームと言われます。

や他分野で活用されるような新しい知識を得ることです。英語のマイニング（mining）というのは鉱脈を掘るという意味で、ビジネス系のメディアではちょうど金を掘り当てるようなイメージが喧伝されました。専門家はより控えめに、その本質を表す**ナレッジディスカバリー**（knowledge discovery）という言葉を使っていました。現在、データマイニングという言葉自体が使われる頻度はかつてほど多くはありません。その代わりに使われるようになった言葉が**ビッグデータ**（big data）です。

ビッグデータはまさにバズワードと呼ばれるにふさわしい言葉です。ビッグデータの特徴を説明する際には、データの量（Volume）、種類（Variety）、更新の速さ（Velocity）という3つの観点が強調されます。ただし、これはビッグデータという言葉が一般に使われるよりかなり以前、2001年にデータ管理の基準として提唱された概念であることに注意すべきでしょう[6]。

ビッグデータはこれまでのデータに関する概念と大きく異なっています。従来のデータは、分析され、あるいは集計され管理されることを前提として作られていました。研究者が扱う実験データや、企業が扱う売上データはその典型です。しかし、ビッグデータはこれらとはまったく異なる意図で生成されます。人がネットを見たりSNSでつぶやく目的は、ログを管理して集計してもらったり、つぶやきを分析してもらうことではありません。これは、人々の行動そのものがデジタル化された結果です。

（4）機械学習

機械学習は2010年代になって、ビジネスの世界や一般で注目されるようになりました。この言葉は、従来のデータマイニングやビッグデータをしのぐ勢いでバズワードとなりつつあります（機械学習の概念については5.1.1項を参照してください）。機械学習は、データを中心とした数理的なアプローチをとるという点で、またその原理においても統計解析やデータマイニングと共通しています。現在、データサイエンスという名前で語られる内容のうち、機械学習はかなりの割合を占めています。

機械学習が注目されている背景としては、インターネットなどから大量のデータが得られるようになったこと、クラウド化によって計算機の資源を柔軟に利用できるようになったことで、機械による「予測」が実用の領域に入ったことが大きいでしょう。ただし、機械学習が目指す方向は1950年代から続くAI研究の延長線上にあり、その主要な目的は機械に判断をさせることだと言えます。一般の統計解析やデータマイニングにおいて意図されるよ

---

[6]　Doug Laney (2001) 3-D Data Management: Controlling Data Volume, Velocity, and Variety. *META Group*, Res Note 6. 6.

うな、人間が知識を得るという目的とは必ずしも一致しないことに注意すべきです。

（5）統計学からデータサイエンスへ

　　ビジネスの領域における統計解析の利用は決して新しいものではなく、特に製品の品質管理やマーケティングリサーチなどの分野では、以前から専門的な統計スキルが要求されています。しかし、企業が扱うべきデータの種類、量が増えるにつれ、より広い範囲でデータを統計的に扱うスキルが求められるようになりました。Googleのチーフエコノミストであったハル・ヴァリアン（Hal Varian）は、2009年に「今後10年間で最もセクシーな職業は統計家（statistician）だろう」と述べ、注目を集めました[7][8]。

　　しかし、ほかの多くの専門分野や用語がそうであるように、統計という言葉にはしばしば誤解がつきまといます。たとえば、多くの人が目にする「統計」は国勢調査や産業統計のような調査結果の集計が一般的で、統計的なモデリングについて理解している人はごく少数です。1997年、ミシガン大学の統計学者であったジェフ・ウー（Jeff Wu）は講演の中で、統計という言葉が持つイメージについて触れ、統計学、統計家という言葉に変えてデータサイエンス、データサイエンティストという言葉を使うことを提案しました[9]。

　　それに先立つ1996年には、「Data Science, Classification and Related Methods」（データサイエンス、分類およびその手法）というタイトルで、IFCS（国際分類学会連合会議）の第5回大会が神戸で行われています。先の林知己夫によるデータサイエンスの定義は、林が大会の委員であったことから、このタイトルに関して説明を加えたものです。

　　2010年代になると、このデータサイエンスという言葉はビジネスの世界やIT業界でも盛んに使われるようになりました。現在での言葉の使われ方も、データマイニングはもちろん、統計的な原理に基づく機械学習までを含んでおり、現在のデータ中心アプローチの多くがこのデータサイエンスという言葉の傘のもとで語られていると言えるでしょう。

（6）検索ワードで見るデータサイエンス

　　蛇足ではありますが、「データ」を話題にする以上、実際のデータも見てみましょう。**図1.1**はGoogleが提供するGoogle Trendsで、2006年以降の以下のワードの検索傾向を調べた結

---

[7]　"Hal Varian on how the Web challenges managers", January 2009, McKinsey & Company
　　https://www.mckinsey.com/industries/high-tech/our-insights/hal-varian-on-how-the-web-challenges-managers

[8]　Steve Lohr, "For Today's Graduate, Just One Word: Statistics", AUG 5 2009, *New York Times*
　　https://www.nytimes.com/2009/08/06/technology/06stats.html

[9]　C. F. J. Wu (1997) "Statistics = Data Science?"　https://www2.isye.gatech.edu/~jeffwu/presentations/

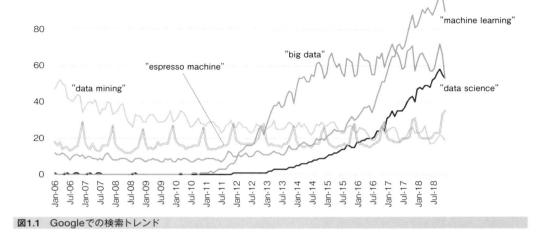

図1.1 Googleでの検索トレンド

果です[10]。"data science" も "machine learning" も 2013年頃からトレンドが上昇していることがわかります。また、"data science" は、2010年以前にはほとんど検索されていなかったこともわかります。取り上げたワードの中に "espresso machine" が含まれているのは、（ちょっとした遊びではありますが）ビジネスパーソンやエンジニア以外に多くの人々が検索する言葉で、検索トレンドがどれくらい変化するものなのかを確認するためです。少なくとも、この言葉では大きくトレンドが変化していないこと、季節による変動も限定的であることがわかります[11]。

なお検索サイトのデータには、専門的な関心の高まりよりも、メディアなどでの流行の度合いが大きく反映されると考えられます。意味がある程度確立された言葉については、インターネットよりも文献や書籍での利用頻度を見たほうがよいでしょう。また、ソフトウェアの技術者は一般の人よりも頻繁にネット検索を使うかもしれず、このことはITに関わりの深い検索語の順位を押し上げているかもしれません。新聞や雑誌での取り上げられ方との比較も必要です。関心のある方は、複数の観点で調べてみることをお勧めします。

---

[10] 縦軸の数値は最大値を100とする相対的な指標であり、絶対的な検索数を示すものではありません。

[11] "espresso machine" が多く検索されると他のワードの検索頻度が下がるように見えます（特にかつての "data mining" や最近の "big data"）。これはなぜなのか考えてみると面白いでしょう。

1.1.3　データサイエンスにおけるモデリング

「はじめに」を読んだ方は、「モデル」や「モデリング」という言葉が何度か登場したことに気がついたと思います。この「モデル」という概念は、本書を通じて何度も登場します。

そこで、データサイエンスにおけるモデルという概念について説明しておきましょう。初心者向けの実践的なテキストは、得てして「こんな分析手法を使うとこんな分析結果が得られます」といった説明に陥りがちです。しかし、より重要なのは、その分析結果がどのようなモデルを前提としているのか、そして、そのモデルは何を意味しているのかということです。

（1）統計モデル

先に述べたように、データサイエンスは統計学の流れをくんでいます。統計学には、**記述統計**（descriptive statistics）と**推測統計**（inferential statistics）という2つの分野があると言われます。統計学の教科書の説明を引用してみましょう[12]。

> 記述統計とは、データをまとめて見やすく整理し、データのもっている概ねの情報を把握することである。推測統計とは、確率分布に基づいたモデル（統計モデル）を用いて精密な解析を行うことである。（中略）そして、モデルに関する推論に基づいて、意思決定や予測を行う。

記述統計と推測統計の違いは、前者が実際に集められたデータ（**実測値**）だけを対象とするのに対し、推測統計は集められたデータの背後にある、より一般的な特徴を扱うという点です。記述統計には確率という考え方はあまり出てきません。なんらかの値を推定するということもしません。これに対して推測統計では確率や、確率に基づく推定を扱います。

 観測値と実測値
実際に集められたデータのことを「観測値」と呼ぶこともありますが、観測というと観察的に得られたものという印象があるため、本書では「実測値」と呼ぶことにします。

---

[12]　参考文献[13]より引用。

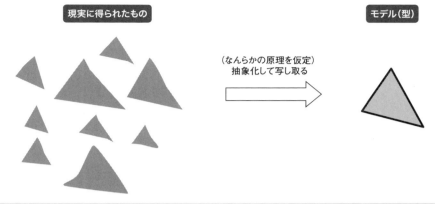

図1.2　モデル化

　また、両者の違いを説明するときに「統計モデル」という言葉が登場することに注意してください。モデルという言葉は、絵画などの人物モデル、プラモデルなどの模型、例を示すモデルケースなどよく使われます。つまり、モデルというのは現実をかたどった（模った、型取った）ものであり、また一種の理想化された姿と考えることもできます（図1.2）。

　生態学のデータ解析を専門とする久保拓弥によれば、統計モデルは以下の3つの特徴を持ちます[13]。

- データ化された現象を説明するために作られる
- データのばらつきを表現するための「確率分布」を基本的な部品としている
- データとモデルを対応づけるための手続きがあり、当てはまりの良さを定量的に評価できる

　ばらつきとは言ってみれば個体差であり、図1.2で言えば三角形の微妙な凹みや角度の違いに相当します。統計解析ではこれを確率分布（➡3.1.5）として表現することで、モデルと個体差との関係を表します。

（2）データサイエンスにおけるモデリング

　データサイエンスの文脈で「モデル」と言えば、基本的には上で述べたような統計モデルを指すと考えればよいでしょう。ただし、実務の中でモデルという言葉が使われる場面は多様で、次のような使い方がされています。

---

[13]　参考文献 [12] より引用。ただし、表現は要約しています。

- **値のばらつきに対する確率分布の当てはめ**

  「このモデルは正規分布を仮定している」など

- **要因と結果の数学的な関係**

  「このモデルは売上が天気に大きく依存することを表わしている」など

- **個々のアルゴリズムが前提としている数学的表現**

  「ニューラルネットワークは線形回帰よりも複雑なモデルである」など

- **数学的表現に実際のデータを当てはめた結果**

  「ペナルティの違い [14] により2つの異なるモデルを得た」など

厳密に言えばこれらはいずれも別のことを指していますが、いずれの場合も、現実のデータを数学的に写し取るやり方を指していると考えればよいでしょう。また、データに対してなんらかのモデルを当てはめて考えること、もしくは当てはめる過程そのものをモデリングと呼びます。

なお、最後の「実際のデータを当てはめた結果」として「2つのモデルを得た」というのは正確には「フィッティング」という作業を指しています（➡ 3.3.3）。

（3）統計モデルの活用

統計モデルは、現実のデータ（実測値）そのものではなく、データに対してなんらかの数学的原理を仮定し、抽象化して写し取ったものです。

このため、モデルが持つ抽象化された特徴は、自然現象や社会現象の法則性を表す一種の仮説と考えることができます。モデルがデータによく当てはまっていて、かつ十分に信頼できるものであれば、その仮説はより確からしいと言えます。たとえば「接客への満足度がサービスの解約に影響している」という仮説は、接客への満足度をx、解約の確率をyとして数式の形でモデルを表現し、数式と実際のデータを比べることでその信頼性を検証することができます。

現実を抽象化してモデル化することには、別の利点もあります。モデルに対して一定の条件を当てはめれば、その条件に対応した結果を推定（予測）できるということです。先の例では、接客への満足度を示すxになんらかの値を当てはめれば、解約の確率yを計算することができます（具体的な方法は4.3.4項で説明します）。

このような予測を、より複雑なモデルで精緻に行うために発展してきた分野が機械学習です。ディープラーニングのような手法も、通常の統計モデルより高い予測精度を得るた

---

[14]　モデルを実際のデータにどこまで細かく合わせるかを調整することで、3.3.4項で説明します。

めに生み出された手法であると言うことができます。

1.1.4 データサイエンスとその関連領域

データサイエンスの各領域と、その周辺の関連領域を図1.3に示します。ただし、これらの定義や関係性の捉え方は人によってさまざまであり、1つの例を示すものと考えてください。

（1）データサイエンスの領域

1.1.2項で述べたように、データサイエンスの中には統計学とその応用である**統計解析**、**ナレッジディスカバリー（またはデータマイニング）**、**機械学習**といった分野が含まれます。これらの共通点は、データからなんらかの価値を引き出すことを目的としていること、またそれに加えて、前項で述べた統計モデルを基礎としていることです。ここではひとまず、それぞれの分野の違いを整理しておきましょう。

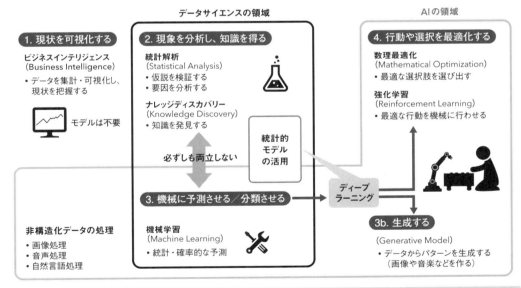

図1.3　データサイエンスとその関連領域

●統計解析

統計解析は、仮説を科学的に検証するために、自然科学や社会科学、行動科学などのあらゆる分野で使われてきました。ビジネスの分野では特に、品質管理やマーケティングリサーチにおいて力を発揮してきました。統計解析で検証できる仮説としては、たとえば以下のようなものが挙げられます。

- **グループ間の差異**
  午前に製造した部品と午後に製造した部品では品質に差があるか、など
- **指標同士の関連性**
  ビールがよく売れる店舗ではおつまみもよく売れる、など
- **要因が与える影響**
  接客への満足度がサービスの解約に影響しているか、など

ここで重要なのは、統計解析はその仮説の確からしさを検証できるだけでなく、関連や影響の度合いを定量化できるという点です。上記の例のいくつかについて言えば、以下の点を定量的に評価できるということです。

- 午前の製造か午後の製造かで品質のばらつきをどの程度説明できるか
- ビールの販売数とおつまみの販売数はどの程度連動するか
- 接客の満足度がサービスの解約に与える影響はどの程度大きいか

いずれも、製造時刻と品質、ビールの販売数とおつまみの販売数、接客満足度と解約、といったように異なる変量の関係を示していることに注意してください。これらの関係性を明らかにすることで現象の理解や解明に結びつけるのが、統計解析の役割とも言えます。

なお、ここでの例は「○○と○○」と2つの変量しか含んでいませんが、実際にはさまざまな要因や結果を表す多くの変量を一度に扱う**多変量解析**（multivariate analysis）という手法が使われます。いわゆる重回帰分析は多変量解析の手法のひとつです。

●ナレッジディスカバリー（データマイニング）

ナレッジディスカバリー（データマイニング）は、統計解析と機械学習の中間的な分野であると言えます。まず、統計解析との関係で言えば、いずれもデータを読み解き、なんらかの知識を得るという点で共通しています。

ただし、統計解析は仮説を明確に定式化してその確からしさを評価し、かつ要因の効果を明確に定量化するということを重視しています。これに対して、データマイニングはより

探索的で発見を重視しています。統計解析の説明で言及した例を、より探索的な意味合いで表現するなら次のようになるでしょう。

- 製造条件のどんな組み合わせで品質が悪いのか
- 売れ行きをもとにどの商品とどの商品が同じグループとみなせるか
- どんな条件を持つ顧客がサービスを解約するのか

手法としては多変量解析、あるいはより探索的な決定木、アソシエーションルールなどの手法が使われます。探索的であるということは、特定の仮説を置かずに、データの中からなんらかの関連性を抽出するということを意味します。この点ではデータマイニングは機械学習に似ています。また、顧客や商品などをいくつかのグループに分けるクラスタリングもデータマイニングの一手法とされています。

● 機械学習

機械学習はAI研究の流れに連なる分野で、統計解析やナレッジディスカバリー（データマイニング）とは異なり、機械による推定（分類や数値の予測）を主な目的としています。これまでの例を、機械学習の目的に当てはめると次のようになります。

- この条件の組み合わせでは品質はどの程度と考えられるか
- この商品はどの商品グループに属するのか
- このような条件の顧客はサービスを解約しそうか

基本的な原理そのものはいずれも共通しており、多変量解析に含まれるようないくつかの手法、データマイニングでも使われるクラスタリング、決定木などの手法を使うことが可能です。

しかし、機械学習において重要なのはクリック率はどの程度か、所属する商品グループはどれか、解約をするか否かという「結果」です。一見すると、統計解析やデータマイニングと違いがないように見えますが、一般論としての知識を得るのか、個々のケースについての判断を得るのかという点が大きく違います。知識を得る必要がないと割り切ると、より予測精度の高い手法を使用することが可能になります。サポートベクターマシン（SVM➡5.2.3）やディープラーニングといった手法はその典型です。人間が知識を得ることと高い予測精度を得ることは必ずしも両立しないということを覚えておいてください。

なお、**図1.3**では「統計的モデルの活用」からディープラーニングだけを特別にくくり出しています。これは、ディープラーニングの応用範囲が単に分類や数値の予測にとどまらず、

パターンの生成や強化学習といった分野に広がっているからです。

（2）データサイエンスとAI

機械学習は統計的な予測を機械から導くもので、その目的においてAI研究の一分野と言えます。ただしAIの領域は幅広く、機械学習はそれを構成する要素のひとつにすぎません。

機械になんらかの判断をさせるための仕組みについては、ルールベースの推論、数理最適化、強化学習など、さまざまな方法論が存在します。さらに、画像や音声、自然言語といった、もともと計算機が苦手とするようなデータを扱うための技術が必要です。統計的な予測だけでは、自動応答システムも、人間のようなふりをするロボットも作れません。

また、ディープラーニングの応用として注目されているのが画像や音楽などの生成です。これは、予測結果からデータを生成するという、言わば統計モデルの逆方向の利用です。広くはデータサイエンスの範疇と言えるかもしれませんが、ここではいったん区別しておきます。

ディープラーニングは、最適な行動を機械に行わせるという強化学習にも適用されています。強化学習は機械学習の一分野として語られることが多いのですが、ここではやはり区別しておきます。この点については第5章のコラム「機械学習と強化学習」を参照してください。

（3）データサイエンスとBI

BIはビジネスインテリジェンス（Business Intelligence）の略で、企業が、その内外から収集したデータを蓄積・管理し、多面的な切り口で参照・分析すること（または、そのための仕組み）を指します [15]。1.1.3項の（1）の説明に従えば、BIは記述統計または**記述的な分析**（descriptive analysis）に即した手法です。

BIの構成要素には、データを蓄積・管理するデータウェアハウスやデータマート、データを加工するETL（Extract/Transform/Load）ツール、エンドユーザーが使う分析ツールなどが含まれます。特に、ITの専門家ではないユーザーが、自分の見たいデータを好きな切り口で参照・分析できるような仕組みを「セルフサービスBI」と呼び、企業向けにさまざまなツールが市販されています。BIツールを使えば、Excelと同様かそれ以上に便利なテーブルやグラフを作成できます。

---

[15]　AIとBIを並べたのはひとつの語呂合わせで、両者が並列に比較できるというわけではありません。AIは1950年代から研究されている技術領域ですが、BIは比較的最近のバズワードです。ただし、いずれもデータサイエンスに関連の深い分野です。

BIの特徴的な操作は切り口の変更です。同じデータ、たとえば売上のデータを商品別に集計して見る、地域別に集計して見る、期間を区切って集計して見る、といった操作が簡単に行えます。

もうひとつの特徴的な操作は**ドリルダウン**で、売上が落ちている地域があれば、さらに地域を細分化して集計し、どこで落ちているのかを特定するといった考え方です。また、地域だけでなく、どの地域のどの期間で売上が落ちているのか、その地域のその期間の売上について、どの商品が落ちたのか、といったことを次々と細分化して特定できます。BIのユーザーはこのような操作を「掘って原因を突き止める」と表現することがあります。

このような分析に対比して、ビジネス領域へのデータサイエンスの適用を、**ビジネスアナリティクス**（Business Analytics：**BA**）と呼ぶことがあります。BIとBAの違いをひと言で言えば、統計モデル（➡1.1.3）の有無と言えるでしょう。先の例で言えばBAの場合は、売上と地域、商品、期間の関係性を、できるだけ一般性を持つようにモデル化します。

ある地域のある期間である商品の売上が落ちたとしても、それが「たまたま」であれば、そのような局所的な事実はBAの関心事項ではありません。重要なのは、地域や商品の特性から、統計的に期間別の変動を描き出すことです。目的が要因の分析であっても、売上の予測であっても、この点は共通です。統計解析にしても機械学習にしても、データサイエンスの目標は一般的な法則を導くことであって、データを細分化して個々のケースを分析することではありません。

ただし、簡単なモデリング機能を備えているBIツールも多く、簡易な分析であればBA用のツールを使わなくてもBIツール上でモデリングを実行できます。

1.2 | データサイエンスの実践

1.2.1 データサイエンスのプロセスとタスク

　前節では、データサイエンスとは何か、何を目標とするのかをいくつかの観点から説明しました。以下では、これを実践するために必要となる要素を解説します。大きくはその進め方（プロセスとタスク）、ツール、スキルの3点です。まずはその進め方について説明しましょう。

（1）CRISP-DM

　データサイエンスのプロセスとタスクについては、いくつかの標準的なフレームワークが提唱されています。実際の進め方は、必ずしもフレームワークに準拠しなければならないというわけではありません。しかし、頭の中の手順をこれらのフレームワークと照らし合わせれば、自分が想定している手順に抜け漏れがないかをチェックすることができます。

　このようなフレームワークの中で代表的なものが、**CRISP-DM**（Cross-Industry Standard Process for Data Mining）です。1996年から自動車会社のダイムラー・ベンツ、データマイニングツール「Clementine」を提供するISL、データウェアハウスTeradataを提供するNCRが中心となって構想を策定し、保険会社のOHRAを加えたコンソーシアムによって1999年に最初のバージョンが公表されました[16]。もともとはナレッジディスカバリー（➡1.1.2）を目的とするデータマイニングのための方法論ですが、データサイエンスに関わる多くの分野で活用できる指針となっています。

（2）6つのフェーズとその進め方

　CRISP-DMでは全体のプロセスを6つのフェーズに分け、それぞれのフェーズで行うべ

---

[16]　その後ISLはSPSSに、SPSSはIBMに吸収され、ClementineはSPSS Modelerの名称でIBMから販売されています。またTeradataはNCRから分社化され、現在に至っています。

き内容を定義しています (**図1.4**)[17]。これらは、ビジネスの理解から始まり、データの理解、データの準備、モデリング、評価、展開へと進んでいきます。これらの作業は一方通行で進めていくものではなく、各フェーズの間を行ったり戻ったりしながら知見を深めていくことが前提となっています。

最初 (1つ目) と最後 (6つ目) に定義されているタスク、すなわちビジネスの理解や目標設定に関わる部分と、業務への組み込みや展開に関わる部分は、データサイエンティストとそのチームだけでなく、組織全体での調整と取り組みが必要となるタスクです。どれだけの時間を要するかは一概に言えません。関係者とのディスカッションや責任者への説明を繰り返しながら進めていきます。

それ以外は、データサイエンティストとそのチームが主に行うタスクとなるでしょう。特に注意すべきなのは、2つ目と3つ目に相当する箇所で、データの収集、確認、加工・処理

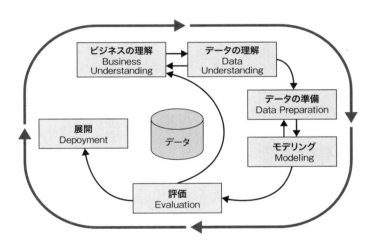

図1.4 CRISP-DMで定義されている6つのフェーズ

---

[17] CRISP-DM1.0 Step-by-step data mining guide
ftp://ftp.software.ibm.com/software/analytics/spss/support/Modeler/Documentation/14/UserManual/CRISP-DM.pdf

に関わる部分です。データサイエンスでは、これらに膨大な手間と時間がかかります。作業に費やす時間で言えば、全体の7割から9割を占めると言ってもよいでしょう。

　この作業がなぜ大変なのかと疑問に思う方もいるかもしれません。なぜ大変なのかと言えば、ほとんどのデータは「統計的に分析されることを前提としていない」からです。たとえば、商品の販売実績のデータは売上を報告するために記録されるもので、曜日や天気との関係を分析するといったような用途は、多くの場合想定されていません。SNSでのつぶやきにしても、書く人は分析してほしいから書くわけではありません。

　4つ目は、モデリングや解析そのものに相当するタスクです。ここにかかる作業時間は、相対的にはわずかです。ただし、1回で終わるといったことはなく、データの取得や加工、場合によっては目標設定にまで戻って繰り返すことも多いと言えます。条件や内容、データの規模によって一概には言えませんが、仮にデータの取得から分析までの1つのサイクルが1日や1週間といった単位で終わったとしても、全体の目標に照らして評価し、施策の展開につなげて成果を出していくためには、それらのサイクルを何回、または何十回と回していくことになるかもしれません。

　5つ目は結果の評価です。4つ目のモデリングの中に含まれる「モデルの評価」は、統計数理的な意味での信頼性の評価ですが、ここでは、ビジネス上の目的に照らして意味のある結果が得られたのか、得られなかったとすればなぜなのか、前提を変えることでやり直せば意味のある結果が得られそうか、といったことを総合的に判断します。

（3）その他のフレームワーク

　国内ではデータサイエンティスト協会と情報処理推進機構（IPA）が、データサイエンスのタスクを8つに分類して整理しています[18]。大まかな流れはCRISP-DMと同様で、プロジェクトの最初に前提条件や目標を明確化し、そこからデータの作成と収集、データ加工・データ処理、可視化・解析、評価、業務への組み込みへと進んでいきます。どちらかが優れているということはなく、使いやすいほうを使えばよいでしょう。

---

[18]　このタスクリストは、スキルチェックリスト（➡ 1.2.3）とともに、情報処理推進機構（IPA）が定めるIT人材のスキル指針「ITSS＋」に組み込まれています。　　https://www.ipa.go.jp/jinzai/itss/itssplus.html

1.2.2 データサイエンスの実践に必要なツール

統計解析や機械学習を実践する場合はなんらかのツールを使うのが一般的です。プログラムを自分で書くこともできますが、時間と手間がかかり、正確かつ高速なプログラムを作るためには専門的な知識が必要となります。特別な場合を除いて、まずはツールの利用を検討すべきです。それらのツールを使う意味とメリット、デメリットを説明しておきます。

（1）ツールの分類

ツールは次の3つに分類できます（**図1.5**）。

- **パッケージ**：パッケージをインストールするだけで動作するもの
- **プログラミング言語とライブラリ**：プログラミング言語、あるいはライブラリとして組み込んで使うもの
- **サービス**：クラウド上で提供されるサービスとして利用できるもの

最初の「パッケージ」としては、古くから使われているSASやSPSS、機械学習に特化したDataRobotなどがあります。Excelはデータ分析用のソフトではありませんが、ある程度の分析機能は備えています。

2つ目の「プログラミング言語とライブラリ」の代表的なものは、オープンソースで提供されているRやPythonなどの言語、およびそのライブラリでしょう。

最後の「サービス」は、ベンダーが提供する、機械学習に特化したクラウド型の商用サービスです。

	パッケージ	プログラミング言語とライブラリ	サービス
特徴	・商用パッケージとして提供 ・GUIでの操作が工夫されている ・有償	・プログラミング言語 ・オープンソース ・無償	・オンラインで利用する商用サービス ・予測結果だけを返すブラックボックス型のサービスもあり、注意が必要 ・有償／無償
例	・Excel（専用のツールではない） ・SPSS ・SAS ・DataRobot　など	・R ・Python（ライブラリを追加） ・Julia ・Octave　など	・Microsoft Azure Machine Learning ・Amazon Machine Learning ・IBM Cloud＋Watson ・Google Prediction API　など

図1.5　データサイエンスのためのツール

（2）Excelを使ったデータ分析

　　データ分析に使えるパッケージとして、いちばん身近なのはMicrosoftの**Excel**でしょう。Excelは基本機能としてピボットテーブルと呼ばれる集計機能を備えており、統計分析に使うことのできる関数も備えています。さらに、「データ分析」と「ソルバー」という2つのアドインを使うことができ、これらを駆使すれば手の込んだ分析も可能です。Microsoft以外のベンダーもExcelに組み込んで使うための追加パッケージを販売しています。

　　データ分析にExcelを使うメリットは、なんと言っても（Excelをすでに使っているのであれば）慣れ親しんだユーザーインタフェースをそのまま使えることでしょう。対象となるデータが表形式で表示されるため、直感的でわかりやすくなっています。デメリットとしては、パッケージそのものが有償であること、使える手法が限定的であることに加えて次の2つの大きな問題が挙げられます（**図1.6**）。

　　ひとつは、「データの構造を管理できない」ことです。Excelではどこにどんな値が入っているかをシート上の「場所」で管理します。A列に「出発時刻」、B列に「到着時刻」が入っていれば、B列からA列の値を引いて所要時間を求めます。しかし、Excelが把握しているのはあくまでA列、B列という場所にすぎません。Excelのユーザーは「どこに何の値が入っているか」を意識しながら計算することに慣れていると思いますが、それでも計算が複雑になるとわかりづらくなります。また、「出発地」の値が東京のときは「1」、大阪のときは「2」というルールで記入されている場合、Excelではこれが計算できる数字なのか、ただの記号なのかを厳密に区別することができません。

　　もうひとつは、「計算のプロセスが再現困難」だということです。シートの列を増やしたり、

	パッケージ		プログラミング言語とライブラリ
	Excel	SPSS、SASなど	R、Python
ライセンス	Microsoft	IBM、SASなど	オープン
扱いの容易さ	**容易**	**比較的容易**	プログラミングが必要
費用	有償	有償	**無償**
使える手法	限定的	確立された手法は網羅	**最新手法まで網羅**
プロセスの再現・修正	困難	**可能**	**可能**
データ構造の管理	困難	**可能**	**可能**

注）太字はメリット、　細字はデメリット

図1.6　代表的なツールの比較

計算した結果を"コピーアンドペースト"したりといった手作業を繰り返すと、一度は結果を出せても、次に同じことをやろうとすると、前回どのような順番でどうやったかが思い出せないという事態に陥りがちです。前回の手順を少しだけ変えて再実行するような場合は余計に複雑になり、間違いが生じやすくなります。専用のツールであれば、プロセスはスクリプトや明示的なフローとして残るので、手順を確認し、修正して繰り返すといったことが何度でも可能です[19]。

（3）専用の商用パッケージ

　従来、統計解析や機械学習を行うためのツールとしては、SPSSやSASといった商用のパッケージが広く利用されてきました。最近では機械学習に特化したDataRobotというパッケージが注目を集めています。これらのツールの利点は、高度な手法を扱えるというだけでなく、ビジュアルなGUIを使って分析などの手順を定義したり、さまざまな条件を設定したりできるということです。

　ただし、これらの商用ツールは有償であるため、導入の際に費用対効果を明確にする必要があります。「効果があるかどうかわからないので試してみたい」というときに、多額の出費ができる企業は少ないでしょう。

　また、商用パッケージで利用できるのは、ある程度のニーズがあり、かつ確立された手法に限られています。新しい手法はパッケージに組み込まれるまでに一定の期間を要するだけでなく、オプションやアップグレードとして提供されるため、利用にあたっては追加の費用が発生することになります。

（4）R、Pythonなどのプログラミング言語

　統計解析や機械学習のツールとして、RやPythonの利用はもはや「主流」と言っても過言ではないでしょう。これらは、多くの商用ツールと異なり、分析などの手順をスクリプト（プログラムを記述したコード）として記述する必要があります。このため、プログラミングに慣れていない初心者にはハードルが高く感じられるでしょう。

　一方、これらを使うメリットはなんと言っても「無償」であることです。さらにRやPythonのパッケージはオープンソースソフトウェア（OSS）であるため、最新の手法やアルゴリズムを反映したライブラリパッケージが次々と利用できるようになっています。このよ

---

[19]　Excelでも、マクロを駆使すれば複雑な手順を管理することができます。ただし、結局はプログラミングをすることになるので、RやPythonを使うのと同じような（もしくはそれ以上の）スキルが求められることになります。

うなライブラリの供給はRやPythonの利用が拡大している大きな理由でしょう[20]。

こういったOSSのツールには、RやPython以外にもいくつかの選択肢があります。たとえば、「GNU Octave」はMATLAB（商用の数理解析ツール）と互換性があるツールです。「Julia」はRやPythonの長所を取り入れた比較的新しい言語で、JITコンパイラと呼ばれる仕組みによって高速でのプログラムの実行を可能としています。これらはそれぞれに長所がありますが、今のところRやPythonほどには利用が広がっていません。

なお、Pythonの場合はそれ自体では数理解析のための機能を持たないため、専用のライブラリをいくつか追加して使う必要があります。このほか、RとPythonの比較については2.1.1項で詳しく説明しますのでそちらを参照してください。

（5）クラウド型の商用サービス

最後に、近年になって次々と登場しているクラウド型の商用サービスがあります。これらは計算機の環境そのものをオンラインで提供するクラウドコンピューティングサービスの機能として提供されています。具体的には、MicrosoftやAmazon、IBM、Googleなどがサービスを提供しています。いずれも機械学習に力点を置いており、各社のクラウド環境と親和性が高い点に特徴があります。

これらのサービスは、仕様も提供される機能もさまざまで一概に比較することはできません。サービスによっては「データをインプットすると予測結果が返ってくる」といった形で、内部でどのような処理が行われているのかがわからないブラックボックスとなっているものもあり、注意が必要です。

1.2.3　データサイエンスの実践に必要なスキル

データサイエンスについては、それを担う人材の不足が問題視されることがあります[21]。その一方で、必要なスキルが明確でないことや、人材のミスマッチを問題視する動きもあります。ここでは、データサイエンスを実践するためのスキルについて説明しておきます。

---

[20]　ただし、特定のベンダーが品質を保証するものではないため、試験的に使うのでない限りは、多くの人が利用している評価の定まったライブラリを使うのが安全です。

[21]　日本経済新聞2013年7月17日朝刊2面「ビッグデータ 分析に人材の壁 25万人不足見通し」

（1）スキルの多様化

　　データサイエンスを担う人材に求められるスキルは多様です。まず基本として求められるのは、統計モデルに対する理解でしょう。これはデータサイエンスの基本的なスキルであり、統計解析のほか、データマイニングを使ったでも機械学習でも同様に求められます。しかし、これに加えてどのようなスキルが必要かは、どのようなデータを何のために扱うかによって違ってきます。

　　たとえば調査データや実験データの分析では、仮説を構築し、調査や実験の仕様を設計するスキル、さらに集めたデータから仮説を正確に検証するためのスキルが必要となります。これらはアカデミックな意味でのサイエンスそのもののスキルと言えます。このような分析では、データ処理やデータ管理に伴うITのスキルはあまり問われません。これらの分析で扱うデータは一般にそれほど大きくないため、「スモールデータ」と呼ばれることがあります。

　　これに対して、販売、在庫、顧客の属性といった業務データの分析ではデータの量が多くなり、データを管理するデータベース管理システム（DBMS）やデータウェアハウス（DWH）などITに関わる知識が必要となります（**図1.7**）。それらを稼働させるための、ハードウェアやクラウド環境についての知識も必要です。さらに、テキスト（文章）や画像、音声といった非構造化データを扱うようになると、これらを加工するためのスキルに加え、大量のデータを扱う並列分散処理システムなどの専門的な知識が必要になります。これらのデータ処理やデータ管理に関わるスキルは、統計やサイエンスのスキルとはかなり性格が異なります。ここではこれらを「**データエンジニアリングのスキル**」と呼ぶことにしましょう。扱うデータが多様化、大容量化するにつれて、データエンジニアリングへの要請は高まっています。

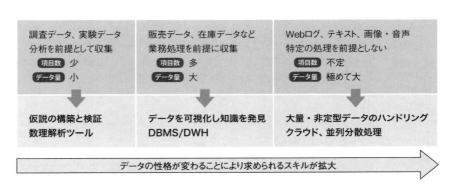

図1.7　求められるスキルの拡大

一方、ビジネスの分野で多くの人が重視するのが、業務上の施策につながる仮説を生み出す力や、分析や予測の結果をビジネスにどう活かしていくのかを考える力です[22]。そのためにはマーケティングやサービス、あるは製品設計といった対象となる業務分野についての知識と、現場の担当者や意思決定者の考えを知り、議論するためのコミュニケーション力も必要となります。

（2）ビジネス、データサイエンス、データエンジニアリング

　日本国内で、データサイエンスに関わるスキルのチェックリストを作成しているのが一般社団法人データサイエンティスト協会です。協会では、データサイエンティストを次のように定義しています[23]。

> データサイエンティストとは、データサイエンス力、データエンジニアリング力をベースにデータから価値を創出し、ビジネス課題に答えを出すプロフェッショナル

　協会が設立された背景には、データサイエンティストについて明確な定義がないままに人材の獲得・育成が必要とされ、特に企業側が期待する役割と、データサイエンティストが持つスキルのミスマッチにより、想定した成果が得られない、あるいは経験や能力を十分に活かすことができないといった状況が頻発しているという問題意識があったと説明されています[24]。

　そこで協会が作成した「データサイエンティスト スキルチェックリスト」（以下、スキルチェックリスト）では、データサイエンティストが持つべきスキルを大きく3つに分類しています[25]。

---

[22] データサイエンスにおけるビジネス力の重要性については、以下のインタビュー記事などを参照してください。
ITmedia エンタープライズ 2016年7月「ビジネスを変えないデータ分析は意味がない　大阪ガス河本氏に聞く、IT部門の役割」　http://www.itmedia.co.jp/enterprise/articles/1607/27/news014.html
NRI IT ソリューションフロンティア 2014年8月号「アナリティクスに求められる人材　実践的なデータ分析の取り組みのために」
https://www.nri.com/-/media/Corporate/jp/Files/PDF/knowledge/publication/it_solution/2014/08/ITSF1408.pdf

[23] データサイエンティスト協会 2014年12月10日 プレスリリース
http://www.datascientist.or.jp/news/2014/pdf/1210.pdf

[24] データサイエンティスト協会Webサイト　http://www.datascientist.or.jp/about/index.html

[25] データサイエンティスト協会 2017年10月25日 プレスリリース
https://www.datascientist.or.jp/common/docs/PR_skillcheck_ver2.00.pdf

ひとつが「ビジネス力」で、課題背景を理解したうえでビジネス課題を整理し、解決する力とされています。

　次は「データサイエンス力」で、情報処理、人工知能、統計学などの情報科学系の知恵を理解し、使う力とされています。なお、スキルチェックリストの初版（2015年）ではデータが持つ意味を読み解くための解析的なスキルが中心で、機械学習についての記述は多くはありませんでした。2017年に公開されたver.2では、予測、機械学習、最適化といったテーマが拡充され、広い目的に対応する形となっています。

　最後は「データエンジニアリング力」で、データサイエンスを意味のある形に使えるようにし、実装、運用できるようにする力とされています。データを扱うためのシステム環境を構築して、データを収集・蓄積し、必要なときに必要な形で取り出して加工するためのITスキルと考えればよいでしょう。

　スキルチェックリスト（ver.2）では、3つのカテゴリの合計で38のサブカテゴリと457項目のスキルが整理されています（**図1.8**）。

■ **数字はそれぞれのカテゴリでのチェック項目数**

ビジネス力

1	行動規範	12
2	論理的思考	18
3	プロジェクトプロセス	20
4	データ入手	4
5	データの理解・検証	3
6	意味合いの抽出、洞察	5
7	解決	4
8	事業に実装する	8
9	活動マネジメント	20
10	知財	6
	項目数	100

データサイエンス力

1	統計数理基礎	16
2	予測	17
3	検定／判断	11
4	グルーピング	14
5	性質・関係性の把握	14
6	サンプリング	5
7	データ加工	8
8	データ可視化	37
9	分析プロセス	5
10	データの理解・検証	23
11	意味合いの抽出、洞察	4
12	機械学習	20
13	時系列分析	7
14	言語処理	13
15	画像・動画処理	8
16	音声／音楽処理	5
17	パターン発見	3
18	グラフィカルモデル	3
19	シミュレーション／データ同化	5
20	最適化	10
	項目数	228

データエンジニア力

1	環境構築	21
2	データ収集	16
3	データ構造	11
4	データ蓄積	17
5	データ加工	13
6	データ共有	14
7	プログラミング	22
8	ITセキュリティ	15
	項目数	129

図1.8 「データサイエンティスト スキルチェックリスト」のスキルカテゴリ一覧

(3) チームワークの重要性

　本書は、データサイエンティストが持つべきスキルの中でも、特に「データサイエンス」に力点を置いて解説していきます。一方、データサイエンスだけではデータサイエンティストの仕事が成り立たないということも確かです。ビジネス力もデータエンジニアリング力も、本や研修で一朝一夕に身につくものではありません。であれば、どうすればよいのか、そのような仕事が可能なのかと思われる方もいるでしょう。

　ここで重要なのは、複数の領域に渡る膨大なスキルをすべてマスターした人材を求めるのは非現実的であるということです。人には得意・不得意があり、また高度な専門性を持つ人材ほど、その専門領域は狭くなります。このためビジネスの世界でのデータサイエンスは、ただ1人のエキスパートがすべてをこなすという形ではなく、チームで行うことになるでしょう。

　仮に、チームにそれぞれの力が欠けていた場合、どのような結果になるかを図1.9に示しておきました。ご自身について何が強みとなるのか、また、何を補完すべきなのか、協会のスキルチェックリストなども参考に確認してみることをお勧めします。

図1.9　どれかが欠けていると…

1.2.4 データサイエンスの限界と課題

　本書の第2章以降では、ツールの使い方や具体的な理論、手法などを学ぶことになりますが、その前にデータサイエンスの限界と課題について整理しておきましょう。厳しい話も含まれていますが、データサイエンスの限界と課題を知っておくことは、誤りや意図しない結果を避け、現実的な価値を得ることにつながります。

（1）データサイエンスの限界

　データサイエンスは、データの中からなんらかの関連性や法則性を導きます。これは、個々のケースについての経験的な事実を積み重ねて、そこから一般的な原理を導こうとする考え方で、論理学や科学哲学で言う「帰納法」にあたります。

　これに対して、論理的に導けるような原理をもとに個々のケースについての判断を導く考え方を「演繹法」と呼びます。

　帰納法の欠点は、どんなに経験を重ねても「多くの場合はこうだ」という事実の記録しか得られないという点です。物が落ちる様子を虚心坦懐に観察しても、万有引力の法則や相対性理論は生み出せません[26]。それらが生まれるためには、矛盾のない一般的な法則を数学的な論理で記述するという演繹的な思考が必要でした。

　統計解析は近代科学の発展に大きく貢献しています。しかし、これは統計解析自体が一般法則を導出する力を持っているからではありません。洗練されたモデルを考えるのは人間の役割であり、それをデータによって検証するのが統計解析です。統計解析が重要なのは、演繹的思考によって生み出された予想を帰納的に検証する力を持っているからです。

　一方で、データマイニングからビッグデータ、機械学習、ディープラーニングへといった一連の「ブーム」は、現象を説明するメカニズムを機械が自動的に描き出してくれるかのような誤解も生み出しています。しかし機械が自動的に出力できるのは相関関係に関する知識、または相関関係に基づく予測です。それは因果関係を記述する一般的な法則ではありません。

　たとえば仮に「青い車の事故が多い」という「法則」が見つかったとしても、青い色が事故の原因であるとは言えません。たまたま不具合のあった車種で青い色が多かったのかもしれません。簡単な問題であれば、相関と因果の違いは常識で判断できます。しかし知見の

---

[26]　アイザック・ニュートンがリンゴが落ちるのを見て万有引力の法則を発見したというのは必ずしも事実ではないと考えられています。アルベルト・A. マルティネス『ニュートンのりんご、アインシュタインの神——科学神話の虚実』2015年、青土社

ない分野になると、表面的な相関関係を本質だと誤解しがちになります。まして機械は、それらを区別するための知識を持ちません。データから帰納的な推論を行うだけでは真実には迫れないということを、データ分析に携わる人は肝に銘じておく必要があります。

（2）データサイエンスと法・倫理

データサイエンスに多くの人が注目するようになったのは比較的最近のことで、これに関わる法や倫理の問題はようやく注目され始めたところです。この観点からは次の3つの分野で課題があると考えられます。

● 知的財産権

ITの分野で知的財産権と言えば、その代表は著作権と特許権です。著作権は、人間が書いたプログラムコードを創作的表現として保護します。特許権は発明のアイデアを保護するものです。では、データは何によって保護されるのでしょうか。形がないので所有の概念は曖昧で、創作的な表現でもアイデアでもありません。自社の社員が入力したデータであれば議論の余地はあまりないでしょうが、顧客が入力したデータや、第三者が設置した機械が収集したデータについては、その権利をめぐって争いが生じる可能性があります。

さらに、データサイエンスでは優れたモデルが価値をもたらします。モデルの実態は機械が推定したパラメータで、ディープラーニングのような手法になると、数千から場合によっては億にも達するパラメータを機械が決定します。このパラメータは、どのような枠組みで保護され得るのでしょうか。また、それによって高い精度のモデルが得られた場合、そのこと自体が進歩性を持つ発明とみなされ得るのでしょうか。これらは従来の法が想定していない問題であり、今後の課題であると言えます。

● パーソナルデータとプロファイリング

パーソナルデータの問題、特に個人情報保護の動向については、すでに多数の議論があり、おびただしい量の文献もあることから本書では言及しないことにします。

データサイエンスとの関係から重要なのは**プロファイリング**を巡る問題でしょう。プロファイリングについては、EU一般データ保護規則（General Data Protection Regulation：GDFR）においてその規制が明文化されたことで特に注目されています。

プロファイリングとは、個人の属性を推定することです。プロファイリングの情報は、個人が受ける利益や不利益を左右するものですが、対象とされる本人はその存在を知りません。また、推定そのものが誤る可能性もあり、誤った情報に基づいて処遇を受ける本人がそのことに気づきにくいという問題が生じます。

アルゴリズムが個人の属性を間違えて判定するというだけなら、たとえば企業の社員が社員でないと判断されてオフィスの扉が開かないなら、そのようなケースはすぐに問題だとわかります。しかし、機械による確率的な判断は、単にその人の属性を当てるというよりは、「採用後に有能な職員となるか」「貸したローンを返済できるか」といった予測に使われる可能性が高いでしょう。このような場合は、ネガティブな結果が出れば採用や貸し出しが行われず、本人にはその理由はわかりません。また「もし採用していたら」「もし貸付けを行っていたら」という結果は誰にもわからないので、予測が正しいかどうかの検証は永遠にできません。

さらに、予測そのものがブラックボックスで、ネガティブな判断となった理由が担当者や責任者にさえわからないということもあります。数学の博士号を持つデータサイエンティストのキャシー・オニール（Cathy O'Neil）は、ワシントンD.C.で実際に起きた事件を報告しています[27]。生徒の学力向上に対する教員の貢献を評価するアルゴリズムを導入して教員の選別を行ったところ、評判の良かった優秀な教員らが解雇されてしまいました。評価のロジックを問いただしても担当者は、数学的な問題で、複雑なアルゴリズムであるという説明しかできませんでした。

● 統計的差別

プロファイリングが問題となるのは、この問題が「個人情報の推定」や「予測の正しさ」という問題を超えて、差別や人権の問題に関わるからです。

ワシントンD.C.での事件は、インプットとなったデータ（生徒の学力試験の結果）が信頼できるものでなかった可能性が指摘されています。もしそのとおりであるなら、これは予測の正確さの問題と言えます。

では、データが精査され、技術的な改善が行われて予測の正確さが保証されれば問題は解決するのでしょうか。実際のところ、そうではありません。たとえば、日本では管理職に占める女性の割合は13％にすぎないというデータがあります[28]。つまり性別と職位には関連性があり、これをもとに人材としての有望度合いを予測すれば「女性は有望な人材とは言えない」という結果になるでしょう。成績が優秀であるなどの場合は良い結果が出る可能性がありますが、それでも同じ成績の男女を比べれば、有望度の評価に対する減点は免れません。

---

[27]　Cathy O'Neil, *Weapons of Math Destructions*, Crown, 2016（キャシー・オニール『あなたを支配し、社会を破壊する、AI・ビッグデータの罠』インターシフト、2018年）

[28]　男女共同参画白書 平成29年版、内閣府

女性なら管理職になる可能性は低いだろうというのは確率的には誤りとは言えません。問題は、女性が管理職になれない理由が女性の側ではなく、企業の体質や社会制度の不備にあるという点です。アルゴリズムは、相関と因果を区別できません。つまり人種や性別などの属性と、その他の本質的な要因を区別することができません。マイノリティに属する個人への評価は厳しくなり、「機械による差別の再生産」という問題を生み出します。差別を受ける人が多ければ、データが示す実績はさらに悪くなり、余計に不利益が拡大します。

　人種や性別のような情報をモデルから取り除いても、問題は解決しません。Amazon.comでは多数の応募者を評価するため、機械学習による履歴書の審査システムを開発しました。米国の履歴書には性別欄がありません。しかし女性だけの部活動をしていた、女子大の出身であったなど、履歴書の記述に女性と判断される文言があると機械が応募者の評価を下げることが明らかとなりました[29]。このため、同社ではシステムの活用を断念しました。

　これらは機械にインプットするデータの偏りをなくせば解決できるという論調もありますが、本当でしょうか。まず、差別につながるのは人種や性別といった属性だけではありません。出身地、性指向、病歴などあらゆる属性についてデータの偏りをなくすというのは事実上不可能です。さらに機械は、すぐにはわかりづらい特徴の組み合わせ、たとえば名前、住所、家族構成、あるいは顔つきや言葉遣いなど、さまざまな情報を組み合わせて、その人が社会的地位の低い集団に属すると推定し、それ故に失格と判断する可能性があります。

　差別の定義はさまざまですが、ひとつの解釈としては「個人の資質ではなく、その人が属する集団の特性でその人の処遇を決めること」と言えます。もし、人の評価において正しくありたいと思うなら、その人の個人の資質や人格のみを評価すべきでしょう。

　このような「統計的差別」はかなり根深い問題です。人を審査して処遇を決めるような課題では、目的に照らしてより本質的な、その人自身の資質やスキルだけを測定するように手段を限定すべきかもしれません。簡単な解決策は見出せませんが、このテーマについて慎重な配慮、もしくはGDPRのようになんらかの規制が求められるということは確かでしょう。

---

[29]　Reuters, "Amazon scraps secret AI recruiting tool that showed bias against women" The Japan Times
https://www.japantimes.co.jp/news/2018/10/11/business/tech/amazon-scraps-secret-ai-recruiting-tool-showed-bias-women-sources/

コラム　ビジネス活用における留意点

本書のような入門書を手に取る方の中には、いずれはデータ分析プロジェクトを立ち上げてビジネス活用につなげたいと考える方もいるでしょう。このコラムでは、教科書の例題では直面することがないトラブル、見落としがちな検討事項などを紹介します。

■ 驚きのある結果が得られない

データ分析を用いることで「人が気づかないような驚きのある結果」や「人知を超えた性能」を期待される方はたくさんいます。そういう方たちに分析の結果をお伝えすると、「現場感覚と同じだ」と言われたりします。このように言われることは非常に多く、BI（Business Intelligence）ツールなどを用いた可視化でも機械学習を用いた分析でも起こり得ます。この原因としては、人が与えた教師ラベルを用いていることや、人の意志が強く反映された偏ったデータを使っていることが挙げられます。

人が教師ラベルを与えるということは、得られる最大の精度が人と同等ということになります。実際には、人が行う分析よりも下回る成果しか得られません。このため、人の持っていない知見、性能を実現したいのであれば教師ラベルを必要としない強化学習のような手法を用いるか、意図的に意外性のあるデータを収集してから分析する必要があります。

■ 無視できないコミュニケーションコスト

分析のテクニカルな難しさと同じくらい悩まされるのがコミュニケーションコストです。コミュニケーションコストとは、関係者間で事前知識などに差があり、会話をするのにかかる時間的コストのことです。事前知識で差が出やすいのは分析対象とする業務・商品、データそのもの、分析手法に関する知識です。

業務や商品に関する知識が不足すると、データをいくら分析してもそこから示唆に富む知見を得ることはできません。実務で重要となっていることが何かを理解したうえでコミュニケーションをとらなければ、意味のない膨大な情報に溺れてしまいます。

データそのものに関する知識が不足すると、活用すべきデータはどれなのかを検討し、決定するのに相当の時間がとられます。組織内に蓄積されているデータには似通ったものが多くあり、どちらのシステムに記録されたデータを使うべきか、数百ある項目のそれぞれの意味は何かといったことを把握する必要があります。自社システムのデータであっても、全体を正確に把握されている方は稀です。ましてや顧客のシステムのような社外のデータに関して全容を把握するのはそう簡単ではありません。

分析手法に関する知識不足も問題になります。特に分析結果の報告の際には、多くの場合、分析結果だけでなく、採用した分析手法や検討プロセスを説明しなければなりません。分析手法について詳しくない顧客に対して、高度な分析手法について説明しても「何を分析しているのかわからない」などと言われてしまいます。優れた分析を行ったとしても、知識差を埋めるような報告をしなければ、活用されないという結果に陥ります。

すべてに精通した人材は稀であるため、こういったトラブルを避けるためにビジネス力、データサイエンス力、エンジニア力それぞれに強みを持ったメンバーを集結したチーム編成で対処することになります。

■ ランニングコストの考慮が必要

　期待する精度の機械学習モデルが無事作成でき、モデルを実際のビジネスに投入する際に問題となるのがランニングコストです。

　一般に、機械学習モデルは処理速度に10倍程度の差が出ることは珍しくありません。処理速度に10倍の差があるということは、ランニングコストも10倍の差が生まれる可能性があるということです。

　1件あたりの処理速度が遅い場合でも、処理する件数が少ないのであれば処理するサーバーへの影響は少ないため問題にはなりません。しかし、多数の人が負荷のかかる機械学習モデルを使うときはサーバーの性能が問題になります。なんらかの手段でサーバー性能を増強しなければなりません。

　このように、モデルを作る際には、通常のシステム開発で検討する非機能要件にも目を向ける必要があります。場合によっては、ランニングコストを低減させるために、精度を犠牲にすることも必要になるかもしれません。

第 2 章
RとPython

2.1 RとPython

2.2 R入門

2.3 Python入門

2.4 RとPythonの実行例の比較

2.1 | RとPython

2.1.1 RとPythonの比較

RとPythonはいずれも数理解析に向いた言語であり、どちらを使ってもほぼ同等の分析が可能です。使いやすいほうを選んでどちらを使ってもかまいません。ただし、多少の向き不向きや使い勝手の違いはあります。以下では、データサイエンスの入門という観点から、RとPythonを比較してみます。

（1）分野とユーザーの違い

一般に、統計解析であればR、機械学習であればPythonを使うのが"常道"でしょう。これはそれぞれの言語が開発された歴史やユーザーの違いに由来するもので、必ずしもすべてが言語自体の仕様によるものとは言えません。

統計解析のユーザーはさまざまな分野のプロフェッショナルであり、必ずしもITの専門家ではありません。Rはプログラミングに長けていない人にも扱いやすい言語で、生物学、心理学、医学など、多様な分野に適したパッケージも提供されています。SASやSPSSといった商用の統計パッケージを使っていたが、フリーで入手でき、かつ機能が豊富なRを使うようになったという人も多いのではないでしょうか。

一方、機械学習に関心のあるユーザーには、プログラマやIT分野のエンジニアの方が多いでしょう。以前からCやJavaといったプログラミング言語を使っていたが（または今でも使っているが）、より扱いやすく数理解析の機能が充実しているPythonを使うようになったという人も多いでしょう。あるいは、Webのプログラム開発などでもともとPythonを使っていた人が、機械学習を手掛けるようになったという場合もあると思います。

余談ですが、この違いは書店に行くと実感できます。筆者は東京のいくつかの大規模書店を利用していますが、Rに関する書籍は数学・統計のコーナーに集中的に置かれており、情報工学やコンピュータ、プログラミング言語のコーナーにはほとんどありません。Pythonに関する書籍は逆で、数学・統計のコーナーにはそれほど置かれていません。

（2）基本機能とライブラリ

分析に必要なデータ処理機能がどのように提供されるかについて、RとPythonとでは大きく異なっています（**表2.1**）。

表2.1 RとPythonの基本機能とライブラリ

	R	Python
ベクトル・行列計算	標準 (base)	NumPy、SciPy
データフレーム	標準 (base)	pandas
基本的な統計解析	標準 (stats)	StatsModels
基本的なグラフィックス	標準 (graphics)	Matplotlib
拡張グラフィックス	ggplot2	Seaborn
機械学習	caret	scikit-learn

※両者の機能には差異があり、1対1で完全に対応するものではない

Rはもともとベクトル処理（➡2.2.1）を前提とした言語であり、配列や行列の演算を簡単に実行できます。また、データベースのテーブルに相当するデータフレームを扱うことができ、複数の異なる型の変数を含むデータについても容易に分析することができます。

Pythonではこれらの機能は標準では提供されず、NumPyやpandasといったライブラリを読み込んで使います。これらは便利である反面、データの操作においていくつかの不統一が生まれる原因になっています。

手続きを記述する方法も、Rは基本的に関数の組み合わせで記述できますが、Pythonでは関数を使った記述とクラス、メソッドを使った記述（特にライブラリに依存するもの）が混在しており、プログラミングについての最低限の理解が必要となります。

（3）統計解析での利用

Rでは基本的な統計解析機能が標準パッケージに含まれており、追加パッケージをインストールしなくてもそれだけで一通りの統計分析を行うことができます。また（1）で述べたように、Rではさまざまな分野に適した拡張パッケージが提供されています。同じ解析手法を複数のパッケージが異なる実装で提供している場合も多いため、より使いやすいもの、機能が豊富なものを利用できます。

Pythonには統計解析の機能は含まれていないため、StatsModels[1]というパッケージをインストールして使う必要があります。Python用の統計解析パッケージはRに比べると限定

---

[1]　　StatsModels　https://www.statsmodels.org/stable/index.html

的で、手法によっては選択肢に乏しく（たとえば因子分析とそのバリエーションなど）、日本語の情報も少ない印象があります。線形回帰や一般化線形モデル（GLM）などの基本的な手法については特に不自由はしないでしょう。

（4）機械学習での利用

　機械学習を使った分析では、個々のアルゴリズムの優劣以上に、データの加工、分割、学習、テストといった一連のワークフローを、アルゴリズムの種類を問わず統一的に扱えることが重要です。この点、Python用の機械学習パッケージであるscikit-learnは優れており、第1の選択肢となるでしょう。ディープラーニングのためのライブラリもPythonは大変充実しています。強化学習のように自身でのプログラミングが求められる課題では、汎用プログラミング言語であるPythonの本領が発揮されます。PythonはWebアプリケーションの開発などにも利用されるため、機械学習の処理と連携させるときも有利です。

　Rでも複数のアルゴリズムを使って機械学習の手続きを実行できるcaretというパッケージが提供されていますが、scikit-learnほどの統一感はなく、使い勝手に劣る印象があります。ただし、決まったデータセットにランダムフォレストやSVMといった特定のアルゴリズムを適用して実行結果を参照するような簡単な利用法であればRでも十分でしょう。むしろ手軽かもしれません。

（5）扱いやすさ

　言語としての扱いやすさは慣れの問題が大きく、どれがいいかは一概には言えません。いずれもCやJavaといった言語に比べてわかりやすく、少ない行数で処理を記述できます。ただし、PythonのほうがいくらかCやJavaといった本格的な開発用の言語に近く、Rのほうがいくらか簡易なスクリプト言語に近いと言えるかもしれません。用途の違いにも関連しますが、Pythonではオブジェクト、特にクラス、インスタンス、メソッドという概念を理解する必要があります。

　どちらかと言えばRはプログラミングが本業ではないユーザー向け、Pythonは情報科学やプログラミングへの指向が強いユーザー向けと言えるでしょう。なお、RからPythonを呼び出すことのできるR用のパッケージ（PythonlnR、reticulateなど）や、PythonからRを呼び出すことのできるPython用のパッケージ（PypeR[2]など）もあります。普段は一方を使っていて、必要なときだけもう一方を呼び出したいという場合に活用できます。

---

[2]　PypeR　https://pypi.org/project/PypeR/

2.2 R入門

2.2.1 Rの概要

（1）Rの特徴

　Rはデータの分析や統計解析のために開発されたソフトウェアで、プログラミング言語としても十分な機能を備えています。プログラミング言語といってもCやJavaなどの言語に比べると非常に簡単で、プログラミングの未経験者でも1行ずつコードを追っていけば意味を理解するのは難しくはありません。また、順番に処理を記述していけば一通りの分析が可能であるため、プログラミング言語というより「分析ツール」という感覚で使っている人も多いでしょう。

　Rの開発は、オークランド大学とハーバード大学の研究者を中心に進められました。Rという名称は2人の開発者のイニシャルであり、かつ、Rに先立って開発されていたSというデータ解析ソフトウェアにも由来していると言われます[3]。Rは現在、UNIX、macOS、Windowsの3つのOSで利用できます。また、世界中の研究者・開発者がさまざまな用途のライブラリを拡張パッケージとして提供しており、その情報はThe Comprehensive R Archive Network（CRAN）に集積されています。CRANには2019年1月時点で、1万3000を超える拡張パッケージが提供されており、その数は日々増加しています。

（2）Rの実行環境

　Rは分析などの用途に特化したソフトウェアであるため、OSやほかのアプリケーションへの影響をあまり気にせずにインストールすることができます。環境管理がそれほど煩雑になることもないでしょう。

　Rは単独で実行することも可能ですが、IDE[4]などの専用のツールをインストールして利

---

[3]　R FAQ, Version 2018-10-18　https://cran.r-project.org/doc/FAQ/R-FAQ.html

[4]　IDEは統合開発環境（Integrated Development Environment）の略で、プログラムの記述や実行、デバッグなどに必要な複数のツールが一体化されています。

用したほうが便利です。よく使われるのは**RStudio**と呼ばれるツールで、無料で利用できるオープンソース版（Open Source Edition）と有料の商用版（Commercial License、サポート付き）が提供されています。本書が想定する範囲ではオープンソース版でも十分です。ただし、AGPL v3 ライセンス[5]を遵守する必要があるので注意してください。

- **RStudio**
  https://www.rstudio.com/

　RStudioのインストールと利用法については、付録で解説しているので参考にしてください（付録PDFのダウンロード方法についてはiiページを参照してください）。RStudio以外に同様の機能を持つ**R Commander**というツールもあります。また、Python向けに開発された**Jupyter Notebook**でもRの実行が可能です。自分の好みに合ったものを使えばよいでしょう。

- **R Commander**
  https://www.rcommander.com/

- **Jupyter Notebook**
  https://jupyter.org/

　Rは標準でデータ分析と統計解析の機能を備えていますが、（**1**）で述べたように膨大な数の拡張パッケージをできるだけ活用したほうが便利です。特に、基本的な処理をわざわざ自分でプログラムとして記述すると、プログラムが逐次実行する命令の数（ステップ数）が多くなるため、処理が遅くなります。

　拡張パッケージはCRANで統合管理されており、RStudioのGUIからCRANにあるパッケージを検索して簡単にインストールできます。本書でもさまざまなパッケージを使用するので、都度インストールして使うようにしてください。RStudioを使った場合のパッケージのインストールの方法については、付録を参照してください（付録PDFのダウンロード方法についてはiiページを参照してください）。

　なお、パッケージなどに含まれる一連のプログラムのまとまりを**ライブラリ**と言います。文脈によって「パッケージ」と呼ぶ場合と「ライブラリ」と呼ぶ場合がありますが、本書ではほぼ同じ意味と思っていただいて差し支えありません。

---

[5]　AGPLはAffero General Public Licenseの略。AGPLの条文はFSF（Free Software Foundation）が運営しているサイトで参照できます。https://www.gnu.org/licenses/agpl-3.0.ja.html

（3）関数

　　Rのさまざまな機能は**関数**と呼ばれるプログラムで提供されます。この場合の関数は、数学における関数とは意味が違い、プログラムの1つの実行単位を指します。関数は多くの場合、その関数の名称と、それに続く丸括弧で表されます。たとえば、print("hello")というコードは、コンソールに "hello" という文字列を表示することを意味します。この場合はprint()という関数（プログラム）に、"hello" という文字列を引き渡して実行していることになります。一般には、関数に続く丸括弧の中に記述する内容は「**引数**」と呼ばれています。

　　少し複雑な処理を実行したい場合は、既存の関数をもとに自作の関数を作ると便利です。このように、関数を組み合わせてさらに別のプログラム（関数）を作っていく方法は、Rに限らず、Cなどの言語でも同じです。このような方法を**関数型プログラミング**と呼びます。

　　しかし一般的なユーザーであれば、本格的なプログラミングではなく、既存のデータを読み込んで分析するためにRを使うことが多いでしょう。このような用途では、関数型のプログラミングにこだわらず、提供されている既存の関数を実行したい順番に並べていく方法（**手続き型プログラミング**）でも十分に実用的な処理が可能です。本書で提供するスクリプトも、主にこのような方法で記述しています。

（4）ベクトル処理

　　プログラミング言語としてのRの大きな特徴は、**ベクトル処理機能**を標準で備えていることです。

　　通常のプログラムでは、1つの値を1つずつ処理します。たとえば、1, 2, 3という数列 A があり、これに4, 5, 6という別の数列 B を足すとします。多くのプログラミング言語では、最初に数列 A の先頭と数列 B の先頭からそれぞれの値（1と4）を取り出し、その和を計算して、結果である5を新しい数列の先頭に格納します。次に、処理すべき対象を2番目の要素に移し、同様の処理を繰り返します。この例では、3回の繰り返しで処理が終了します。

　　これを、一般のプログラミング言語では「for i=1 to 3」のような書き方で**繰り返し処理（ループ処理）**として記述します。そして、この処理には3行程度の記述が（より正確に言えば、3つ程度の命令の組み合わせが）必要です。また数列を格納するために**配列**を利用しますが、この配列は3つの数値を便宜的に入れておくための箱のようなもので、配列そのものが直接に計算の対象となるわけではありません。

　　これに対して、Rでは1, 2, 3という数列Aを1つの**ベクトル**として扱います。ベクトルはここでは3つの要素を含みますが、単なる箱ではなく、それ自体が計算の対象となります（こ

の点は数学で扱われるベクトルの概念に似ています)。したがって、数列 A と数列 B を足すには、$A+B$ という3文字を記述するだけですみます。

このようなプログラミングには、以下のメリットがあります。

- プログラムを簡潔に記述できる
- 数学でのベクトルや行列の計算と相性が良い
- ループ処理の内容を1命令ずつ解釈して実行するよりも高速である

最後の点はRのプログラムを記述する際にも重要です。上記の例は単純ですが、複雑な処理になれば特に実行時間の差が大きくなります。Rではかなり複雑な処理もループを使わずに書くことができますので、プログラミングの経験者でループ処理に慣れている方もできるだけループを使わずに書くことを心がけてみてください。

2.2.2　Rの文法

ここでは、Rの基本的な文法とベクトルの操作を説明します。本書はプログラミングの解説書ではないため、以下の説明はRを使うときの最低限の入門として読んでください。本項と次項の内容を理解しておけば、第3章以降の内容を理解するのに大きな不足はないでしょう。

>
> **メモ**
> **Rの実行環境について**
> 本章で示しているRのスクリプトはRStudioでの実行を前提としています。本書のサポートページにRStudioの基本的な使い方と画面について説明したドキュメントがあります。ダウンロード方法についてはiiページを参照してください。

本項で使用するサンプルスクリプトは📄**2.2.02.RGrammer.R**です（**リスト2.1**）。このファイルは、パソコン上の適当なディレクトリに保存してから、RStudioの［File］メニューの［Open File］で開いて実行してください。

スクリプトはマウスなどでまとめて範囲を選択してから Ctrl + Enter キーを押せば、選択した範囲を実行できます。また、スクリプト中の任意の場所をクリックしてキャレット（｜）をプログラムを記述したスクリプトファイルの中に置き、点滅した状態で Ctrl + Enter キーを押せば、該当の行を1行ずつ実行できます。

リスト2.1 2.2.02.RGrammer.R

```r
#Rの文法
#1行ずつ実行してみましょう

#'#' はコメントを示します


#算術演算
3 + 2       #和
3 - 2       #差
3 * 2       #積
3 / 2       #商
3 ^ 2       #累乗

3^2         #スペースはなくてもよい

#オブジェクトへの格納（代入操作）
a <- 1      #1をaに格納
A <- 2      #2をAに格納
b <- a + A  #a+Aをbに格納
print(b)    #bを表示
b           #print()を書かなくても表示される


#ベクトル
a <- c(1, 2, 3) #(1, 2, 3)をaに格納
A <- c(4:6)     #(4, 5, 6)をAに格納
b <- a + A      #a+Aをbに格納
b               #bを表示
b * 2           #b×2を表示

a <- c(1,2,3)   #スペースはなくてもよい

sum(a)          #ベクトルの要素の和


#文字列
fr1 <- "apple"              #文字列
fr2 <- c("orange", "lemon") #文字列を要素とするベクトル
fruites <- c(fr1, fr2, fr1) #要素を結合
fruites                     #fruitesを表示


#論理
bool <- c(TRUE, FALSE, F, T) #論理値
bool                         #TはTRUEの略、FはFALSEの略
sum(bool)                    #T/Fは1/0として扱われる

"pen" == "pen"      #比較演算（同じ）
"pen" == "apple"
"pen" != "apple"    #比較演算（異なる）
"pen" != "pen"

1 < 2               #比較演算（より小さい）
1 >= 2              #比較演算（より大きいか同じ）

is_apple <- fr1 == "apple"      #比較演算の結果を格納
```

```
is_apple

is_apple <- fruites == "apple"     #比較演算の結果を格納
is_apple


#型
class(a)            #オブジェクトの型を表示する
class(fr1)
class(fruites)
class(is_apple)
str(a)              #型と構造、内容の一部を表示する
str(fr1)
str(fruites)
str(is_apple)


#ベクトルの要素を取り出す
Nums <- seq(4, 62, 2)     #4から62まで間隔が2の数列を作成
Nums
str(Nums)

head(Nums)       #最初の6つ
head(Nums, 8)    #最初の8つ
tail(Nums, 8)    #最後の8つ

Nums[3]          #3つ目の要素
Nums[2:5]        #2つ目から5つ目までの要素
Nums[-3]         #3つ目以外の要素


#要素の追加
Nums <- append(Nums, 64)           #最後に要素を追加
Nums

Nums <- append(Nums, 2, after=0)   #先頭に追加
Nums                               #'after'で位置を指定


#マトリクス（行列）
Nums <- matrix(Nums, 8, 4)     #Numsを8×4の行列に変換
Nums

#row(行) とcolumn(列) の指定
Nums[1, 2]    #row 1, column 2
Nums[2, 1]    #row 2, column 1
Nums[, 2]     #すべてのrow, column 2
Nums[2, ]     #row 2, すべてのcolumns

class(Nums)   #型の確認
str(Nums)


#関数を作成
#   ベクトルの要素をすべて2乗して足す関数sumSquaresを作る
sumSquares <- function( a ){
  b <- sum( a^2 )    #aの2乗の和
  return(b)          #bの値を関数の戻り値として返す
```

```
}
sum(c(1, 2, 3))           #1 + 2 + 3
sumSquares(c(1, 2, 3))    #1 + 4 + 9
sum(Nums)                 #2 + 4 + 6 +...
sumSquares(Nums)          #4 +16 +36 +...
```

（1）算術演算とオブジェクトへの格納

スクリプトの最初には、簡単な算術演算（加減乗除など）の例を示しています。これらの記号の使い方は、普段 Microsoft Excel などを使っていれば馴染み深いものでしょう。実行結果を**例2.1**に示します。

例2.1 簡単な算術演算の例

```
> 3 + 2           #和
[1] 5
>
> 3 - 2           #差
[1] 1
>
> 3 * 2           #積
[1] 6
>
> 3 / 2           #商
[1] 1.5
>
> 3 ^ 2           #累乗
[1] 9
```

次に、数値や計算結果をオブジェクトに格納します。**オブジェクト**とは、何でも入れられる箱のようなものです。**変数**と呼ぶことも多いのですが、統計解析で使われる「変数」と混同しがちなので、ここでは「オブジェクト」と呼ぶことにします。オブジェクトの名称は、ここではaやAといったアルファベットを用いていますが、任意の文字列で好きな名前をつけることができます。ただし、数字から始めることはできません。また、大文字と小文字は区別されます。オブジェクトに格納された数値や計算結果は関数の print() を使って表示できますが、print() を使わなくてもオブジェクトの名称を記述して実行すれば表示されるため、通常はこのほうが便利です（**例2.2**）。

例2.2 オブジェクトへの格納（代入操作）

```
> a <- 1           #1をaに格納
> A <- 2           #2をAに格納
```

```
> b <- a + A          #a+Aをbに格納
>
> print(b)            #bを表示
[1] 3
>
> b                   #print()を書かなくても表示される
[1] 3
```

（2）ベクトル

ベクトルは複数の要素を束ねた配列ですが、一般のプログラミング言語における配列と異なり、ベクトル自体が計算の対象となります。

ベクトルを作成するのはc( )という関数で、cはcombine（束ねる）を意味しています。ベクトルの要素としては、数値、文字列、論理型（TRUEまたはFALSE）などを扱うことができます（**例2.3**）。

なお、Rで**文字列**を表す際は、引用符（' 'または" "）でくくります。数字でも"123"のように引用符でくくれば文字列として認識されます。

例2.3 ベクトル、文字列、論理値の演算

```
> a <- c(1, 2, 3)     #(1, 2, 3)をaに格納
> A <- c(4:6)         #(4, 5, 6)をAに格納
> b <- a + A          #a+Aをbに格納
>
> b                          #bを表示
[1] 5 7 9
>
> b * 2               #b×2を表示
[1] 10 14 18
>
> sum(a)              #ベクトルの要素の和
[1] 6
>
>
> fr1 <- "apple"              #文字列
> fr2 <- c("orange", "lemon")           #文字列を要素とするベクトル
> fruits <- c(fr1, fr2, fr1)            #要素を結合
>
> fruits                                #fruitesを表示
[1] "apple"  "orange" "lemon"  "apple"
>
>
> bool <- c(TRUE, FALSE, F, T)    #論理値
>
> bool                            #TはTRUEの略、FはFALSEの略
[1]  TRUE FALSE FALSE  TRUE
>
```

```
> sum(bool)                    #T/Fは1/0として扱われる
[1] 2
```

（3）論理演算

論理演算（比較や否定）の記号もExcelなどと同様で、これらを使った条件判断の結果は
TRUEかFALSEのいずれかが返されます（**例2.4**）。

例2.4 論理演算

```
> "pen" == "pen"         #比較演算（同じ）
[1] TRUE
>
> "pen" == "apple"
[1] FALSE
>
> "pen" != "apple"       #比較演算（異なる）
[1] TRUE
>
> "pen" != "pen"
[1] FALSE
>
> 1 < 2                  #比較演算（より小さい）
[1] TRUE
>
> 1 >= 2                 #比較演算（より大きいか同じ）
[1] FALSE
>
> is_apple <- fr1 == "apple"        #比較演算の結果を格納
> is_apple
[1] TRUE
>
> is_apple <- fruits == "apple"     #比較演算の結果を格納
> is_apple
[1]  TRUE FALSE FALSE  TRUE
```

（4）型と構造の確認

オブジェクトの型（**クラス**）はclass()関数で、オブジェクトの構造（**ストラクチャ**）は
str()関数で確認できます。str()は複雑な中身を持つオブジェクトを確認するときに便利
です。なお、class()を使わなくてもstr()を実行すれば型も表示されます（**例2.5**）。

例2.5 型と構造の確認

```
> class(a)               #オブジェクトの型を表示する
[1] "numeric"
>
```

```
> class(fr1)
[1] "character"
>
> class(fruits)
[1] "character"
>
> class(is_apple)
[1] "logical"
>
> str(a)              #型と構造、内容の一部を表示する
 num [1:3] 1 2 3
>
> str(fr1)
 chr "apple"
>
> str(fruites)
 chr [1:4] "apple" "orange" "lemon" "apple"
>
> str(is_apple)
 logi [1:4] TRUE FALSE FALSE TRUE
```

（5）ベクトルの内容を取り出す

多くの要素を持つベクトルや、後述するマトリクス、データフレームなどの内容を確認する場合はhead()という関数が便利です。特に指定がない限り、先頭の6つの要素（または6行分）を表示します（**例2.6**）。

ベクトルの中から、特定の要素を取り出す場合は**添字（インデックス）**を指定します。たとえば、Numsというオブジェクトの3番目を指定する場合はNums[3]のように角括弧（ブラケット）でくくって添字を記述します。2:5と記述すると「2から5まで」という意味になります。

なお、出力結果が長いと途中で改行されますが、このとき行の頭に[1]や[20]などと出力されます。これは、行の先頭にある要素が、何番目の要素であるかを示しています。

例2.6 ベクトルの内容を取り出す

```
> Nums <- seq(4, 62, 2)     #4から62まで間隔が2の数列を作成
> Nums
 [1]  4  6  8 10 12 14 16 18 20 22 24 26 28 30 32 34 36 38 40
[20] 42 44 46 48 50 52 54 56 58 60 62
>
> str(Nums)
 num [1:30] 4 6 8 10 12 14 16 18 20 22 ...
>
> head(Nums)                #最初の6つ
[1]  4  6  8 10 12 14
```

```
>
> head(Nums, 8)              #最初の8つ
[1]  4  6  8 10 12 14 16 18
>
> tail(Nums, 8)              #最後の8つ
[1] 48 50 52 54 56 58 60 62
>
> Nums[3]                    #3つ目の要素
[1] 8
>
> Nums[2:5]                  #2つ目から5つ目までの要素
[1]  6  8 10 12
>
> Nums[-3]                   #3つ目以外の要素
 [1]  4  6 10 12 14 16 18 20 22 24 26 28 30 32 34 36 38 40 42
[20] 44 46 48 50 52 54 56 58 60 62
```

（6）ベクトルへの要素の追加

ベクトルに要素を追加するには、append()関数を使います（**例2.7**）。データ分析における利用場面はそれほど多くないかもしれませんが、処理結果を1つずつ既存のベクトルに加えていくときに使うことができます。

例2.7 ベクトルへの要素の追加

```
> Nums <- append(Nums, 64)         #最後に要素を追加
> Nums
 [1]  4  6  8 10 12 14 16 18 20 22 24 26 28 30 32 34 36 38 40
[20] 42 44 46 48 50 52 54 56 58 60 62 64
>
> Nums <- append(Nums, 2, after=0) #先頭に追加
> Nums                             #'after'で位置を指定
 [1]  2  4  6  8 10 12 14 16 18 20 22 24 26 28 30 32 34 36 38
[20] 40 42 44 46 48 50 52 54 56 58 60 62 64
```

（7）行列（マトリクス）

行列（マトリクス）は、行×列の2次元の構造を持ったベクトルです。行列から特定の要素を取り出す場合は添字（インデックス）を2つ指定します。たとえばNumsという行列の1行目、2列目の要素はNums[1, 2]と表現します。なお、片方を省略するとすべての行、またはすべての列という意味になります。たとえばNums[, 2]はすべての行の2列目の要素を取り出す、つまり列指定で2列目を取り出すということになります（**例2.8**）。

例2.8 行列（マトリクス）の演算

```
> Nums <- matrix(Nums, 8, 4)    #Nums を 8×4 の行列に変換
> Nums
     [,1] [,2] [,3] [,4]
[1,]    2   18   34   50
[2,]    4   20   36   52
[3,]    6   22   38   54
[4,]    8   24   40   56
[5,]   10   26   42   58
[6,]   12   28   44   60
[7,]   14   30   46   62
[8,]   16   32   48   64
>
> #row(行) とcolumn(列) の指定
> Nums[1, 2]    #row 1, column 2
[1] 18
>
> Nums[2, 1]    #row 2, column 1
[1] 4
>
> Nums[, 2]      #すべてのrow, column 2
[1] 18 20 22 24 26 28 30 32
>
> Nums[2, ]     #row 2, すべてのcolumns
[1]  4 20 36 52
>
> class(Nums)   #型の確認
[1] "matrix"
>
> str(Nums)
 num [1:8, 1:4] 2 4 6 8 10 12 14 16 18 20 ...
```

（8）関数の作成

function()関数で新しい関数を自分で作成できます。丸括弧の中には関数のインプット
となる引数を記述し、次の波括弧（{}）の中に関数が呼び出されたときに実行する内容を
記述します。実行する内容が1つだけのときは波括弧を省略できます。構文を次に示します。

構文

```
関数名 <- function( 引数 ) {
     関数の処理
   }
```

スクリプトでは例として、ベクトルの要素の2乗和を計算する関数 sumSquares() を自作
しています（**例2.9**）。なお、2乗和とは、それぞれの値を2乗し、それらをすべて足した値
です。統計解析や機械学習では非常によく使われる計算法です。

例2.9 自作関数の作成

```
> sumSquares <- function( a ){
+   b <- sum( a^2 )      #aの2乗の和
+   return(b)            #bの値を関数の戻り値として返す
+ }
>
> sum(c(1, 2, 3))        #1 + 2 + 3
[1] 6
>
> sumSquares(c(1, 2, 3)) #1 + 4 + 9
[1] 14
>
> sum(Nums)              #2 + 4 + 6 +...
[1] 1056
>
> sumSquares(Nums)       #4 +16 +36 +...
[1] 45760
```

2.2.3 データ構造と制御構造

（1）データの構造

　前項では、Rの基本的なデータ構造としてベクトルと行列を説明しました。これらはいずれも、中に含まれる要素が同一の型である必要があります。たとえばx <- c(1, 2, "abc")のように、数値と文字列を混ぜてベクトルを作成しようとしても、自動的に型が統一され、xは"1", "2", "abc"という文字列を要素とするベクトルになります。ベクトルと行列の違いは、構造が1次元であるか2次元であるかだけです。

　これに対して、これから説明する**リスト**と**データフレーム**では、要素の型が同じである必要はありません。説明に先立ち、これらの違いを**図2.1**に示しておきます。特に行列とデータフレームの違いは混乱しがちなので注意してください。

●リスト

　リストおよびデータフレームの仕組みを説明するため、**表2.2**の内容のデータをスクリプト内に記述しています。サンプルスクリプトは📄2.2.03.Data Structure.Rです（**リスト2.2**）。

表2.2 コーヒーのサイズと容量、価格

Cup	Fl.oz	USD
Kids	7	NA
Short	10	2.45
Medium	14	2.85
Tall	18	3.25
Grand	24	3.65

■ ベクトル、行列（マトリクス）
● 同じ型の要素を並べたもの

ベクトル

36
32
48
64

行列
（マトリクス）

36	42
48	64

■ リスト
● 異なる構造・型のデータを束ねたもの

説明	月平均	グループ平均	
点数サマリー	62.5	52.7	56.4
	58.6	49.0	48.2
	51.2		
	48.9		

■ データフレーム（実際にはリストの一種）
● 縦・横に項目が揃った表形式

No.	性別	年齢	地域	点数
1	1	12	東京	36
2	2	10	東京	32
3	1	NA	東京	48
4	1	14	大阪	64

図2.1　基本的なデータ構造

リスト2.2　2.2.03.DataStructure.R

```
#データ構造と制御構造

#リスト
Cup    <- c("Kids", "Short", "Medium", "Tall", "Grand") #ベクトル
Fl.oz <- c(7, 10, 14, 18, 24)                           #ベクトル

Sizelist <- list(Cup, Fl.oz)    #2つのベクトルを束ねてリストを作る
Sizelist

class(Sizelist)    #型を確認
str(Sizelist)      #型と構造

Sizelist[1]        #リストの1つ目（リスト）
Sizelist[[1]]      #リストの1つ目（ベクトル）
Sizelist[[1]][2]   #そのベクトルの2つ目の要素（文字列）

Sizelist[2]
Sizelist[[2]]
Sizelist[[2]][2]


#データフレーム
DFSize <- as.data.frame(Sizelist)       #データフレームに変換
```

```
colnames(DFSize) <- c("cup", "fl.oz")   #列名（ヘッダー）をつける

head(DFSize)        #最初の6行

class(DFSize)       #型の確認
str(DFSize)         #型と構造

View(DFSize)        #データフレームの表示（RStudioの左上ペイン）


DFSize$cup          #列名を指定してデータを取り出す
DFSize$fl.oz

DFSize$USD <- c(NA, 2.45, 2.85, 3.25, 3.65)
                    #'USD'という名前で列を作成
DFSize$USD

head(DFSize)        #最初の6行
str(DFSize)         #型と構造


DFSize[2, 3]        #row 2, column 3
DFSize[2, ]         #row 2, すべてのcolumn
DFSize[, 3]         #すべてのrow, column 3
DFSize[, "USD"]     #すべてのrow, column名"USD"

DFSize$USD[2]       #ベクトル DFSize$USD の2つ目の要素
                    #この場合は DFSize[2, 3]と同じ

DFSize[DFSize$cup=="Short", ]
                    #cupが"Short"である行（列はすべて）
                    #この場合は DFSize[2, ]と同じ

DFSize[DFSize$cup=="Short", "USD"]
                    #cupが"Short"である行、かつ列名が"USD"
                    #この場合は DFSize[2, 3]と同じ

#データフレームの列同士の演算
DFSize$UnitPrice <- DFSize$USD / DFSize$fl.oz
head(DFSize)
str(DFSize)


#注意）データフレームはリストの特殊な形
DFSize$fl.oz        #数値のベクトル
DFSize[, 2]         #数値のベクトル，'DFSize$fl.oz'と同じ

DFSize[2]           #これはベクトルではなく1列だけのデータフレーム
                    #  リストの2つ目を取り出したことを意味する
DFSize[[2]]         #これは数値のベクトル，'DFSize$fl.oz'と同じ
                    #  リストの2つ目の要素を取り出したことを意味する


#型の変換
class(DFSize$fl.oz)  #型の確認
class(DFSize$cup)
```

2.2

R
入
門

```r
str(DFSize$cup)        #型と構造
DFSize[1, 1]
#'Factor'はカテゴリ変数で、実態は整数にラベルをつけたもの
#'Levels'はカテゴリの分類の名称を示す
#   例：DFSize[1, 1] の値は 2 だが "Kids" とラベルづけされている

#注意) Factor型は煩雑なので、できるだけ文字列型を使ったほうがよい


DFSize$cup <- as.character(DFSize$cup)   #文字列型への変換

class(DFSize$cup)   #型を確認
DFSize[1, 1]        #要素は文字列となっている

str(DFSize)         #型と構造


#条件分岐（if）

which(c("P","Q","R","S") == "Q")    #"which()"は値のインデックスを返す

choice <- "Short"
which(DFSize$cup == choice)          #この場合"Short"は2番目にある

idx <- which(DFSize$cup == choice) #"Short"のインデックスをidxに格納
DFSize$USD[idx]                     # DFSize$USD[2] の値が返される

get_price <- function( c ){        #関数"get_price()"を作る
  if(c == "Kids"){                     #もし、与えられたcが"Kids"なら
    return("sorry")                      #値として"sorry"を返す
  } else {                           #そうでなければ
    idx <- which(DFSize$cup == c)      #cが何番目かを調べてidxに格納
    return( DFSize$USD[idx] )          #idxに対応するUSDの値を返す
  }
}

choice <- "Medium"
get_price( choice )

choice <- "Kids"
get_price( choice )


#ループ（for）

#Rでは','の後は改行して続けることが可能
order_list <- c("Medium",  "Tall",    "Kids",    "Short", "Tall", "Kids",
                "Kids",    "Medium", "Short",    "Tall",  "Kids", "Short",
                "Medium",  "Tall",    "Medium", "Short",  "Tall", "Short",
                "Short",   "Grand")

length(order_list)          #order_listの要素数
order_price <- NULL         #order_priceに 'NULL'（何もない状態）を設定


for(i in 1:length(order_list)){         #i=1から2,3,...と要素数まで繰り返し
  order_price <- append(order_price,                  #order_priceに
```

```
                            get_price(order_list[i]))    #get_priceの結果を追加
}
order_price
#ただし、forループは実行が遅いので上の方法は推奨されない
#Rでは以下の方法で処理したほうがよい（結果は同じ）

#sapply()：リストのすべての要素に、指定した関数を一度に実行する
sapply(order_list, get_price)    #order_listのすべての要素にget_priceを実行
```

あるコーヒーチェーンでは、コーヒーを5つのサイズのカップで提供しています。そこで、サイズの名称「Cup」に、容量（オンス）「Fl.oz」、価格（米ドル）「USD」を対応させて扱えるようにします。

ただし、Kidsサイズは以前提供されていたものの、今では販売されていません。そこで価格は**欠損値**（NA）とします。Rでは、NAは「値が存在しない」ことを表します。

まず、名称を記載した文字列型のベクトルとしてCupを作成します。同様に容量を記録した数値型のベクトルとしてFl.ozを作成します。

次に、この2つのベクトルを束ねてSizelistという名称のリストを作成します。リストを作成するためにはlist()関数を使います。str()関数を使って構造を確認すると、2つの型の異なるベクトルが含まれていることがわかります（**例2.10**）。なお説明の都合上、価格のベクトルはあとで作成します。

例2.10 リストとベクトルの生成

```
> Cup   <- c("Kids", "Short", "Medium", "Tall", "Grand") #ベクトル
> Fl.oz <- c(7, 10, 14, 18, 24)                          #ベクトル
>
> Sizelist <- list(Cup, Fl.oz)     #2つのベクトルを束ねてリストを作る
> Sizelist
[[1]]
[1] "Kids"    "Short"  "Medium" "Tall"    "Grand"

[[2]]
[1]  7 10 14 18 24


>
> class(Sizelist)    #型を確認
[1] "list"
>
> str(Sizelist)      #型と構造
List of 2
 $ : chr [1:5] "Kids" "Short" "Medium" "Tall" ...
 $ : num [1:5] 7 10 14 18 24
```

2.2

R入門

53

リストの内容を取り出すには添字を使います。ただし、添字の扱いには注意が必要です。Sizelist[1]のように普通に角括弧を使うと、そこから取り出される内容はベクトルそのものではなく、リストとなります。次に、Sizelist[[1]]のように二重にくくると、そこから取り出される内容はベクトルそのものとなります。さらに、そのベクトルの2番目の要素を取り出したいときはSizelist[[1]][2]のように後ろに角括弧で要素を指定します（**例2.11**）。

例2.11 リストとベクトルからデータを取り出す

```
> Sizelist[1]              #リストの1つ目（リスト）
[[1]]
[1] "Kids"    "Short"  "Medium" "Tall"    "Grand"

> Sizelist[[1]]            #リストの1つ目（ベクトル）
[1] "Kids"    "Short"  "Medium" "Tall"    "Grand"
>
> Sizelist[[1]][2]          #そのベクトルの2つ目の要素（文字列）
[1] "Short"
```

この点はわかりづらい仕様で注意が必要ですが、普段はそれほど意識する必要はありません。実行結果がおかしいと思ったときは、class()かstr()を使って取り出した結果の型を確認してみてください。

ここでは2つのベクトルを含むリストを作成しましたが、リストに含めるオブジェクトは何でもよく、マトリクスやほかのリストを含むこともできます。リストに含めるオブジェクト同士で構造や型が一致している必要はありません。

リストを自分で作成する機会はそれほど多くないでしょう。しかし、統計解析を実行する関数はリストの形で結果を返してくるのが普通です。分析結果には多くの異なる指標が含まれるためです。

●データフレーム

Rで統計解析を行う場合、データフレームは最もよく使われるデータ形式だと言ってよいでしょう。データフレームは縦と横に項目が揃った表形式の構造で、これは表計算ソフトのスプレッドシートやリレーショナルデータベースのテーブルと似ています。Excelで保存したCSVファイル（カンマで境界が区切られたテキストデータ）や、データベースからの出力ファイルは、データフレームの形で読み込むとうまく処理できます。

ベクトルやリストは、変換してデータフレームとして扱うことも可能です。スクリプトでは、リストSizelistに対してas.data.frame()という関数を適用することで、DFSizeという

名称のデータフレームを作成しています。データフレームの内容をhead()関数で参照すると、最初の6行が表示されます。構造をstr()関数で確認すると、2つのベクトルが含まれていることがわかります（**例2.12**）。

例2.12 データフレーム

```
> DFSize <- as.data.frame(Sizelist)      #データフレームに変換
>
> colnames(DFSize) <- c("cup", "fl.oz")   #列名（ヘッダー）をつける
>
> head(DFSize)         #最初の6行
     cup fl.oz
1   Kids     7
2  Short    10
3 Medium    14
4   Tall    18
5  Grand    24
> class(DFSize)        #型の確認
[1] "data.frame"
>
> str(DFSize)          #型と構造
'data.frame': 5 obs. of  2 variables:
 $ cup  : Factor w/ 5 levels "Grand","Kids",..: 2 4 3 5 1
 $ fl.oz: num  7 10 14 18 24
```

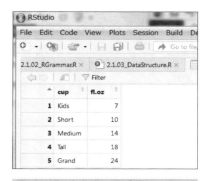

図2.2 データフレームの表示

なお、View()関数を使うと、データフレームの内容が表形式で表示されます（**図2.2**）。ただし、データ量が大きい場合は表示に時間がかかるため、head()やtail()といった関数を活用したほうが便利です。

● データフレームの参照

データフレームを列単位で参照するときは、DFSize$cupのように、$記号のあとに列の名称を記述すれば、その内容を取得できます。また、適当な名称（ここではDFSize$USD）をつけてベクトルを格納すれば、新しい列を追加できます（**例2.13**）。データフレームから要素を取り出すためには、行列と同じように添字を利用します。方法は行列の場合と同じ

ですが、列の名称を指定することもできます（**例2.14**）。

例2.13 データフレームの参照（列単位）

```
> DFSize$cup                #列名を指定してデータを取り出す
[1] Kids   Short  Medium Tall   Grand
Levels: Grand Kids Medium Short Tall
>
> DFSize$fl.oz
[1]  7 10 14 18 24
>
> DFSize$USD <- c(NA, 2.45, 2.85, 3.25, 3.65)
>                            #'USD' という名前で列を作成
> DFSize$USD
[1]   NA 2.45 2.85 3.25 3.65
>
> head(DFSize)               #最初の6行
     cup fl.oz  USD
1   Kids     7   NA
2  Short    10 2.45
3 Medium    14 2.85
4   Tall    18 3.25
5  Grand    24 3.65
>
> str(DFSize)               #型と構造
'data.frame': 5 obs. of  3 variables:
 $ cup  : Factor w/ 5 levels "Grand","Kids",..: 2 4 3 5 1
 $ fl.oz: num  7 10 14 18 24
 $ USD  : num  NA 2.45 2.85 3.25 3.65
```

例2.14 添字を使ったデータフレームの参照

```
> DFSize[2, 3]              #row 2, column 3
[1] 2.45
>
> DFSize[2, ]              #row 2, すべてのcolumn
    cup fl.oz  USD
2 Short    10 2.45
>
> DFSize[, 3]              #すべてのrow, column 3
[1]   NA 2.45 2.85 3.25 3.65
>
> DFSize[, "USD"]          #すべてのrow, column名"USD"
[1]   NA 2.45 2.85 3.25 3.65
>
> DFSize$USD[2]            #ベクトル DFSize$USD の2つ目の要素
[1] 2.45
```

さらに、特殊な使い方ですが、行（または列）の指定の部分に条件式を記述することも可能です（**例2.15**）。この例では、DFSize$cup=="Short" という論理演算がまず行われます。結果はF, T, F, F, F という論理値で返されます。この論理値のベクトルの中で要素がTとなっている行を抽出すると、結果として2行目が抽出されることになります。

例2.15　条件式を使ったデータフレームの参照

```
> DFSize[DFSize$cup=="Short", ]
    cup fl.oz   USD
2 Short    10 2.45
>
> DFSize[DFSize$cup=="Short", "USD"]
[1] 2.45
```

　また、データフレームの列をベクトルとして取り出せば、ベクトル処理による計算が可能です。ここでは、DFSize$USD を DFSize$fl.oz で割り、新たに1オンスあたりの単価（UnitPrice）を、新たな列として作成しています（**例2.16**）。

例2.16　ベクトル処理による計算

```
> DFSize$UnitPrice <- DFSize$USD / DFSize$fl.oz
>
> head(DFSize)
     cup fl.oz  USD UnitPrice
1   Kids     7   NA        NA
2  Short    10 2.45 0.2450000
3 Medium    14 2.85 0.2035714
4   Tall    18 3.25 0.1805556
5  Grand    24 3.65 0.1520833
```

（2）オブジェクトの型

　あらためて、オブジェクトの型としてよく使うものを整理しておきましょう。

1つの値を持つもの（ベクトルの要素として扱える）

- integer …… 整数
- numeric …… 数値（実数）
- character …… 文字列
- logical …… 論理
- factor …… 因子

より複雑なデータ構造

- matrix …… マトリクス
- list …… リスト
- data.frame …… データフレーム

その他

- function …… 関数
- NULL

NULLは、存在しないことを示す特別な型です。たとえば、データフレームの列について DFSize$ UnitPrice <- NULL といった操作を行うと、UnitPriceの列が削除されます。欠損値を示すNAと混同しないように注意してください。

●factor型についての注意

特に扱いが面倒なのは因子型（factor）です。実は、データフレームの参照でも使っているDFSize$Cupの型はこのfactor型です（**例2.17**）。

例2.17 factor型の使用例

```
> str(DFSize$cup)              #型と構造
 Factor w/ 5 levels "Grand","Kids",..: 2 4 3 5 1
>
> DFSize[1, 1]
[1] Kids
Levels: Grand Kids Medium Short Tall
```

factor型のオブジェクトは、一般にmale / female、東京／大阪／名古屋といった分類を値に持つ変数（**カテゴリ変数**）を表します。実際の値は整数ですが、1, 2, 3, ... といったそれぞれの値に**ラベル**（label）が割り当てられています。1に対して "Grand"、2に対して "Kids"、3に対して "Medium" といった具合です。このような対応はアルファベット順で自動的に割り当てられます。

また、ここではカップのサイズに5つの分類がありますが、このような分類のことを統計用語で**水準**（levels）と言います。したがって、DFSize$Cupは5つのlevelsと、それに対応したGrand、Kids、Medium、Short、Tallというlabelsを持っています。

言葉遣いからして煩雑で嫌になりそうですが、この面倒なfactor型を使わないですませるという方法もあります。Rで提供されている多くの分析手法は、factor型だけでなく文字列型のベクトルもカテゴリ変数として扱います。したがって、カテゴリがもともと数字として記録されている場合や、データの量が膨大でできるだけ容量を減らしたいといった場

合を除けばfactor型を使う必然性はありません。一般的には文字列として扱ったほうが間違いが少ないでしょう。

　なお、データフレームを作成する際は、文字列をfactor型として扱うか、そのまま文字列型として扱うかを指定できます。作成時に引数としてstringsAsFactors = Fを指定すれば、文字列がfactor型に変換されることはありません。特に、CSVファイルを読み込む際などは注意してください（CSVファイルの読み込みは2.4.1項で扱います）。

●型の変換

　型の変換は、as.xxxxx()といった形式の関数で行うことができます。xxxxxのところには上に挙げた型の名称（integer、numeric、character、logical、factor、matrix、list、data.frame）が入ります。

　スクリプトの例では、factor型になっているDFSize$cupに対してas.character()関数を適用し、文字列に戻しています（**例2.18**）。

例2.18 型の変換

```
> DFSize$cup <- as.character(DFSize$cup)    #文字列型への変換
>
> class(DFSize$cup)              #型を確認
[1] "character"
>
> DFSize[1, 1]                   #要素は文字列となっている
[1] "Kids"
```

（3）制御構造

　一般のプログラミング言語に比べ、Rを使ったデータ分析では、繰り返し処理や条件分岐といった制御構造を使うことはあまりありません。しかし、ときにはこれらを使ったほうが効率的な場合がありますので、簡単に触れておきます。

●条件分岐

条件分岐はif()関数を用います。一般には、以下のような形式で記述します。

構文

```
if （論理式） {
        論理式の評価がTRUEの場合の処理
} else {
        上記以外の場合の処理
}
```

スクリプトでは、新たにget_price()という関数を作成し、その中で条件分岐を用いています。get_priceに対して引数として与えられた値をDFSize$cupと照合し、何番目の要素に該当するかをwhich()関数で取得します。取得した値（何番目か）はいったんidxという名称で保持し、該当する価格DFSize$USD[idx]の値を返します（**例2.19**）。与える値が"Kids"なら戻り値として"sorry"を返します。

例2.19 if()関数を使った条件分岐

```
> get_price <- function( c ){          #関数 "get_price()" を作る
+   if(c == "Kids"){                    #もし、与えられたcが "Kids" なら
+     return("sorry")                       #値として "sorry" を返す
+   } else {                           #そうでなければ
+     idx <- which(DFSize$cup == c)       #cが何番目かを調べてidxに格納
+     return( DFSize$USD[idx] )           #idxに対応するUSDの値を返す
+   }
+ }
>
> choice <- "Medium"
> get_price( choice )
[1] 2.85
```

● 繰り返し処理

繰り返し（ループ）処理を行うにはfor()関数を使います。

> **構文**
>
> ```
> for (i in X) {
>         繰り返したい処理
>     }
> ```

ここで、iはループを制御する変数、Xはその変数の値を示すベクトルです。たとえば、Xに1:3またはc(1, 2, 3)を指定すれば、i = 1からi = 3まで、iの値を変えながら3回の処理が実行されます。

スクリプトの例では、Cupの名称を複数記録したorder_listを作成し、このベクトルの要素数の分だけ繰り返しを行います。また、実行前にNULLを使ってorder_priceという空のオブジェクト（結果の記録用）を作成しておきます。

ループ内の処理では、先に作成した関数get_price()を使って、order_listにあるCupの名称から該当する価格を取得し、この価格の値をorder_priceに追加していきます。ループが終了すれば、order_listに対応する価格の一覧（order_price）が得られます（**例2.20**）。

例2.20 繰り返し処理

```
> order_list <- c("Medium", "Tall",    "Kids",    "Short", "Tall", "Kids",
+                 "Kids",    "Medium", "Short",    "Tall",   "Kids", "Short",
+                 "Medium", "Tall",    "Medium", "Short", "Tall", "Short",
+                 "Short",   "Grand")
>
> length(order_list)            #order_listの要素数
[1] 20
>
> order_price <- NULL           #order_priceに 'NULL' (何もない状態) を設定
>
>
> for(i in 1:length(order_list)){        #i=1から2,3,...と要素数まで繰り返し
+   order_price <- append(order_price,             #order_priceに
+                         get_price(order_list[i]))    #get_priceの結果を追加
+ }
> order_price
 [1] "2.85"  "3.25"  "sorry" "2.45"  "3.25"  "sorry" "sorry" "2.85"  "2.45"
[10] "3.25"  "sorry" "2.45"  "2.85"  "3.25"  "2.85"  "2.45"  "3.25"  "2.45"
[19] "2.45"  "3.65"
```

● ベクトル処理による代替

例2.20に挙げているような繰り返し処理は、一般のプログラミングではよく見られるものですが、Rでは良いコーディングとは言えません。実際、この繰り返し処理は、次の1行で代替できます。あらかじめ結果を格納するためのリストを作成しておく必要もありません。

```
sapply(order_list, get_price)
```

sapply()は、与えられたベクトルやリスト（最初の引数）のすべての要素に対して、与えられた関数（2番目の引数）を同時に適用するという関数です。この場合はorder_listのすべてのCupに対してget_price()が実行されるため、1回ですべての価格を取得できます（例2.21）。

例2.21 ベクトル処理による代替

```
> sapply(order_list, get_price)    #order_listのすべての要素にget_priceを実行
 Medium    Tall    Kids   Short    Tall    Kids    Kids  Medium   Short
 "2.85"  "3.25" "sorry"  "2.45"  "3.25" "sorry" "sorry"  "2.85"  "2.45"
   Tall    Kids   Short  Medium    Tall  Medium   Short    Tall   Short
 "3.25" "sorry"  "2.45"  "2.85"  "3.25"  "2.85"  "2.45"  "3.25"  "2.45"
  Short   Grand
 "2.45"  "3.65"
```

61

2.3 | Python入門

2.3.1 Pythonの概要

（1）Pythonの特徴

Pythonは汎用のプログラミング言語で、データサイエンスに限らず、さまざまな分野で
プログラミングに使われています。Webアプリケーションなどの開発にも使われる本格的な
言語ですが、CやJavaに比べるとわかりやすく、プログラミングの入門者には扱いやすい言
語です。

Pythonの開発者であるグイド・ヴァンロッサム（Guido van Rossum）によれば、Python
の開発は「趣味のプログラミング」としてスタートし、その目標はプログラミング教育用の
言語であるABCの系譜につらなる、使いやすい言語を作ることでした。なおPythonという
名称は、作者がイギリスのコメディグループ「モンティ・パイソン」（Monty Python）のファ
ンであったことに関係しているようです[6]。

データサイエンス（特に機械学習）の世界でPythonが使われているのは、この分野の拡
張ライブラリが充実しているためです。SciPy、NumPy、pandasといったライブラリの存在
なくして、Pythonの活用は考えられません。またscikit-learn、TensorFlowなど機械学習向
けのライブラリの充実については他の言語の追随を許さない状況にあります。

なお、Pythonには、数字が2で始まる旧バージョンと、3で始まる新バージョンがあり
ます。この2つは仕様にかなりの違いがあるため、明確に区別してください。これから使い
始める方は、特別の事情がない限りバージョン3を使えばよいでしょう。本書のプログラム
はすべてバージョン3に準拠しています。

（2）Pythonの実行環境

WindowsはPythonの実行環境を備えていないため、ほかの用途でPythonを使っていな

---

[6] Guido van Rossum, 1996. Foreword for "Programming Python" (1st ed.)
https://www.python.org/doc/essays/foreword/

い限り、Rと同様にOSなどへの影響をあまり気にせずにインストールすることができます。一方、LinuxやmacOSは標準でPythonの実行環境を備えています。このため標準の環境を利用するか、標準の環境から切り離された専用の環境を作るかが問題となります。

データ解析などの用途に限れば、Anacondaディストリビューションを用いて「データサイエンス用のPython環境」を作るのが有力な選択肢となります。ほかのプログラミングにもPythonを用いる場合は、用途に応じて自分に合う環境構築のしかたを検討すべきでしょう。

AnacondaにはPython用のIDEであるSpyderやJupyter Notebookが含まれています。これらをインストールする方法は付録で紹介していますので、本書のサポートページからダウンロードして参考にしてください。

（3）オブジェクト指向

手続き型でも関数型でも（➡2.2.1）、**オブジェクト指向**でも、求められる用途と自分の理解度に従って好きなプログラミングスタイルを取れるのは、よくも悪くもPythonの特徴と言えます。

基本的な統計解析や機械学習でPythonを利用する場合は、Rと同様に、手続き型のプログラミングを基本とし、必要に応じて自作関数を組み合わせて手順を組んでいけばよいでしょう。しかし、本格的なデータ処理を行ったり、強化学習のような込み入ったロジックを自分で組み立てる場合には、オブジェクト指向によるプログラミングが必要になります。

オブジェクト指向についての説明はここでは割愛しますが、**クラス**と呼ばれる「**型**」とそれに付随する機能（メソッド）を定義し、その組み合わせでプログラムを組み立てていくものと考えてください。Pythonは定型的でない処理が求められる状況で使われることが多く、オブジェクト指向について知っておくと世界が広がります。

またPythonでは、データ分析などでよく使う機能の多くが、拡張ライブラリに含まれるクラスに付随したメソッドとして提供されているため、オブジェクト指向の考え方を理解していないと戸惑うところがあります。この点は、プログラミングの初心者から見て若干ハードルが高いかもしれません。

（4）拡張ライブラリ

データサイエンスでPythonを使う場合の最も大きなポイントは**拡張ライブラリ**です。Rが基本パッケージで備えているような行列処理、データ管理、統計解析などの機能はPythonでは拡張ライブラリによって提供されます。特に、必須とも言えるいくつかのライブ

ラリについて、以下で紹介しておきます。

● NumPy（http://www.numpy.org/）

NumPyは numerical python の略で、科学技術計算に必要な機能を提供するライブラリです。NumPyが提供する機能の中でも特に重要なのが、配列・行列の演算機能で、これは、Rが標準で備えるベクトル処理（➡ 2.2.1）に相当します。

● pandas（https://pandas.pydata.org/）

pandas は主に表形式で表現されるようなデータの管理と操作を提供するライブラリで、Rのデータフレームに相当するデータ構造を提供します。pandasという名前の由来は、リサーチで用いられるパネルデータ（panel data）に由来すると言われます[7]。

● Matplotlib（https://matplotlib.org/index.html）

Matplotlibは、ヒストグラムや散布図などさまざまなプロットを作成するためのライブラリです。なお、Matplotlibを見映えよくし、かついくつかの高機能なプロットを作成可能にするものとして seaborn というライブラリもあります。

代表的な3つのライブラリを紹介しました。Pythonによるデータ解析は、これらのライブラリなしには考えられません。一方、これらが拡張機能として提供されていることはいくらかの煩雑さをもたらしています。

たとえばRでは、リストに要素を追加する場合も、ベクトルに要素を追加する場合も、同じ append() という関数が使えます。しかし Python ではリストの機能（メソッド）である append() と、NumPy が提供する np.append() を使い分ける必要があり、この両者は引数の取り方が異なっています。

同様に、データの先頭の要素を表示する head() という関数は、Rではベクトル、行列、リスト、データフレームといった多くのデータ型に対して実行できます。Pythonでは、pandas のデータフレームが備える機能として実行されるため、NumPy の配列・行列や、Python の標準のリストに対しては実行できません。

このため、Python ではデータの型やデータを操作するための基本的な関数、メソッドについて、それらが Python の基本機能なのか、NumPy、pandas といったライブラリが提供する機能なのかについて注意しつつコードを書く必要があります。

---

[7]　Wes McKinney, 2011. pandas: a Foundational Python Library for Data Analysis and Statistics. Python High Performance Science Computer.　https://www.researchgate.net/publication/265194455

なお、ライブラリのパッケージを取得してインストールする方法については付録で説明していますので参照してください（ダウンロード方法についてはiiページを参照してください）。ただし、Anacondaには最初から基本的なパッケージが含まれているため、多くのライブラリはプログラム中から呼び出すだけで利用できます。

2.3.2　Pythonの文法

ここではPythonの基本的な文法を、拡張ライブラリの利用を前提としない範囲で説明します。なお、2.2.2項で説明したRの文法とできるだけ対照可能な形で解説を加えます。重複する部分がありますので、Rのスクリプトの説明と重複するものについては割愛します。

ここで使用するサンプルスクリプトは📄2.3.02a.PythonGrammer.py、📄2.3.02b.PythonGrammer.py、📄2.3.02c.PythonGrammer.pyです（**リスト2.3**から**リスト2.5**）。また、Jupyter Notebook用のスクリプトファイルは、📄2.3.02.PythonGrammar.ipynbとして準備してあります。このファイルは、パソコン上の適当なディレクトリに保存してからJupyter Notebookのファイル一覧から開いて実行してください。

スクリプトはマウスなどで対象となるセルを選択してから[Ctrl]+[Enter]キーを押せば、選択したセルを実行できます。また、一度実行したあとに結果をクリアしたい場合はJupyter Notebookの[Kernel]メニューの[Restart & Clear Output]を選択して、該当ページのリスタートをしてください。

> 本書のサポートページにJupyter Notebookの基本的な使い方と画面について説明したドキュメントがあります。あわせて参照してください。ダウンロード方法についてはiiページを参照してください。

●Jupyter Notebookのスクリプトファイル

ここで、Jupyter Notebookの特徴にも触れておきましょう。Jupyter Notebookでは画面内の「セル」にPythonのプログラムを記述します。また、セルの「モード」を切り替えれば日本語の文章や数式を記述することもできます。文書や数式を記述し表示するには、メニューバーの下に並んでいるボタンの中から「Code」をクリックして「Markdown」に変更します。本書のサンプルスクリプトでは、プログラムを記述したセルの前後に、簡単な説明をMarkdown形式で記述しています。

また、Jupyter Notebook用のスクリプトファイルは、.ipynbという拡張子を持つ特殊な形式となっています。このファイルはセルの表示内容をJSONという形式で記述したもので、Pythonのプログラムコードをそのまま記録したものではありません。Jupyter Notebook自体は使いやすいのですが、通常のテキストエディタでプログラムを確認したり、ほかの実行環境でそのまま利用したりできないのは少し不便です。

　そこで本書では、Jupyter Notebook用のスクリプトファイル（拡張子.ipynb）に加えて、テキストエディタで確認でき、ほかの環境でも実行できるスクリプトファイル（拡張子.py）を提供しています。特に、紙面上では一覧性の観点から後者をリストとして掲載し、第2章ではこれに加えてJupyter Notebookにおけるセル単位での実行内容を例として掲載します。

リスト2.3 2.3.02a.PythonGrammer.py

```
# -*- coding: utf-8 -*-

#上記は、このスクリプトの文字コードがUTF-8であることを示す記述
#プログラムの実行上は、記述の必要はありません

## Pythonの文法

## #はコメントを表します

#-------------------------------------------------------------
### 四則演算と代入

# 四則演算と累乗の例を示します。
# 累乗はエクセルやRで使われる ^ ではなく、** で表します。
#-------------------------------------------------------------

#算術演算

print(3 + 2)        #和
print(3 - 2)        #差
print(3 * 2)        #積
print(3 / 2)        #商
print(3 ** 2)       #累乗

print(3**2)             #スペースはなくてもよい


#-------------------------------------------------------------
# 代入操作は = で行います。
# 値を表示する場合は print() 関数を使います。
#-------------------------------------------------------------

#オブジェクトへの格納（代入操作）

a = 1       #1をAに格納
A = 2       #2をAに格納
b = a + A   #a+Aをbに格納
```

```python
print( b )   #bを表示

a       #print()を書かないと値が表示されない
A       #ただし、ブロックの最後に書かれたオブジェクトの値は表示される

#-----------------------------------------------------------------
### print()文

# 引数をカンマで区切れば、複数のオブジェクトの値を表示できます。
# 引用符の中で、バックスラッシュを使うと改行やタブを加えられます。

# >バックスラッシュは￥記号か／のいずれかです。
#-----------------------------------------------------------------

#print()の使い方

print( "hello!")
print( a, A )
print( "a =", a, ", A =", A, "\n --- and a+A =", a+A )

# "\n" で改行を挿入
# "\t" でタブを挿入

# "%s" 後の%で指定された文字列を表示する
# "%f" 後の%で指定された数値を表示する
#    --- "%05.2"のように、桁数を指定することが可能
price = 2.25 ;  fruit = "orange"
print( "\nSale! %s\t --> $%05.2f" %(fruit, price) )

#-----------------------------------------------------------------
### リスト

# リストは複数の要素を格納する箱のようなものです。

# >Rのベクトルとの違いに注意してください。
#    一括で計算の対象とすることはできません。
#-----------------------------------------------------------------

#list
# listはただの「箱」で直接計算はできない

a = [1, 2, 3]      #(1, 2, 3)をaに格納
print("a is ", a)       #aはリスト

x = [1.5, "abc", 2]        #型が異なる要素が含まれていてもよい
print("x is ", x)

A = range(4, 7)   #(4, 5, 6)をAに格納
print("A is ", A)          #aはrange object

A = list(A)                #Aをリストに変換
print("A is ", A)          #Aはリスト

print("a+A is ", a+A)     #"+"でリストを結合（足し算ではない）

#-----------------------------------------------------------------
```

```
#リスト型のオブジェクトに対する操作
fr1 = "apple"                          #文字列
fr2 = ["orange", "lemon"]              #文字列を要素とするリスト

fr2.insert(0, fr1)                     #0はリストの先頭を示す
print("inserted -> ", fr2)

fr2.append(fr1)                        #.append()は最後に要素を追加する
print("appended -> ", fr2)


#----------------------------------------------------------------

#リストの扱いに関する注意
fr3 = fr2                              #fr2をfr3に代入（割り当て）
fr2[3] = "kiwi"                        #fr2の最後の要素をkiwiに変更

print("\nfr2 is ", fr2)                #変更後のfr2
print("fr3 is ",   fr3)               #fr2の変更がfr3に反映されている

fr4 = fr1                              #fr1をfr4に代入（コピー）
fr1 = "melon"                          #fr1をmelonに変更
print("\nfr1 is ", fr1)                #変更後のfr1
print("fr4 is "  , fr4)                #fr1の変更はfr4に反映されない

#----------------------------------------------------------------
### 論理式

# 比較演算子を使うと結果は論理値として返されます。

# >比較演算子として  >, >=, <, <=, ==,  != などを使うことができます。
#   結果はTrueかFalseのいずれかとなります。
#----------------------------------------------------------------

#比較演算

bool_list = [ 2 >= 0.5,        2 < 1+1,
              "pen"=="apple", "pen"!="apple"]
print(bool_list)


#----------------------------------------------------------------
### 型の確認

# オブジェクトの型は、関数type()で確認できます。
#----------------------------------------------------------------

#オブジェクトの型

print( "fr1 : ", type(fr1) )     #type()で型を表示   文字列
print( "fr2 : ", type(fr2) )                        #リスト
print( "3   : ", type(3)   )                        #整数
print( "3.3 : ", type(3.3) )                        #実数（浮動小数点）
print( "True: ", type(True))                        #論理


#----------------------------------------------------------------
### 添字

# リストから要素を取り出す場合は添字を指定します。
```

```
#-------------------------------------------------------------
#添え字（インデックス）
# -- Pythonでは1ではなく0から数える

print( fr2 )

print("\n")
print(" 0, 2:", fr2[0],  fr2[2] )   #頭から数える
print("-1,-2:", fr2[-1], fr2[-2])   #最後から数える

print("\n")
print("from 0 to 3:", fr2[0:3])        #0から3の前まで（つまり2まで）
print("the 1st ...:", fr2[0:3][1] ) #そのうちの1つめの要素
```

リスト2.4　2.3.02b.PythonGrammer.py

```
# -*- coding: utf-8 -*-

## Pythonの文法

## #はコメントを表します

#-------------------------------------------------------------
### タプル

# タプルはリストに似たデータ型で、丸括弧で表します。
# タプルでは内容の変更ができません。

# >下記を実行するとエラーが発生します（変えられないものを変えようとするため）。
#-------------------------------------------------------------

#タプル
# -- リストと同様だが、内容を変えられない

#2つのタプルを含むタプル
two_tapples = (("A", "B", "C", "D"), ("apple", "orange", "lemon", "apple"))

print( two_tapples )
print( two_tapples[1][2] )         #(0から数えて)1番目のタプルの2番目の要素

two_tapples[1][2] = "orange"       #内容は変えられない…TypeErrorが発生
```

リスト2.5　2.3.02c.PythonGrammer.py

```
# -*- coding: utf-8 -*-

## Pythonの文法

## #はコメントを表します

#-------------------------------------------------------------
### ディクショナリ
```

```
# ディクショナリもリストに似たデータ型です。
# キーと値を対で格納するところが特徴です。
#-----------------------------------------------------------------

#ディクショナリ
#  -- キーと値の対で構成される

# : をはさんで前にキー、後に値を記述（ここでは４つの要素を格納）
Price = { "Kids":None, "Short":2.45, "Medium":2.85, "Tall":3.25, "Grand":3.65 }

print( "Price of Medium : ", Price["Medium"] )   #キーの名称を指定して参照

print( "\n" )
print( "keys=   ", Price.keys()   )  #キーの一覧
print( "values= ", Price.values() )  #値の一覧
```

（1）算術演算とオブジェクトへの格納

　　Rの場合と同様、スクリプトの冒頭では算術演算の例を示しました。累乗はExcelやRで使われる ^ ではなく、** で表します（**例2.22**）。オブジェクト（変数）への値の格納（代入）は = で行います（**例2.23**）。

　　注意点として、Jupyter Notebookは、セルの最後に記述されたオブジェクトについてのみ、何の指定を加えなくても値を表示します。セルの最後以外でオブジェクトの値を表示したい場合は、print()関数を使って表示させる必要があります。Rのプログラム中ではこのprint()は省略できましたが、Pythonのプログラム中では省略できません。

例2.22 算術演算

```
In [1]:   #算術演算

          print(3 + 2)        #和
          print(3 - 2)        #差
          print(3 * 2)        #積
          print(3 / 2)        #商
          print(3 ** 2)       #累乗

          print(3**2)         #スペースはなくてもよい
```

```
Out[1]:   5
          1
          6
          1.5
          9
          9
```

例2.23 オブジェクトへの格納（代入操作）

```
In [2]:    #オブジェクトへの格納（代入操作）

           a = 1          #1をAに格納
           A = 2          #2をAに格納
           b = a + A      #a+Aをbに格納

           print( b )  #bを表示

           a    #print()を書かないと値が表示されない
           A    #ただし、ブロックの最後に書かれたオブジェクトの値は表示される
```

```
Out[2]:    3

           2
```

（2）print()の使い方

　　print()関数では、丸括弧内をカンマ（,）で区切ることによって、複数のオブジェクトを表示できます。また、引用符でくくった文字列の中でバックスラッシュ（\）[8] を \nや\tのように用いれば、改行やタブを加えることができます。同様に、%sや%fといった記号を用いると、該当する箇所に別に指定（名称の頭に%をつけて記述）したオブジェクトの値を表示することができます（**例2.24**）。

例2.24 print()の使い方

```
In [3]:    #print()の使い方

           print( "hello!")
           print( a, A )
           print( "a =", a, ", A =", A, "\n --- and a+A =", a+A )

           # "\n" で改行を挿入
           # "\t" でタブを挿入

           # "%s" 後の%で指定された文字列を表示する
           # "%f" 後の%で指定された数値を表示する
           #   --- "%05.2"のように、桁数を指定することが可能
           price = 2.25 ;  fruit = "orange"
           print( "\nSale! %s\t --> $%05.2f" %(fruit, price) )
```

---

[8]　　バックスラッシュ（\）は、多くの日本語処理系では¥記号で表示されます。

```
Out[3]:    hello!
           1 2
           a = 1 , A = 2
            --- and a+A = 3

           Sale! orange     --> $02.25
```

（3）リスト

　　リストは、角括弧（[]）で要素をくくって表現します。数値であればそのまま、文字列を
扱うときは、引用符（' 'または" "）でくくります。リストは複数の要素を格納しておける配
列の一種ですが、ただの箱であり、Rのベクトルのような計算の対象となるものではありま
せん。また、箱に入る要素の型が異なっていてもかまいません。リストにリストを入れるこ
とも可能です。Rでこれに近いデータ型はやはりリストです。ベクトルではありませんし、C
やJavaの配列とも違います。

　　なお、リストと関わりの深いデータ型に range があります。これは range(4, 7) のように
記述することで、4から7の前までの値、つまり4, 5, 6を表現します。これをリストとして
扱いたい場合は list() 関数で変換します（**例2.25**）。

例2.25 list()関数とrange()関数

```
In [4]:    #list
           # listはただの「箱」で直接計算はできない

           a = [1, 2, 3]     #(1, 2, 3)をaに格納
           print("a is ", a)       #aはリスト

           x = [1.5, "abc", 2]     #型が異なる要素が含まれていてもよい
           print("x is ", x)

           A = range(4, 7)   #(4, 5, 6)をAに格納
           print("A is ", A)       #Aはrange object

           A = list(A)             #Aをリストに変換
           print("A is ", A)       #Aはリスト

           print("a+A is ", a+A)   #"+"でリストを結合（足し算ではない）
```

```
Out[4]:    a is  [1, 2, 3]
           x is  [1.5, 'abc', 2]
           A is  range(4, 7)
           A is  [4, 5, 6]
           a+A is  [1, 2, 3, 4, 5, 6]
```

リストに要素を追加するにはinsert()かappend()を使います。ここで特徴的なのは、その書き方です（**例2.26**）。たとえばリストfr2に、オブジェクトfr1（の値）を追加する場合、Rではfr2 <- append(fr2, fr1)と書きます。これは、append()という関数がfr2とfr1という2つのオブジェクトに操作を加えてその結果を出力すること、出力された結果をfr2に格納（代入）することを意味します。

　一方、Pythonではfr2.append(fr1)という記法をとります。これは動作の原理が異なり、fr2というオブジェクトそのものがappend()というメソッドを備えていることを意味します。fr2自体が自分自身の機能でfr1を取り込むと考えればよいでしょう。したがって、等号（=）を使った代入操作は必要ありません。

　リストについては注意がもうひとつあります（**例2.27**）。fr3 = fr2といったコードでfr2をfr3に代入した後、fr2の内容を変更すると、fr2だけではなくfr3の内容も変わってしまいます。Rでfr3 <- fr2のようなコードを書いたときにはこのようなことは起こりません。Pythonの場合、リストに関しては = による操作はコピーではなく、同じ中身を割り当てているということです。リストでない、一般の数値や文字列型のオブジェクトの場合にはこのようなことは起こりません。

例2.26 リストに要素を追加する（RとPythonの違い）

In [5]:
```
#リスト型のオブジェクトに対する操作
fr1 = "apple"                    #文字列
fr2 = ["orange", "lemon"]        #文字列を要素とするリスト

fr2.insert(0, fr1)               #0はリストの先頭を示す
print("inserted -> ", fr2)

fr2.append(fr1)                  #.append()は最後に要素を追加する
print("appended -> ", fr2)
```

Out[5]:
```
inserted ->  ['apple', 'orange', 'lemon']
appended ->  ['apple', 'orange', 'lemon', 'apple']
```

例2.27 注意が必要なリストの扱い

In [6]:
```
#リストの扱いに関する注意
fr3 = fr2                        #fr2をfr3に代入（割り当て）
fr2[3] = "kiwi"                  #fr2の最後の要素をkiwiに変更

print("\nfr2 is ", fr2)          #変更後のfr2
print("fr3 is ",   fr3)          #fr2の変更がfr3に反映されている

fr4 = fr1                        #fr1をfr4に代入（コピー）
fr1 = "melon"                    #fr1をmelonに変更
print("\nfr1 is ", fr1)          #変更後のfr1
```

```
print("fr4 is "  , fr4)          #fr1の変更はfr4に反映されない
```

Out[6]:
```
fr2 is  ['apple', 'orange', 'lemon', 'kiwi']
fr3 is  ['apple', 'orange', 'lemon', 'kiwi']

fr1 is  melon
fr4 is  apple
```

（4）論理演算

論理演算の結果は True か False のいずれかで返されます（**例 2.28**）。R では T、F、TRUE、FALSE といったように省略形か大文字での表記ですが、Python では頭文字のみ大文字です。

例2.28 論理演算

In [7]:
```
#比較演算

bool_list = [ 2 >= 0.5,          2 < 1+1,
              "pen"=="apple",  "pen"!="apple"]
print(bool_list)
```

Out[7]:
```
[True, False, False, True]
```

（5）型の確認

オブジェクトの型（クラス）は type() 関数で確認できます（**例 2.29**）。基本的な型には、整数 int、実数（浮動小数点）float、文字列 str、リスト list、論理 bool（値は True または False）などがあります。

例2.29 型の確認

In [8]:
```
#オブジェクトの型

print( "fr1 : ", type(fr1) )      #type()で型を表示   文字列
print( "fr2 : ", type(fr2) )                         #リスト
print( "3   : ", type(3)   )                         #整数
print( "3.3 : ", type(3.3) )                         #実数（浮動小数点）
print( "True: ", type(True))                         #論理
```

Out[8]:
```
fr1 :  <class 'str'>
fr2 :  <class 'list'>
3   :  <class 'int'>
3.3 :  <class 'float'>
True:  <class 'bool'>
```

（6）リストの内容を取り出す

リストの中から、特定の要素を取り出す場合は添字（インデックス）を指定します（**例 2.30**）。ただし、Pythonでは添字が「0から始まる」ということに注意してください。Rの場合は添字が「1から始まる」ので、混乱しがちですが注意してください。

たとえば、fr2というオブジェクトの2番目を指定する場合はfr2[2]のように角括弧でくくって添字を記述しますが、この2番目というのは0から数えて2番目なので、実際には3つ目です。

また、0:3と書くと一見0から3までという意味のようですが、これは「0から数えて3の手前まで」という意味です。実際には、0番目から2番目までの3つを取り出すことになります。

例2.30 リストの内容を取り出す

In [9]:
```
#添字（インデックス）
# -- Pythonでは1ではなく0から数える

print( fr2 )

print("\n")
print(" 0, 2:", fr2[0],  fr2[2] )   #頭から数える
print("-1,-2:", fr2[-1], fr2[-2])   #最後から数える
```

```
print("\n")
print("from 0 to 3:", fr2[0:3])       #0から3の前まで（つまり2まで）
print("the 1st ...:", fr2[0:3][1] ) #そのうちの1つ目の要素
```

Out[9]:
```
['apple', 'orange', 'lemon', 'kiwi']


 0, 2: apple lemon
-1,-2: kiwi lemon


from 0 to 3: ['apple', 'orange', 'lemon']
the 1st ...: orange
```

（7）タプル

タプルは少々特殊なデータ型で、基本的にはリストと同様ですが、中身を変えることができません（**例2.31**）。リストは角括弧（[]）で表しますが、タプルは丸括弧（()）で表します。

例2.31 タプル

```
In [10]:  #タプル
          # -- リストと同様だが、内容を変えられない

          #2つのタプルを含むタプル
          two_tapples = (("A", "B", "C", "D"), ("apple", "orange", "lemon", "apple"))

          print( two_tapples )
          print( two_tapples[1][2] )          #(0から数えて)1番目のタプルの2番目の要素

          two_tapples[1][2] = "orange"        #内容は変えられない…TypeErrorが発生
```

```
Out[10]:  (('A', 'B', 'C', 'D'), ('apple', 'orange', 'lemon', 'apple'))
          lemon
          ---------------------------------------------------------------------------
          TypeError                                 Traceback (most recent call last)
          <ipython-input-10-47de0cbddba8> in <module>()
                8 print( two_tapples[1][2] )          #(0から数えて)1番目のタプルの2番目の要素
                9
          ---> 10 two_tapples[1][2] = "orange"        #内容は変えられない…TypeErrorが発生

          TypeError: 'tuple' object does not support item assignment
```

（8）ディクショナリ

　　　ディクショナリもリストと同様ですが、各要素がキーと値の対で構成されます（**例2.32**）。
リストは角括弧（[]）で表しますが、ディクショナリは波括弧（{}）で表します。リストの場
合は一般に添字に数を指定して要素を取り出しますが、ディクショナリではキーを指定して
要素を取り出します。

例2.32 ディクショナリ

```
In [11]:  #ディクショナリ
          # -- キーと値の対で構成される

          # : をはさんで前にキー、後に値を記述（ここでは4つの要素を格納）
          Price = { "Kids":None, "Short":2.45, "Medium":2.85, "Tall":3.25,
          "Grand":3.65 }

          print( "Price of Medium : ", Price["Medium"] )  #キーの名称を指定して参照

          print( "\n" )
          print( "keys=  ", Price.keys()  )    #キーの一覧
          print( "values= ", Price.values() )   #値の一覧
```

```
Out[11]:  Price of Medium :  2.85


          keys=   dict_keys(['Kids', 'Short', 'Medium', 'Tall', 'Grand'])
          values=  dict_values([None, 2.45, 2.85, 3.25, 3.65])
```

2.3.3 Pythonでのプログラミング

前項では、簡単なスクリプトを実行しながらPythonの基礎について説明しました。しかし、Pythonは汎用のプログラミング言語であり、プログラムを作成する際の「作法」と、必要最低限押さえておきたいポイントがあります。本項で使うサンプルスクリプトは🗎2.3.03a.PythonProgam.py、🗎2.3.03b.PythonProgam.py、🗎2.3.03c.PythonProgam.py です（**リスト2.6**から**リスト2.8**）。また、Jupyter Notebook用のスクリプトファイルは、🗎2.3.03.PythonProgram.ipynb です。

リスト2.6 2.3.03a.PythonProgam.py

```python
# -*- coding: utf-8 -*-

#上記は、このスクリプトの文字コードがUTF-8であることを示す記述
#プログラムの実行上は、記述の必要はありません

## Pythonによるプログラミング

## #はコメントを表します


#---------------------------------------------------------------
### プログラムの作法

# Pythonは汎用のプログラミング言語です。
# このため、一定の作法に沿った記述が求められます。
#---------------------------------------------------------------

#一般的な記法
#ただし、このような順番で書かなくても実行は可能（作法の問題）

#宣言
import sys        #拡張ライブラリsysの読み込み

#関数やクラスなどの定義
def test(a):      #自作の関数の定義（引数としてaを受け取る）
    print("これは ", a, " です")    #aの前後に文字列を加えて表示する

#処理の本体
if __name__ == '__main__':    #メインのプログラムであるときに以下を実行する
    A = 123.45         #数値を格納
    B = "apple"        #文字列を格納
    C = sys.version    #sysが持つ.versionという機能(Pythonのバージョンを取得)
    test(A)            #自作の関数を実行
    test(B)
    test(C)
```

リスト2.7 2.3.03b.PythonProgam.py

```python
# -*- coding: utf-8 -*-
```

2.3

Python入門

77

```
## Pythonによるプログラミング

## #はコメントを表します

#-------------------------------------------------------------------
# 分析ツールとしてPythonを使う場合は、作法を気にしすぎる必要はないでしょう。
# 作法に沿っていなくても、プログラムの実行は可能です。
#-------------------------------------------------------------------

#作法に沿っていないが実行できる例

A = 123.45        #数値を格納
B = "apple"       #文字列を格納

import sys        #拡張ライブラリsysの読み込み
C = sys.version   #sysが持つ.versionという機能（Pythonのバージョンを取得）

def test(a):      #自作の関数の定義（引数としてaを受け取る）
    print("これは ", a, " です")    #aの前後に文字列を加えて表示する

test(A)           #自作の関数を実行
test(B)
test(C)
```

リスト2.8 2.3.03c.PythonProgam.py

```
# -*- coding: utf-8 -*-

## Pythonによるプログラミング

## #はコメントを表します

#-------------------------------------------------------------------
### 制御構造（if, for）、自作関数の作成（def）

# 関数を定義する例を示します。
# Rで作成したものと同じく、注文のサイズに応じて価格を返す関数を作ります。
# 関数の中で、if文による条件分岐を使っています。
#-------------------------------------------------------------------

#自作関数の作成   def
#条件分岐   if

#ディクショナリ
Price = { "Kids":None, "Short":2.45, "Medium":2.85, "Tall":3.25, "Grand":3.65 }

#関数を定義
def get_price( c ) :              #自作関数 get_price() を作成
    if c == "Kids" :                  #もし与えられた値が"Kids"なら
        return("sorry")               # "sorry"を帰す
    else :                            #それ以外の場合
        return( Price[ c ] )          #  ディクショナリから値を取得

#関数の呼び出し
```

```python
print( get_price( "Short" ) )

#----------------------------------------------------------------
# さきほどの関数を呼び出して繰り返し実行します。
# 繰り返し処理にはfor文を使います。
#----------------------------------------------------------------

#繰り返し（ループ）

order_list = ["Medium", "Tall",   "Kids",    "Short", "Tall", "Kids",
              "Kids",   "Medium", "Short",   "Tall",  "Kids", "Short",
              "Medium", "Tall",   "Medium", "Short", "Tall", "Short",
              "Short",  "Grand" ]

len(order_list)              #リストの要素の数
order_price = []             #空のリスト

for i in range( len(order_list) ) :    #0から（リストの要素数-1）まで繰り返し
    order_price.append( get_price( order_list[i] ) )       #リストに値を追加

print( order_price )

#----------------------------------------------------------------
### クラスとメソッド

# クラスとは新しいオブジェクトをつくる際の「ひな型」です。

# >ひな型をもとに作成されるオブジェクトをインスタンスと呼びます。
#   人間をクラスとすれば、Johnはインスタンスです。

# クラスの定義の中で、メソッドと呼ばれる機能を記述します。

# >メソッドは、そのクラスに属するオブジェクトだけが持つ機能です。
#   実行する際は " オブジェクト名.メソッド名() " のように記述します。
#----------------------------------------------------------------

#クラスとメソッド

#クラスの定義
class Human:
    #コンストラクタ　身長mと体重kgを受け取ってBMIを計算
    #                  インスタンスが作成されると実行される
    def __init__(self, height, weight):
        self.BMI = weight / (height**2)

    #メソッド value ： BMIの値を四捨五入して少数2桁までの値を返す
    def value(self):
        return round(self.BMI, 2)   #self.BMIをコンストラクタから受けとる
                                     #関数round()で四捨五入する

    #メソッド is_fat ： 適正体重かどうかを診断してprint()で文字列を表示
    def is_fat(self):
        if self.BMI < 18.5 :        #self.BMIをコンストラクタから受けとる
            print("Under")          #self.BMIの値によって異なる文字列を表示
        elif self.BMI >= 30 :
            print("Over")
        else :
```

2.3

Python入門

```
        print("OK!")

#実行
if __name__ == '__main__':
    John = Human(1.80, 82)      #クラスHumanからインスタンスJohnを生成
    Taro = Human(1.65, 88)      #  JohnもTaroもHumanである

    print( John.value() )       #メソッド.value()を実行
    print( Taro.value() )       #  実行すると値だけが返ってくるのでprint()で表示

    print( "\n" )
    John.is_fat()               #メソッド.is_fat()を実行
    Taro.is_fat()               #  .is_fat()の中でprint()が実行される
```

（1）プログラムの記法

　　プログラムの一般的な記法では、最初に拡張ライブラリの読み込みなどを行う宣言部、次に関数やクラスなどの定義、最後に処理の本体を記述します（**例2.33**）。また、この例では処理の本体部分の最初に if __name__ == '__main__': という少々わかりづらい記述があります。これは、「作成したプログラムを直接実行する場合に限って、以下を実行する」という意味で、ほかのプログラムから読み込んだだけのときには（つまり、直接実行されたわけでないなら）余計な動作をしないという意味です。

例2.33　一般的な記法

In [5]:
```
#一般的な記法
#ただし、このような順番で書かなくても実行は可能（作法の問題）

#宣言
import sys          #拡張ライブラリsysの読み込み

#関数やクラスなどの定義
def test(a):        #自作の関数の定義（引数としてaを受け取る）
    print("これは ", a, " です")   #aの前後に文字列を加えて表示する

#処理の本体
if __name__ == '__main__':   #メインのプログラムであるときに以下を実行する
    A = 123.45           #数値を格納
    B = "apple"          #文字列を格納
    C = sys.version      #sysが持つ.versionという機能（Pythonのバージョンを取得）
    test(A)              #自作の関数を実行
    test(B)
    test(C)
```

Out[5]:
```
これは  123.45  です
これは  apple  です
これは  3.7.0 (default, Jun 28 2018, 08:04:48) [MSC v.1912 64 bit (AMD64)]
です
```

このような書き方が必須というわけではなく、読みやすく、かつ親切なプログラムという観点から推奨されています。Pythonでは「正しい作法」をとらなくても、かなり自由にプログラムを記述することができます。この点はRと同じで、必要が出たときに必要なものを読み込んだり定義したりしていけば、実行は可能ということです（**例2.34**）。現実問題として、比較的単純なデータ分析で、自分だけがわかればよいというプログラムであれば、無理に正しい作法に従う必要はないでしょう。

例2.34 作法に沿っていないが実行できる例

```
In [6]:   #作法に沿っていないが実行できる例

          A = 123.45        #数値を格納
          B = "apple"       #文字列を格納

          import sys        #拡張ライブラリsysの読み込み
          C = sys.version   #sysが持つ.versionという機能（Pythonのバージョンを取得）

          def test(a):      #自作の関数の定義（引数としてaを受け取る）
              print("これは ", a, " です")    #aの前後に文字列を加えて表示する

          test(A)           #自作の関数を実行
          test(B)
          test(C)
```

```
Out[6]:   これは  123.45  です
          これは  apple  です
          これは  3.7.0 (default, Jun 28 2018, 08:04:48) [MSC v.1912 64 bit (AMD64)]
          です
```

ただし、Pythonでは**字下げ（インデント）**が重要な意味を持ちます。Rでは、関数の定義や、条件分岐、繰り返しの範囲などを波括弧（{}）で指定しましたが、Pythonではこれをインデントで表現します。最初の例では関数を定義する def や、処理本体の if の次の行で字下げが行われています。

IDEを使ってコードを記述する際には、def や if で始まる処理の途中で改行をすると、自動的に字下げが行われます。これを勝手に変えると、意図しない動作やエラーを招くことになるので注意してください。

（2）関数の作成

Rでは自作の関数を作成するのも関数の役割でしたが、Pythonでは関数の作成は def という**ステートメント（文）**で行います（**例2.35**）。ステートメントというのは、関数とは異なる命令の記述法と思っておけばよいでしょう。字下げが行われている範囲が関数の定義と

して解釈されます。構文は次のようになります。

> **構文**
> ```
> def 関数名（引数）：
>     関数の処理
> ```

例2.35 自作関数の作成

In [19]:
```
#自作関数の作成  def
#条件分岐  if

#ディクショナリ
Price = { "Kids":None, "Short":2.45, "Medium":2.85, "Tall":3.25, "Grand":3.65 }

#関数を定義
def get_price( c ) :                    #自作関数 get_price() を作成
    if c == "Kids" :                    #もし与えられた値が"Kids"なら
        return("sorry")                 #  "sorry"を返す
    else :                              #それ以外の場合
        return( Price[ c ] )            #  ディクショナリから値を取得

#関数の呼び出し
print( get_price( "Short" ) )
```

Out[19]:
```
2.45
```

（3）条件分岐

条件分岐も関数ではなくifというステートメント（if文）で記述します。やはり字下げが行われている範囲が分岐した処理として解釈されます。

> **構文**
> ```
> if 論理式 :
>     論理式の評価がTRUEの場合の処理
> else :
>     上記以外の場合の処理
> ```

（4）繰り返し（ループ）処理

繰り返し処理を行うにはforステートメント（for文）を使います（**例2.36**）。

> **構文**
> ```
> for i in X :
>     繰り返したい処理
> ```

ここで、iはループを制御する変数、Xはその変数の値を示すリストまたはrangeオブジェクトです。たとえば、Xに[0, 1, 2]を指定すると、i = 0からi = 2までiの値を変えながら3回の処理が実行されます。または、[1, 2, 3]の代わりにrange(3), range(0, 3)としても同じです。

例2.36 #繰り返し（ループ）

In [23]:
```
#繰り返し （ループ）

order_list = ["Medium", "Tall",    "Kids",   "Short", "Tall", "Kids",
              "Kids",    "Medium", "Short",  "Tall",   "Kids", "Short",
              "Medium", "Tall",    "Medium", "Short", "Tall", "Short",
              "Short",   "Grand" ]

len(order_list)              #リストの要素の数
order_price = []             #空のリスト

for i in range( len(order_list) ) :    #0から（リストの要素数 -1）まで繰り返し
    order_price.append( get_price( order_list[i] ) )     #リストに値を追加

print( order_price )
```

Out[23]:
```
[2.85, 3.25, 'sorry', 2.45, 3.25, 'sorry', 'sorry', 2.85, 2.45, 3.25,
 'sorry', 2.45, 2.85, 3.25, 2.85, 2.45, 3.25, 2.45, 2.45, 3.65]
```

（5）クラスとメソッド

クラスとメソッドは、いずれもオブジェクト指向のプログラミングに関わる概念です。これらを理解していなくてもPythonのプログラムを書くことは可能ですが、Pythonの動作を理解したり、他人が書いたプログラムを読んだりするときには、最低限の知識を持っておくことは必要でしょう。

クラスというのはオブジェクトの型のことで、これまでに取り上げた「文字列」「リスト」「ディクショナリ」などの概念もクラスのひとつです。**インスタンス**は、クラスをもとに生成された個々の例です。そして、**メソッド**は、クラスに割り当てられた機能のことです。

簡単な例として、一人ひとりについて身長と体重からBMIの値を計算し、オーバーウェイトかアンダーウェイトか、それともOK（適正体重）かの判定プログラムを作ることを考えます（**例2.37**）。ここでHuman（人間）はクラスであり、JohnやTaroといった各個人はHumanの個々の例、つまりインスタンスです。そして、BMIはHumanであれば全員が持っている値です。プログラムの動作は「BMIの値を返す」、「判定結果を返す」という2つの機能（value()とis_fat()という2つのメソッド）として、Humanというクラスに付与します。

例2.37 クラスとメソッド

In [14]:
```python
#クラスとメソッド

#クラスの定義
class Human:
    #コンストラクタ　身長mと体重kgを受け取ってBMIを計算
    #　　　　　　　　　　インスタンスが作成されると実行される
    def __init__(self, height, weight):
        self.BMI = weight / (height**2)

    #メソッド value ： BMIの値を四捨五入して少数2桁までの値を返す
    def value(self):
        return round(self.BMI, 2)    #self.BMIをコンストラクタから受けとる
                                     #関数round()で四捨五入する

    #メソッド is_fat ： 適正体重かどうかを診断してprint()で文字列を表示
    def is_fat(self):
        if self.BMI < 18.5 :         #self.BMIをコンストラクタから受けとる
            print("Under")           #self.BMIの値によって異なる文字列を表示
        elif self.BMI >= 30 :
            print("Over")
        else :
            print("OK!")

#実行
if __name__ == '__main__':
    John = Human(1.80, 82)      #クラスHumanからインスタンスJohnを生成
    Taro = Human(1.65, 88)      #　Johnも Taroも Humanである

    print( John.value() )       #メソッド.value()を実行
    print( Taro.value() )       #　実行すると値だけが返ってくるのでprint()で表示

    print( "\n" )
    John.is_fat()               #メソッド.is_fat()を実行
    Taro.is_fat()               #　.is_fat()の中でprint()が実行される
```

Out[14]:
```
25.31
32.32


OK!
Over
```

　ここで、BMIの計算や適正体重かどうかの判定を、一般的な関数ではなくHumanに付属するメソッドとするのは、「家」や「パソコン」といった別のクラスについてはBMIを計算する意味がないからです。一方、「女性」や「男性」、あるいは「社員」といった新しいクラスを作るときは、Humanが持つ性質をそのまま継承させることも可能です。

　スクリプトで、クラスの定義の最初にdef __init__と記述されている部分は**コンストラクタ**と呼ばれ、インスタンスが生成されたとき（JohnやTaroといったオブジェクトが作

られたとき）に実行される内容です。丸括弧の中のselfは「お約束」として記述する引数で、そのオブジェクト自身のことを指しています。次の2つの引数height、weightが、インスタンスの生成時に決定される値です。具体的にはJohnなら1.80と82という値が渡されます。この2つの値からBMIが計算され、self.BMIに格納されます。

　メソッドは、実際にはクラスに付随する関数として定義、実行されます。value()メソッドは、self.BMIの値をround()関数で四捨五入してから返します。is_fat()メソッドは、if文の条件判断を実行し、self.BMIの値が18.5未満なら"Under"、30以上なら"Over"、それ以外なら"OK!"をprint()で出力します。

　メソッドの呼び出しは、John.value()のように、オブジェクト（JohnやTaroといったインスタンス）の名称のあとに、ピリオド（.）をつけてメソッドの名称を記述することで行われます。

　value()の呼び出しではBMIの値が得られるだけなので、値をコンソールに表示するにはprint()を使う必要があります。一方、is_fat()の呼び出しでは、メソッドの定義の中でprint()を使っているので、呼び出すだけでコンソールに情報が出力されます。

2.3.4　NumPyとpandas

　Pythonでは、計算可能な配列やデータフレームは、拡張ライブラリによって提供されます。これまでに紹介したものも含めて、代表的なデータ構造を**図2.3**に示しておきます。使用するスクリプトは🗎2.3.04.NumPyAndPandas.pyです（**リスト2.9**）。また、Jupyter

■ **NumPy 配列** ➡ NumPyライブラリの機能として提供
● 同じ型の要素を並べたもの

ndarray
36
32
48
64

ndarray
（2次元）

36	42
48	64

■ **リスト**
● 異なるオブジェクトを並べたもの

■ **タプル**
● リストと同様だが、要素の変更ができない

■ **ディクショナリ**
● リストと同様だが、キー（key）と値（value）を対で格納
● キー（key）を指定することで値（value）を参照できる

■ **データフレーム** ➡ pandasライブラリの機能として提供
● 縦・横に項目が揃った表形式

No.	性別	年齢	地域	点数
1	1	12	東京	36
2	2	10	東京	32
3	1	NA	東京	48
4	1	14	大阪	64

図2.3　基本的なデータ構造

Notebook用のスクリプトファイルは、📄2.3.04.NumPyAndPandas.ipynbです。

●配列・行列

NumPyが提供するるさまざまな機能のうち、ここでは配列・行列計算に絞って説明しておきます。NumPyは、Pythonのリストとは別に、独自の配列・行列（以下、numpy配列またはndarrayと記します）をオブジェクトの型として提供します。

numpy配列は、Rのベクトルやマトリクスに相当するものだと考えればわかりやすいでしょう。1つのnumpy配列の中に格納できるのは、同じ型の要素に限られます。また、配列そのものが足し算や掛け算の対象となります。たとえば、numpy配列である[1, 2, 3]に数値の2を掛けると結果は[2, 4, 6]となり、これに1を足せば[3, 5, 7]となります。この点はRのベクトルと同じです。

ただし、Rとは仕様が異なる点もあるので注意が必要です（細かな仕様の問題なので、飛ばしていただいてもかまいません）。Rで2×2の行列を作成してこれに2つの要素を持つベクトル (1, 2) を足すと、1行目の要素に1が、2行目の要素に2が足されます。また、ベクトル (1, 2) の代わりに (1, 2, 1, 2) を足しても同じ結果となります。これは、Rが1行1列、2行1列、1行2列、2行2列、という順番で足し算を適用するためです。

一方、NumPyで2×2の行列を作成してnumpy配列[1, 2]を足すと、1列目の要素に1が、2列目の要素に2が足されます。また [1, 2, 1, 2] を足そうとすると、形が合わないとみなされてエラーとなります。つまり、Rは列方向、NumPyは行方向でベクトルを扱っており、かつNumPyのほうが形の条件に厳格であると言えます。この点は文章ではわかりにくいと思いますので、興味のある方は自身で試してみることをお勧めします。

●データフレーム

pandasの主要な機能は、Pythonにシリーズやデータフレームといったデータ構造を追加することです。データフレームの構造についての説明はRの場合と同様なので、説明は省きます。シリーズは1列だけのデータフレームと考えればよいでしょう。

Rとの最も大きな違いは、データフレームを操作する関数の扱いです。2.3.1項で述べたように、データフレームを操作する関数は、pandasではデータフレームのオブジェクト自体が持つ機能として提供されます。この点はクラスやメソッドという概念を知らないとわかりづらいところです。詳しくは2.3.3項の(**5**)を参照してください。

（**1**）NumPy

Pythonでライブラリを読み込む際は、import文を使います。このとき、asに続けて、

リスト2.9 2.3.04.NumPyAndPandas.py

```python
# -*- coding: utf-8 -*-

## NumPyとpandas

## #はコメントを表します

#JupyterNotebook以外で実行する場合は以下の行を実行
from IPython.display import display ❶
#----------------------------------------------------------------
### NumPy の利用

# NumPyを使うと、配列・行列の計算が可能となります。

# NumPyでは ndarray というデータ形式(numpy配列)を扱います。
# これは、Rのベクトルや行列に相当します。

# 1次元の配列を作る方法を以下に示します。
#----------------------------------------------------------------

import numpy as np      #numpyをnpという名前で読み込む

#numpy配列を作成（リストから変換）
a = np.array([1, 2, 3])
A = np.array([4, 5, 6])

#Rのベクトルと同様に計算が可能
print("a+A", type(a+A), " : ", a+A)      #要素どうしの足し算
print("a*A", type(a*A), " : ", a*A)      #要素どうしの掛け算
print("a*5", type(a*5), " : ", a*5)      #5を掛ける


#----------------------------------------------------------------
# 2次元の行列を作る方法を以下に示します。
#----------------------------------------------------------------

#リストを2次元のnumpy配列（行列）に変換
print("\n", np.array([[1,2,3], [4,5,6], [7,8,9]] ))   #行列を作成

#.arange()でnumpy配列を作成
Nums = np.arange(4, 63, 2, dtype=np.int32)   #4から62まで間隔2で作成
print("\narray:\n", Nums )

Nums = np.insert(Nums, 0, 2)      #0番目に2を挿入
Nums = np.append(Nums, 64)        #最後に64を追加
print("array:\n",    Nums )

Nums = np.reshape(Nums, (8, 4)) #8x4の行列に変換
print("\narray:\n", Nums )

print("\nshape: ",   Nums.shape )       #.shapeはnumpy配列が持つメソッド
print("object type: ", type(Nums) )   #関数type()で型を表示


#----------------------------------------------------------------
# 添字を使って要素を参照できます。
#----------------------------------------------------------------

print( Nums[2] )        #row 2(2次元の場合は行が1つの要素)
```

```python
print( Nums[2:4] )        #row 2 と 3
print( Nums[1][2] )       #row 1, column 2(1番目の中の2番目)
print( Nums[1, 2] )       #row 2, column 1(カンマで区切る方法)
print( Nums[:, 2] )       #すべてのrow, column 2
print( Nums[2, :] )       #row 2, すべてのcolumns


#--------------------------------------------------------------
### pandas の利用

# pandasを使うと、データフレームの利用が可能となります。
# Rのデータフレームとほぼ同じと考えてよいでしょう。

# データフレームを作る方法を以下に示します。
#--------------------------------------------------------------

import pandas as pd       #pandasをpdという名前で読み込む
from numpy import nan      #numpyの欠損値機能を使う

#データフレームの作成
DFSize = pd.DataFrame({"cup"    : ["Kids", "Short", "Medium", "Tall", "Grand"],
                       "fl.oz" : [7, 10, 14, 18, 24],
                       "USD"    : [nan, 2.45, 2.85, 3.25, 3.65]} )
#列の参照
print( DFSize['cup'] )

#データフレームの列どうしの演算
DFSize['UnitPrice'] = DFSize['USD'] / DFSize['fl.oz']

print( "\nobject type:\n", type(DFSize) )   #型を表示
display( DFSize )                            #データフレームを表示


#--------------------------------------------------------------
# 添字を使って要素を参照できます。
# 数字による参照では、.iloc を使います。
#--------------------------------------------------------------

#添え字での参照 (.ilocを使う)
print( "\n", DFSize.iloc[1, 2] )       #row 1, column 2
print( "\n", DFSize.iloc[0:2, :] )     #row 0:2, すべてのcolumn
print( "\n", DFSize.iloc[:, 2] )       #すべてのrow、column 2


#--------------------------------------------------------------
# 以下では、条件に該当する行を抽出しています。
#--------------------------------------------------------------

#条件式での抽出
print( "\n", DFSize[DFSize.cup == "Tall"] )  #Cupが"Tall"のものを抽出
print( "\n", DFSize[DFSize.USD <= 3.0] )     #価格が3.0以下のものを抽出
```

プログラムの中で使う略称を指定します。ただし、NumPyを読み込む際はnpという略称を使うのが一般的です。

　NumPyが提供する配列・行列を作成するには、NumPyのarray()関数を使ってリストをnumpy配列（ndarray）に変換します。リストとは異なり、ndarrayは足し算や掛け算といった計算の対象となります（**例2.38**）。

例2.38 numpy配列の足し算、掛け算

In [1]:
```
import numpy as np        #numpyをnpという名前で読み込む

#numpy配列を作成（リストから変換）
a = np.array([1, 2, 3])
A = np.array([4, 5, 6])

#Rのベクトルと同様に計算が可能
print("a+A", type(a+A), " : ", a+A)    #要素同士の足し算
print("a*A", type(a*A), " : ", a*A)    #要素同士の掛け算
print("a*5", type(a*5), " : ", a*5)    #5を掛ける
```

Out[1]:
```
a+A <class 'numpy.ndarray'> : [5 7 9]
a*A <class 'numpy.ndarray'> : [ 4 10 18]
a*5 <class 'numpy.ndarray'> : [ 5 10 15]
```

　行列は、2次元の構造を持つndarrayです。複数のリストを入れ子にしたリストをndarrayに変換すれば、行列になります。

　arange()はNumPyが提供する関数で、Pythonの標準関数であるrange()と似たような機能を持っています。range()と同様に数列を生成しますが、生成した結果はndarrayとなります。ほかにも、ndarrayに対して要素の挿入や追加を行うために、insert()やappend()といった関数が提供されています。これらは、標準のリストを扱うinsert()やappend()と紛らわしいので注意してください。

　配列の形を変えるにはreshape()関数を使います。また、ndarrayはshapeというメソッドを備えており、このメソッドを使って構造（行数、列数）を確認できます（**例2.39**）。

例2.39 リストをnumpy配列に変換する

In [2]:
```
#リストを2次元のnumpy配列（行列）に変換
print("\n", np.array([[1,2,3], [4,5,6], [7,8,9]] ))    #行列を作成

#.arange()でnumpy配列を作成
Nums = np.arange(4, 63, 2, dtype=np.int32)    #4から62まで間隔2で作成
print("\narray:\n", Nums )
```

```python
Nums = np.insert(Nums, 0, 2)      #0番目に2を挿入
Nums = np.append(Nums, 64)        #最後に64を追加
print("array:\n",    Nums )

Nums = np.reshape(Nums, (8, 4)) #8x4の行列に変換
print("\narray:\n", Nums )
print("\nshape: ",  Nums.shape )        #.shapeはnumpy配列が持つメソッド
print("object type: ", type(Nums) )  #関数type()で型を表示
```

Out[2]:
```
[[1 2 3]
 [4 5 6]
 [7 8 9]]

array:
[ 4  6  8 10 12 14 16 18 20 22 24 26 28 30 32 34 36 38 40 42 44 46 48 50
 52 54 56 58 60 62]
array:
[ 2  4  6  8 10 12 14 16 18 20 22 24 26 28 30 32 34 36 38 40 42 44 46 48
 50 52 54 56 58 60 62 64]

array:
[[ 2  4  6  8]
 [10 12 14 16]
 [18 20 22 24]
 [26 28 30 32]
 [34 36 38 40]
 [42 44 46 48]
 [50 52 54 56]
 [58 60 62 64]]

shape:  (8, 4)
object type:  <class 'numpy.ndarray'>
```

numpy配列の中から、特定の要素を取り出す場合は添字(インデックス)を指定します。たとえば、Numsというオブジェクトの(0から数えて)2番目を指定する場合はNums[2]のように角括弧でくくって添字を記述します。このとき、1次元の配列であれば2番目の要素の値が得られますが、2次元の配列であれば2行目がndarrayとして得られます。これは、2次元の配列において行が1つの要素とみなされているためです(**例2.40**)。

例2.40 numpy配列から特定の要素を取り出す

In [3]:
```python
print( Nums[2] )          #row 2(2次元の場合は行が1つの要素)
print( Nums[2:4] )        #row 2 と 3
print( Nums[1][2] )       #row 1, column 2(1番目の中の2番目)
print( Nums[1, 2] )       #row 2, column 1(カンマで区切る方法)
print( Nums[:, 2] )       #すべてのrow, column 2
print( Nums[2, :] )       #row 2, すべてのcolumns
```

```
Out[3]:    [18 20 22 24]
           [[18 20 22 24]
            [26 28 30 32]]
           14
           14
           [ 6 14 22 30 38 46 54 62]
           [18 20 22 24]
```

2次元配列で、特定の要素の値を直接取り出す場合は添字を2つ指定します。1行目、2列目の要素ならNums[1][2]またはNums[1, 2]と記述します。なお、片方を省略する場合は該当の箇所に空白ではなくコロン（ : ）を記述します。たとえばNums[: , 2]と書けば、列指定で（0から数えて）2列目を取り出すということになります。

（2）pandas

pandasの主要な機能は、Pythonにシリーズやデータフレームといったデータ構造を追加することです。シリーズは1列だけのデータフレームと考えればよいでしょう。データフレームについてはRの場合と同様なので、詳しい説明は省きます。

データフレームの列を参照する場合はDFSize['cup']のように列の名称を指定します（**例2.41**）。display()関数を使うと、Jupyter Notebookではデータフレームの内容が表形式で出力されます（**図2.4**）。Jupyter Notebook以外では、あらかじめライブラリIPythonからdisplay()関数を読み込んでおく必要があります。**リスト2.9**では8行目（❶）の記述がこれに該当します。

例2.41 データフレームの内容を出力

```
In [4]:    import pandas as pd     #pandasをpdという名前で読み込む
           from numpy import nan    #numpyの欠損値機能を使う

           #データフレームの作成
           DFSize = pd.DataFrame({"cup"    : ["Kids", "Short", "Medium", "Tall",
           "Grand"],
                                  "fl.oz" : [7, 10, 14, 18, 24],
                                  "USD"   : [nan, 2.45, 2.85, 3.25, 3.65]} )
           #列の参照
           print( DFSize['cup'] )

           #データフレームの列どうしの演算
           DFSize['UnitPrice'] = DFSize['USD'] / DFSize['fl.oz']

           print( "\nobject type:\n", type(DFSize) )   #型を表示
           display( DFSize )                            #データフレームを表示
```

Out[4]:   0   Kids
           1   Short
           2   Medium
           3   Tall
           4   Grand
           Name: cup, dtype: object

           object type:
            <class 'pandas.core.frame.DataFrame'>

           【ここに図2.4の表が表示される】

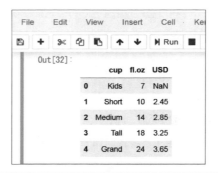

図2.4 データフレームの表示

データフレームの行と列を数字で指定して参照するときは、ilocメソッドを使います。DFSize.iloc[1, 2]と指定すれば、（0から数えて）1行目の2列目の要素が参照できます（**例2.42**）。片方を省略する場合は該当の箇所に空白ではなくコロン（:）を記述します。条件式を記述して抽出を行うことも可能です（**例2.43**）。

例2.42 ilocメソッドの使用例

In [5]:
```
#添字での参照（.ilocを使う）
print( "\n", DFSize.iloc[1, 2] )         #row 1, column 2
print( "\n", DFSize.iloc[0:2, :] )       #row 0:2, すべてのcolumn
print( "\n", DFSize.iloc[:, 2] )         #すべてのrow、column 2
```

Out[5]:
```
 2.45

       cup   fl.oz   USD   UnitPrice
 0    Kids      7   NaN         NaN
 1   Short     10  2.45       0.245

 0    NaN
```

```
2     2.85
3     3.25
4     3.65
Name: USD, dtype: float64
```

例2.43 条件式での抽出

In [6]:
```
#条件式での抽出
print( "\n", DFSize[DFSize.cup == "Tall"] ) #Cupが"Tall"のものを抽出
print( "\n", DFSize[DFSize.USD <= 3.0] )      #価格が3.0以下のものを抽出
```

Out[6]:
```
      cup   fl.oz   USD   UnitPrice
3    Tall      18   3.25   0.180556

       cup   fl.oz   USD   UnitPrice
1    Short      10   2.45   0.245000
2   Medium      14   2.85   0.203571
```

2.4 RとPythonの実行例の比較

2.4.1 簡単な分析の実行例

RとPythonで、同じデータを使って同じ処理を実行してみましょう。処理内容は、データを読み込んで散布図を描くだけです。ただし、散布図上で原点 (0, 0) からの距離が1未満のケースは濃い色 (実際には濃い青色) で、1以上のケースは淡い色 (実際には薄い青色) でプロットすることにします。

手順は以下のようになります (**表2.3**)。

① 必要なライブラリを読み込む

② 2つの項目「varA」「varB」からなるCSVファイル (📄sample.csv) を読み込み、データフレームに格納する

③ データフレームの先頭の数行を確認する

④ ケースの数などを確認する

⑤ 要約統計量 (平均値、最大値、最小値など) を確認する

⑥ varAとvarBをそれぞれ2乗した値を足し (原点からの距離の2乗となる)、それが1未満であるかどうかを論理式で判定する。判定の結果はTRUE/FALSEの論理値となるので、これをidという名称で保存する。

⑦ データフレームにIDという名称で新しい列を作り、値として "steelblue" という色の名称を入れる

⑧ idの値がTRUEであるケース (行) について、IDの値を "darkblue" で置き換える

⑨ IDの値について、"steelblue" と "darkblue" の数 (頻度) を数える

⑩ 以下を指定して散布図を描く

横軸に用いる変数	:	varA
縦軸に用いる変数	:	varB
色の名称	:	ID
透明度 (alpha) の指定	:	0.6
点の大きさ	:	(場合によって変更)

上記の手順を実行するRのサンプルスクリプトは📄2.4.01.Example.R（**リスト2.10**）、
Pythonは📄2.4.01.Example.pyです（**リスト2.11**）。また、Jupyter Notebook用のスクリプ
トファイルは、📄2.4.01.Example.ipynbです。注意点をソース内のコメントとして記述し
ておきました。

　また、比較しやすいように、**表2.3**にそれぞれのコードをまとめておきます。細かい文法
は異なるものの、ほぼ同じ手順で処理を実行できることがわかります。

表2.3　実行例で使っているコード

R	Python
必要なライブラリを読み込む	

```
library(ggplot2)    #拡張グラフィック
```

```
import pandas as pd          #データフレーム
import matplotlib.pyplot as plt  #グラフィック
```

| CSVファイルを読み込んでデータフレームに格納 | |

```
DF <- read.table("sample.csv",
              sep = ",",  header = T )
```

```
DF = pd.read_csv("sample.csv", sep = ",")
```

| 先頭の数行を確認 | |

```
head(DF)
```

```
display(DF.head(6))
```

| 行数・列数などを確認 | |

```
str(DF)
```

```
print(type(DF))    #型
print(DF.shape)    #形
```

| 平均値、最大値、最小値などを確認 | |

```
summary(DF)
```

```
display(DF.describe())
```

| varAとvarBをそれぞれ2乗して足し、1未満かどうかを判定 | |

```
id <- DF$varA^2 + DF$varB^2 < 1
```

```
id = DF['varA']**2 + DF['varB']**2 < 1
```

| IDという名称の列を作り"steelblue"という色の名称を入れる | |

```
DF$ID <- "steelblue"
```

```
DF["ID"] = "steelblue"
```

| idの値がTRUEであるケース（行）について、IDの値を"darkblue"で置き換え | |

```
DF$ID[id==T] <- "darkblue"
```

```
DF.loc[id==True, "ID"] = "darkblue"
```

| IDの値について頻度を計算 | |

```
table(DF$ID)
```

```
DF["ID"].value_counts()
```

| 散布図を描く（横軸に用いる変数：varA　縦軸に用いる変数：varB　色の名称：ID） | |

```
ggplot() +
geom_point(aes(DF$varA, DF$varB),
        color=DF$ID, alpha=0.6, size=4)
```

```
plt.scatter(DF["varA"], DF["varB"],
            c=DF["ID"], alpha=0.6, s=70)
plt.show()
```

内容について補足しておきましょう。

● ライブラリの読み込み

Rでは`library()`、Pythonでは`import`を使います。この例を実行するのに必要なライブラリは、Rでは拡張グラフィック機能を提供する`ggplot2`のみです。

Pythonではデータフレームを扱う`pandas`とグラフィック機能を提供する`Matplotlib`を使う必要があります。なおJupyter Notebookでは、グラフィックを表示する場所を設定するために`%matplotlib inline`という指定を行います。

● CSVファイルの読み込み

まずCSVファイルを読み込むために、Rでは`read.table()`関数を使います。最初の引数はファイル名で、そのあとに続く2つの指定は、該当のファイルにおいて項目の区切りがカンマであること、先頭の行が項目名を記したヘッダー行であるということを指示しています。

Pythonでは`pd.read_csv()`を使いますが、これはライブラリ`pandas`の機能であるため先頭に`pd`という名称がついています。

● データフレームの操作

Rではデータフレームの列を指定する際に、`$`に続けて列名を記述します。平均値などの算出には`summary()`関数を使います。また、頻度の計算では、ID列に記録された色の名称ごとに数を数えるために`table()`関数を使います。`table()`はカテゴリの分類ごとに数を集計する関数です。ここでは引数は1つ（`DF$ID`）ですが、複数の引数を指定するとクロス集計となります。

Pythonではデータフレームの名称のあとに角括弧をつけ、列名を引用符付きで記述します。平均値などの算出には`describe()`を、頻度の計算では`value_counts()`を使いますが、これらは汎用の関数ではなく、いずれもデータフレームが備える機能（メソッド）です。

● グラフィックの表示

散布図の描画は、Rでは`ggplot()`と`geom_point()`という2つの関数を組み合わせて行います。これは`ggplot2`というライブラリに含まれる関数です。`ggplot2`を使うためには、あらかじめパッケージのインストールをすませておく必要があります（パッケージのインストール方法については付録に記述しています。詳細についてはiiページを参照してください）。

Pythonではplt.scatter()とplt.show()の2つを使います。これらはいずれもライブラリMatplotlibの機能であるため、先頭にpltという名称がついています。

図2.5に、Rのggplot2で描いた散布図を示します。Pythonでの散布図（Matplotlibによる描画）は省略しますが、ほぼ同様の見映えになります。

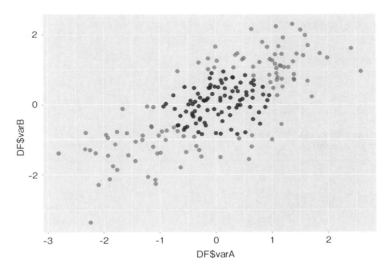

図2.5 Rのggplot2で描いた散布図

リスト2.10 2.4.01.Example.R

```
#ライブラリを読み込む
library(ggplot2)    #拡張グラフィック

#ファイルsample.csvを読み込みデータフレームDFに格納
#ヘッダー付データの場合、header=Tを指定する必要がある
DF <- read.table( "sample.csv",
                  sep = ",",        #カンマ区切り
                  header = TRUE )   #ヘッダー(列名)あり

#最初の6行を表示
head(DF)

#データ型などの確認
str(DF)

#要約統計量の確認
summary(DF)
```

```
#原点に近いデータを識別する
id <- DF$varA^2 + DF$varB^2 < 1
head(id)

#IDという名前で新しい列を作る
#値にはすべて"steelblue"を入れておく
DF$ID <- "steelblue"

#原点に近いデータのみIDの値を"darkblue"とする
DF$ID[id==T] <- "darkblue"

#それぞれのデータがいくつあるかを確認
table(DF$ID)

#データフレームの内容を確認
head(DF)

#散布図を色分けして表示
#colorは色の指定、alphaは透明度、sizeは点の大きさ
ggplot() +
  geom_point(aes(DF$varA, DF$varB),
              color=DF$ID, size=4, alpha=0.6)
```

リスト2.11 2.4.01.Example.py

```python
# -*- coding: utf-8 -*-

#JupyterNotebook以外で実行する場合は以下の行を実行
from IPython.display import display
#-------------------------------------------------------------

#ライブラリを読み込む
import pandas as pd              #データフレーム
import matplotlib.pyplot as plt  #グラフィック


#-------------------------------------------------------------

#ファイルsample.csvを読み込みデータフレームDFに格納
#read_csvはpandasの機能
#ヘッダーは自動で認識される
DF = pd.read_csv("sample.csv", sep=",")  #カンマ区切り

#最初の6行を表示
#headはデータフレームに付随する機能
display(DF.head(6))

#-------------------------------------------------------------

#データ型
print(type(DF))
#データの構造（行数・列数）
#shapeはnumpy配列やデータフレームに付随する機能
print(DF.shape)

#-------------------------------------------------------------
```

```
#要約統計量の確認
#describe()はデータフレームに付随する機能
display(DF.describe())

#----------------------------------------------------------------

#原点に近いデータを識別する
id = DF['varA']**2 + DF['varB']**2 < 1
print(id.head(6))

#----------------------------------------------------------------

#IDという名前で新しい列を作る
#値にはすべて "steelblue" を入れておく
DF["ID"] = "steelblue"

#原点に近いデータのみ IDの値を "darkblue" とする
#locはデータフレームに付随する機能（行・列の指定）
DF.loc[id==True, "ID"] = "darkblue"

#それぞれのデータがいくつあるかを確認
#value_counts()はデータフレームに付随する機能
DF["ID"].value_counts()

#----------------------------------------------------------------

#データフレームの内容を確認
display(DF.head(6))
#    上記の箇所はJupyterNotebookではdisplay()を利用

#散布図を色分けして表示
#cは色の指定、alphaは透明度、sは点の大きさ
plt.scatter(DF["varA"], DF["varB"],
            c=DF["ID"], alpha=0.6, s=70)
plt.show()
```

例2.44 手順①

```
In [ ]:    #グラフィックの設定
           %matplotlib inline

           #ライブラリを読み込む
           import pandas as pd              #データフレーム
           import matplotlib.pyplot as plt  #グラフィック
```

例2.45 手順②③

```
In [ ]:    #ファイルsample.csvを読み込みデータフレームDFに格納
           #read_csvはpandasの機能
           #ヘッダーは自動で認識される
           DF = pd.read_csv("sample.csv", sep=",")  #カンマ区切り

           #最初の6行を表示
           #headはデータフレームに付随する機能
           display(DF.head(6))
```

例2.46 手順④

```
In [ ]:    #データ型
           print(type(DF))
           #データの構造（行数・列数）
           #shapeはnumpy配列やデータフレームに付随する機能
           print(DF.shape)
```

例2.47 手順⑤

```
In [ ]:    #要約統計量の確認
           #describe()はデータフレームに付随する機能
           display(DF.describe())
```

例2.48 手順⑥

```
In [ ]:    #原点に近いデータを識別する列を作る
           id = DF['varA']**2 + DF['varB']**2 < 1
           print(id.head(6))
```

例2.49 手順⑦⑧⑨

In [ ]:
```
#IDという名前で新しい列を作る
#値にはすべて"steelblue"を入れておく
DF["ID"] = "steelblue"

#原点に近いデータのみIDの値を"darkblue"とする
#locはデータフレームに付随する機能（行・列の指定）
DF.loc[id==True, "ID"] = "darkblue"

#それぞれのデータがいくつあるかを確認
#value_counts()はデータフレームに付随する機能
DF["ID"].value_counts()
```

例2.50 手順⑩

In [ ]:
```
#データフレームの内容を確認
display(DF.head(6))

#散布図を色分けして表示
#cは色の指定、alphaは透明度、sは点の大きさ
plt.scatter(DF["varA"], DF["varB"],
            c=DF["ID"], alpha=0.6, s=70)
plt.show()
```

第 3 章

データ分析と
基本的なモデリング

3.1 データの特徴を捉える

3.2 データからモデルを作る

3.3 モデルを評価する

3.1 | データの特徴を捉える

3.1.1 分布の形を捉える──ビジュアルでの確認

　データ分析の基本は、何よりもまず値の「分布」を知ることです。**分布**とは、簡単に言えば、どこを中心にどのように値がばらついているかということです。

（1）ヒストグラムと密度プロット

　分布の形は、ヒストグラムや密度プロットを描くことで確認できます。**ヒストグラム**とは、横軸に**階級**、縦軸に**度数**（**頻度**：frequency）をとったプロットです（**図3.1**）。身長の例で言えば、150cm以上155cm未満、155cm以上160cm未満、…といった区切りが階級です。度数は、150cm以上155cm未満に相当する人数が何人いたかということを示しています。

　図3.1の例では、身長155cmから175cmの人が多いことがわかります。縦軸の数字と照らし合わせると、160cmから165cmの人は約400人いるようです。階級の区切りを細かくすれば、より詳細なヒストグラムになります。

　密度プロットは、直感的に言えばヒストグラムを滑らかな線でつないだようなものです。ヒストグラムと同様、分布の形を確認することができます（**図3.2**）。ただし、縦軸は度数ではなく、**密度**（density）または**確率密度**（probability density）と呼ばれる値になります。密度は、その値のまわりにどれだけデータが集まっているかという尺度だと考えてよいでしょう。**図3.2**の例では、身長160cmの付近にデータが多く集まっていると考えることができます。

（2）密度プロットの意味[1]

　密度は、確率と大きく関連しています。密度プロットの内側は、面積が1.0になるように計算されています。

　ここで、ある1人の高校生について考えてみましょう。その高校生が「身長155cmから165cmの間である確率」を知りたいとします。身長がある値をとる確率は、155と165の2

---

[1]　厳密には、密度（確率密度）の推定値です。

つの値ではさまれた面積を計算すればわかります（つまり「積分する」ということです）。この面積が0.36なら、その確率は36%ということです。

このとき、「身長160cmである確率」という言い方にはあまり意味がないことに注意してください。身長が160.000…cmちょうどというのは非常に珍しく、確率はほぼ0です。プロット上でも160cmという値は1本の線になりますから、面積は0です。縦軸を見ると160cmに相当する値が約0.04になっていますが、これは身長が160cmである確率が0.04（4%）と

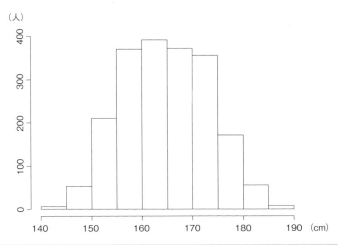

図3.1 身長のヒストグラム

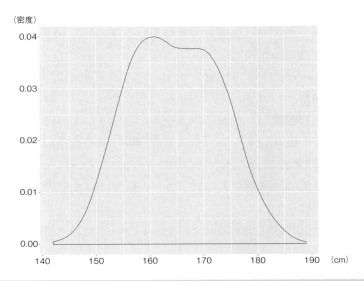

図3.2 密度プロット

いう意味ではありません。正しくは、身長がおおむね160cmから161cmの間である確率が1×0.04で約4％ということになります。

（3）Rでの実行

先ほど取り上げた身長のデータは、日本の高校生の男女17歳の身長を測定した結果です[2]。サンプルデータは📄heitht.csvに収められています。データの項目（列）は、以下のとおりです。1列目に身長、2列目に性別が記録されています。

　height …… 身長（cm）
　gender …… 性別（F：女性、M：男性）

実行するサンプルスクリプトは📄**3.1.01.Visualize.R**（**リスト3.1**）です。このスクリプトにはいろいろな例を記載していますが、見映えをよくするための記述が多いので、これらをすべて使いこなす必要はありません。標準関数の`hist()`と`boxplot()`に加えて、ライブラリ`ggplot2`を使った方法をいくつかご紹介しますが、最初は標準関数の2つを使いこなせるようになればよいと思います。

最初にサンプルデータを読み込みます。ここではデータフレームに「DF」という名前をつけています。`str()`と`head()`の各関数を使うと、データの構造や中身を確認できます。1列目には身長（`height`）がcm単位で小数点以下1位まで記録されています。2列目は性別（`gender`）で、Fは女性、Mは男性を表します。

ヒストグラムを描くには`hist()`関数を使います。描きたいのは身長なので、データフレームの名称と変数名を合わせて`DF$height`と指定します。色は`col`で、階級の分割数（棒の数）は`breaks`で指定します。

また、`breaks=seq(140, 190, 5)`といったように指定すれば、140cmから190cmまで5cm刻みでの分割となります。

標準の`hist()`関数では、あまり見映えの良いプロットにはなりませんが、`ggplot2`ライブラリを使えば綺麗な図を描くことができます。基本となる`ggplot()`という関数と、ヒストグラムを作成する`geom_histogram()`関数を+でつなげて書くことに注意してください。`alpha`は色塗りの透明度を指定するオプションです。`alpha`を指定すると、見やすいプロットに仕上がります。

密度プロットを描く場合は、`ggplot()`と`geom_density()`を使います。この例はすで

---

[2]　このデータは文部科学省の2013年の保健統計調査をもとにしています。ただし実際のデータではなく、調査結果の分布が再現できるように個々の値を作り直しました。

に図3.2で示しましたが、分布の中央、165cmのあたりで線が凹んでいることがわかります。これは、統計的な分布としては少し不自然です。このデータには女性と男性の身長が混じっています。そこで、性別で分けて分布の形を確認してみましょう。

性別で分けてヒストグラムを描くには、geom_histogram()の中でaes()の部分に塗り分け（fill）の対象となる変数（ここではgender）を指定します。「aes」というのは、エステティック（aesthetic）の略で、プロットの見映えと変数（項目名）を紐づける操作を指しています。塗りを変数ではなく"red"のように定数で指定する場合はaes()を使わず、その外側に書きます。

塗り分けの色はggplotが勝手に赤、青、緑…といった順番で割り振りますが、自分で指定したい場合はscale_fill_manual()関数を使います。

密度プロットの色分けをする場合も同様です。最後の例では、線の色分け（color）と、塗り分け（fill）の両方を指定しています。色分けの色を自分で指定する場合はscale_color_manual()関数を使って行います。

このようにして見ると、分布の形は男女ともに左右対称の釣鐘型の分布です（**図3.3**）。図3.2で中央が凹んでいたのは、2つの分布が重なっていたためです。このように分布の形を確認することは分析を行うときに非常に重要になります。

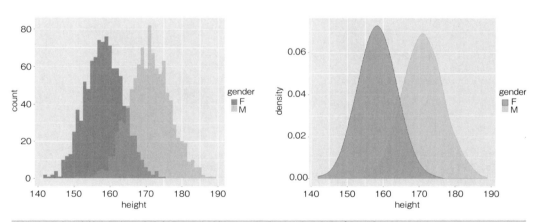

図3.3 日本の高校生男女17歳の身長の分布（左はヒストグラム、右は密度プロット）

リスト3.1 3.1.01.Visualize.R

```
#分布の形を捉える

#高校生の身長データを読み込む
DF <- read.table( "height.csv",
                  sep = ",",                    #カンマ区切りのファイル
```

```
                    header = TRUE,             #1 行目はヘッダー ( 列名 )
                    stringsAsFactors = FALSE)

#データの構造と項目の一覧を確認する
str(DF)

#データフレームの先頭を表示
head(DF)

# 身長のヒストグラムを描く
hist(DF$height)

#色、分割数を変えてタイトルをつける
hist(DF$height, col="steelblue", breaks=50,
     main=" 高校生の身長の分布 ")


#ggplot2 ライブラリを使って描く
library(ggplot2)   #ライブラリの読み込み
# 変数 ( データ項目 ) は aes()の中に、定数は外に書く
ggplot(DF)+                            #データフレームの指定
  geom_histogram( aes(height),         #描画の対象となる変数
                  fill="steelblue",    #塗り色の指定
                  alpha=0.8,           #透明度の指定
                  binwidth=1 )         #階級の幅 ( 例では 1cm刻み )

# 密度プロットを描く
ggplot(DF)+                            #データフレームの指定
  geom_density( aes(height) ) +        #描画の対象となる変数
  theme(axis.text=element_text(size=12), #文字サイズの指定
      axis.title=element_text(size=14,face="bold"))


# 性別で色分けしてヒストグラムを描く
ggplot(DF)+                            #データフレームの指定
  geom_histogram( aes(x   =height,     #描画の対象となる変数
                      fill=gender),    #塗り分けの対象となる変数
                  position="identity", #重ねて描くという指定
                  alpha=0.5,           #透明度の指定
                  binwidth=1 )         #階級の幅 ( 例では 1cm刻み )

# 色を指定することも可能
ggplot(DF)+                            #データフレームの指定
  geom_histogram( aes(x   =height,     #描画の対象となる変数
                      fill=gender),    #塗り分けの対象となる変数
                  position="identity", #重ねて描くという指定
                  alpha=0.5,           #透明度の指定
                  binwidth=1 )+        #階級の幅 ( 例では 1cm刻み )
  #色分けの指定を足す
  #注意：前の行から + でつなげるのを忘れないこと)
  scale_fill_manual( values=c("darkgreen", "orange") )+
  #軸の文字サイズを変更する
  theme(axis.text =element_text(size=12, face="bold"), #軸の数値
      axis.title=element_text(size=14) )               #軸の名称

# 性別で色分けして密度プロットを描く
ggplot(DF)+                                    #データフレームの指定
```

```r
  geom_density( aes(x     =height,        #描画の対象となる変数
                    color=gender) )+      #色分けの対象となる変数
  #色分けの指定を足す
  scale_color_manual( values=c("darkgreen", "orange") )

#中を塗ることも可能
ggplot(DF)+                               #データフレームの指定
  geom_density( aes(x     =height,        #描画の対象となる変数
                    color=gender,         #色分けの対象となる変数
                    fill =gender),        #塗り分けの対象となる変数
                    alpha=0.3   )+        #透明度の指定
  #色分けの指定を足す
  scale_color_manual( values=c("darkgreen", "orange") )+
  scale_fill_manual(  values=c("darkgreen", "orange") )+
  #軸の文字サイズとタイトルのフォントを変更する
  theme(axis.text =element_text(size=12, face="bold"), #軸の数値
        axis.title=element_text(size=14) )             #軸の名称


#性別でグループ分けをしてボックスプロットを描く
boxplot(DF$height ~ DF$gender,            #値（縦軸）とグループ分けを指定
                    col="orange")         #色の指定

boxplot(DF$height ~ DF$gender,            #値（縦軸）とグループ分けを指定
                    col="orange",         #色の指定
                    horizontal=T,         #向きの指定（Tで横、Fで縦）
        main="高校生の身長の分布")        #タイトル


#ggplot2 ライブラリを使って描く
ggplot(DF)+                               #データフレームの指定
  geom_boxplot( aes(y     =height,        #縦軸の変数
                    x     =gender,        #グループ化を行う変数
                    fill =gender),        #塗り分けの対象となる変数
                    alpha=0.7 )           #透明度の指定

#バイオリンプロットを描く
ggplot(DF)+                               #データフレームの指定
  geom_violin(  aes(y     =height,        #縦軸の変数
                    x     =gender,        #グループ化を行う変数
                    fill =gender),        #塗り分けの対象となる変数
                    alpha=0.5 )           #透明度の指定

#バイオリンプロットにボックスプロットを重ねて描く
ggplot(DF)+                               #データフレームの指定
  geom_violin(  aes(y     =height,        #縦軸の変数
                    x     =gender,        #グループ化を行う変数
                    fill =gender),        #塗り分けの対象となる変数
                    alpha=0.5 )+          #データフレームの指定
  geom_boxplot( aes(y     =height,        #縦軸の変数
                    x     =gender),       #グループ分けを行う変数
                    fill ="grey",         #色の指定
                    width=.2,             #幅を狭くする（20%）
                    alpha=0.7)+           #透明度の指定
  #色分けの指定を足す
  scale_color_manual( values=c("darkgreen", "orange") )+
  scale_fill_manual(  values=c("darkgreen", "orange") )
```

（4）グループ間の比較とボックスプロット

最後に、値の分布を簡単に比較する方法として、**ボックスプロット**（**箱ヒゲ図**）を紹介しておきます（**図3.4**）。ボックスプロットは、ヒストグラムや密度プロットほど正確に分布の形を確認できるわけではありませんが、グループ間の比較をするときに便利な手法です。

標準関数のboxplot()を使って描く場合は、丸括弧の中に「~」を書き、「~」の左側に縦軸となる変数を、右側にグループ分けを行う変数を記述します。性別でグループを分けて身長を比較する場合は、boxplot(DF$height ~ DF$gender)といった書き方になります。見映えの良い図を描きたければ、少々面倒ですがggplot2のgeom_boxplot()を使うこともできます。

ボックスプロットでは、箱の中央にある太線が各グループの中央値です（**図3.4**）。箱の高さ（縦の幅）は、それぞれのグループでデータの50%がこの範囲にあることを示します。上と下にある白い円は外れ値を示し、上下に伸びたヒゲは外れ値を除いた最大値と最小値に相当します。

このようにグループ間で値を比較する際には、平均値を棒グラフで並べるという方も多いと思います。しかし、棒グラフでは値が分布する範囲を表現できません。男性の平均身長を越える女性が多いのか少ないのか、それともまったくいないのか、といったことは棒グラ

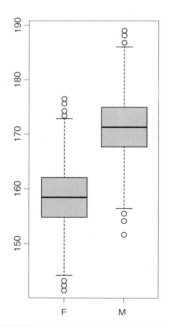
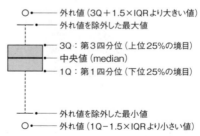

- 棒グラフと同じように、グループ間の比較をするために簡単に使うことができる
- 棒グラフでは分布の範囲がわからないので、ボックスプロットを使うほうがよい
- 真中の線は中央値、箱は各グループの50%が分布する範囲を示す
- 図3.3のヒストグラムや密度プロットを縦にしたイメージに近い

図3.4 ボックスプロット

フではまったくわかりません。平均の差が仮に10cmあったとしても、分布の重なりが大きいのか小さいのかで意味はまったく変わります。できるだけ、ボックスプロットを使って確認する習慣をつけてください。

> **メモ** 　**バイオリンプロット**
> ボックスプロットと密度プロットを折衷したような「バイオリンプロット」と呼ばれるものがあります。本書での説明は割愛しますが、サンプルスクリプト（📄3.1.01.Visualize.R）には作成例を記載していますので、実行して試してみてください。

3.1.2 　要約統計量を算出する──代表値とばらつき

データの特徴を捉えるには、平均値、中央値、分散、標準偏差などの指標がよく使われます。これらの指標のことを**要約統計量**と言います。

（1）代表値

データ分析で、特によく使われるのが**平均値**（mean）です。通常は、個々の値をすべて足し、個数nで割ったもの（**相加平均**）が使われます。

$$\text{平均（相加平均）} \quad m = \frac{1}{n}\sum_{i=1}^{n} x_i = \frac{x_1 + x_2 + \cdots + x_n}{n}$$

ほかの計算方法に**相乗平均（幾何平均）**、**調和平均**などがありますが、ただ単に「平均」と言った場合は相加平均を指すのが普通です[3]。平均値は、全体の値を代表していると考えられるので、代表値と呼ばれることもあります。

平均値のほかに、代表値としてよく使われるのが**中央値**（median）です。中央値は、簡単に言えば「両端から数えて、ちょうど真ん中にある値」です。たとえば「1、10、100」という3つの値があったとき、平均値は（1 + 10 + 100）÷ 3 ＝ 37となりますが、中央値はちょうど真中の10です。ただしnが偶数の場合、たとえば「1、10、20、100」といった4つの値があるときは、10と20の平均をとって15とします。

---

[3] 　伸び率を平均するような場合は相乗平均が使われます。たとえば、1.2倍、1.5倍、1.6倍といった3年分の売上の変化を平均する場合は1.2×1.5×1.6の立方根（1/3乗）をとって1.42倍と計算します。1.2×1.5×1.6＝1.42×1.42×1.42という関係が成り立つということがポイントです。

また、最も頻繁に出現する値のことを**最頻値**（mode）と言います。たとえば、「1、2、2、3、4、5、6」という7つの値があれば、平均値は3.3、中央値は真ん中の3ですが、最頻値は2となります。この例はすべてが整数なので話が簡単ですが、連続的に変化する値では厳密に同じ値というのが存在しません。そこで、確率密度が最大となるような値をとります。**図3.2**の身長の分布では、最頻値は約160cmということになります。

なお本書では、データの個数であるnを、データに含まれる事例（ケース）の数という意味で「ケース数」と呼ぶことにします。統計学の用語では**サンプルサイズ**（**標本の大きさ**）という言い方もしますが、これについては3.3.2項で説明します。

（2）ばらつきの指標

データの特性を調べるにあたっては、たしかに平均値が重要になってくるのですが、それ以上に重要とも言えるのが**分散**（variance）です。分散がいったいどういうものなのかイメージできることは、データ分析の専門家が備えているべき条件のひとつと言っても決して過言ではないでしょう。実際、分散は統計を支える非常に重要な概念のひとつです。

分散とは、値がどのくらいばらついているかの指標です。散らばり度合いの指標と言ってもよいでしょう。具体的には、個々の値についてすべて平均からの差をとり、この差を2乗して足します。これをnで割ったものが分散です。平均からの差はプラスの場合とマイナスの場合がありますが、2乗するのですべてプラスの値になります。

$$分散 \quad S^2 = \frac{1}{n} \sum_{i=1}^{n} (x_i - m)^2 \qquad （注：mはx_1, x_2, \cdots, x_nの平均）$$

平均から離れた値が多ければ多いほど、分散は大きくなります。平均が同じでも、分散が小さければ値は平均値のまわりに集まり、分布はとがった形になります（**図3.5**）。逆に分散が大きければ裾野が広く、平たい形となります。

また、分散の平方根（ルート）をとったものを**標準偏差**（standard deviation）と言います。

$$標準偏差 \quad S = \sqrt{\frac{1}{n} \sum_{i=1}^{n} (x_i - m)^2} \qquad （注：mはx_1, x_2, \cdots, x_nの平均）$$

標準偏差は**SD**とも略され、個々の値が平均からどれくらい離れているかを測る単位としてよく使われます。SDを単位として、ある値が平均から1SD（1標準偏差）以内にあるのか、1SD以上離れているのか、または2SD離れているのか、といった具合です。特に正規分布（➡ 3.1.5）の場合は、平均から±2SDの範囲に全体の95.4%が含まれることが知られています（**図3.6**）。言い換えれば、データが正規分布に従う場合、平均から2SD以上離れた値が

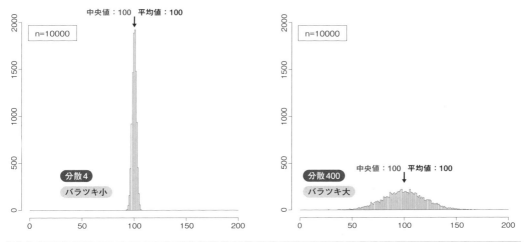

図3.5 分布の形と平均値、中央値、分散

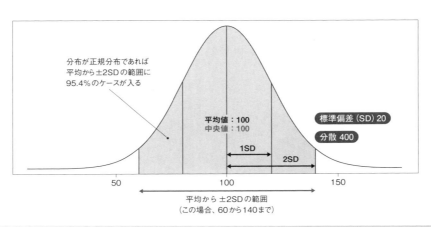

図3.6 標準偏差

出現する可能性は5%未満ということです。

偏差値
個々の値をx、平均をm、SDをSで表したときに$X = 10(x-m)/S + 50$で計算される値Xを偏差値と呼び、テストの成績比較などでよく使われます。これは、平均が50、SDが10となるように分布を変換したときのxの値です。したがって、テストを受けた結果がちょうど平均点なら偏差値は50です。

なお、データの個数で割って分散を求める際に、nではなく$n-1$で割った値を用いることがあります。これを**不偏分散**と呼びます。

（3）分布の偏り

図3.5の2つの例は分布のとがり具合は違いますが、いずれも左右対称の分布です。これに対して図3.7は分布の形が左に偏っています。分布が左右対称であれば、平均値と中央値は一致します。しかし、分布が偏っているとこの2つは一致しません。

たとえば、2014年の政府の「家計の金融行動に関する世論調査」の結果では、日本の2人以上世帯の貯蓄額は平均値で1,180万円となっています。カップルで（または親子2人で）1,000万以上の貯金があるというのはかなり多いように思えます。しかし中央値は400万円で、平均よりもかなり低い値となっています。実は3割の世帯は貯蓄額が0で、多くの世帯の貯蓄額は1,000万円未満です。平均値は一部の裕福な人々に引っ張られて、高く出ていることがわかります。「標準的な人々」の暮らしを想像するなら、算術的な平均ではなく中央値を使ったほうがよいということになります。

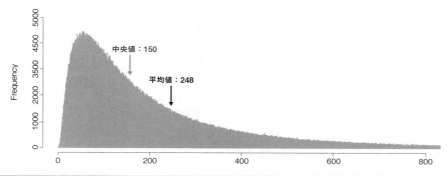

図3.7　偏った分布の例

（4）Rでの要約統計量の算出

前項で使った身長のデータ（📄height.csv）を再度使用します。サンプルスクリプトは📄3.1.02.Summarize.Rです（**リスト3.2**）。

Rには要約統計量を一度に算出するsummary()という関数があります[4]。丸括弧の中にデータフレームを指定すると、データフレーム内の各項目ごとに統計量が算出されます（**例**

---

[4]　summary()という関数は、要約統計量の算出だけではなく、分析の結果を表示する際にも使います。イメージとしては、summary()でくくるととりあえず何か出してくれるといった感じです。

3.1）。ただしgenderは文字列形式で、男女の分類を表すカテゴリ変数（➡ 3.2.3）なので、値は算出されません。ここではheightについてのみ、統計量が算出されています。平均は164.7、中央値は164.5です。

　ここで算出される統計量は、**最小値**（minimum）、**第1四分位**（1st quarter）、**中央値**（median）、**平均値**（mean）、**第3四分位**（3rd quarter）、**最大値**（maximum）の6種類です。

リスト3.2　3.1.02.Summarize.R

```
#要約統計量を算出する

#高校生の身長データを読み込む
DF <- read.table( "height.csv",
                  sep = ",",                    #カンマ区切りのファイル
                  header = TRUE,                #1行目はヘッダー(列名)
                  stringsAsFactors = FALSE) #文字列を文字列型で取り込む

#データフレームを指定して要約統計量を算出する
summary(DF)

#対象となる変数（項目）を指定して算出する
summary(DF$height)


#個別の関数を使って算出する
mean(DF$height)         #平均
median(DF$height)       #中央値
min(DF$height)          #最小値
max(DF$height)          #最大値
var(DF$height)          #分散（不偏分散） ❶
sd(DF$height)           #標準偏差SD（不偏分散の平方根） ❷

#参考：varとsd
#       確認のため不偏分散を計算してvに代入し、vと√vを表示
v <- sum( (DF$height-mean(DF$height))^2 ) / (length(DF$height)-1) ❸
v ; sqrt(v) ❹


#男女の数を確認する
#tableは集計を行う関数(カテゴリごとに数を数える)
table(DF$gender)

#男女別に統計量を算出する
#   tapply(対象 ， カテゴリ項目 ， 適用する関数 )
#   対象をカテゴリの分類で分けてそれぞれに関数を適用する
#   この例では、heightをgenderで分けてsummaryを適用する
tapply(DF$height, DF$gender, summary)

#分散を男女別に算出する
tapply(DF$height, DF$gender, var)
```

3.1

データの特徴を捉える

例3.1 summary()関数の実行例

```
> summary(DF)
     height          gender
 Min.   :141.9   Length:1998
 1st Qu.:158.2   Class :character
 Median :164.5   Mode  :character
 Mean   :164.7
 3rd Qu.:171.2
 Max.   :188.9
```

例3.2 table()およびtapply()関数の実行例

```
> table(DF$gender)

   F    M
 998 1000

> tapply(DF$height, DF$gender, summary)
$`F`
   Min. 1st Qu.  Median    Mean 3rd Qu.    Max.
  141.9   154.7   158.4   158.4   162.0   175.2

$M
   Min. 1st Qu.  Median    Mean 3rd Qu.    Max.
  151.5   167.2   171.1   171.1   174.8   188.9

> tapply(DF$height, DF$gender, var)
       F        M
28.70861 32.60290
```

第1四分位とは、下から数えて25%、ちょうど4分の1のところにあたる値です。この例ではN = 1,998なので、下から約500人のところにあたる値と言えます。第3四分位はその逆で上から数えて4分の1のところにあたる値です。なおちょうど50%、真中にあたる第2四分位が中央値です。

なお平均、中央値などは個別にmean()、median()といった関数を使って算出することもできます。特にmean()はよく使います。

残念ながら、summary()関数は分散や標準偏差を出してくれません。それらはvar()やsd()といった関数を使って算出します。var()で算出されるのは前述の不偏分散、sd()で算出されるのは不偏分散の平方根をとったものです。参考として、これを確認するためのコードも追加しておきました（**リスト3.2**の❶～❹を参照）。

身長のデータには男女の数字が混じっているので、それぞれに代表値を確認しておきたいと思います。男女の数はtable()関数で確認できます。これは、カテゴリの分類ごとに

数を数える関数です。

　男女別のサマリーを出すためには`tapply()`という関数を使います。これは、対象となるデータをカテゴリの分類で分けて、それぞれに別の関数（`summary()`や`mean()`など）を適用するという関数です。ここでは身長`height`を性別`gender`で分けて、`summary()`関数を適用しています（**例3.2**）。女性の平均が158.4に対して男性が171.1と約13cmの開きがあります。また、分布が左右対称であるため、それぞれで平均値と中央値が一致していることがわかります。

　分散も男女別に見ておきたいので、`tapply()`に分散を求める`var()`関数を適用します。女性28.7、男性32.6と男性のほうが分散が大きいことがわかります。3.1.1項で作成した男女別の密度プロットでも、男性のほうが女性に比べてやや山が低くなっていました。これらを総合すると、身長については男性のほうが値のばらつきが大きいということになります。

3.1.3　関連性を把握する——相関係数の使い方と意味

　これまでの例では「身長」という1つの変化量を扱っていました。このような、なんらかの事象を表す変化量で、数値で表せるものを「**変数**」と呼ぶことにしましょう。ここから先は、複数の変数の間の関係を調べることを考えます。

（1）関連性の把握

　身長と体重という2つの変数について考えてみましょう。大雑把に捉えれば、身長が高い人は体重も多いと考えられます。しかし身長が同じでも筋肉の量や体脂肪は人によって違い、完全に連動するわけではありません。このような2つの変数の関係を視覚化するときに有効なのが**散布図**（scatter plot）です。

　図3.8は17歳の男子のデータについて横軸を身長、縦軸を体重にとって個々のケースの値をプロットしたものです[5]。この図を見ると、点の範囲が左下から右上に向かって伸びているのがわかります。これは、身長が小さければ体重も小さく、逆に身長が大きければ体重も大きいという傾向があることを意味しています。ただし、これらの点は直線的に並んでいるわけ

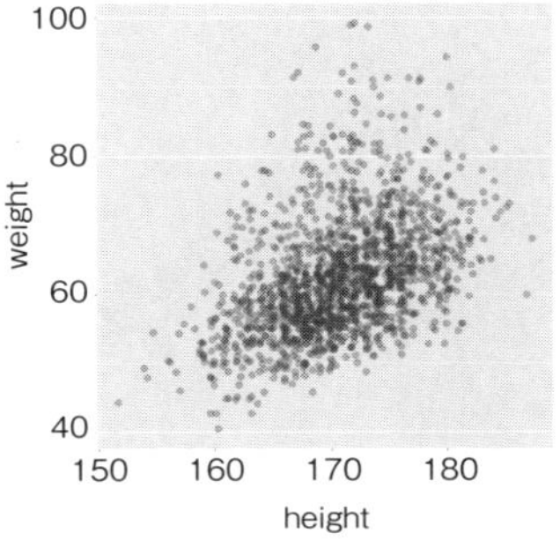

図3.8　身長と体重の散布図

---

[5]　このデータは、文部科学省の2013年の保健統計調査をもとに調査結果の分布が再現できるよう個々の値を作り直したものです。

ではなくかなりの広がりを持っています。これは身長が同じでも体重は人によってかなりの違い、つまりばらつきがあることを示しています。たとえば身長が170cmであれば、体重は50kg弱から100kg近くまでかなりの幅があることがわかります。

（2）相関係数の使い方

相関係数（correlation coefficient）は、2つの変数（➡ 3.2.1）の関連性を示す指標で、一般にrと略されます。2つの変数は、数値で表される項目であればそれぞれの単位が違っていてもかまいません。たとえば、身長（cm）と体重（kg）、ある商品が売れた数（個）とその価格（円）といった、異なる物差しを持つ量の間でも相関係数を算出できます。

相関係数rは−1から1までの値をとります。相関係数が0であれば、2つの変数は相関がない（無相関）ということができます。−1や1に近い値であれば、強い相関があるということになります（図3.9）。ちなみに、図3.8で示した身長と体重の関係では、rの値は0.42です。

そこで皆さんが気になるのは、この値がいったいいくらであれば相関が強い、または弱いと言えるのかということでしょう。残念ながら、この基準は分野や論者によって異なるようです。絶対値が0.2から0.4なら弱い相関、0.4から0.7なら中程度、0.7以上なら強い相関と言う人が多いように思いますが、あくまで目安と考えてください。

注意点としては、相関係数で判断できる関連性は、図3.9で示したような、楕円形の広がりを持つ関係に限られるということがあります。図3.10で示した例は、V字型にデータが分布しています[6]。xとyの間には明らかな関係性があると言えますが、この場合、相関係数は

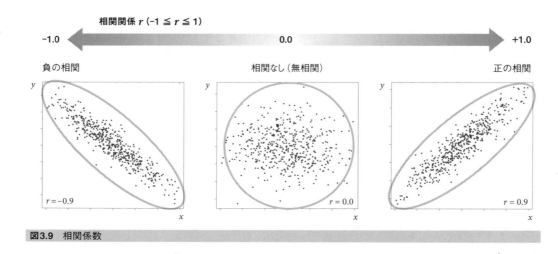

図3.9 相関係数

---

[6] このV字型の例では、$y = b_0 + b_1 x + b_2 x^2$ のように、xの2次関数を当てはめると都合がよいと言えます。逆に、関係が直線的であるということは、1次関数を当てはめられるということです。

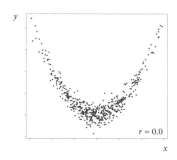

2つの変数の間には、明らかになんらかの関連があるが、相関係数は0になる

図3.10 相関係数が使えない例

0になります[7]。

（3）相関と因果

相関係数が示す関連性は、あくまで2つの変数の間の連動性です。連動するからといって、直接の**因果関係**（causality）があるということでは必ずしもありません。因果関係というのは**原因**（cause）とその**結果**（effect）との関係です。厳密には「原因とは何か」という哲学的な問題がありますが、ここではひとまず、原因Aからなんらかの結果Bが生じるような関係と考えてください。特に実務的に重要なのは、Aを変えれば必然的にBも変わるはずだということです。

そこで、わかりやすい例を1つ挙げてみましょう。以下の考察は正しいと言えるでしょうか。

> 世帯ごとに、所有しているテレビのサイズと子どもの学力を調査したところ、テレビのサイズ（インチ）と子どもの学力（偏差値）には高い正の相関があることがわかった。
> このため、大きなテレビを買うことは、子どもの学力を高めることにつながると考えられる。

調査や分析の方法が正しかったとしても、2段目の考察は明らかに間違いです。なぜテレビと学力の間に高い相関が生まれるかというと、裕福な家庭ほど大きなテレビを買うことができ、かつ裕福な家庭ほど子どもの教育に力を入れられるからでしょう。つまり、この2つの指標の間には、間接的な関係はあっても直接の因果関係はないことになります（**図**

---

[7] 図3.8についても値の分布は正確な楕円でないことに注意してください。特に体重は下方よりも上方に広がりを持っています。これは体重の値が厳密には正規分布に従っていないことを示しています。

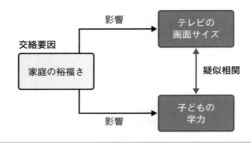

図3.11　疑似相関

3.11）。

　このような関係性を**疑似相関**（spurious correlation）と呼びます[8]。また、このような関係をもたらす共通の要因（ここでは裕福さ）を、**交絡要因**（confounding factor）と呼びます。データをもとに原因と結果について考察をするときは、この交絡要因をどう扱うかが大きな問題です（➡ 4.4.1、4.4.2）。

　また、時系列で変動していくような値を分析する場合も要注意です。たとえば、1年の間に毎日何かのデータを記録して$n=365$のサンプルとすると、このようにして得られた変数同士は、直接的か間接的かを問わず、まったく関係がないのに高い相関を持つことがあります。これは「見せかけの回帰」と呼ばれる問題で[9]、現在の状態をもとに次の状態が決まるといった現象で発生します。

（4）相関係数の数学的な意味

　ここで念のため、相関係数の数学的な意味について説明しておきましょう。

　相関係数は、「**共分散**を標準偏差の積で割ったもの」です。分散は平均値を中心に値がどれだけばらつくかという指標ですが、**共分散**（covariance）は2つの変数の平均値（重心）から見て値がどちらの方向に偏っているかを示します。

　2つの変数xとyの共分散は以下の式で計算できますが、式だけではわかりづらいと思いますので、**図3.12**を見てください。

$$\text{共分散}\quad S_{xy} = \frac{1}{n}\sum_{i=1}^{n}(x_i - m_x)(y_i - m_y)$$

（注：m_xは$x_1, x_2, \cdots, x_n$の平均、m_yは$y_1, y_2, \cdots, y_n$の平均）

---

[8]　蛇足ですが、著者個人としては、相関と因果とはそもそも違うものなので、因果関係のない相関関係を疑似相関と呼ぶのは少しおかしいように感じます。疑似相関も間違いなく相関であり、かつ相関と因果は異なるものと考えたほうがすっきりします。

[9]　詳しくは、参考文献[22]を参照してください。

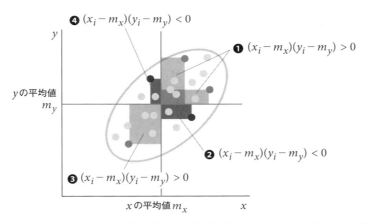

図3.12 共分散の意味

　図3.12の中心（太線が交差する箇所）は、x と y のそれぞれの平均値をとった点（m_x, m_y）です。上の式の中にある $(x_i - m_x)(y_i - m_y)$ は、それぞれのケースを示す個々の点（x_i, y_i）と、中心点（m_x, m_y）との間に描かれる長方形の面積になります。それぞれの長方形の面積は、❶と❸ではプラスの値、❷と❹ではマイナスの値で加算されるため、全体が❶と❸の方向に偏っていれば共分散はプラスの値に、❷と❹の方向に偏っていれば共分散はマイナスの値になります。中心点のまわりに均等にケースがちらばっていれば、プラスとマイナスが相殺されて0になります。

　しかし、共分散の値はデータの単位が変わると変わってしまうため、いくつ以上であれば大きいなどという判断ができません。そこで、共分散を2つの変数の標準偏差の積で割って物差しを揃えます。これが相関係数です。

$$\text{相関係数}\quad r = \frac{x と y の共分散}{x の標準偏差 \times y の標準偏差}$$

$$= \frac{\frac{1}{n}\sum_{i=1}^{n}(x_i - m_x)(y_i - m_y)}{\sqrt{\frac{1}{n}\sum_{i=1}^{n}(x_i - m_x)^2}\sqrt{\frac{1}{n}\sum_{i=1}^{n}(y_i - m_y)^2}}$$

　相関係数の値は、データの単位に関わりなく−1から1までの間に収まります。あくまで重

心（中心点）から見て❶❸と❷❹のどちらにデータが偏っているかを見るものなので、先に挙げたV字型のような例に対応できないことは明らかです。

　また、標準偏差の積で割って物差しを揃えているので、散布図上でどれだけ直線が傾いているかということには影響されません。つまり、xが1増えたときにyが1増えるのか、10増えるのかといったこととは関係がありません。図のイメージで言うなら、直線を引いたときに45度か−45度になるように縦横の比率を調整してから、どれくらい直線の上にデータが集まっているかを見たものだと考えればよいでしょう。完全に直線の上にデータが集まれば、相関係数は1または−1となります。ただし、データが完全に直線上にあってもこの直線が垂直または水平な場合は相関係数が算出できず、値が「不定」となります[10]。

3.1.4　Rを使った相関分析——自治体のデータを使った例

　実際に、Rを使って相関分析を実行してみましょう。

（1）分析の目的

　政府統計の総合窓口（e-Stat）では、国が実施する統計調査等のさまざまなデータが提供されています。今回は、その中から東京都の市区町について、自治体の特性を表す指標を使って分析を実施します。

　これらの指標の中には、相互に関連性の高いものもあるでしょう。たとえば1世帯あたりの人数が多い自治体では子どもの数が多く、15歳未満の人口の比率が高いかもしれません。あるいは逆にお年寄りの数が多く、65歳以上の人口の比率が高いのかもしれません。こういった指標間の相関を調べてみましょう。

（2）データの準備と加工

　オリジナルのデータは、e-StatのWebサイト[11]からメニュー「統計データを探す」を選択し、さらに「データベースから探す」で「政府統計名で絞り込み」を選び、「社会・人口統計体系」の中から「市区町村データ」を選択することで得られます。

　政府が提供する市区町村データでは、ほとんどの項目が人口総数、世帯数、15歳未満の人数、65歳以上の人数、転入者の数、転出者の数といったように絶対数（割合ではなく数そのもの）で提供されています。これらの数はすべて、人口の多い自治体では大きくなり、

---

[10]　相関係数についてのより詳しい説明は、参考文献[32]を参照してください。

[11]　政府統計の総合窓口　https://www.e-stat.go.jp/

人口の小さい自治体では小さくなります。言い換えれば、どれもが似た指標であり、あらゆる項目について非常に強い相関が出てしまいます。これでは分析がうまくいきません。

そこで分析に入る前に、これらの数値について比率を計算します。たとえば、

- 世帯あたり人数　＝　人口総数 ÷ 世帯数
- 年齢15未満比率　＝　15歳未満の人数 ÷ 人口総数
- 転入者_対人口比　＝　転入者の数 ÷ 人口総数

といった具合です。なお、通勤・通学での流入・流出を考慮した人数（昼間人口）と該当地域に住んでいる人数（夜間人口）の比である昼間人口比は、最初から比率で提供されています。これはパーセントで記録されているため、ほかの比率と単位を揃えるためには100で割る必要があります。しかし、相関分析は物差しとなる単位が違っていても実行できるので、このまま使います。

こういったデータ取得や加工には、一般に、思う以上の手間がかかるものです。今回は、手間を省くためにあらかじめ加工した6項目の値を、サンプルデータとして 📄TokyoSTAT_six.csv に収めています。

なお、e-Statで提供されるデータは調査時点の異なる複数の統計を組み合わせたものです。したがって、すべての項目が同じ時点のものというわけではありません。今回のデータには2010年から2014年までの調査が含まれています。調査時点の異なる数値が含まれるという意味で分析の正確さには欠けますが、トレーニングが目的なのでそのまま使うことにします。

（3）Rでの実行

最初にサンプルデータ（📄TokyoSTAT_six.csv）を読み込みます。このデータは50行×8列で構成されています。ただし、1列目は市区町の名称、2列目はすべての自治体に固

表3.1　東京都の自治体の特性を表す指標

市区町	行政CD	世帯あたり人数	年齢15歳未満 比率	年齢65歳以上 比率	…
千代田区	13101	1.8433	0.1073	0.1916	⋮
中央区	13102	1.8058	0.1054	0.1589	⋮
港区	13103	1.8629	0.1118	0.1698	⋮
新宿区	13104	1.6697	0.0766	0.1865	⋮
⋮	⋮	⋮	⋮	⋮	⋮

指標（分析の対象となる変数）

有の行政コードです（**表3.1**）。行政コードは数字で記録されており、Rで読み込んだ際も`integer`型（整数）として認識されています。しかし、実際には単なる記号であり、数値として分析する意味はないことに注意してください。分析対象となるのは3列目から8列目までです。

　今回使うサンプルスクリプトは📄3.1.04.Correlation.Rです（**リスト3.3**）。

　このスクリプトの中では、DF[, -c(1, 2)]という形で、分析の対象を指定しています。データフレームの名称DFに続く角括弧の中で、カンマの前は行の指定、カンマの後は列の指定を表します。この例ではカンマの前を省略しているので、すべての行を指定したことになります。列の指定の中で、c(1, 2)というのは、1と2という2つの要素を持つベクトルです。行または列を示す際に、マイナスをつけると特定の行または列を除くという意味になります。つまり、この例では「DFという名前がつけられたデータフレームのすべての行について、1列目と2列目を除くすべての列を取り出したもの」を指定したことになります。

　分析の流れそのものは、スクリプトの中にコメントとして記述しているので、そちらを参照してください。ここでは、スクリプトの中で使われているいくつかの関数について解説します。

リスト3.3　3.1.04.Correlation.R

```
#Rを使った相関分析

#東京都の自治体の特性指標データを読み込む
DF <- read.table( "TokyoSTAT_six.csv",
                   sep = ",",                    #カンマ区切りのファイル
                   header = TRUE,                #1行目はヘッダー（列名）
                   stringsAsFactors = FALSE,     #文字列を文字列型で取り込む
                   fileEncoding="UTF-8")         #文字コードはUTF-8

#データの構造と項目の一覧を確認する
str(DF)

#データフレームから1列目と2列目を除いて先頭を表示
head(DF[ , -c(1, 2)])

# カンマの前が行、後が列を表す
# 行は省略されているのですべての行が対象となる
# 列は1列目と2列目が除かれる

# 複数の行や列を指定する場合はc()でくくり、ベクトルとして扱う
# マイナスをつけると除外するという意味になる


#①散布図マトリクスの表示

#標準のparis()を使う場合
pairs(DF[ , -c(1, 2)])
```

```
#より進んだグラフィック表示を試みる

#23区とそれ以外を区別するラベルを作る(あとで描画の際に使う)
DF$区部 <- "市町"        #区部という名前の列を作る
DF[1:23, ]$区部 <- "区"      #最初の23行の値を区に変更

#lattice ライブラリの splom() を使う
library(lattice)
splom(DF[, -c(1, 2, 9)],     #散布図からは区部(9列目)を除く
      groups=DF$区部,        #色分け
      axis.text.cex=.3,      #目盛りのフォントサイズ
      varname.cex=.5)        #項目名のフォントサイズ

#GGally ライブラリの ggpairs() で散布図マトリクスを描く
#少し時間がかかる
library(ggplot2)
library(GGally)
ggpairs(DF[, -c(1, 2)],                      #区部(9列目)も含める
        aes( colour=as.factor(区部),         #色分け
             alpha=0.5),                     #透明度
        upper=list(continuous=wrap("cor", size=3)) ) +
        #相関係数の文字サイズ
   theme(axis.text =element_text(size=6),    #軸の文字サイズ
         strip.text=element_text(size=6))    #項目の文字サイズ


#②相関行列の出力

#相関行列を計算してオブジェクト COR に格納
COR <- cor(DF[, -c(1, 2, 9)])
#COR の内容を表示
COR


#③相関係数のグラフ表示

#qgraph ライブラリを使い r=.20 を基準として視覚化
library(qgraph)
qgraph( COR,
        minimum=.20,            #.20以上の相関関係を表示
        labels=colnames(COR),   #長い項目名を省略せずに表示
        edge.labels=T,          #辺に相関係数を表示
        label.scale=F,          #項目名を一定の大きさで表示
        label.cex=0.8,          #項目名のフォントサイズ
        edge.label.cex=1.4  )   #辺のフォントサイズ


#④相関係数について有意確率を求める

#2変数間の相関係数計算してオブジェクト TestRes に格納
TestRes <- cor.test(DF$世帯あたり人数, DF$昼間人口比_per)
#TestRes を表示
TestRes

#一般に、p-value の値が0.05を下回れば有意とみなす
```

①散布図マトリクスの表示

6つの指標のすべての組み合わせについての散布図を、縦横に並べて作成します。Rには散布図マトリクスを作成する関数が複数あります。ここでは、標準で使うことのできる pairs()、lattice ライブラリに含まれる splom()、GGally ライブラリに含まれる ggpairs() の3つの関数を使っていますが、基本的な機能はどれも同じです。

図3.13には、標準関数 pairs() を使った例を示しました。数値項目(6項目)の組み合わせによる15通りの散布図が表示されています。左下と右上は縦軸と横軸が入れ替わっているだけなので、同じ図が裏返しになっていることに注意してください。

splom() と ggpairs() を使った例では、23の特別区とそれ以外の市・町とで色を分けて表示を行うよう設定しました。そのための下準備として、データフレームに「区部」とい

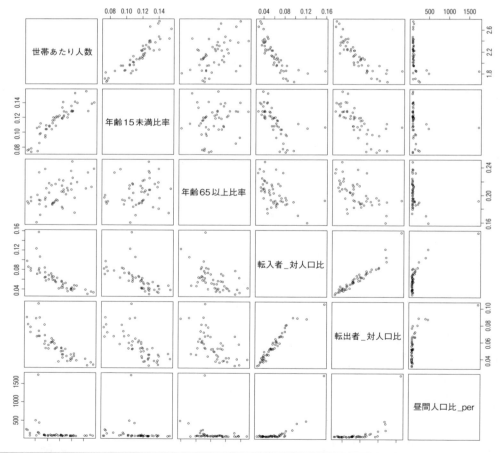

図3.13 散布図マトリクス

う名前の列を設けて、最初の23行には「区」、それ以外の行には「市町」という値を入れました（実際の手順としては、まずすべての行に「市町」を入れ、そのあとで最初の23行にのみ「区」という値を上書きしています）。

　ggpairs()は3つの関数の中で最も高機能ですが、描画に時間がかかります。この例では、23区と他の自治体で色分けがされた15通りの散布図に加えて、6つの数値項目ごとの密度プロット、ヒストグラム、ボックスプロット、各指標間の相関係数の値、さらに区と市・町の各グループに分けて算出した場合の各指標間の相関係数の値がすべて自動的に出力されます（**図3.14**）。

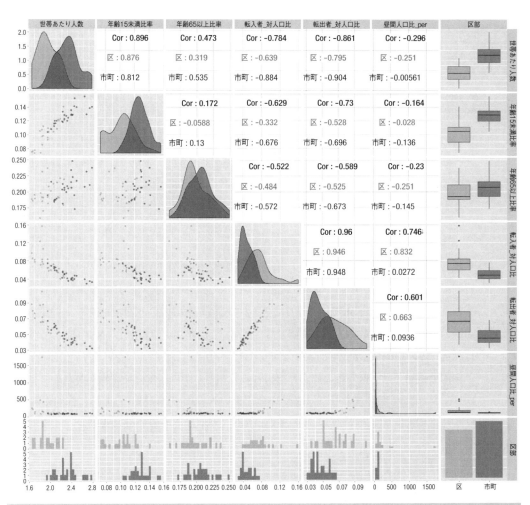

図3.14　ggpairs()関数を使った散布図マトリクス

② 相関行列の出力

　6つの指標間の相関係数はggpairs()でも表示されますが、一般にはcor()という関数を使ってマトリクス形式で値を出力します（これを**相関行列**と言います）。この例では、いったんCOR[12]というオブジェクトを作ってここに値を格納し、あとからあらためて内容を表示しています（**例3.3**）。この際、出力エリア（RStudioでは左下の［Console］ペイン）の幅が狭いと折り返して表示され、見づらくなるので注意してください。

例3.3 相関行列の出力

```
> COR <- cor(DF[, -c(1, 2, 9)])
> COR
                世帯あたり人数  年齢15未満比率  年齢65以上比率  転入者_対人口比  転出者_対人口比  昼間人口比_per
世帯あたり人数       1.0000000     0.8960259      0.4728719     -0.7837793     -0.8609970     -0.2960266
年齢15未満比率       0.8960259     1.0000000      0.1719359     -0.6293479     -0.7297224     -0.1641727
年齢65以上比率       0.4728719     0.1719359      1.0000000     -0.5215069     -0.5887915     -0.2299990
転入者_対人口比     -0.7837793    -0.6293479     -0.5215069      1.0000000      0.9599464      0.7462093
転出者_対人口比     -0.8609970    -0.7297224     -0.5887915      0.9599464      1.0000000      0.6010949
昼間人口比_per      -0.2960266    -0.1641727     -0.2299990      0.7462093      0.6010949      1.0000000
```

　この実行結果の中で、対角線上は同じ項目同士の相関となるため、1.00が表示されます。これは分析上意味のある数値ではないので無視してください。そのほかの数値を見ると、転入者の比率と転出者の比率との相関係数が0.96で、この間に強い正の相関があることがわかります。

③ 相関係数のグラフ表示

　複数の指標間の相関係数を一度に出力する際は、上述の「②相関行列の出力」のように行列形式で扱うのが一般的ですが、縦横に見比べて値をチェックするのは面倒です。

　これに対して、qgraphライブラリに含まれるqgraph()という関数を使うと、項目を結ぶ線の太さで相関係数の大小を確認することができ、非常に便利です（**図3.15**）。正の相関は緑色、負の相関は赤色で表示されます。

　今回の結果では、転入者の比率と転出者の比率との間に非常に強い相関があることがわかります。また、世帯あたりの人数と15歳未満の人口比率との間にも非常に強い相関があります。東京都の場合、世帯人数の多い自治体では、子どものいる家族が多いと考えてよいでしょう。

---

[12]　名前は何でもかまいませんが、ここでは相関（correlation）の略でCORという名前にしました。

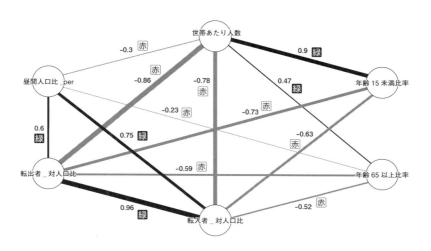

図3.15 相関係数のグラフ表示（「緑」「赤」は筆者追加。実際には出力されない）

　また、世帯あたり人数と転出者の比率、世帯あたり人数と転入者の比率の間にはそれぞれ強い負の相関があります。人口の移動が激しい自治体では、世帯人数が少ない傾向があることもわかりました。そのような自治体は、単身者が多いということが推測されます。

　このグラフ全体を遠くから見るようにぼんやりと眺めると、緑色の線でつながった2つのグループがあること（左下にある昼間人口比、転出者人口比、転入者人口比の3項目と、右上にある世帯あたり人数、年齢15歳未満比率の2項目）がわかります。そして異なるグループの項目間には赤い線が引かれています。

　ここから想像できるのは、自治体の傾向として、世帯人数が多く子どもが多いという傾向と、昼間人口が多く転入・転出者が多いという傾向があり、この2つの傾向は相反するということです。どの自治体がどちらの傾向が強いのかは、ご自身で数値を見ながら確かめてみてください。

　なお、「似通った項目（変数）同士が、いくつかにまとめられるのではないか」という発想は非常に重要です。ここでの説明は省略しますが、このような発想は、主成分分析や因子分析といった次元削減（➡4.3.2）のテクニックにつながっていきます。

④ 相関係数について有意確率を求める

　ビジネスデータの分析では常に必要というわけではありませんが、ケース数が少ない場合など、算出された相関係数が統計的に意味があるのかどうかを知りたいことがあります。言い換えれば、「相関は本当はないにもかかわらず、たまたま相関があるかのような結果

が偶然得られてしまったのではないか」という疑念を検証するということです。これについては、有意確率や信頼区間といった指標を計算することになりますが、その詳しい意味は3.3.2項で後ほど説明します。ここではいったん、計算のしかただけを確認することにしましょう。使うのはcor.test()関数です。

今回は、世帯あたり人数と、昼間人口比との関係を取り上げています（**例3.4**）。世帯あたり人数と昼間人口比との相関は−0.296で負の相関があるように見えますが、強い相関とは言えません。これが有意であるかどうかを検証します。

例3.4の実行結果の中に「p-value = 0.03686」❶と書かれた部分があることに注目してください。これは**有意確率**と呼ばれるもので、この場合は「相関は本当はないにもかかわらず、たまたま今回のような結果が得られてしまった」という確率を示します。一般にはこの値が0.05（つまり5％）を下回れば、偶然の可能性は少ないとされ結果は有意とみなされます。大小の程度はともかくとして、多少なりとも相関はあると言ってよいだろう、ということです。逆にこの値が0.05以上であるような場合は、相関があるとは言えないということになります。特に、100未満の小さなケース数で弱い相関が得られた場合は、有意ではない可能性があるので注意してください。

また、数行下に「95 percent confidence interval」❷と出力されていますが、これは**信頼区間**と呼ばれるもので、相関係数の値はその下に書かれている−0.53064969から−0.01926643の範囲に95％の確率で収まるということを示しています。逆に言えば、今回のデータではたまたま−0.296という値が出ましたが、場合によっては−0.531から−0.019くらいまでぶれる可能性があるということです。それでも−0.019を超えて0以上となる可能性は低く、結果は有意ということになります。

例3.4 cor.test()関数で有意確率を求める

```
> TestRes <- cor.test(DF$世帯あたり人数 , DF$昼間人口比_per)
> TestRes

        Pearson's product-moment correlation

data:  DF$世帯あたり人数 and DF$昼間人口比_per
t = -2.1472, df = 48, p-value = 0.03686 ❶
alternative hypothesis: true correlation is not equal to 0
95 percent confidence interval: ❷
 -0.53064969 -0.01926643
sample estimates:
      cor
-0.2960266
```

3.1.5 さまざまな統計分析——理論と実際の考え方

値の分布について、もう少し理論的な説明を加えておきましょう。やや込み入った話になりますので、いったん飛ばして、あとで読んで頂いてもかまいません。

（1）分布の見た目

分布の見た目は、いくつかに分けて考えることができます（**図3.16**）。まず、小さな値から大きな値までが均等にみられるという一様な分布が考えられます、しかし、実際の分析でこのような分布を見かけることはほとんどないでしょう。

次は左右対称の分布です。男女別の身長の分布などはこれに相当します。偏った分布も考えられます。一般に、企業の売上高や世帯の収入といった指標は左（小さいほう）に偏った分布になります。

これらのほか、真中が凹んでいる、不連続に変化するといった不規則な分布も考えられます。このようなケースでは異なる性質を持った2つ以上のデータが混じっている場合があり、注意が必要です。

（2）さまざまな統計分布

分布の形は、それが発生するメカニズムで変わってきます。統計学では、さまざまな分布が理論的に考案されています（**図3.17**）。

よく取り上げられるのが、左右対称な釣鐘型の**正規分布**（normal distribution）です。きちんとした説明は省きますが、大雑把に言えば、同じような試みを繰り返して得られた値の

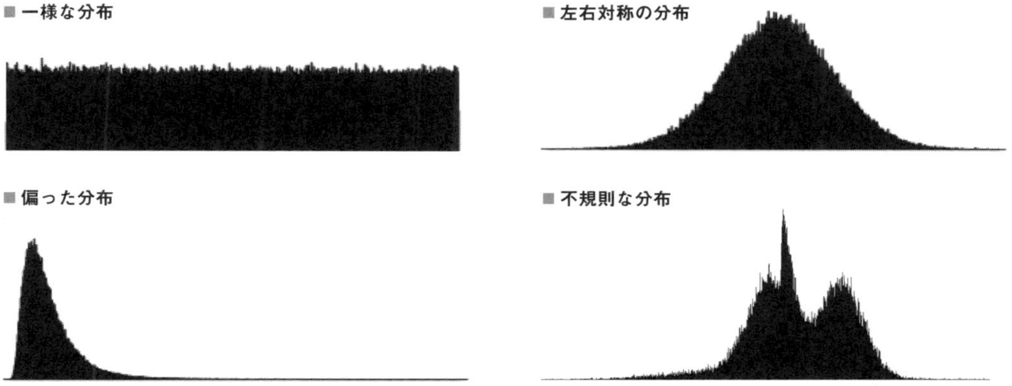

図3.16　分布の形（目で見た違い）

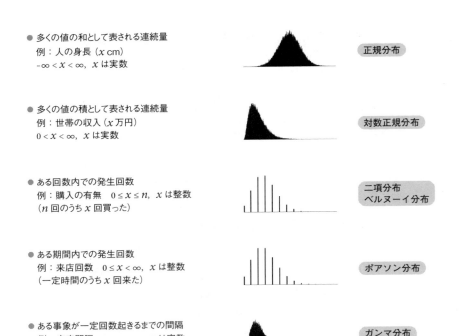

図3.17 さまざまな統計分布

和(厳密には相加平均)をとるとその分布は正規分布に近い形となります[13]。なお、正規分布が扱えるのは、理論的には$-\infty$から$+\infty$までの値をとる連続量です[14]。

また、値を対数変換(➡ 4.2.4)すると正規分布になる分布を**対数正規分布**と言います。偏った分布で、扱えるのは正の値をとる連続量です。正規分布が和(足し算)の結果だとすれば、対数正規分布は積(掛け算)の結果として捉えることができます。たとえば給料が「何円」ではなく「何%」で上下するなら、変動の効果は掛け算になります。現実にそのようなメカニズムが働いているかはわかりませんが、所得の分布を調べると、実際に対数正規分布に近いと言われています[15]。

二項分布(binomial distribution)もよく使われる分布です。たとえば、顧客の解約につ

---

[13] 正確には、参考文献[13]などの中心極限定理についての解説を参照してください。
[14] 身長を正規分布として捉えるとマイナスの値もあり得ることになって良くないように思えますが、平均160に対して分散が30であれば0以下の値をとる確率は無視できるほど小さくなります。
[15] 貝塚啓明ほか「勤労者世帯の所得分配の研究 人的資本理論とライフ・ステージ別所得分配」経済研究所研究シリーズ34号,内閣府経済社会総合研究所, 1979年7月

いて分析する場合を考えてみましょう。指標となるのは「n人のうちx人が解約した」という人数xです。xをnで割れば、0（0％）から1（100％）までの比率として捉えることもできます。このデータに−∞から＋∞までの値をとる正規分布を当てはめると、おかしなことになります。「この人が解約する可能性は−5％です」とか「180％です」といった、訳のわからない結果が得られてしまうかもしれません。

このような場合に使われるのが二項分布で、「コインを5回投げたら3回（60％）表が出た」「20人の顧客のうち8人（40％）が解約した」など、一定の回数内で、ある現象が何回発生したかを扱うものです。値の下限は0で上限も決まっています（上の例ではそれぞれ5と20）。

なお、サッカーの試合のコイントスのように1回だけの場合を考えると、表が出る回数は0か1のいずれかに限定されます。このような分布を、二項分布の中でも特に**ベルヌーイ分布**（Bernoulli distribution）と言います。表か裏か、継続か解約か、NoかYesかといった0か1かに還元される2値データ（バイナリデータ）を扱う分布です。

ほかにもさまざまな分布があります。**ポアソン分布**（Poisson distribution）は「10分間に電話が3回着信した」など、一定の期間内で、ある現象が何回発生するかを扱うための分布です。逆に、「電話が3回着信するまでの時間は10分だった」など、現象が一定の回数起きるまでの間隔を扱うのが**ガンマ分布**（gamma distribution）です。その中でも特に1回起きるまでの間隔を扱う場合を**指数分布**（exponential distribution）と言います。

二項分布やポアソン分布は期待される発生回数が多ければ正規分布に近づくため、期待回数が100以上の大きな値を扱うのであれば、正規分布とみなして分析してもよいでしょう。ガンマ分布も、条件となる回数が大きければ正規分布とみなして分析することができます[16]。

（3）実際のデータ分析での考え方

統計的なモデリングによって現象の説明や予測を行う場合は、説明や予測の対象となる値がどのような分布をとるかを確認し、その分布が再現できるようなモデルを作成するのが基本です。

しかし、現実のデータ分析では、どんな分布なのかを理論的には決め切れないこともよくあります。ビジネスデータの分析では、見た目で左右対称なら正規分布とみなして分析するといった割り切りも必要でしょう。ただし、左右対称なのか、偏った分布なのか、幅広い値をとり得るのか、2値データなのかといったことには注意が必要です。特に注意すべきな

---

[16]　1回という値を扱うベルヌーイ分布や指数分布は、この条件には当てはまりません。

のは、説明や予測の対象となる**目的変数**（➡ 3.2.1）の値です。目的変数の値の分布を誤って捉えると、分析の精度に大きく影響してきます。

　一方、目的変数を説明・予測するために用いる**説明変数**については、その数が非常に多くなる場合もあり、個々の変数の値の分布をきちんと確認できないことがあります。一般に、目的変数に比べると説明変数の値の分布の違いはそれほど致命的ではありません。しかし、項目を絞って詳細な分析を行う場合や、分布の違いが大きく影響するようなアルゴリズムを使う場合などは、説明変数の分布にも注意を払うべきでしょう。

3.2 | データからモデルを作る

3.2.1　目的変数と説明変数——説明と予測の「向き」

　本章で扱うのは、統計的なモデリングの考え方です。ここで「モデリング」とは、データを数式や数理的な表現に移し替えることを指しています（➡1.1.3）。データが持つ特徴をどのように表現するか、また、その特徴をうまく再現できるかということが、モデルを作るときのポイントとなります。

（1）モデリングにおける変数の扱い

　統計的なモデリングで最初に考えるべきことは、何を**変数**（variable）として扱うかです。たとえばある商品について、価格と販売数量の関係をモデル化することを考えます。データには、価格が800円なら販売数量は20、700円なら30、600円なら50、…といった形で過去の実績が記録されています。分析の目的は、販売数量の違いが価格の高低によってどの程度説明できるかを明らかにすることだとしましょう。

　変数とはなんらかの変化する値、もしくは各事例ごとに異なる値で、この例では、価格と販売数量がそれにあたります。中学や高校の数学で、変数とは「未知の値」、つまり「わからない値」だと習ったかもしれません。しかし、統計の世界では違います。価格も販売数量も、値はすでにデータとして得られています。ただ、販売数量は (20, 30, 50, ...)、価格は (800, 700, 600, ...) といったように、それぞれが複数の値を持っています。プログラムの中では、これらベクトル（➡2.2.1）として扱うことになります。

（2）目的変数

　目的変数（objective variable）とは、説明や予測の対象となる変数のことです（**図3.18**）。被説明変数、または**従属変数**（dependent variable）、**応答変数**（response variable）といったような言い方をする人もいますが、同じ意味です。先の例では、販売数量が説明の対象となっており、これが目的変数に該当します。

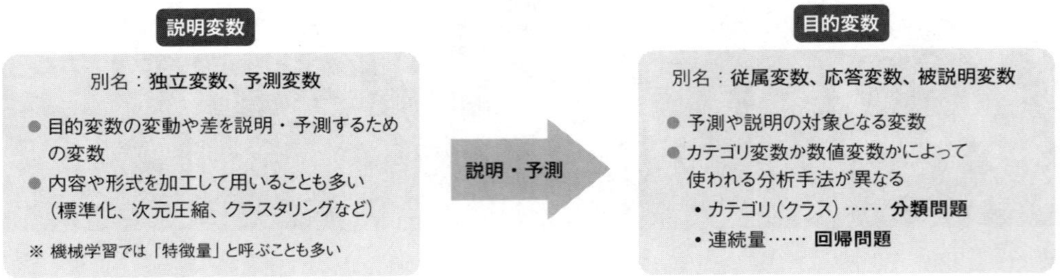

図3.18 目的変数と説明変数の設定

　目的変数は大きく分けると、大小の値をとる数値の場合（実数、整数など）と、分類を示すカテゴリの場合とがあります。さらにカテゴリについては、0か1か、NoかYesかといったように2つの分類を持つ場合（**2値分類**）と、東京・大阪・名古屋といったように3つ以上の分類を持つ場合（**多値分類**）があります。なお、多値分類については、東京・大阪・名古屋のそれぞれについて0か1かを判断するといったように、2値分類のバリエーションとして考えることも可能です。

　ある目的変数を説明または予測する場合に、数値が対象であれば「**回帰問題**」、カテゴリが対象であれば「**分類問題**」と言うことがあり、この区別は重要です。このため、分析者は目的変数の性質をよく理解して適切な手法を選ぶ必要があります。

メモ　分類のことを一般に「クラス」（class）と呼びますが、統計ではカテゴリ変数が持つ値のことを「水準」（level）と呼びます。クラスと水準は若干ニュアンスが異なるものの、ほぼ同じ意味と考えてください。

（3）説明変数

　目的変数の変動を説明する変数、先の例では価格のことを**説明変数**（explanatory variable）と言います。**独立変数**（independent variable）、**予測変数**（predictor variable）という言い方をする人もいますが、同じ意味です。機械学習では**特徴量**（feature）とも呼びます。

　統計モデルを作る目的は、多くの場合、説明変数を使って目的変数の変動を説明すること、または説明変数の値から目的変数の値を推定することです。さまざまな回帰モデル、決定木（→4.3.5）、あるいは予測に特化した用途になりますが、ランダムフォレスト（→5.2.2）やSVM（→5.2.3）といった機械学習のテクニックも同様です。ただし、次元圧縮やクラス

タリングといったテクニックでは、目的変数は与えずに、説明変数だけを使って変数の集約やケースの分類を行います。

なお、説明変数が数値であるかカテゴリであるかは、手法の選定にはそれほど影響を与えません。考慮は必要ですが、目的変数の場合ほど致命的ではありません。

（4）説明・予測の向き

何が目的変数で、何が説明変数かを考えることは作業仮説を立てるうえで重要です。そして、**説明・予測の向き**と、現実の因果関係の向きは必ずしも一致しないということを覚えておいてください。なお、因果関係とは、3.1.3項で述べたような原因と結果の関係のことです。

具体的に考えてみましょう。以下の❶から❹までの例は、何が目的変数で何が説明変数か、さらに何が結果で何が原因かを考えてみてください。答えは図3.19に挙げておきます。

❶ ビールの価格と天候と宣伝の有無からビールの販売数量を予測する
❷ 海水温からクラゲの数を説明する
❸ 車の破損の大きさから衝突時のスピードを推定する
❹ 身長と体重から摂取カロリーを推定する

この中で議論の余地があるのは❸でしょう。現実には、スピードを出したから車が壊れたのであって、車をたくさん壊せばたくさんスピードが出るというわけではありません。原因は「スピード」で、結果が「損壊の大きさ」です。しかし分析の意図としては、破壊の大きさからスピードを推定したいので、説明変数は「損壊の大きさ」、目的変数は「スピード」

図3.19 説明・予測の向きと因果の向き

です。つまり、説明・予測の向きと因果の向きは逆になります。

> **※ 注意**
>
> どちらを目的変数とするかという意味では、重要なのはあくまで「説明・予測の向き」です。ただし、因果関係についての分析を目的として、因果の向きに配慮したモデリングを行うこともあります（➡4.4.1、4.4.2）。

また、❹は意地悪な問題で、どちらが原因でどちらが結果かはなんとも言えません。体が大きいからたくさんカロリーを摂る、カロリーを摂ったから体が大きくなる、という双方向の因果関係が考えられます。しかし分析の意図はカロリーを推定することにあるので、目的変数はあくまで「摂取カロリー」です。

いずれの例でも、説明・予測の向きは分析の意図によって決まるということに注意してください。これを逆にするとモデルの意味合いが違ってきます。この点については3.2.5項で説明します。

3.2.2 簡単な線形回帰モデル──Rによる実行と結果

ここからは、統計的なモデリングの考え方を具体的な例を用いて説明していきます。重要なのは、データの特徴をうまく再現できるようにモデルを作成することです。説明の都合上、最初は簡単なモデルから始めて、段々とモデルをブラッシュアップしていきます。現実の分析では最初からある程度複雑なモデルを作りますが、ここでは「モデルによって現実を写し取るとはどういうことか」を理解するために、次のような手順で一つ一つ説明していきたいと思います。

- 1つの数値変数を説明変数とする線形回帰モデル（最も簡単なモデル）
- ダミー変数を含むモデル
- 数値変数とダミー変数の両方を含むモデル
- 交互作用を含むモデル

（1）勤続年数によって残業時間はどの程度増えるか、減るか

モデルを作るための例として、ある会社（A社）の残業時間に関するデータを取り上げます。情報サービスを提供するA社では全社的な残業時間の削減に取り組んでいます。ほとんど残業をしていない人から、月50時間以上の残業をしている人まで、人によって大き

なばらつきがあります。そこで、どのような人が残業をしているのかを明らかにして、対策を打ちたいというのがその目的です。

サンプルデータは📄StaffOvertime.csvに収めています（**図3.20**）。データには4つの項目が記録されています。

ID …… 社員のID
section …… 所属部署（Admin、IT、Salesのいずれか）
tenure …… 勤続年数
overtime …… 残業時間

2列目のsectionは文字列で記録されており、「Admin」は管理部門、「IT」は情報サービスの仕組みを作るIT部門、「Sales」はサービスの営業や簡単なコンサルティングを行う営業部門です。全部で325名分のデータが記録されています。

ID	section	tenure	overtime
10012	Admin	35	34.2
10015	IT	34	42.9
10019	IT	34	38.1
10020	Admin	33	34.7
⋮	⋮	⋮	⋮

社員325名分

```
ID：社員番号
section：部門（所属部署）
  ┌ Admin …… 管理部門 ┐
  │ IT …… IT部門      │
  └ Sales …… 営業部門 ┘
tenure：勤続年数
overtime：残業時間
```

図3.20　A社の残業時間データ

分析の目的は、何がどのくらい残業時間を左右するのかというメカニズムを明らかにすることですから、目的変数は「残業時間」（overtime）です。説明変数として使えるのは「部門」（section）と「勤続年数」（tenure）ですが、最初は勤続年数について考えましょう。つまり、勤続年数が変わると残業時間がどのくらい増えるのか、それとも減るのかを検討します。

（2）線形回帰モデル

線形回帰モデルは、統計解析においても機械学習においてもその考え方の基本となるモデルです。線形回帰モデルは回帰モデルのひとつで、かつ最も単純なモデルであると言えます。回帰モデルを使った分析を**回帰分析**と呼びますが、単純に回帰分析と言えばこの線形回帰モデルを使った分析を指すことも多いでしょう。

線形回帰モデルでは、次のような式を立ててモデルを作り、検証します。

$$y = b_0 + b_1 x_1 + b_2 x_2 + ...$$

y は3.2.1項で述べた目的変数、x_1, x_2, ... は説明変数です。目的変数と説明変数はデータとして与えられます。また、b_0 は切片、b_1 と b_2 は回帰係数と呼ばれ、いくらになるかわからない値です。これらの b を総称して、統計の世界では**パラメータ**（parameter）と呼びます。変数（y, x_1, x_2, ...）とパラメータ（b_0, b_1, b_2, ...）の区別には十分注意してください。

分析ツールに含まれるアルゴリズムは、データをもとにパラメータの値を推定します。パラメータの値がわかれば、次の2つのことが可能になります。

① 説明変数の変化が目的変数の変化にどんな効果を持っているかを知る
② 説明変数の値から目的変数の値を予測する

①は現象についてなんらかの知識を得るという観点です。一方、②は機械学習の原理の基礎となります。以下では、先ほどの残業時間のデータを使って具体的にモデルの意味を説明していきます。

（3）Rを使った線形回帰モデルの作成

早速、Rを使ってデータを読み込み、単純な線形回帰モデルを作成します。分析のためのサンプルスクリプトは📄3.2.02.LinearModel.Rです（**リスト3.4**）。

まず、サンプルデータ（📄StaffOvertime.csv）をデータフレームとして読み込み、「DF」という名称をつけます。ここでstr()やhead()といった関数を使って、データの構造と内容を確認しておきましょう。また、summary()関数を使うことで、平均値や中央値を表示できます（**例3.5**）。残業時間の平均値は25.5時間で、中央値もこれに近い値です。なお、社員IDも数字として記録されているので自動的に平均値などが算出されてしまいますが、社員IDを数値として計算しても意味はないということに注意してください。

次に、ヒストグラムを描いて残業時間と勤続年数の分布を確認します（**図3.21**）。残業時

例3.5 summary()関数の実行例

```
> summary(DF)
       ID            section            tenure          overtime
 Min.   :10012   Length:325        Min.   : 1.00    Min.   : 1.20
 1st Qu.:12050   Class :character  1st Qu.: 8.00    1st Qu.:17.30
 Median :12135   Mode  :character  Median :13.00    Median :25.90
 Mean   :13727                     Mean   :14.66    Mean   :25.54
 3rd Qu.:12319                     3rd Qu.:20.00    3rd Qu.:33.10
 Max.   :29556                     Max.   :35.00    Max.   :53.70
```

リスト3.4 3.2.02.LinearModel.R

```r
#簡単な線形回帰モデル

#目的変数：残業時間 overtime
#説明変数：勤続年数 tenure
#         部門 section(Ademin, IT, Sales )

#データの読み込み
DF <- read.table("StaffOvertime.csv",
                 sep = ",",                    #カンマ区切りのファイル
                 header = TRUE,                #1行目はヘッダー(列名)
                 stringsAsFactors = FALSE) #文字列を文字列型で取り込む

#データの構造と項目の一覧を確認する
str(DF)

#データフレームの先頭と最後を表示
head(DF)
tail(DF)

#関数summary()を使って平均値,中央値などを表示
summary(DF)

#ヒストグラムを表示（x軸の区間は30分割する）
hist(DF$overtime, breaks=30, col="orange2")
hist(DF$tenure,   breaks=30, col="steelblue")

#残業時間と勤続年数の関係を図示（標準のplot()関数）
plot(DF$tenure, DF$overtime)

#残業時間と勤続年数の関係を図示
library(ggplot2)
ggplot(DF, aes( x=tenure, y=overtime) )+         #x軸とy軸を指定
  geom_point(colour="purple", size=3, alpha=0.7)+ #色,サイズ,透明度
  stat_smooth(method="lm", se=T)                  #回帰直線を加える
  # seは回帰直線を描く際に上下に幅（95%信頼区間）を持たせる指定
  # se=Tで直線に幅を加えて描く（se=Fで直線のみを描く）

#関数lm()を使って回帰モデルを作成する
#扱う変数を括弧内に 目的変数～説明変数 の形で記述
#これだけでは詳しい情報は表示されない
lm( overtime ~ tenure, data=DF)

#モデルをいったんLM1という名前でオブジェクトに格納する
LM1 <- lm( overtime ~ tenure, data=DF)

#いったん格納したモデルを関数summary()で表示する
#この場合はより詳しい情報が表示される
summary(LM1)
```

3.2

データからモデルを作る

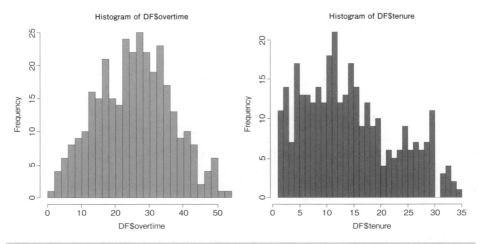

図3.21 残業時間と勤続年数の分布

間は左右対称に近い山形の分布ですが、勤続年数はやや偏っており、勤続20年以上のベテラン社員は少ないことがわかります。

図3.22はggplot2ライブラリのggplot()関数を使って、残業時間と勤続年数の関係を描いたものです。かなり個人差が大きく、ばらついているデータであることがわかります。また、均等にバラけているというよりは、やや右肩上がりの傾向があることが読み取れます。ggplot()にstat_smooth()を連結することで、散布図の中に回帰直線を描画することもできます。これで右肩上がりの直線が描けましたが、描画だけでは分析結果を詳細に吟味することができません。

データに線形回帰モデルを当てはめるには、lm()関数を用います。lmはlinear modelの略です。丸括弧の中には回帰式の中で使う変数を「目的変数~説明変数」の形で記述します。「~」記号の左に目的変数を書き、右に説明変数を書くことに注意してください。ここではlm(overtime ~ tenure)と記述しています。

これを実行すると、パラメータの推定結果が表示されます（**例3.6**）。Rの実行結果の中ではCoefficients:に出力されています。

このうちInterceptと出力されているものは日本語では**切片**と呼ばれ、回帰式を

$$y = b_0 + b_1 x$$

（注：yは残業時間、xは勤続年数を表す）

のように書いた場合のb_0に相当します。また、tenureの下に書かれた数は説明変数にかかる**回帰係数**（regression coefficient）で、b_1に相当します。算出された値を当てはめると、

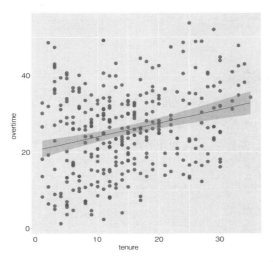

図3.22 残業時間と勤続年数の関係

例3.6 lm()関数の実行例

```
> lm( overtime ~ tenure, data=DF)

Call:
lm(formula = overtime ~ tenure, data = DF)

Coefficients:
(Intercept)        tenure
    20.3922        0.3512
```

回帰式は

$$y = 20.39 + 0.35x$$

（注：小数点以下第2位まで記述）

となります。これを図にすれば、先ほどの散布図の直線と一致するはずです。切片の20.39というのは、グラフ上で直線がy軸を通過する箇所のyの値です。回帰係数の0.35は直線の傾きを示します。機械がどのような基準でこれらのパラメータを決めているかは、3.2.5項で説明します。

　勤続年数が残業時間にどのような影響を与えるのかを見てみましょう。回帰係数が0.35なので、「勤続年数が1年長くなれば、月あたりの残業時間は0.35時間増える」ということになります。特に、係数の値がプラスであったということは重要で、ベテランほど長く残業

をする傾向があることになります。これは、散布図でやや右肩上がりの傾向が見られたことと符合します。

（4）詳細情報の表示

先ほどはlm()関数を直接実行しましたが、次の例では同じlm()を使って、その結果をいったん新しいオブジェクトLM1に格納します（名前はLM1でなくてもかまいません）。そして、summary()関数を使ってLM1の内容を表示すると、先ほどよりも詳しい情報が表示されます（**例3.7**）。

例3.7の出力結果の中ほどにある「Cofficients:」と出力された箇所には4つの項目が出力されています。

Estimate …… パラメータの推定値（切片、回帰係数）❶
　　　1行目は切片（intercept）、2行目は説明変数にかかる回帰係数。
Std. Error …… 標準誤差 ❷
　　　パラメータの推定に伴う"ブレ幅"（推定値の標準偏差に相当）。t値を計算する際に使われる。
t value …… t値 ❸
　　　パラメータの推定値を標準誤差で割ったもの。パラメータごとの有意確率を計算する際に使われる。

例3.7 詳細情報の表示

```
> LM1 <- lm( overtime ~ tenure, data=DF)
> summary(LM1)

Call:
lm(formula = overtime ~ tenure, data = DF)

❽ Residuals:
     Min      1Q  Median      3Q     Max
-21.9557  -8.2093  -0.2118   7.0907  27.4053

Coefficients:   ❶         ❷        ❸       ❹
            Estimate Std. Error t value Pr(>|t|)
(Intercept) 20.39225    1.17393  17.371  < 2e-16 ***
tenure       0.35122    0.06946   5.056 7.17e-07 ***
---
Signif. codes:  0 '***' 0.001 '**' 0.01 '*' 0.05 '.' 0.1 ' ' 1

Residual standard error: 10.52 on 323 degrees of freedom
❺ Multiple R-squared:  0.07335,     ❻ Adjusted R-squared:  0.07048
F-statistic: 25.57 on 1 and 323 DF, ❼ p-value: 7.174e-07
```

Pr(>|t|) …… 有意確率（各パラメータについて）❹

　　パラメータの値が0であるという可能性を検証した結果。この確率が0.05（5%）以

　　上であれば、有意ではないと判断する（➡3.3.2）。

　パラメータの推定値は、回帰式のb_0、b_1に相当する値で、その意味は142ページで説明
したとおりです。標準誤差とt値については、詳しい説明は省きます。

　パラメータごとの有意確率は重要なので、説明を加えておきます。一般に有意確率は0.05
を下回る必要があり、これを満たす場合、結果は統計的に「有意である」と言います。ここ
では切片が2×10^{-16}未満、tenureの回帰係数が7.17×10^{-7}といずれも非常に小さな値で
す[17]。詳しくは3.3.2項で説明しますが、これは「本当は値は0なのに、偶然このような値が
得られてしまった」という可能性を検証した結果です。「有意である」というのは、「この結
果は偶然とは言えない」という意味だと思ってください。

　また、有意確率を表す数字の右には「*」が3つ出力されています。この「*」は、結果が
有意であることを示しています。「*」が1つなら有意確率は.05未満、2つなら0.01未満、3
つなら0.001未満です。「*」の数が多いほど結果は統計的に有意とみなされます。逆に「*」
が1つもなければ、この数値は有意ではないとみなされます。なお、Rでは有意確率が0.05
以上0.10未満の場合に「.」を表示する仕様となっていますが、これは有意とみなさないほ
うがいいでしょう。

　次に注目したいのは、出力結果の下のほうにある数値です。

Multiple R-squared …… 決定係数 ❺

　　モデルのデータへの適合度合い（フィッティング）の指標。目的変数の値の変動（分

　　散）のうち、何%をモデルが説明できているかを示す。

Adjusted R-squared …… 自由度調整済み決定係数 ❻

　　決定係数をパラメータの数で調整した指標。過度に複雑なモデルでは値が低くなる。

p-value …… 有意確率（モデル全体について）❼

　　すべての回帰係数（偏回帰係数）の値が0であるという可能性を検証した結果。こ

　　の確率が0.05（5%）以上であれば、有意ではないと判断する。

---

[17]　2e-16は、2×10^{-16} = 0.0000000000000002、また、7.17e-07は7.17×10^{-7} = 0.000000717です。仮に、
123e＋04なら、123×10^4 = 1230000となります。このような数値の表記法を**指数表記**と言います。Rでは
桁数が多くなると自動的に指数表記での表示となりますが、最初にoptions(scipen=数値)を実行しておくとあ
る程度指数表記を抑制できます。数値の部分に大きな数を指定するほど指数表記が抑制され、逆に負の値では指
数表記が表示されやすくなります。

決定係数と自由度調整済み決定係数は、モデルがデータにどのくらい適合しているのか、言い換えれば、モデルがデータの変動をどの程度説明しているかを示す指標です。この値が0.07ということは、残念ながらこのモデルはデータの変動（分散）の7%しか説明できていないということです。これは、散布図で上下のばらつきが非常に大きく、回帰直線から離れた点が多いことと符合しています。これについては3.3.3項で詳しく解説します。

　一番下のp-valueに出力された有意確率は、すべての回帰係数が0であるという仮説を検証した結果で、モデル全体になんらかの意味があると言えるかどうかを示す指標です。「すべての」と書きましたが、今回の例は説明変数が1つなので、回帰係数もtenureにかかる1つしかありません。このため、計算結果はPr(>|t|)のtenureのところに書かれた値と同じになっています。

　最後に、出力結果の上方、Residualsと書かれた箇所を見てください。

Residuals …… 残差の分布 ❽

　　残差（モデル上の理論値と実測値との差）の分布を示す。最小値、第1四分位、中央値、第3四分位、最大値が示される。

　残差とはモデルと実際の値とのかい離のことで、3.2.5項で詳しく解説します。その際に密度プロットや散布図での確認を行いますが、ここでは数値による確認ができるようになっています。

　いろいろと指標を紹介しましたが、結果の見方としては、最初にモデル全体の有意確率（p-value）を見るのがよいでしょう。これが有意でなければ分析結果として「話にならない」からです。次に2つの決定係数の値を見て、モデルがどの程度データに当てはまっているかを判断します。その後、パラメータごとの有意確率を確かめ、有意なものについて推定値を確認する、といった順番が効率的でしょう。

3.2.3 ダミー変数を使ったモデル
──グループ間の差異を分析

（1）カテゴリとダミー変数

　数値ではなく、なんらかの分類で記録された変数やデータのことを**カテゴリ変数**、**カテゴリカル変数**、あるいは**カテゴリカルデータ**などと呼びます。データを記録するときに、東京が1、名古屋が2、大阪が3といったように数字で記録されていたとしても、これらは足し算や引き算をしてよい数値ではありません。あくまで「地域」はカテゴリ変数です。また、「地域」という1つの要因に対して、東京、大阪などいくつかの分類が存在する場合、この分類のことを**水準**（level）と呼びます。地域という項目には東京、大阪、名古屋という3つの水準が設定されていることになります。

　これらの分類（水準）は数値ではないため、そのままではモデルの中に記述することができません。そこで、統計的なモデリングでは、これらを便宜的に0と1に置き換えて扱います。これを**ダミー変数**（dummy variable）と言います。

　図3.23の左側は、エンターテイメント情報を提供するサービスへの顧客満足度を調査した結果です。調査は「東京、大阪、名古屋」の3つの地域の顧客に対して行われ、回答者は自身の居住地をこの3つから選んでいます。リサーチ分野では、このような「どれか1つを選ぶ」という回答方式を**シングルアンサー**（Single Answer：SA）と呼んでいます。

　一方、趣味については「映画、スポーツ、音楽」の3つから選んでいます。ただし、どれも好きではないという人は1つも選ばず、すべて好きだという人は3つとも選ぶことが許されています。このように「いくつ選んでもよい」という方式を**マルチアンサー**（Multiple Answer：MA）と呼びます。これらをダミー変数に置き換えると、**図3.23**の右側のような形になります。

　Aさんは地域が大阪、趣味が映画とスポーツなので、「大阪」「映画」「スポーツ」の列に1が入ります。ほかの列（「名古屋」「音楽」）は0です。ほかの回答者についても同様です。

　ここで、「東京」の列がないことを疑問に思う方もいるでしょう。シングルアンサーの場合、ダミー変数の数は選択肢マイナス1です。なぜなら、大阪でも名古屋でもない人は、自動的に東京であると決まるからです。逆に東京を列に加えてしまうと、「東京である」という情報と「大阪でも名古屋でもない」という情報が重複してしまい、好ましくありません。

　ただし、RやSPSSなどのツールを使った分析では、わざわざ自分でこれらのデータを0と1に置き換えなくても、ツールが自動的に判断してダミー変数を生成し、分析を実行してくれます。ビジネスデータでは、数値情報よりも、なんらかの分類を記述したデータが多い

この列が"変数"（3変数）だが…　　　　　　　　　　　　6変数に変換することで数学的に扱える

回答者	満足度	地域	趣味
A	21	大阪	映画、スポーツ
B	35	東京	音楽
C	42	名古屋	スポーツ、音楽
D	38	東京	映画、音楽

数値　　3択SA　　3択MA

➡

回答者	満足度	大阪	名古屋	映画	音楽	スポーツ
A	21	1	0	1	0	1
B	35	0	0	0	1	0
C	42	0	1	0	1	1
D	38	0	0	1	1	0

数値　　　3択SA　　　　3択MA

図3.23　カテゴリからダミー変数への変換

ので、このようなツールの機能はとても便利です。しかし分析結果を読み解くときには、これを意識していないと「東京はどこだ？」と悩むことになってしまうため、注意が必要です。

（2）ダミー変数を使った回帰モデル

さて、3.2.2項で扱った残業時間（overtime）のモデル化について引き続き考えてみましょう。まず分析したいのは、残業時間と部門（section）の関係です。部門は管理部門（Admin）、IT部門（IT）、営業部門（Sales）の3つなので、「IT部門かどうか」と「営業部門かどうか」に相当する2つのダミー変数を作成します。この作業は実際にはRが自動的に行いますが、sectionがITとSalesの2つの変数に置き換えられる点に注意してください。

なお、ダミー変数化されない分類（ここではAdmin）のことを**ベースライン**と呼びます。「部門はAdminが基本で、ITとSalesについてはそれぞれ1を入れて区別する」というイメージで考えてもらえればわかりやすいと思います。もちろんAdminが特別な部署というわけではなく、便宜的な扱いにすぎません。

さて、勤続年数のことはいったん忘れて分析から除外すると、回帰式は、

$$y = b_0 + b_1 x_1 + b_2 x_2$$

（注：yは残業時間、x_1はIT、x_2はSales）

となります。b_0は切片、b_1とb_2は回帰係数ですが、このように複数の説明変数を含む場合は特に、**偏回帰係数**（partial regression coefficient）と呼びます。3.2.2項と同じように、これらのパラメータの値を推定しましょう。スクリプトは📄**3.2.03.DummyVariable. R**です（**リスト3.5**）。

回帰分析を行う前に、部門ごとに残業時間の平均値（mean）、中央値（median）などを算出しておきます（**例3.8**）。方法は3.1.2項で紹介したように、tapply()とsummary()の各関数を組み合わせて実行します。また、残業時間の分布の違いをボックスプロット

（➡ 3.1.1）で可視化しておきましょう（**図3.24**）。プロットを見ると管理部門（Admin）は比較的残業が少ないということがわかりますが、それでも30時間程度の残業をしている人はいますし、IT部門や営業部門（Sales）で残業が10時間程度の人もいるようです。

リスト3.5　3.2.03.DummyVariable.R

```
#ダミー変数を使った回帰モデル

# 目的変数：残業時間 overtime
# 説明変数：勤続年数 tenure
#           部門 section(Ademin, IT, Sales )

#データの読込み
DF <- read.table("StaffOvertime.csv",
                     sep = ",",                   #カンマ区切りのファイル
                     header = TRUE,               #1行目はヘッダー（列名）
                     stringsAsFactors = FALSE) #文字列を文字列型で取り込む

#データフレームの先頭を表示
head(DF)

# 部門別に平均値や中央値を確認する
#tapply()関数とsummary()関数を組み合わせる
#tapply(x, m, f)：
#  xの値をmでグループ分けして関数fを適用
tapply(DF$overtime, DF$section, summary)

#boxplot()で中央値と四分位を視覚化
boxplot(overtime ~ section, data=DF, col="green")

#lm()関数を使って回帰モデルを作成する
#扱う変数を括弧内に  目的変数~説明変数  の形で記述
#sectionは自動的にダミー変数(IT, Sales)に展開される
lm( overtime ~ section, data=DF)

#モデルをいったんLM2という名前でオブジェクトに格納する
LM2 <- lm( overtime ~ section, data=DF)

#いったん格納したモデルをsummary()関数で表示する
#この場合はより詳しい情報が表示される
summary(LM2)

#分散分析で全体の傾向に偏りがあると言えるかを検証
#aov()：分散分析
AOV <- aov(overtime ~ section, data=DF)
summary(AOV)

#グループが2つだけの場合は分散分析だけでよい
#グループが3つ以上の場合は多重比較で各グループ間の差を見る
#TukeyHSD()：テューキー法による多重比較
TukeyHSD(AOV)
```

回帰分析の実行方法は3.2.2項と同じです。ただし、lm()関数を実行する際の説明変数として部門（DF$overtime）を指定し、lm(overtime ~ section)と記述します（**例3.9**）。sectionから2つのダミー変数への展開はRが自動的に行います。このとき、Rはアルファベット順で最初の分類（Admin）をベースラインとして選びます[18]。

これを実行すると、**例3.9**のようにパラメータが表示されます。その値を回帰式に当てはめると、次のようになります。

$$y = 16.94 + 13.09x_1 + 11.77x_2$$

（注：小数点以下第2位まで記述）

サンプルスクリプトではsummary()を使って詳しい情報を表示するようにしています。

（3）ダミー変数を使った回帰モデルの解釈

このような複数の説明変数を使う回帰モデルは、**重回帰モデル**（multiple regression

例3.8 部門ごとに残業時間の平均値、中央値などを算出

```
> tapply(DF$overtime, DF$section, summary)
$`Admin`
   Min. 1st Qu.  Median    Mean 3rd Qu.    Max.
   1.20   10.50   16.40   16.94   22.40   40.40

$IT
   Min. 1st Qu.  Median    Mean 3rd Qu.    Max.
   6.40   23.48   30.00   30.03   36.50   53.70

$Sales
   Min. 1st Qu.  Median    Mean 3rd Qu.    Max.
   7.30   23.52   28.35   28.72   33.88   49.70
```

例3.9 回帰分析の実行

```
> lm( overtime ~ section, data=DF)

Call:
lm(formula = overtime ~ section, data = DF)

Coefficients:
 (Intercept)     sectionIT   sectionSales
       16.94         13.09          11.77
```

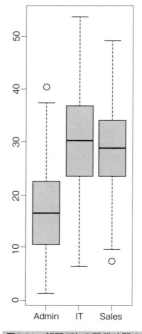

図3.24 部門ごとの残業時間の差異

---

[18] ITやSalesをベースラインにしたい場合は指定をすることも可能ですが、やや込み入った方法となるため説明は省きます。より簡単な方法としては、"IT"をすべて"_IT"に置き換えれば、"_"は"a"よりも順番が先であるためこれがベースラインとなります。

model）とも呼ばれます。重回帰モデルは2次元で表すことができません。この例でも変数はy、x_1、x_2の3つですから、図にすると3次元です。回帰式は直線ではなく、平面を表す方程式となります（図3.25）。

> **メモ　単回帰モデル**
> 重回帰モデルと異なり、説明変数が1つであるようなモデルを「単回帰モデル」と呼びますが、分析の理論や方法に違いはありません。

説明変数はすべてダミー変数です。部門には大小関係がなく、直線上に並べることができません。3つの部門を2つのダミー変数に分解したのはこのためです。個々のケースを表す点は、Admin（$x_1=0, x_2=0$）、IT（$x_1=1, x_2=0$）、Sales（$x_1=0, x_2=1$）の縦方向に伸びた3つの直線の上に乗ることになります。そして、各部門の残業時間の推定値に相当する点(0, 0, 16.94)、(1, 0, 30.03)、(0, 1, 28.72)を通る平面が、この場合の回帰平面となります。回帰平面上の3点と、個々の点（個々の対象者の値）との距離はモデルからのかい離（残差）です。このかい離が少なくなるように、平面の傾きと切片が推定されたということです（→3.2.5）。

実を言うと、この場合はわざわざ回帰分析をしなくても回帰式を決定することができます。切片のb_0は管理部門の残業時間の平均値です。さらに、IT部門の平均値から管理部門の平均値を引けばb_1、営業部門の平均値を引けばb_2が得られます。もし、部門という情報だ

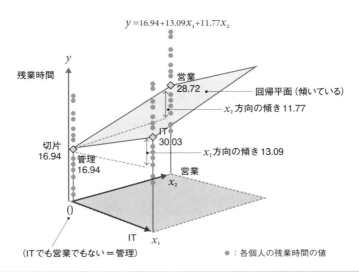

図3.25　ダミー変数を使った線形回帰モデル

けを使って残業時間を予測するなら、予測値は各部門の残業時間の平均を使えばよいということです。

このように書くと何のために分析をしたのかと言われそうですが、ここで理解していただきたいのは、ダミー変数を使った回帰分析の意味です。ここではベースラインが管理部門なので、残業時間の基準となるのは管理部門の平均値です。これに対して「IT部門である」という属性が加われば残業時間は13.09、「営業部門である」という属性が加われば残業時間は11.77増えるということです。

（4）平均値の差の検定

よい機会なので「平均値の差の検定」も実行してみましょう。このデータから、部門間で本当に平均値に差があると言えるのかどうかを検証するということです。詳しくは3.3.2項を参照してください。

検定のために使う関数はaov()で、aovとは**分散分析**（analysis of variance）の略です。ただし、一般的な略称としてはANOVAと5文字で記すことが多いと思います。引数の書式は、回帰モデルの場合と同じです。ここでは、結果をAOVというオブジェクトにいったん格納してから表示しています（**例3.10**）。

例3.10 aov()を使った分散分析

```
> AOV <- aov(overtime ~ section, data=DF)
> summary(AOV)
            Df Sum Sq Mean Sq F value Pr(>F)
section      2  10937    5469   63.71 <2e-16 ***
Residuals  322  27640      86
---
Signif. codes:  0 '***' 0.001 '**' 0.01 '*' 0.05 '.' 0.1 ' ' 1
```

実行結果に「Pr(>F)」と出力されている箇所がありますが、これが有意確率で「本当は差がない」という可能性を示します。回帰モデルの場合と同じで、「*」が3つの場合は、その可能性は十分に小さく、統計的には有意な差があると言えます。なお、分散分析は、理論的にはダミー変数を使った線形回帰モデルと等価で、線形回帰が有意であれば、分散分析の結果も有意となります。

さて、重要なのはここからです。多くの場合、このような分析で知りたいのは「部門によって差があるか」だけでなく、「管理部門とIT部門では差があるか」という具体的な情報です。これを検証するには、**多重比較**と呼ばれる方法を使います。部門が2つだけであれば組み合わせは1つしかないので多重比較は必要ありません。3つの場合には3通り、4つの場合に

は6通りの組み合わせが生じるので、これらをすべて検証するために多重比較が必要となります。

多重比較を行うにはTukeyHSD()という関数を使います[19]。引数には分散分析の結果を格納したオブジェクトを指定します。結果を見ると、3通りの部門の組み合わせについてそれぞれ有意確率がp adjとして算出されています（**例3.11**）。このうち、Sales-IT（営業部門とIT部門）の組み合わせでは、有意確率が0.539と高い値になっています。つまり「本当は差がない」という可能性も捨てきれないので、有意ではないという結果になります。IT-Admin、Sales-Adminについては有意確率は0に近く、いずれも統計的に有意です。

例3.11 TukeyHSD()を使った多重比較

```
> TukeyHSD(AOV)
  Tukey multiple comparisons of means
    95% family-wise confidence level

Fit: aov(formula = overtime ~ section, data = DF)

$`section`
                  diff       lwr       upr     p adj
IT-Admin     13.090083 10.144304 16.035861 0.0000000
Sales-Admin  11.774762  8.727184 14.822340 0.0000000
Sales-IT     -1.315321 -4.237938  1.607297 0.5398451
```

3.2.4 複雑な線形回帰モデル——交互作用、モデル間の比較

（1）複数の要因を考慮する

3.2.2項、3.2.3項で扱った残業時間のモデルをさらに発展させていきます。

今回は、勤続年数と所属部門を別々に扱うのではなく、ともにモデルに組み入れます。ただし、いったん営業部門のことは忘れて、管理部門とIT部門だけを扱うことにします。なぜ部門を減らしたかというと、説明の都合上、モデルを3次元の範囲にとどめたいからです[20]。ここで使うRのサンプルスクリプトは、📄3.2.04.ModelComparison.Rです（**リスト3.6**）。

---

[19] Tukey（テューキー）というのはこの手法を考案した人の名前です。

[20] あくまで説明の都合なので、現実の分析ではこのような手間は必要ありません。

リスト3.6　3.2.04.ModelComparison.R

```r
#交互作用とモデル間の比較

#目的変数：残業時間 overtime
#説明変数：勤続年数 tenure
#        部門 section(Ademin, IT, Sales )

#データの読込み
DF <- read.table("StaffOvertime.csv",
                      sep = ",",                  #カンマ区切りのファイル
                      header = TRUE,              #1行目はヘッダー(列名)
                      stringsAsFactors = FALSE) #文字列を文字列型で取り込む

#データフレームの先頭を表示
head(DF)

#便宜的に、3次元で表せる場合を考える（管理部門とIT部門のみ）
#subset()関数で条件に合うデータだけを抽出する
DFsub <- subset(DF, section!="Sales")     #!=はnot equalを示す

#複数の要因を考慮したモデル（部門の違いと勤続年数）
lm( overtime ~ section + tenure, data=DFsub)
#より詳しく表示
LM3 <- lm( overtime ~ section + tenure, data=DFsub)
summary(LM3)

#部門で色分けして残業時間と勤続年数の関係を図示(管理部門とIT部門)
library(ggplot2)
ggplot(DFsub, aes( x=tenure, y=overtime) )+    #x軸とy軸を指定
  geom_point( aes(colour=section,                #部門で色分け
                    shape =section),             #部門で形も変える
               size=3, alpha=0.7 )+              #サイズ,透明度
  stat_smooth( method="lm",                      #回帰直線を描く
                  se=F)                          #信頼区間の描画を省略
#元のデータ（3部門）で同様に図示
ggplot(DF,     aes( x=tenure, y=overtime) )+   #x軸とy軸を指定
  geom_point( aes(colour=section,                #部門で色分け
                    shape =section),             #部門で形も変える
               size=3, alpha=0.7 )              #サイズ,透明度


#データを抽出し直す（管理部門と営業部門のみ）
DFsub <- subset(DF, section!="IT")        #!=はnot equalを示す

#部門によって勤続年数の効果に違いがあることを想定したモデル
lm( overtime ~ section + tenure + section:tenure, data=DFsub)
#より詳しく表示
LM4 <- lm( overtime ~ section + tenure + section:tenure, data=DFsub)
summary(LM4)


#元のデータを使ってモデルを作る

#交互作用を含まないモデル
LM5 <- lm( overtime ~ section + tenure, data=DF)
#交互作用を含むモデル
LM6 <- lm( overtime ~ section + tenure + section:tenure, data=DF)
```

```
#モデルの詳細を表示
summary(LM5)
summary(LM6)

#AIC(赤池情報量基準)を使ってモデルを比較
#モデルの複雑さとデータへの適合のバランスを見る指標
#小さいほうがよい
AIC(LM5)
AIC(LM6)
#参考：BIC(ベイズ情報量基準)を使った比較
#指標値の見方はAICと同じ
BIC(LM5)
BIC(LM6)

#目的変数の値について、モデル上の理論値を図示する

#  モデル上の理論値
#  ＝モデルをDFの説明変数の値に当てはめた場合の予測値

#理論値はモデル作成の際にfitted.valuesとして格納されている
#実測値との差（残差）は同様にresidualsとして格納されている
head(DF$overtime)           #実測値
head(LM5$fitted.values)  #理論値（元データに基づく予測値）
head(LM5$residuals)       #残差（予測値－実測値）

#実測値を横軸に、理論値（予測値）を縦軸にプロットする
#  モデルが完璧にデータに適合していれば、点は対角線（y=x）
#  の上に並ぶはず（対角線からの縦方向のずれが残差を表す）
ggplot()+
  geom_point(aes(x=DF$overtime, y=LM5$fitted.values),
              colour="orange", size=4, #pr5をオレンジで表示
              shape=16, alpha=.6 ) +    #形を16(●)で表示、透明度0.6
  geom_point(aes(x=DF$overtime, y=LM6$fitted.values),
              colour="brown",  size=3, #pr6をブラウンで表示
              shape=17, alpha=.6 ) +    #形を17(▲)で表示、透明度0.6
  xlab("実測値") +                       #軸ラベル
  ylab("モデル上の理論値(元のデータに基づく予測値)") +
  stat_function(aes(x=DF$overtime), colour="black",
              fun=function(x) x )    #y=Xに沿って線を引く

#残差の分布を密度プロットで比較
ggplot()+
  geom_density( aes(x=LM5$residuals), #LM5の残差
              color="orange",         #枠線をオレンジ
              fill ="orange",         #塗りもオレンジ
              alpha=0.2  ) +          #透明度を指定
  geom_density( aes(x=LM6$residuals), #LM6の残差
              color="brown",          #枠線をブラウン
              fill ="brown",          #塗りもブラウン
              alpha=0.2  ) +          #透明度を指定
  xlab("残差(モデル上の理論値－実測値)")  #軸ラベル

#残差の2乗の分布を密度プロットで比較
ggplot()+
  geom_density( aes(x=LM5$residuals^2), #LM5の残差(2乗)
              color="orange",            #枠線をオレンジ
```

3.2

データからモデルを作る

```
                fill ="orange",              #塗りもオレンジ
                alpha=0.2  ) +               #透明度を指定
  geom_density( aes(x=LM6$residuals^2),      #LM6の残差（2乗）
                color="brown",               #枠線をブラウン
                fill ="brown",               #塗りもブラウン
                alpha=0.2  ) +               #透明度を指定
  xlab("残差の2乗")   #軸ラベル
```

　最初に、管理部門とIT部門だけのデータフレームDFsubを作成しておきます。次にこの
データを使って線形回帰モデルを作成しますが、回帰式は

$$y = b_0 + b_1 x_1 + b_2 x_2$$

（注：yは残業時間、x_1はIT、x_2は勤続年数）

で、3.2.3項の場合と同様に3次元で描ける重回帰モデルです。ただし、x_2は数値変数で、
x_1がダミー変数となります。アルファベット順で先の管理部門（Admin）がベースラインと
なり、x_1が0なら管理部門、1ならIT部門（IT）となることに注意してください。

　lm()関数を実行する際は、説明変数としてsection（部門）とtenure（勤続年数）を
+記号で結び、lm(overtime ~ section+tenure)と記述します。

　これを実行すると、次のようにパラメータが表示されます（**例3.12**）。

例3.12 lm()関数を実行

```
> lm( overtime ~ section + tenure, data=DFsub)

Call:
lm(formula = overtime ~ section + tenure, data = DFsub)

Coefficients:
(Intercept)     sectionIT        tenure
    7.1417        12.1260        0.6784
```

　これらの値を回帰式に当てはめると、

$$y = 7.14 + 12.13 x_1 + 0.68 x_2$$

（注：小数点以下第2位まで記述）

となります。まず、勤続年数x_2が1年増えるごとに、残業時間は0.68時間増加します。そ
して、IT部門に所属していれば（$x_1=1$なら）残業時間は12.13時間増加します。これを図に
すると、**図3.26**のような傾いた回帰平面を描くことができます。ここで重要なのは、管理
部門（$x_1=0$：奥の壁）でも、IT部門（$x_1=1$：手前の壁）でも直線の傾きは同じと想定され
ているということです。2つの直線は、高さが違うだけで、傾きは変わりません。そして、2
つの回帰直線を結んだ平面がこのモデルの回帰平面となります。

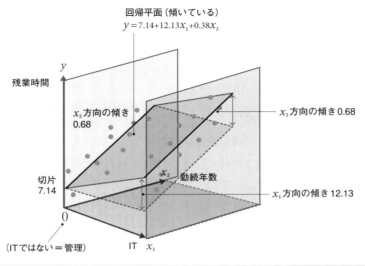

図3.26 通常の線形回帰モデル

（2）モデリングにおける想定

　モデルが「平面」を想定しているということは、つまり、「ある説明変数の変化が目的変数の変化に与える効果の度合いは、ほかの説明変数の値によらず一定である」という仮定を置いていることになります。この仮定が本当に正しいかどうかは、この段階ではわかりません。通常は、このようなモデルを仮定して分析を行い、有意確率（→3.3.2）や決定係数（→3.3.3）といった指標が満足できるようであれば、そのモデルを採用することになります。

　一方、「わざわざ平面を想定するよりも、最初から凸凹な曲面を想定して、それをデータの形に柔軟に合わせれば良いのでは」と思う人もいるでしょう。予測だけを目的とするならそれでもよいのですが、現象のメカニズムを知りたい場合は、シンプルな仮定から出発し、それがデータに反していないかを確かめて必要に応じてモデルを複雑化していくのが理想です。

> 科学哲学には「オッカムの剃刀」という概念があります。現象を説明する原理はできるだけ単純でなければいけないという考え方です。

　ここで挙げた残業時間の例について「平面」という想定がどの程度妥当であるか、簡単な方法で確認してみます。データフレーム DFsub を使って、部門で色と形を変えて散布図

を描くと、AdminとITのどちらもやや右肩上がりであることがわかります（**図3.27左**）。多少の違いはあるかもしれませんが、あえて「傾きが異なる」という想定を置く必然性は、この図からは感じられません。詳細な結果の表示は省略しますが決定係数（→ 3.3.3）の値は0.56と高く、比較的良いモデルと考えることができます。

（3）交互作用項を加える

ところで、先ほどのデータは営業部門を除いたデータでした。元のデータフレーム（DF）を使って散布図を描くと、事情が違ってきます。四角（元の図では青色）で示された営業部門（Sales）のプロットは、右肩上がりには見えません（**図3.27右**）。

ここでは、やはり説明上の都合から、管理部門と営業部門のデータを抜き出してモデルを作成してみたいと思います。IT部門のことはいったん忘れてください。最初に、管理部門と営業部門だけのデータフレームDFsubを再作成します。次に、このデータを使って線形回帰モデルを作成しますが、回帰式には少し工夫を加えます。

$$y = b_0 + b_1 x_1 + b_2 x_2 + b_3 x_1 x_2$$ 　（注：yは残業時間、x_1はSales、x_2は勤続年数）

とします。説明変数に$x_1 x_2$という掛け算の項が加わっていることが大きな違いです。なお、ダミー変数であるx_1は、x_1が0なら管理部門（Admin）、1なら営業部門（Sales）となります。

lm()関数を実行するときは、最後の掛け算の項をsection:tenureと記述し、説明変数に加えます。次のような形になります（間のスペースはあってもなくてもかまいません）。

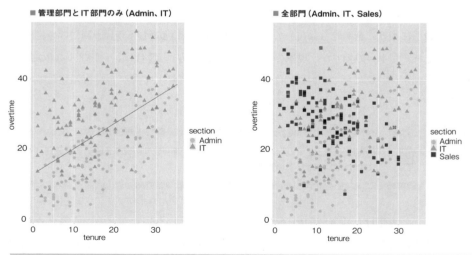

図3.27 勤続年数と残業時間の関係（部門を区別）

```
lm( overtime ~ section + tenure + section:tenure )
```

これを実行すると、次のようにパラメータが出力されます（**例3.13**）。

例3.13 交互作用項を加える

```
> lm( overtime ~ section + tenure + section:tenure, data=DFsub)
Call:
lm(formula = overtime ~ section + tenure + section:tenure,
    data = DFsub)

Coefficients:
     (Intercept)       sectionSales              tenure
          6.0993            31.0014              0.7506
sectionSales:tenure
         -1.3721
```

見方はこれまでと同様ですが、sectionSales:tenureと出力されているのが、b_3の値です。ここではマイナスの値となっていることに注意してください。これらを回帰式に当てはめると、

$$y = 6.10 + 31.00x_1 + 0.75x_2 - 1.37x_1x_2$$

（注：小数点以下第2位まで記述）

となります。この式の意味は、図で見たほうがわかりやすいでしょう（**図3.28**）。

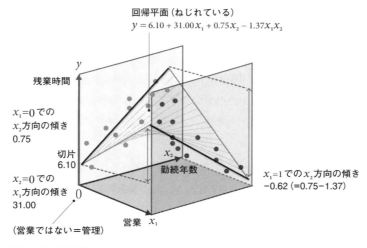

図3.28 交互作用を含む線形回帰モデル

重要なのは、管理部門（奥の壁）と、営業部門（手前の壁）で直線の傾きが異なるということです。管理部門、つまり$x_1=0$の側では、勤続年数x_2が1年増えるごとに、残業時間は0.75時間増加します。そして、勤続年数が仮に0であれば、営業部門では管理部門よりも残業時間が31.00時間多いということになります。しかし、営業部門、つまり$x_1=1$の側では、勤続年数x_2が1年増えるごとに、残業時間は$0.75-1.37=-0.62$で、0.62時間減少することになります。ここで引き算をする理屈は、上の回帰式に$x_1=1$を代入すればわかると思います。

　0.75と-0.62という、傾きの違う2つの直線をつなげることになるので、回帰平面は図のようにねじれた平面となります。日常的な言葉で言えば「管理部門はベテランほど残業をしているが、営業部門では逆である」ということになります。

（4）交互作用の意味

　先の回帰式の$b_3 x_1 x_2$という掛け算の項を**交互作用項**と言います。**交互作用**（interaction）というのは、複数の説明変数の「合わせ技」だと思ってください。単純な比喩ですが、薬の飲み合わせを例に考えてみましょう。「薬Aと薬Bはどちらも治療にはプラスに働くが、一緒に飲むと逆効果になる」といった場合は、負の交互作用です。先ほどのように、係数b_3の符号が負である場合がこれにあたります。逆に「薬Cと薬Dは単独では効果が出ないが、一緒に飲むとプラスになる」といった場合は、正の交互作用です。この場合、係数b_3の符号は正となります（**図3.29**）。

　先ほどの残業時間の例では、勤続年数が増えることも、営業部門に所属することも、残業時間の増加につながる要因です。しかし、「勤続年数が長く、かつ営業部門である」という合わせ技が成立すると、残業時間は逆に減少します。これは負の交互作用です。

　なお、勤続年数と部門の関係について言えば、部門はあくまでダミー変数なので、あらかじめ管理部門と営業部門を分けて分析することもできます。実務では、あえて交互作用を入れたモデルを作るよりも、部門別に2つの回帰分析をする方がアプローチとしては素直かもしれません。

　ただ、両方が数値変数の場合には、事情が違ってきます。たとえば、今回のデータの中には通勤時間という項目はありませんが、この通勤時間と勤続年数の間に交互作用が仮定されるとします。具体的には「勤続年数が長いほど残業時間は増えるが、通勤時間が長くなるほど勤続年数が残業時間に与える効果は少なくなる」といった傾向を確認したい場合です。通勤時間が60分を超えるかどうかで2つのグループに分けるというアプローチも考えられますが、連続する値をあえてグループに分けると分析の精度が下がります。このよう

■ 交互作用項を含む線形回帰 $y = b_0 + b_1 x_1 + b_2 x_2 + b_3 x_1 x_2$

負の交互作用の例

$b_0 = 100, b_1 = 2, b_2 = 3, b_3 = -0.1$

正の交互作用の例

$b_0 = 100, b_1 = 0, b_2 = 0, b_3 = 0.1$

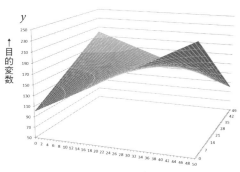
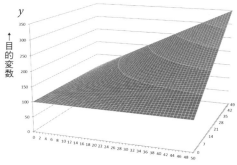

2つの変数のどちらもプラスに働くが、効果が合わさるとマイナスに働く

2つの変数のどちらも効果は低いが、効果が合わさるとプラスに働く

図3.29　交互作用の意味

な場合は、交互作用を含めた回帰モデルが有効です。なお、交互作用を含む回帰モデルについては、後述する多重共線性への注意が必要です。詳しくは3.3.6項で解説します。

(5) 回帰モデルの比較

最後に、本来のデータを使って線形回帰モデルを作り直しておきます。現実には、これまで述べてきたような段階的な手順は必要なく、以下のようにすれば問題ないでしょう。

① 部門ごとの色分けをした散布図で、勤続年数と残業時間の関係を確認する。
② 部門と勤続年数を説明変数としたモデルを作成する（交互作用なし）。
③ 部門と勤続年数を説明変数としたモデルを作成する（交互作用あり）。
④ ②と③で作成したモデルを比較する。

①はすでに行いましたので、②と③についてそれぞれ、LM5、LM6という名称でモデルを作成し、結果を確認します（**例3.14**、**例3.15**）。

有意確率（p-value）（→3.3.2）の値は両者とも十分に小さく有意なモデルと言えますが、決定係数（R-squared）（→3.3.3）の値にはかなり差があります。Adjusted R-squaredと出力された箇所を見るとLM5は0.34であるのに対しLM6は0.54で、後者のほうが、よりデータに適合したモデルです。また、複数のモデルを比較する場合に目安となるのが、**AIC**

例3.14 LM5を実行

```
> summary(LM5)

Call:
lm(formula = overtime ~ section + tenure, data = DF)

Residuals:
     Min      1Q   Median      3Q     Max
-22.5967  -5.7597   0.1241   5.3426  23.6480

Coefficients:
             Estimate Std. Error t value Pr(>|t|)
(Intercept)  12.08344    1.22251   9.884  < 2e-16 ***
sectionIT    12.61215    1.19655  10.540  < 2e-16 ***
sectionSales 12.09599    1.23615   9.785  < 2e-16 ***
tenure        0.33631    0.05878   5.722 2.42e-08 ***
---
Signif. codes:  0 '***' 0.001 '**' 0.01 '*' 0.05 '.' 0.1 ' ' 1

Residual standard error: 8.839 on 321 degrees of freedom
Multiple R-squared:  0.3498,    Adjusted R-squared:  0.3438
F-statistic: 57.57 on 3 and 321 DF,  p-value: < 2.2e-16
```

例3.15 LM6を実行

```
> summary(LM6)

Call:
lm(formula = overtime ~ section + tenure + section:tenure,
    data = DF)

Residuals:
     Min      1Q   Median      3Q     Max
-23.0502  -4.9435   0.3802   4.2802  22.1040

Coefficients:
                    Estimate Std. Error t value Pr(>|t|)
(Intercept)          6.09935    1.46634   4.160 4.10e-05 ***
sectionIT           14.03524    2.01868   6.953 2.03e-11 ***
sectionSales        31.00144    2.09004  14.833  < 2e-16 ***
tenure               0.75056    0.08767   8.562 4.79e-16 ***
sectionIT:tenure    -0.12679    0.11621  -1.091    0.276
sectionSales:tenure -1.37207    0.13022 -10.536  < 2e-16 ***
---
Signif. codes:  0 '***' 0.001 '**' 0.01 '*' 0.05 '.' 0.1 ' ' 1

Residual standard error: 7.429 on 319 degrees of freedom
Multiple R-squared:  0.5436,    Adjusted R-squared:  0.5365
F-statistic:    76 on 5 and 319 DF,  p-value: < 2.2e-16
```

（**赤池情報量基準**）やBIC（ベイズ情報量基準）と呼ばれる指標です（→3.3.4）。この指標は、モデルの複雑さとデータへの適合度合いとのバランスを見る指標で、小さいほどよいとされます。AIC()関数を使って算出した結果、LM5よりLM6のほうが小さい値となりました（**例3.16**）。

　数値による指標だけでなく、視覚的にも比較をしてみましょう[21]。問題は、目的変数の値について実測値とモデル上の理論値がどれくらいずれているかです。このずれ、つまり残差が少ないほどモデルはデータによく当てはまっていると言えます。モデル上の理論値は、モデルを作成した時点で算出され、LM5、LM6のそれぞれのオブジェクトの中に`fitted.values`として格納されています。この理論値は、元のデータの説明変数の値をもとにしてモデルが推定した、目的変数の予測値です。

　図3.30の散布図は、横軸を実測値（元のデータの残業時間の値）、縦軸をモデル上の理論値とした散布図です。もし、実測値と理論値が完全に一致すれば、データは対角線y=xの上に一直線に並ぶはずです。理論値が対角線上の値から上下にずれていれば、それが残差です。ここではLM5の値をオレンジ色の●で、LM6の値を茶色の▲で示しています。少しわかりづらいかもしれませんが、プロットの右方（実測値が大きい場合）でLM5の値（●）

例3.16 AICの算出

```
> AIC(LM5)
[1] 2344.78
> AIC(LM6)
[1] 2233.749
```

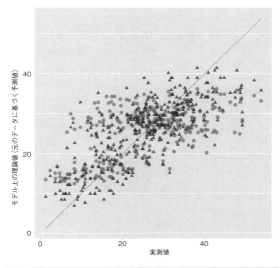

図3.30 モデル上の理論値と実測値とのずれ

---

[21] ここで例に挙げたような視覚化の方法は、残差を確認する場合だけでなく、元のデータとは異なる新しいデータを使って予測精度を確認する場合にも使えます。その場合は、`predict()`関数を使ってモデルを新しいデータに当てはめ、予測値を取得する必要があります。

が対角線よりも下にかい離しているのがわかります。逆にプロットの左方では、LM5 の値
（●）は上にかい離しています。

　図3.31 の**左**は、2 つのモデルの残差を密度プロット（➡3.1.1）で表したものです。残差は
理論値と実測値の差で、やはり LM5、LM6 のそれぞれのオブジェクトの中に residuals と
して格納されているので、これを視覚化しました。残差は 0 に近いほうがよく、分布が左右
に広がらず中央に寄っているほうがよいと言えます。逆に山が低く裾野が広がっていると、
モデルとデータとのかい離が大きいということになります。図を見る限り、LM5（●）のほ
うがやはりかい離が大きいように見えます。なお、線形回帰では残差の分布が正規分布に
近い必要があり、正規分布の形から大きく外れていると分析の要件を満たしていないという
ことになります（➡3.3.5）。この場合はややいびつですが、おおむね左右対称の釣鐘型に近
い形であることを確認できます。

　図3.31 の**右**も同様ですが、こちらは残差を二乗した値の分布です。山が低く裾野が右に
広がっていると、モデルとデータとのかい離が大きいということになります。

（6）モデルの解釈

　最終的なモデルの LM6 を回帰式で表すと以下のようになります。この式はもはや 3 次元
で表すことはできません。

$$y = 6.10 + 14.04x_1 + 31.00x_2 + 0.75x_3 - 0.13x_1x_3 - 1.37x_2x_3$$

（注：y は残業時間、x_1 は IT、x_2 は Sales、x_3 は勤続年数、小数点以下第 2 位まで記述）

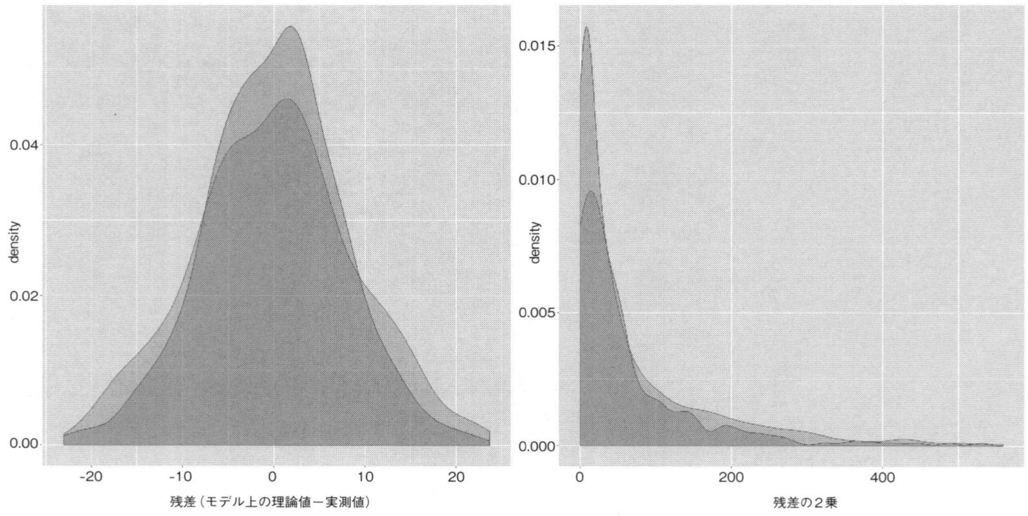

図3.31　2 つのモデルの残差を密度プロットで出力

これまでと同様、x_1とx_2は管理部門をベースラインとするダミー変数です。仮に勤続年数が0であれば管理部門に比べてIT部門は約14時間、営業部門は約30時間残業が多いことになりますが、勤続年数が1年増えるごとに管理部門では0.75時間残業が増えるのに対し、営業部門では0.62時間残業が減ります（$0.75 - 1.37 = -0.62$）。

ここで注意したいのは、$x_1 x_3$の係数です。これは、IT部門であることと勤続年数との交互作用で、一見すると、ベースラインである管理部門とIT部門の間で、勤続年数が残業時間に与える効果が異なることを表しているかのように見えます。しかし、その数値は-0.13と小さいため、管理部門における勤続年数の効果（x_3の偏回帰係数）が0.75であるのに対して、IT部門における勤続年数の効果は$0.75 - 0.13 = 0.62$と大きな差がないことがわかります。

前掲の **例3.15** に示したLM6の結果の中で、sectionIT:tenure の行の有意確率 Pr(>|t|) の値が0.276と大きく、「*」がついていません。これは、この-0.13という偏回帰係数が統計的に有意でないことを示しています。したがって、IT部門であることと勤続年数との交互作用は、分析の解釈においては無視してよい（むしろ取り上げるべきでない）と考えられます。IT部門と、ベースラインである管理部門では、勤続年数が残業時間に与える効果に違いは確認できないということです。

3.2.5　線形回帰の仕組みと最小二乗法

（1）回帰モデルと説明・予測の向き

回帰モデルを使う際の注意点について補足しておきましょう。

先ほどの残業時間の例で、管理部門だけを抜き出して、勤続年数から残業時間を説明する線形回帰モデルを作成し、次のような回帰式が得られたとします。

$$y = 6.10 + 0.75x$$

（注：yは残業時間、xは勤続年数）

ここでもし、同じ管理部門で残業時間だけのデータがあり、そこから勤続年数を予測したいというニーズが生じた場合、同じモデルを使って予測してもよいでしょうか。具体的には上の式を変形し、xを左辺に持って来れば次の式が得られるので、これを使えば予測ができそうです。

$$x = -8.13 + 1.33y$$

（注：yは残業時間、xは勤続年数）

この考え方を図にすると**図3.32**のようになります。上の2つの式は同じ回帰直線を表します。勤続年数から残業時間を予測する場合は、x軸上の値から線をひいて、回帰直線にぶつかったところでyの値を見れば予測が可能です。逆に、残業時間から勤続年数を予測する場合は、y軸上の値から線を引いて、ぶつかったところでxの値を見ればよいと言えそうです。

しかし実際には、この考え方は誤りです。これを確かめるために、Rの lm() 関数を使って、残業時間から勤続年数を説明するモデルを作成すると、以下の回帰式を得られます。サンプルスクリプトは📄3.2.05.TwoRegression.Rです（**リスト3.7**）。

$$x = 2.91 + 0.68y$$
（注：yは残業時間、xは勤続年数）

先ほどとはまったく違う回帰係数が得られました。残業時間から勤続年数を予測する場合は、こちらの式を使う必要があります。回帰分析では説明や予測の「向き」が重要だということを覚えておいてください。

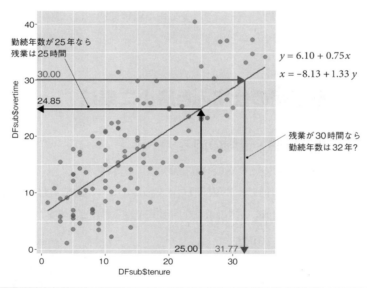

図3.32 予測は正しいか？

リスト3.7 3.2.05.TwoRegression.R

```r
#回帰モデルと説明・予測の向き

#目的変数：残業時間 overtime
#説明変数：勤続年数 tenure
#          部門 section(Ademin, IT, Sales )

#データの読込み
DF <- read.table("StaffOvertime.csv",
                  sep = ",",                    #カンマ区切りのファイル
                  header = TRUE,                #1行目はヘッダー(列名)
                  stringsAsFactors = FALSE) #文字列を文字列型で取り込む

#IT部門のみを取り出す
#関数 subset() で条件に合うデータだけを抽出する
DFsub <- subset(DF, section=="Admin")      #!= は not equal を示す

#データフレームの先頭を表示
head(DFsub)

#残業時間と勤続年数の関係を図示
library(ggplot2)
ggplot()+                    #この例ではデータを一括で指定せず個別の描画の中で指定
  geom_point( aes(x=DFsub$tenure, y=DFsub$overtime), #データの指定
              colour="red", size=3, alpha=0.4 ) +     #色,サイズ,透明度
  stat_smooth(aes(x=DFsub$tenure, y=DFsub$overtime), #データの指定
              method="lm", se=F)                      #回帰直線

#勤続年数から残業時間を説明するモデル LMyx
LMyx <- lm( overtime ~ tenure, data=DFsub)
summary(LMyx)

#残業時間から勤続年数を説明するモデル LMxy
LMxy <- lm( tenure ~ overtime, data=DFsub)
summary(LMxy)


#以下は、予測値を使って2つの回帰直線を作図する手順

#予測に使うデータフレームを作る
#ゼロから作成してもよいが、コピーした方が楽
DFnew <- DFsub

#勤続年数（または残業時間）が0から40までの値のときに
#残業時間（または勤続年数）がいくらになるのかを予測

#予測のもとになる値として0から40までを等分した数列を作る
#もとのデータが101行あるので、便宜上101等分する
#0.0, 0.4, 0.8, 1.2, ... といった数列ができる

#予測用のデータの勤続年数を数列で置き換える
DFnew$tenure    <- seq(0, 40, length=101)
#予測用のデータの残業時間を数列で置き換える
DFnew$overtime <- seq(0, 40, length=101)

#IDとsectionは予測には関係ないので、そのままでよい
```

3.2

データからモデルを作る

```
#作成したモデルと予測用のデータを使って予測を実行
#勤続年数xから残業時間yを予測する
pr_overtime <- predict(LMyx, newdata=DFnew)
#残業時間yから勤続年数xを予測する
pr_tenure   <- predict(LMxy, newdata=DFnew)

#予測結果（回帰直線）を散布図に重ねてプロットする
ggplot()+                                                  #作図関数
  geom_point(aes( x=DFsub$tenure, y=DFsub$overtime),       #散布図
             colour="red", size=3, alpha=0.4 ) +            #元の実測データ
  geom_point(aes( x=DFnew$tenure, y=pr_overtime),          #散布図
             colour="blue3", size=0.5, alpha=0.8 ) +        #xからyを予測した値
  geom_point(aes( x=pr_tenure,    y=DFnew$overtime),       #散布図
             colour="green3", size=0.5, alpha=0.8 )         #yからxを予測した値
```

（2）実測値と残差

　回帰分析で説明や予測の向きが重要だということは、2つの回帰直線を図示すればわかります（**図3.33**）。実は、線形回帰モデルの回帰直線は、データのちょうど中央を通る直線ではありません。説明変数を横軸、目的変数を縦軸にとると、回帰直線は中央を通る直線よりも少し寝た形の（傾きの絶対値が小さい）直線になります。もし説明や予測の向きが逆で、縦軸が説明変数、横軸が目的変数であれば、回帰直線は少し立った形の（傾きの絶対値が大きい）直線となります。

　これは、回帰分析そのものの目的や仕組みと大きく関係しています。回帰分析の目的は、あくまで目的変数を説明または予測することです。したがって、目的変数の**実測値**とモデル上の理論値のかい離をできるだけ少なくするように、パラメータ（切片と傾き）が決定されます。説明変数を横軸、目的変数を縦軸にとると、実測値と回帰直線の「垂直方向の」距離を基準に直線が決定されるということです。もし説明変数と目的変数が逆であれば、水平方向の距離が基準となります。したがって、2つの直線は一致しません。

　これまでにも何度か触れましたが、モデルを作成した際の実測値と理論値のかい離のことを、**残差**（residual）と呼びます。データに適合するモデルを作ろうとしたのに適合し切れなかった、そのため残ってしまった差という意味合いで捉えるとわかりやすいと思います。一方、モデルに別のデータを当てはめて予測を行った場合は、なんらかの誤差があっても残差とは言いません。このようなかい離は**予測誤差**（prediction error）、または単に**誤差**と呼ぶのが一般的です。

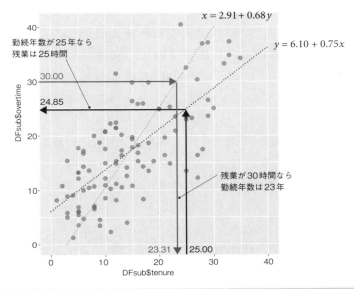

図3.33 2つの回帰直線

（3）最小二乗法

　最小二乗法は、実測値と理論値のかい離が小さくなるようにパラメータを決定する方法です。ただし、厳密に言えば使われるのは距離ではなく、距離の二乗です[22]。

　説明変数の値をx、目的変数の実測値をy、理論値をfとします。ただし、これらの値はx_1、x_2、…のように観測された数（サンプルサイズn）に応じて複数の値を持つので、x_i、f_i、y_iといったようにiという添字をつけて表します（iは1からnまでの整数です）。回帰式は、目的変数の理論値について成り立つ式なので、この場合は

$$f_i = b_0 + b_1 x_i$$

と書くべきでしょう。実測値と理論値のかい離は$f_i - y_i$ですから、これを二乗してすべて足した値Sは、以下のようになります。

$$S = \sum_{i=1}^{n} (f_i - y_i)^2 = \sum_{i=1}^{n} (b_0 + x_i b_1 - y_i)^2$$

---

[22] ここからあとの説明は、理論的な内容で、通常は機械が自動で実行するものなので、興味のある方以外は飛ばして頂いても結構です。

ここで、x_i と y_i はすでにわかっており、知りたいのは b_0 と b_1 の値です。x_i と y_i の数値をひとつずつ計算すれば、上の式は最終的には b_0 と b_1 という 2 つの変数を持つシンプルな 2 次関数になります。これを図にすると、**図3.34** のような曲面になるはずです。このような、値をできるだけ小さくしたい関数のことを**損失関数**（loss function）と呼びます（大きいとそれが損失になるということです）。場合によっては、**誤差関数**、または**コスト関数**といった名称も使われます。

あとは、S の値が最小になるところ、つまり、この曲面の一番低い場所を見つけて、そこに該当する b_0 と b_1 の値を得れば、それが最も適切なパラメータの値ということになります。低い場所を見つけるためには、曲面の傾きを使います。傾きは、S を b_0 または b_1 で偏微分すると求められます。

一番低い場所を探す具体的な方法にはいくつかのバリエーションがあり、傾きが 0 となるようなパラメータの値を代数的に求める方法や、適当な点から探索を始めてボールを転がすように段々と低いところに向かっていくという方法（**勾配降下法**）があります[23]。

S の値が最小になるといっても、多くの場合、決して 0 にはなりません。これは、データがもとから直線上に並んでいない限り、すべての (x_i, y_i) をまっすぐ通るような直線は引けないということと同じです。

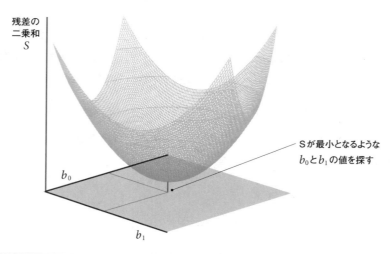

図3.34 最小二乗法によるパラメータの決定

---

[23] このようなパラメータ推定の方法についての詳しい説明は、参考文献 [13]、[18] を参照してください。

なお、残差の二乗和を最小化するという考え方は、機械学習でパラメータを決定する際にも使われます。一方、最小二乗法とは異なるパラメータ決定の手法に**最尤法**と呼ばれるものがありますが、これについては3.3.3項で概略を説明します。

（4）線形回帰におけるモデリング

繰り返しになりますが、モデリングにおいて私たちが知りたいのは、b_0、b_1、b_2、... といったパラメータの値です。このとき、線形回帰モデルは

$$f = b_0 + b_1 X_1 + b_2 X_2 + ...$$

といった式で表されます。なぜxではなくXと大文字で書いたのかというと、データとして記録されているなんらかの変数と、モデルの上で扱う説明変数を区別するためです。データとして記録されているなんらかの変数をx_1、x_2、... とすれば、Xにあたる箇所は、x_1でも、x_2でも、$x_1 x_2$でも、x_1^2でも、あるいは$\log(x_1)$でも、とにかく計算ができる値でありさえすればなんでもよいのです[24]。

したがって、「線形回帰では、直線的な関係しか表せない」というのは正しくありません。分析を行う際は、説明変数と目的変数の関係になんらかの理論的な仮定を置き、今あるデータ項目をそのまま1つずつ使うのか、交互作用を考慮すべきか、2乗項を入れるか、あるいは対数をとるべきではないかといった検討をすることが求められます。

---

[24]　少々面倒ですが、これらの値をあらかじめ計算しておけば、Excelでもかなり複雑な回帰モデルを作成できます。

3.3 モデルを評価する

3.3.1 モデルを評価するための観点

　前節では、残業時間のデータを例に、いくつかの線形回帰モデルを作成しました。その中で、モデルを評価する指標として、有意確率、決定係数、AIC（赤池情報量基準）といった指標があることも紹介しました。

　モデルを評価する際には複数の異なる観点があります。詳細については次項以降で説明しますが、ここではどういった観点があるのか簡単に説明しておきます。

● この結果は偶然得られたものではないのか

　モデルのもとになったデータは、偶然のばらつきを含んでいます。データから「XとYは関係がある」「AとBは差がある」といったような結果が得られても、それは単なる偶然かもしれません。そこで、「本当はXとYは関係がないかもしれない」「本当はAとBは差がないかもしれない」という可能性を検証する必要があります。

　このような検証を行うための指標が**有意確率**（➡ 3.3.2）です。多くの場合、数値（p値）や「*」の数を使って表します。統計解析では、データの関係性や差を厳密に検証するため、有意確率が多用されます。機械学習ではそれらを検証することよりも予測の成否に重点が置かれるため、有意確率は一般に使われません。

● モデルはデータにどのくらい当てはまっているか

　データに100％合ったモデルを作ることは一般に困難です。そこで、モデルがどのくらいデータに適合（フィット）しているかを検証する必要があります。そのために、モデルのもとになったデータの値（実測値）とモデル上の値（理論値）を比べて、その差（残差）を検証します。

　残差を指標化する際は、二乗して和をとる、絶対値の和をとる、などいくつかの方法があります。また残差をもとに算出される指標として決定係数があります。

　残差以外の基準を使って、モデルのデータへの適合度を調べる方法もあります。モデル

が正しい場合に、もとになったデータが得られる可能性を逆算し、その可能性が高ければ適合度が高いとする考え方です。このような指標を「尤度」と呼び、尤度を基準として「疑似決定係数」を算出することもできます（➡3.3.3）。

● モデルは複雑すぎないか／予測に役立つか

先に「データに100％合ったモデルを作ることは一般に困難」と書きましたが、理論的には、モデルの複雑さを増していけば、その適合度は100％に近づきます。しかし、あまりに複雑なモデルは、不安定で、かつ新しいデータに当てはめると予測精度が下がるという現象が知られています（➡3.3.4）。

そこで、データに適度にフィットして、かつ、適度にシンプルであるモデルが良いとされます。これを評価するときに使われるのがAIC（赤池情報量基準）などの指標です。

● その他（線形回帰モデルでの留意点）

上に述べたほかに、分析手法やモデルの種類に特有の観点があります。線形回帰モデルについて重要な点を3つ挙げておきます。

ひとつは**残差の分布**です。線形回帰では、理論値と実測値の差（残差）の分布が正規分布であると想定しています。いくつかの診断プロットを使えば、これを確認することができます。

もうひとつは**多重共線性**と呼ばれるもので、説明変数間の相関が高い場合に回帰モデルが不安定になるというものです。これは線形回帰だけでなく、その発展形であるような回帰モデルでも問題となります。多重共線性を確認するための指標としては、VIFやGVIFと呼ばれるものが使われます。

最後に、**標準偏回帰係数**と呼ばれる指標があります。これはモデルを解釈する際に重要となる指標で、説明変数の効果を定量的に測るものです。通常の偏回帰係数（b_0, b_1, ...）は説明変数の単位（物差し）に依存するため、単純にその値の大きさが目的変数に対する効果を示すとは言えません。これに対して、標準偏回帰係数の値が大きい説明変数は、その分だけ目的変数に対して大きな効果を持っていると言えます。

3.3.2 この結果は偶然ではないのか？
——有意確率と有意差検定

モデルを評価するための指標として、最初に取り上げるのが**有意確率**（significance probability）です。これは**p値**（p-value）とも呼ばれ、これまでの相関分析（➡ 3.1.3）や線形回帰モデル（➡ 3.2.2）の例では、「p」というアルファベットや、「*」の数で表されていました。

ただし、有意確率の意味を知るためには、まずサンプリングの考え方を理解しておく必要があります。また、有意確率の応用として学術分野などでよく使われる「**有意差検定**」という手法があります。ここでは以下のような順番で説明を加えます。

- 母集団とサンプリング
- 有意確率の計算例
- 有意確率についての留意点
- 有意差検定の方法（Rでの実行例）
- 有意差検定についての留意点

（1）母集団とサンプリング

母集団とは、本来分析したい対象全体のことを指します。たとえばCMの好感度を調べて数値化するような場合は、日本に住む人の全体が母集団です。しかし、全員を対象に調査をすることはできないので、なんらかの方法で調査の対象となる人を選び出します。これが**サンプリング**（標本抽出）です。対象となる人たちのことを**サンプル**（標本）と呼びます（図3.35）。**サンプルサイズ**（サンプルに含まれるケースの数）をnで表すと、選ばれた人が100人なら、$n=100$です。この場合nを「サンプル数」とは呼ばないことに注意してください。サンプルとは抽出されたグループ全体を指すので、100人のグループを1つ抽出したらサンプルの数は1です。

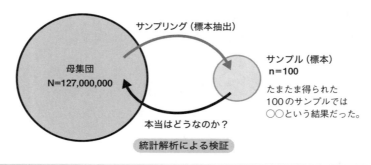

図3.35 母集団とサンプリング

問題になるのが、サンプリングの方法です。世論調査や学術的な社会調査、製品の品質検査などでは厳密な**無作為抽出**（ランダムサンプリング）が求められます。サンプリングの方法について、以下に簡単にまとめておきます。

- **有意抽出** …… バイアス(偏り・歪み)を避けられない。目的に応じて対象を選ぶ
  - 例：Webで協力を呼びかける、店頭で顧客にアンケートを配る

- **無作為抽出**（ランダムサンプリング）…… バイアスを避けられる
  - **単純無作為抽出** …… 完全にランダムに対象を選ぶ
  - **層化抽出** …… 母集団を属性で分けて各グループからランダムに対象を選ぶ
  - **多段抽出** …… 母集団からいくつかのグループをランダムに選び、各グループからランダムに対象を選ぶ

きちんとしたサンプリングが行われていて、かつ、このサンプルで値（先の例では好感度の値）の平均がわかれば、母集団での平均は最低でいくらから、最高でいくらの範囲に収まるだろうと推定できます。このような推定を「**母平均の推定**」と呼びます。同様に母集団での比率（たとえば商品を買った人の割合）を推定する場合を「**母比率の推定**」と呼びます[25]。

これらに対して、サンプルで得られたグループ間の差異などが母集団でも本当にあると言えるかどうかを検証することを、検定と言います。たとえば、男性と女性で好感度に差があるかどうかを知りたいとします。サンプルで女性のほうが好感度が高いとしても、母集団でそうであるかはわかりません。そこで、サンプルでの差をもとに、母集団でも差があると言えそうかどうかを検証します。これが、有意確率に基づく有意差の検定です。

ただしビジネスデータの分析では、上で述べた仮定が成り立たないことがよくあります。まず、無作為抽出は一般に困難で、偏り（バイアス）が生じることが避けられません。アンケートであれば「わざわざアンケートに答えてくれるようなお客様」に限ればこうだ、という事実しかわかりません。逆に、対象の全体を扱うということもあります。会員顧客が1000人だけでその購買金額に男女差があるかを調べるなら、サンプリングの必要はありません[26]。450人の男性顧客で平均4500円、550人の女性顧客で平均4620円だとすれば、こ

---

[25] 本書では母平均推定や母比率推定の具体的な方法は割愛しています。ビジネスでのデータ分析の目的は、これらの推定よりも要因の分析や予測が中心であると思われるためです。詳しい説明は参考文献[33]を参照してください。

[26] 逆に、会員数が膨大であれば、ランダムサンプリングにも意味があると言えます。どのくらいの数からそれを行うかは、時間や計算資源の制約によります。

の数字に疑いをはさむ余地はありません。

　それでは、このようなケースで推定や検定を行うことには意味がないのでしょうか。考え方次第ではありますが、データをもとになんらかの判断をするなら、なんらかの検証はすべきでしょう。今回は偶然、女性のほうが平均金額が高かったということもあり得ます。「実在の顧客と同じ特性を持った無限の人々の中から、たまたま一定の確率で顧客になった人々が現在の顧客なのだ」と想像してもよいでしょう[27]。特にサンプルサイズが小さいデータについては、偶然の効果が無視できません。それぞれの方法の制約や限界を理解した上で、結果を吟味していく必要があります[28]。

例：経営者の男女比

　話を簡単にするために、次のようなケースを考えてみましょう。日本の大企業の経営者について調査をするために、経営者のリストからランダムに経営者を選び出す操作を3回行ったとします[メモ]。こうして選ばれた3人の経営者は3人とも男性でした（**図3.36**）。この結果から、「大企業の経営者の男女比は偏っている」と結論づけるとしたら、これは正しいでしょうか？

　この問題を考えるうえで、基本的な統計学の立場では**帰無仮説**というものを設定します[29]。

📝
メモ

復元抽出
ここでは、「3人を選んだ」ではなく、「選び出す操作を3回行った」と書きました。これは、1人を選んだ後、次の1人を選ぶ際に、（確率的には少ないものの）前の1人が重複して選ばれる可能性もあるということを意味しています。サンプルを選ぶ都度、また母集団に戻してから次のサンプルを選ぶという意味で「復元抽出」と呼びます（逆に、戻さない場合を「非復元抽出」と呼びます）。不自然なようですが理論的には復元抽出のほうが非復元抽出よりも簡単なので、このような仮定を置きました。

　帰無仮説は「差はない」とか「プラスでもマイナスでもなく0である」といった形で否定的に設定される仮説で、一般には、主張したいこととは逆の主張となります。この場合は「男

---

[27]　SFが好きな方であれば、たくさんの平行世界（パラレルワールド）があり、誰が顧客になるかは偶然の働きで異なっていると考えてもよいと思います。その中の1つが今の世界だということです。

[28]　学術的な研究でも、常に完璧な前提に基づいて分析を行うわけではありません。たとえば心理学などの実験ではランダムサンプリングで対象者を得ることが困難ですが、それでも統計的検定は必須とされています。

[29]　これとは異なる考え方で推定や検定を行う手法に、ベイズ統計があります。詳しくは参考文献[26]を参照してください。

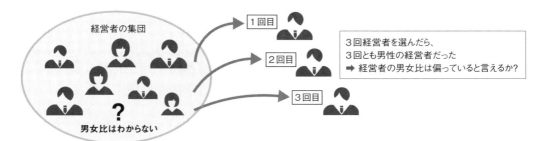

- まず、帰無仮説（否定したい仮説）を設定する。
 「経営者は男女が半々で、その比率には差がない」
- この前提で、たまたま3回とも男性にあたってしまった、という確率 p はどれくらいかを考える。
 p：実際には差がないのに、たまたまこのような結果が "偶然" に得られてしまった、という可能性

考えられる8通りの組み合わせのうち、たまたま珍しい
「男　男　男」にあたったので
$p = 1/8 = 0.125 = 12.5\%$ …… 片側検定

ただし、同じように珍しい
「女　女　女」にあたる可能性も考慮すると
$p = 2×1/8 = 0.25 = 25\%$ …… 両側検定
（通常はこちらを使う）

慣例的に、5%、1%、0.1%といった "有意水準" と比較して判断
➡ 5%より多いので、偶然の可能性も捨てきれない
（差があるとまでは言えない）

図3.36 有意確率の考え方

女比には差がない」というのが帰無仮説です。そして、「男女比に差がないにもかかわらず、偶然3人とも男性という結果が得られてしまう」という現象が起きる確率を計算します。これが有意確率です。小さければ結果は偶然ではないと判断されるわけです。

さて、もし帰無仮説が正しいとしたら「3人とも男性」という結果が得られる確率はどうなるでしょうか。3人の経営者の性別について考えられるのは、「男男男」「男男女」「男女男」「女男男」「男女女」「女男女」「女女男」「女女女」の8通りです[30]。男女比に差がないとしたら、それぞれの組み合わせが起きる確率は1/8、つまり12.5%です。したがって、今回のような「3人とも男性」という現象が起きる確率も12.5%です。

それでは、この場合の有意確率は12.5%かというとそうではありません。通常は「3人とも男性」というパターンだけでなく、「3人とも女性」というパターンも合わせて確率を計算します。結果の偏りという意味ではこの2つは同等だからです。このような考え方を**両側検定**と言います。したがって、有意確率 p は25.0%です。

---

[30] 厳密には、性別のような属性についても単純なカテゴリとして捉えるべきか、それとも一種の連続量として、またさまざまな心理的、身体的変数の組み合わせとして捉えるのかといった問題は存在します。

> **片側検定**
> 両側検定に対して、片方しか考慮しない検定方法を**片側検定**と言います。両側をとるか、片側をとるかは分析の目的次第ですが、両側検定のほうが検定の基準としては厳しくなります。

次に問題になるのは、この25%という数字が大きいか小さいかです。その基準となるのが有意水準で、一般には5%、1%、0.1%といった値を設定します。小さくなるほど検定としては厳しくなりますが、5%を下回れば有意とみなされることが多いでしょう[31]。この場合は25%で5%よりも大きいので、結果は有意でないとみなされます。「3人とも男性」というのはたまたま得られた結果である可能性が大きいということです。

なおこの有意水準を示すときは「*」マークの数がよく使われるので、覚えておいてください。一般に「*」の数が1つであれば5%水準で有意（$p < 0.05$）、2つなら1%水準で有意（$p < 0.01$）、3つなら0.1%水準で有意（$p < 0.001$）ということです。「*」の数が多いほど結果は統計的に有意であり、「*」がつかなければ有意ではないということになります。

有意確率は差の検定だけではなく、分析で得られた数値に意味があると言えるかをどうかを確かめるためにも使われます。相関分析であれば、サンプルでプラスやマイナスの相関係数が得られても母集団でそうとは限らないので、「相関係数は本当はゼロかもしれない」という帰無仮説を立ててこれを検定します（➡ 3.1.4）。回帰分析なら、サンプルで傾いた直線が得られても「回帰係数（直線の傾き）は本当はゼロかもしれない」という帰無仮説を立てて、これを検定します（➡ 3.2.2）。それぞれの分析で得られる有意確率pの値は、これらの考え方で算出されています。有意確率が小さければ、それぞれの係数には統計的な意味があるということになります。

（2）有意確率についての留意点

ここで、有意確率を使ってモデルを評価する際の注意点を述べておきたいと思います。先ほどの男女比の問題で言えば有意確率が小さい、つまり「有意である」ということは、「差がゼロとは言えないだろう」ということです。このことと、実際にどの程度の差があるかということは別の問題です。仮に結果が有意であったとして、その比は80対20かもしれないし、51対49かもしれません。統計的に意味があるということと、実務上意味があるということは別です。51対49なら、統計的に有意であったとしても実務上の意味はないと言える

---

[31] この5%という数字は慣例的なもので、サンプルサイズが限られる実験研究（たとえば、訓練したマウスと訓練していないマウスを比較するなど）でも、ある程度結果が出やすい値と言えます。

でしょう。特に、件数が膨大なデータではごくわずかな差でも有意となってしまいます。

逆に、「有意ではない」ということは「差があるとは言えない」ということであって、「差がない」という証明にはなりません。うっかりすると、差があるとは言えないと結論づけられたのだから、差がないことがはっきりしたのだと思ってしまいがちです。これが間違いであることは、先ほどの男女比の例を考えればすぐにわかります。

私たちは、大企業の経営者には男性が多いということを知っています。それでも、先ほどの結論は、男女比に有意差は認められないというものでした。つまり、3人だけを調べたのでは、たとえその全員が男性であっても、差があるという論拠にはならないということです。この結論は、経営者の男女比が半々であるということを示唆しません。「3人とも男性だったので、男女比には差がない」という推測がおかしいことは明らかでしょう。しかし、問題が複雑で常識で判断しづらいような事柄になると、こういった勘違いが起こりがちなので注意してください。

（3）Rを使った有意差検定

マーケティングリサーチで行われるような実験や質問紙調査では一般にデータの件数が少なく、有意差検定は重要な手法のひとつです。Rではこれらの検定を容易に実行できるので、簡単な例をいくつか挙げておきます。

例1：二項検定

ある事象が発生した場合としない場合とで、そのカウントした数（頻度）が想定と違っているどうかを検定する方法が**二項検定**（binomial test）です。言い換えれば、0/1、ない／ある、No/Yesといった2値で記録できる内容について頻度を比較する際に、この二項検定を使うことができます。二項検定という名称は、二項分布（➡ 3.1.5）を使っていることに由来します。

前述の（1）に挙げた経営者の男女比は二項検定の例です。ここでは「20回選んだら5回が女性で残りが男性だった」というケースを検定してみましょう。Rではbinom.test()という関数を使って実行できます。サンプルスクリプト（📄3.3.02.Significance.R）では、該当の箇所は1行だけでシンプルなものです（**例3.17**）。引数には事象が発生した回数を5、全体の回数を20として指定します。また、事象が発生する確率を1/2と指定します。これは、女性の比率が1/2であるという帰無仮説に基づく値です。

例3.17 二項検定の実行例

```
> binom.test(5, 20, p=1/2)

    Exact binomial test

data:  5 and 20
number of successes = 5, number of trials = 20, p-value = 0.04139
alternative hypothesis: true probability of success is not equal to 0.5
95 percent confidence interval:
 0.08657147 0.49104587
sample estimates:
probability of success
                  0.25
```

リスト3.8 3.3.02.Significance.R

```
## 有意確率と有意差検定

#binom.test：二項検定
#第1引数＝発生頻度、第2引数＝試行回数、第3引数＝発生確率

#ランダムに経営者を3回選んだ⇒3回選んで3回とも男性だった
#経営者の男女比は偏っているか
binom.test(3, 3, p=1/2)
#p-valueを確認して判断する
#0.05を下回れば有意と判断する
#  男女同数ではない⇒偏っている
#0.05以上であれば有意ではないと判断する
#  男女同数という可能性もある⇒偏っているとは言えない

#ランダムに経営者を20回選んだ⇒5回が女性で残りが男性だった
binom.test(5, 20, p=1/2)
#p-valueを確認して判断する（上の例と同様）


#カイ2乗検定と残差分析（モザイクプロット）

#データの読み込み（携帯電話の機種と料金コース）
DF <- read.table("SmartPhone.csv",
                 sep = ",",              #カンマ区切りのファイル
                 header = TRUE,          #1行目はヘッダー（列名）
                 stringsAsFactors = FALSE, #文字列を文字列型で取り込む
                 fileEncoding="UTF-8")   #文字コードはUTF-8

#構造を確認
str(DF)
#先頭を確認
head(DF)

#table：カテゴリを集計
table(DF$機種, DF$コース)
#オブジェクト（名前は何でもよい）に格納
TBL <- table(DF$機種, DF$コース)
```

```
#結果を表示
print(TBL)

#集計表を比率で表示
#prop.table：集計結果から比率を計算して表示
#第2引数が1なら横方向、2なら縦方向で計算する
#％で出したいので100を掛けておく
prop.table(TBL, 1) * 100
prop.table(TBL, 2) * 100

#round：桁数の丸め表示
#第2引数で小数点以下を指定（以下の例では2桁）
round( prop.table(TBL, 1)*100, 2 )
round( prop.table(TBL, 2)*100, 2 )

#集計結果を使ってカイ2乗検定を実行
chisq.test(TBL)
#p-valueを確認して判断する
#0.05を下回れば有意（比率に偏りがある）と判断する
#0.05以上であれば有意ではないと判断する

#mosaicplot：カテゴリの集計結果を視覚化
#shade＝TRUEで残差分析の結果を表示
mosaicplot(TBL, xlab="機種", ylab="コース",
              shade=TRUE, main="コース・機種内訳")
#有意に多いカテゴリが赤
#有意に少ないカテゴリが青

#縦横を逆にする
#t()は行列の行と列を入れ替える関数（転置）
mosaicplot(t(TBL), xlab="コース", ylab="機種",
              shade=TRUE, main="コース・機種内訳")
```

3.3

モデルを評価する

例2：カイ2乗検定

2つ目の例は、グループ分けの基準が2つあり（たとえば、携帯電話の機種と料金コース）、その組み合わせを見て内訳が偏っているかを確認したいといった場合です。このときに使われる手法が**カイ2乗検定**（chi-square test）で、0/1やNo/Yesのような2値分類だけでなく、「A社機種、B社機種、C社機種」、「エコノミー、ファミリー、エグゼクティブ」といった3値以上の分類も扱うことができます（**図3.37**）。

	1. エコノミー	2. ファミリー	3. エグゼクティブ
A社機種	2	4	15
B社機種	3	47	3
C社機種	28	19	15

図3.37 3×3のクロス集計表

サンプルスクリプトでは、サンプルデータ📄Smartphone.csvを読み込み、table()関数でクロス集計表を作ってから、chisq.test()でカイ2乗検定を適用しています。実行結果はp-valueの欄に表示されます（**例3.18**）。

例3.18 カイ2乗検定の実行例

```
> chisq.test(TBL)

    Pearson's Chi-squared test

data:  TBL
X-squared = 71.179, df = 4, p-value = 1.279e-14
```

また、Rには比率の違いを簡単にプロットできるmosaicplot()（**モザイクプロット**）という関数もあります。各グループの比率が、面積として表されるので、視覚的に多いか少ないかを判断できます（**図3.38**）。さらに、有意に少ないカテゴリが赤（❺❻）、有意に多いカテゴリが青（❶❷）で表示されるので、比率の偏りを確認するときに非常に便利です。これには**残差分析**と呼ばれる手法が使われています。有意水準に換算すると、正確には一致しませんが薄い色（❷❺）がおおむね5%、濃い色（❶❻）がおおむね0.01%に相当します[32]。

---

[32] Michael Friendly, "Extending Mosaic Displays: Marginal, Partial, and Conditional Views of Categorical Data" http://www.datavis.ca/papers/drew/

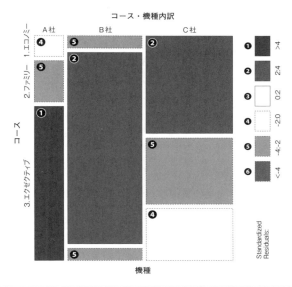

図3.38 モザイクプロットの表示（図中の黒丸数字は有意水準の対応を示す）

　なお、多いか少ないかというのは、全体の比率から見て偏っているかということです。たとえば、図を見るとA社機種のエコノミープランは数が非常に少ないにもかかわらず、色が塗られていません。これは、A社機種に限らず全体でエコノミープランの契約が少ないため、特にA社機種に限ってエコノミープランが少ないわけではない（偏ってはいない）ということです。

例3：平均値の差の検定

　3つ目の例は、**平均値の差の検定**と呼ばれるもので、すでに3.2.3項で取り上げました。カウントした数や発生の比率ではなく、数値変数（一般には連続して変化する値）の大小をグループ間で比較します。3.2.3項の例では、325名の社員について、3つの部門（グループ）で残業時間の差があると言えるかどうかを検定しています。このような場合に使われるのが、分散分析と多重比較という手法です。なお、グループが2つだけであればt検定という方法を使うこともできますが、検定の結果は分散分析と同じになります[33]。

　分散分析と多重比較の例は、前掲の**リスト3.5**（📄3.2.03.DummyVariable.R）の最後に記載しているので参照してみてください。

---

[33] 2グループの場合、t検定でも分散分析でも検定結果は同じです。グループが3以上になるとt検定は使えませんので、実務上は分散分析を覚えておけばよいでしょう。

（4）有意確率と効果量

有意確率の大小と、実際にどの程度の差があるかが別の問題であるということは（2）で述べました。平均値の差の検定を例にとって、この点を確認しておきましょう。図3.39では2つのプロットを比較しています。左のプロットでは、値の分布はグループ間であまり重なっていません。したがってグループ間の差は明らかです。これに対して右のプロットでは、2つのグループの分布がほとんど重なっています。実務的な意味ではグループ間で差がないと考えてもよいでしょう。

しかしサンプルサイズは各グループについて$n=10000$で、十分なケース数が確保されています。このため平均値の差の検定を行うと、どちらの場合も有意確率は極めて小さく、有意差があることになってしまいます。このため統計解析では有意確率だけでなく、**効果量**と呼ばれる指標も確認しなければなりません。この指標のひとつが**コーエンのd**（Cohen's d）と呼ばれるもので、グループ間の平均値の差とグループ内のばらつきの度合いを比較する指標と考えればよいでしょう。値の分布が正規分布に近ければ、この値は分布の重なりの程度を表す指標となります[34]。

Rではeffsizeというライブラリを使ってこの指標を算出することができます。サンプルスクリプト📄3.3.02a.CohensD.Rでは、図3.39に挙げているような生成データを使って検証を行っています（リスト3.9）。実行結果は例3.19に記載しておきました。図左の例では2.037で「large」（大きい）と出力されますが、図右の例では0.136で「negliable」（無視できる）と出力されます。

相関分析や回帰分析でも同様の注意が必要です。有意であるということは、相関や説明変数の効果が「ゼロではない」ということを示唆しているにすぎません。この場合の効果量

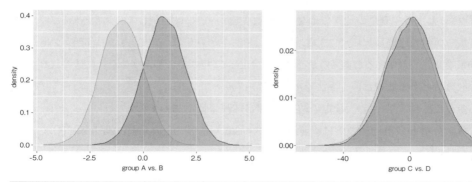

図3.39 有意差がある2つの例（左：dの値大、右：dの値小）

---

[34] 効果量についての詳細は参考文献[33]を参照してください。

リスト3.9 3.3.02a.CohensD.R

```
#乱数の種を設定（実行の度に同じ乱数を発生させる）
set.seed(120) #引数とする数値を変えると結果が変わる

#乱数でデータを2セット作成
#  rnorm(件数，平均，SD)：正規分布に従う乱数
A <- rnorm(10000,  1, 1) #平均 1, SD1
B <- rnorm(10000, -1, 1) #平均-1, SD1

#密度プロットを作成
ggplot()+
  geom_density( aes(x=A),         #描画の対象となる変数
                color="darkgreen", #線の色
                fill ="darkgreen", #塗り分けの色
                alpha=0.1)+         #透明度
  geom_density( aes(x=B),         #描画の対象となる変数
                color="orange",   #線の色
                fill ="orange",   #塗り分けの色
                alpha=0.1)+       #透明度
  xlab("group A vs.B")

#先ほどとはSDが異なるデータを2セット作る
C <- rnorm(10000,  1, 15) #平均 1, SD15
D <- rnorm(10000, -1, 15) #平均-1, SD15

#密度プロットを作成
ggplot()+
  geom_density( aes(x=C),         #描画の対象となる変数
                color="darkgreen", #線の色
                fill ="darkgreen", #塗り分けの色
                alpha=0.1)+         #透明度
  geom_density( aes(x=D),         #描画の対象となる変数
                color="orange",   #線の色
                fill ="orange",   #塗り分けの色
                alpha=0.1)+       #透明度
  xlab("group C vs.D")

#有意差検定をする準備としてデータを結合する
value1 <- c(A, B)
value2 <- c(C, D)
#説明変数を作る（グループ名のラベル）
# rep(値，繰返し数)：1つの値を繰り返してベクトルを作成
group1 <- c(rep("A", 10000), rep("B", 10000))
group2 <- c(rep("C", 10000), rep("D", 10000))
#有意確率と決定係数を確認
#  線形回帰モデルのp-valueはaovの結果と一致することに注意
#  有意確率はどちらも小さい
#  決定係数には大きな差がある
summary( aov(value1~group1) )  #分散分析（Prを確認）
summary( lm( value1~group1) )  #線形回帰モデル（R-squaredを確認）
summary( aov(value2~group2) )
summary( lm( value2~group2) )

#Cohens'dを算出するためのライブラリ
library(effsize)
#  Cohens'dには大きな差がある
cohen.d(A, B, hedges.correction=F) #Cohen's d を算出
cohen.d(C, D, hedges.correction=F) #Cohen's d を算出
```

例3.19 コーエンのdを求める

```
> cohen.d(A, B, hedges.correction=F)

Cohen's d

d estimate: 2.037492 (large)
95 percent confidence interval:
    lower    upper
2.003329 2.071655

> cohen.d(C, D, hedges.correction=F)

Cohen's d

d estimate: 0.1357688 (negligible)
95 percent confidence interval:
    lower    upper
0.1080171 0.1635205
```

は相関係数や決定係数の値です。

なお、決定係数の意味については次の3.3.3項で説明します。

3.3.3 モデルはデータに当てはまっているか？
──フィッティングと決定係数

モデルをデータに適合させることを一般に**フィッティング**と呼びます。機械は、モデルがデータにできるだけ適合するように最適なパラメータ（➡3.2.2）を決定しますが、どうしても残差（➡3.2.5）は残ります。そこで、モデルの適合度合いを定量化することが必要になります。

線形回帰モデルの場合、この適合度合いは、データ全体の分散（ばらつき）のうちどのくらいをモデルで説明できたかという指標で表すことができます。これを**決定係数**と呼びます。

（1）決定係数

単純な線形回帰モデルの場合、モデルは

$$y = b_0 + b_1 x$$

で表される回帰直線となります。**図3.40**は説明変数を横軸、目的変数を縦軸にとった散布図です。目的変数の実測値と理論値は、それぞれデータの件数分だけありますから、この

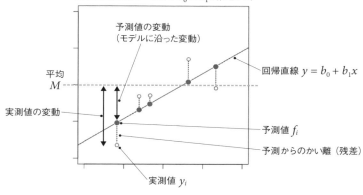

図3.40 回帰モデルと残差

件数（サンプルサイズ）をnとして、実測値と理論値の個々の値をそれぞれy_i、f_iと書くことにします（iは1からnまでの整数です）。ここでいう理論値とは、元のデータの説明変数から算出した目的変数の予測値で、図では回帰直線の上にある値です。

ここで、目的変数の実測値について、平均をとった値をMとします。通常の線形回帰モデルでは、これは予測値の平均と一致します[35]。

実測値の変動は、個々の実測値と平均値との差 $y_i - M$として捉えられます。予測値の変動も同様に、個々の予測値と平均値との差$f_i - M$として捉えられます。図中の矢印と点線の関係に注目してください。残差は実測値と予測値との差$f_i - y_i$です。もし、実測値の変動の中で残差が占める割合が大きければ、モデルはデータにあまり適合（フィット）していないと言えます。逆に、予測値の変動と実測値の変動がすべてのケースで同じであれば残差は0となり、モデルはデータに完全にフィットしています。

これは、以下のようにまとめられます。

予測値の変動　　：① モデルで説明できる変動（モデルに沿った変動）

実測値の変動　　：① モデルで説明できる変動（モデルに沿った変動）＋
　　　　　　　　　② モデルで説明できない変動（残差）

---

[35] 線形回帰を通常とは異なる方法（たとえば切片のb_0を0に固定して、原点を通る直線を引くなど）で実行した場合や、線形回帰でないモデルの場合には、これらの仮定は成り立ちません。以降で説明する、同じような書き方をしている箇所についても同様です。

ここで登場するのが分散です。分散とは、ばらつきの指標で、個々の値と平均値との差を二乗し、すべてのケースについて足したものでした（➡3.1.2）。そこで、残差の二乗和 $\Sigma(f_i - y_i)^2$ を実測値の分散 $\Sigma(y_i - M)^2$ で割って比をとれば、残差と実測値の変動を比較することができます。さらに、この値を1から引くことで、残差が小さいほど値が大きくなるような指標を作成します。

$$R^2 = 1 - \frac{\Sigma(f_i - y_i)^2}{\Sigma(y_i - M)^2}$$

　これが**決定係数**で、一般的に、R^2 という記号で表します。なお、「決定係数」と言わずに「寄与率」や「分散説明率」という表現を用いることもあります。

　通常の線形回帰モデルでは、残差の分散は実測値の分散よりも小さくなるはずです。したがって、決定係数 R^2 は0から1までの値を取ります。値が0に近ければ、モデルはデータに適合していないことになりますし、逆に1に近ければモデルはデータによく適合しているということになります。

　決定係数は、Rやエクセルのようなツールでは自動的に計算されます。自分で計算する場合は、サンプルスクリプト📄**3.3.04.RSquared.R**を参考にしてください（**リスト3.10**）。

リスト3.10　3.3.04.RSquared.R

```
#フィッティングと決定係数

#目的変数：残業時間 overtime
#説明変数：勤続年数 tenure
#         部門 section(Ademin, IT, Sales )

#データの読込み
DF <- read.table("StaffOvertime.csv",
                 sep = ",",                    #カンマ区切りのファイル
                 header = TRUE,                #1行目はヘッダー(列名)
                 stringsAsFactors = FALSE) #文字列を文字列型で取り込む

#IT部門のみを取り出す
#関数subset()で条件に合うデータだけを抽出する
DFsub <- subset(DF, section=="Admin")    #!=はnot equalを示す

#データフレームの先頭を表示
head(DFsub)

#残業時間と勤続年数の関係を図示
library(ggplot2)
ggplot()+          #この例ではデータを一括で指定せず個別の描画の中で指定
  geom_point( aes(x=DFsub$tenure, y=DFsub$overtime), #データの指定
             colour="red", size=3, alpha=0.4 ) +    #色,サイズ,透明度
  stat_smooth(aes(x=DFsub$tenure, y=DFsub$overtime), #データの指定
```

```
                 method="lm", se=F)                         #回帰直線

#勤続年数から残業時間を説明するモデル LMyx
LMyx <- lm( overtime ~ tenure, data=DFsub )
summary(LMyx)

#実測値の平均
M <- mean(DFsub$overtime)

#理論値（元のデータの説明変数に基づく予測値）を求める
f <- predict(LMyx, newdata=DFsub)
#予測値の平均
Mf <- mean(f)

#実測値の平均と理論値の平均を表示
M     #実測値の平均
Mf    #予測値の平均
#多少の誤差は出るが同じなので、以下ではMを使う

#残差の二乗和
S  <- sum((f - DFsub$overtime)^2)
#実測値の分散（平均からの差の二乗和）
Vy <- sum((DFsub$overtime - M)^2)
#予測値の分散（平均からの差の二乗和）
Vf <- sum((f - M)^2)

#値を比較
Vy         #実測値の分散
Vf + S     #予測値の分散＋残差

#これらから決定係数を求める
R2 = 1 - S/Vy

#lmの結果からR2とadj R2を取得
R2_lm    <- summary(LMyx)$r.squared
R2adj_lm <- summary(LMyx)$adj.r.squared

#値を比べてみる
R2       #手計算のR2
R2_lm    #lm()のR2
R2adj_lm #lm()の調整済みR2

#xとyの相関係数を求めて二乗する
cor(DFsub$tenure, DFsub$overtime) ^ 2
```

（2）決定係数の性質

　　　　通常の線形回帰モデルでは、残差の二乗和と、予測値の分散を足したものが実測値の分散に一致するという性質があります（前掲の**図3.40**の矢印と点線の関係が二乗和についても成り立つということです）。式で書けば、以下のようになります。

　　　　　　　実測値の分散 ＝ 予測値の分散 ＋ 残差の二乗和

$$\Sigma(y_i - M)^2 = \Sigma(f_i - M)^2 + \Sigma(f_i - y_i)^2$$

　この式を、先ほどの決定係数の定義に当てはめると、決定係数は「予測値の分散を実測値の分散で割ったもの」と解釈できます。つまり、実測値の分散の何％がモデルで説明できているかということです。R^2の値が0.64であれば、実測値の変動（分散）の64％をモデルで説明できているということになります（残りの36％は説明し切れずに残っていることになります）。さらに、説明変数が1つの線形回帰モデルでは、決定係数は相関係数の2乗に一致するということが知られています。この場合、R^2が0.64であれば、相関係数rはプラスまたはマイナス0.80ということになります。

　回帰直線を決定する基準として「最小二乗法」が使われることは3.2.5項で述べました。この最小二乗法は、残差の二乗和が最も小さくなるようにパラメータを決めるという手法です。したがって、決定係数は最小二乗法でどこまで残差を小さくできたかという指標だと考えることができます。

　また、Rの1m()関数を使って回帰分析を行うと、通常の決定係数（Multiple R-squared）のほかに、自由度調整済み決定係数（Adjusted R-squared）が出力されます。自由度[メモ]というのはデータの件数nから、推定したいパラメータの数k（この場合は2）を引いた値で、kに対してnが十分大きいかどうかを確認するための値です。自由度調整済み決定係数はこれを使って調整を加えた決定係数で、パラメータの数を増やしても残差があまり減らない場合には、値が小さくなるという傾向を持ちます。なぜこのような調整が必要なのかは次の3.3.4項で述べますが、分析結果を見る場合はAdjusted R-squaredの値のほうを重視するようにしてください。

自由度
自由度というのは、簡単に言えば、自由に決められるものがいくつかあるかということです。たとえば、パラメータb_0およびb_1を推定する際に実測値がy_1とy_2の2つしかなければ、回帰直線はその上を通る形に決まってしまい、これらのどの値も自由には動かせません。このような場合、自由度は0ということになります。

（3）決定係数と有意確率の関係

　線形回帰の実行結果では、p-value欄にモデルの有意確率が表示されます。これと決定係数そのものの値とはどのような関係にあるでしょうか。**図3.41**では、異なるデータでモデルを作成した結果を比較しています。図の左側を見てわかるように、比較的データへの

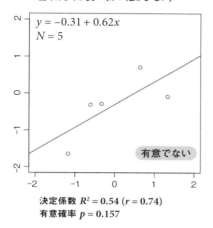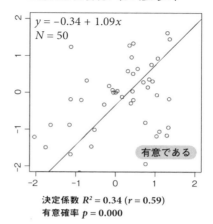

図3.41　有意確率と決定係数

　適合度が高い、当てはまりの良いモデルです。個々の点は直線からあまり離れていません。決定係数も 0.54 と比較的高い値です。右は直線から離れた点が多く、決定係数は 0.34 とやや低くなっています。

　一方、有意確率を比べてみると、左は 0.157 で有意ではありません。これはサンプルサイズが小さいため、モデルの当てはまりが良くても、その結果が偶然である可能性が捨てきれないということを示しています。これに対して右は、0.000 で有意な結果となっています。残差は大きいものの、それでも結果はまったくの偶然ではないと判断されたことになります。

（4）尤度に基づく指標

　決定係数は、あくまで通常の線形回帰モデルを前提としたフィッティングの指標でした。まだ先の話ですが、4.3.3項で扱うようなモデルでは、（1）や（2）で述べたいくつかの仮定が成り立たないので、決定係数は良い指標とは言えません。

　このような場合に、モデルの当てはまり具合を評価する基準として使われるのが**尤度**（likelihood）です[36]。これは、あるモデルが決定されたときに、そのモデルから現在の実測値が得られる確からしさの度合いです。尤度そのものは確率とは違う概念ですが、確率的な計算を使って求めるので、意味合いとして「確率のようなもの」と思っておけばよいでしょう。

---

[36]　尤度の「尤」は「もっとも」を示す漢字で、もっともらしさ、または確からしさといったニュアンスです。

たとえば、先のような線形回帰モデルでは、実測値は回帰直線の上下に正規分布に従って発生することが想定されています（→3.3.5）。それぞれの実測値が得られる確からしさの度合いは分布から計算でき、この分布は推定するパラメータによって変わりますから、実測値と同じ値が得られる度合いが最も高くなるようにパラメータを推定することができます。このような手法を**最尤法**と言います[37]。

最尤法は、最小二乗法（→3.2.5）とは異なる推定方法ですが、線形回帰の場合に限れば、最尤法の結果と最小二乗法の結果は一致することが知られています[メモ]。一方、正規分布とは異なる分布を仮定するパラメータではこれらの結果が一致しません。この場合は、最小二乗法ではなく最尤法を使ってモデルを推定します。最尤法を使う場合は、残差の二乗和ではなく尤度を基準とした適合度合いの指標を考える必要があります。そのひとつが疑似決定係数と呼ばれる指標で、これについては4.3.4項で紹介します。

最小二乗法と最尤法の結果が一致するのは、線形回帰モデルの実測値が回帰直線の上下に正規分布に従って発生する（残差が正規分布に従う）という仮定があるためです。この仮定が成り立たない場合には最小二乗法は偏った結果を導くことになるので、後述する一般化線形モデルでは最尤法を使った推定が行われます。

（5）そのほかの考え方

目的変数の値がどのように分布するかについて、正規分布も、それ以外の分布も何も仮定できないような状況では、これまで述べた方法は使えません。その場合でも、元のデータから予測値を算出すれば、残差が大きいか小さいかを、複数のモデル間で比較することができます[38]。指標化の方法は、一般的な予測誤差の場合と同じです。具体的なやり方は、次項で説明します。

---

[37] 計算方法については、込み入った内容になるのでここでは省略します。尤度および最尤法の詳しい説明は参考文献［9］を参照してください。

[38] 機械学習では、むしろこのような方法が一般的です。ただし、同じデータを使ったモデル同士の相対的な比較となります。

3.3.4 モデルは複雑すぎないか？
――オーバーフィッティングと予測精度

モデルのデータへの適合度合いは高ければ高いほど良いというわけではありません。この問題はモデルの複雑さと関係しています。

（1）モデルの複雑さ

多くの場合、モデルの複雑さは推定するパラメータの数で捉えられます。回帰モデルでは、説明変数の数を増やしたり、2次項や3次項を加えたり、交互作用項を導入したりするとパラメータの数が増えていきます。サンプルスクリプト📄3.3.05.ModelComplexity.Rを使って、パラメータが増えることに伴う問題を確認してみましょう（**リスト3.11**）。

非常に単純な例ですが、最初にデータの件数が7件、列が2つだけの簡単なデータフレームを作り、1列目（C1列）をx、2列目（C2列）をyとして散布図を描きます。次に、簡単な線形回帰モデルModel1を作ります。

$$y = b_0 + b_1 x_1$$

2つのパラメータの値は、モデルの中のcoefficientsというリストに格納されています。関数ggplot()とstat_function()を組み合わせると、このパラメータの値を使って回帰直線を引くことができます（**図3.42左**）。これは3.2.5項で回帰直線を描いた方法とは違い、関数の式を直接入力して線を引く方法です。

さらに、Model1を使って、xの値がそれぞれ6、8、10の場合のyの値を予測します。そのために、元のデータと同じ形式のデータフレームを作り、これをpredict()関数のインプットとします。yの値（C2列の内容）は不要なのでNA（欠損値）としておきます。なお、2列目が欠損値ではなくなんらかの値が入っていても予測は可能で、その場合、入っている値は予測には使われません。3つの予測値は、5.70、6.38、7.06で、**図3.42左**の回帰直線上におおむね乗っているはずです。

次に、複雑なモデルModel2を作ります。手法は線形回帰ですが、次のような5次式を回帰式とします。

$$y = b_0 + b_1 x_1 + b_2 x_1^2 + b_3 x_1^3 + b_4 x_1^4 + b_5 x_1^5$$

この場合、推定するパラメータは6個です。lm()関数の中で回帰式を記述するときは、xの2次項であればI(x^2)のように大文字のIを使って記述します。先ほどの場合と同じ

ように描画すると[39]、モデルを示す曲線が7件の実測値に非常に近い場所を通っていることがわかります（**図3.42右**）。つまり残差は非常に小さいということです。重要なのは、このModel2を使って予測を行った結果です。3つの予測値は8.44、2.92、59.14となりました。プロットを見るとこれらの値はたしかにモデルを表す曲線の上にありそうですが、xが10の場合については、描画の範囲から飛び出てしまっています。

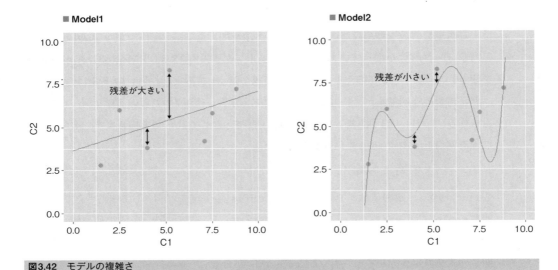

図3.42 モデルの複雑さ

リスト3.11 3.3.05.ModelComplexity.R

```
#オーバーフィッティングと予測精度

#7件の簡単なサンプルデータ
DF <- data.frame(C1 = c(7.5, 8.8, 2.5, 4.0, 5.2, 1.5, 7.1),
                 C2 = c(5.8, 7.2, 6.0, 3.8, 8.3, 2.8, 4.2))
#内容を確認（最初の6件まで表示）
head(DF)

#図示
library(ggplot2)
ggplot(DF, aes(C1, C2))+     #x、yに相当するデータを指定
  geom_point( colour="orange", size=3 ) +   #色、サイズ
  xlim(0, 10) +   #x軸の描画範囲
  ylim(0, 10)    #y軸の描画範囲
```

---

[39] 線が描画範囲からはみ出るため、実行の際に警告が出ますが、無視して大丈夫です。

```r
#単純なモデル
Model1 <- lm(C2 ~ C1, data=DF )
#回帰係数の値を取り出す
a    <- Model1$coefficients
a      #回帰係数を表示
a[1] #1つずつ表示（b0）
a[2] #1つずつ表示（b1）

#モデルを数式で描画
ggplot(DF, aes(C1, C2))+
  geom_point( colour="orange", size=3 ) +
  xlim(0, 10) +   #x軸の描画範囲
  ylim(0, 10) +   #y軸の描画範囲
  stat_function(colour="red", alpha=0.6,
                fun=function(x) a[1] + a[2]*x )
# stat_function()で関数を描画
# fun=function(x)の後にxの関数を記述する
# xは最初にggplot()で指定したx軸と対応づけられる

#残差（予測値と実測値の差）
Model1$residuals

#C1が6,8,10のときのc2の値を予測
#元のデータと同じ形式の新しいデータフレームを作る
DFnew <- data.frame(C1 = c(6,   8,   10),
                    C2 = c(NA, NA, NA))
#内容を確認（最初の6件まで表示）
head(DFnew)

#predict()：モデルにデータを当てはめて予測値を得る
predict(Model1, newdata=DFnew)


#複雑なモデル
Model2 <- lm(C2 ~ C1+I(C1^2)+I(C1^3)+I(C1^4)+I(C1^5) , data=DF )
#回帰係数の値を取り出す
b    <- Model2$coefficients
b  #回帰係数を表示

#モデルを数式で描画
ggplot(DF, aes(C1, C2))+
  geom_point( colour="orange", size=3 ) +
  xlim(0, 10) +   #x軸の描画範囲
  ylim(0, 10) +   #y軸の描画範囲
  stat_function(colour="red", alpha=0.6,
                fun=function(x) b[1] + b[2]*x + b[3]*x^2 +
                  b[4]*x^3 + b[5]*x^4 + b[6]*x^5)

#残差（予測値と実測値の差）
Model2$residuals

#C1が6,8,10のときのc2の値を予測
predict(Model2, newdata=DFnew)


#別のテストデータがあったと想定
DFts <- data.frame(C1 = c(4.8,  5.4,  3.2,  8.0,  1.4,  7.4,  5.7),
```

```
                        C2 = c(2.4, 6.2, 7.0, 7.7, 3.3, 9.5, 3.4))
#内容を確認（最初の6件まで表示）
head(DFts)

#新しいデータをModel1とModel2に当てはめて予測
pr1 <- predict(Model1, newdata=DFts)
pr2 <- predict(Model2, newdata=DFts)

#MSE（平均二乗誤差）を求める
# 予測値から実測値を引いて2乗（ベクトル演算）
# ベクトルにsum()関数を適用して和を求める
# 求めた和を要素の数（length()で求める）で割る
sum( (pr1 - DFts$C2)^2 ) / length(DFts$C2)
sum( (pr2 - DFts$C2)^2 ) / length(DFts$C2)

#MAE（平均絶対誤差）を求める
# abs()は絶対値を求める関数
sum( abs(pr1 - DFts$C2) ) / length(DFts$C2)
sum( abs(pr2 - DFts$C2) ) / length(DFts$C2)

#MAPE（平均絶対誤差率）を求める
sum( abs(pr1 - DFts$C2)/DFts$C2 ) / length(DFts$C2)
sum( abs(pr2 - DFts$C2)/DFts$C2 ) / length(DFts$C2)
```

（2）オーバーフィッティング

　　ここで考えるべきなのは、先のModel1とModel2のどちらが良いモデルなのか、です。Model1は当てはまりの良いモデルではありません。一方、Model2は完璧に近いくらいデータにフィットした、当てはまりの良いモデルです。しかし、xが6、8、10と増えていった場合の予測値が、実測値の最大値に近い8.44から最小値に近い2.92へと一気に下がり、また一気に上昇するというのは不安定に感じられます。何より、$x = 10$に対応する59.14というのは、予測値としてはかなり突飛な値です。Model1が予測した7.28という値のほうが、直感には合っていると言えるでしょう。

　　以上をまとめておくと、次のようなことが言えます。

Model1

データに対する当てはまり（適合度合い）は悪いが…

- 一般的な法則としてある程度通用しそう
- 新しいデータを当てはめてもそれなりの予測ができそう

Model2

データに対する当てはまり（適合度合い）は良いが…

- 偶然のばらつきを再現したモデルになってしまっている
- 新しいデータを当てはめるとおかしな予測結果になる

現実に採取されるデータはさまざまな原因で変動するので、あまりに複雑なモデルを作ると、“たまたま”得られた偶然のばらつきを再現したモデルになってしまい、一般的な法則として通用するモデルになりません。また、このようなモデルは、元のデータとは別に採取した新しいデータを使って予測値を求めると、実測値との誤差が大きくなります。サンプルスクリプトで取り上げたのは見た目のわかりやすさを優先した極端な例ですが、当てはまりの良さを求めると予測精度が下がるというのは一般的に見られる現象です。

　このような問題を**オーバーフィッティング（過剰適合）**と言います。機械学習では**オーバーラーニング（過学習）**という表現も使いますが、意味するところは同じです。過剰適合を避けるには、複雑すぎないモデルを作る必要があります。また、極端に値が上下するようなモデルも好ましくありません。ある程度単純で、実測値からは多少かい離があっても、理論値がそれほど変動しないモデルが良いということです。図で言えば、それぞれの点の中間を通るように滑らかな線を引くというイメージで考えればよいでしょう。

（3）AIC（赤池情報量基準）

　3.3.3項では、通常の決定係数のほかに自由度調整済み決定係数という値が表示されることを紹介しました。これは、いたずらにパラメータの数を増やしても決定係数が上がらないように、決定係数に調整を加えた値です。「フィッティングと複雑さとのバランス」を考慮した指標と言えるでしょう。ただし、これが使えるのは残差が正規分布することを仮定した線形回帰モデルの場合のみです。

　もうひとつ、より汎用的な指標として使える指標が**AIC（赤池情報量基準）**です。AICも「フィッティングと複雑さのバランス」を考慮した指標ですが、自由度調整済み決定係数が残差の二乗和を基準とした指標であるのに対し、AICは尤度（➡3.3.3）を基準とした指標です。3.2.4項で例を挙げたように、AICは値が小さいほど良いとされます。式そのものは比較的単純なのでここに引用しておきます。

$$\mathrm{AIC} = -2\log(L) + 2k$$

　この中で、kは推定すべきパラメータの数、そして、Lは最大尤度、つまりデータに合わせて各パラメータが推定された状態でのモデルの適合度合いの指標です。ここでは、マイナスとプラスの符号に注目してください。式の中のlogは自然対数で、これは符号には影響しません。AICの値はパラメータの数が増えれば大きく、そして尤度が高くなれば小さくなります。つまり、パラメータが少なく、かつ尤度が高いほど良いモデルと判断されるということです。式の中の2kは、パラメータを増やすことに対する罰則のようなもので**ペナルティ項**と呼びます。

AICは式の形は単純ですが、「同じ母集団から将来別のデータが得られた場合を想定し、その予測精度ができるだけ悪くならないようなパラメータ数を求める」という考え方で理論的に設計されています。したがって、「モデルに新しいデータを当てはめて予測を行う」という用途に向いた指標と言えますが、統計解析でもモデルの選択基準としてよく使われます。

なお、AICとよく似た指標に**BIC（ベイズ情報量基準）**があります。BICのほうがAICよりも単純なモデルを良く評価する傾向がありますが、ここでの説明は割愛します[40]。

Rでは、これらは関数のAIC()とBIC()で簡単に算出できます。ただしAICもBICもモデル間の比較において使うもので、「いくら以下ならよい」という絶対的な基準はないことに注意してください。

（4）正則化

決定されたモデルに対して指標を算出するのではなく、モデルを決める過程でペナルティを課し、オーバーフィッティングを避けるというという考え方もあります。これを**正則化（regularization）**と言います。

正則化には2つの方法があり、パラメータの数をなるべく減らすようにペナルティを課す方法を**L1正則化**と言います。**図3.42**のイメージで言えば、形を単純にすることに相当します。もうひとつが、パラメータの絶対値をなるべく小さくするようにペナルティを課す方法で、これを**L2正則化**と言います。同様にイメージで言えば、上下のブレ幅を抑えることに相当します。

L1正則化を考慮した推定方法を**ラッソー（LASSO）**、L2正則化を考慮した推定方法を**リッジ回帰（Ridge regression）**と言います。最小二乗法でパラメータを推定する際に、残差の二乗和だけでなく、パラメータの値の絶対値または二乗和が同時に最小化されるように損失関数（➡3.2.5）を設定します[41]。ます。さらにこれらを統合したものが**エラスティックネット（Elastic Net）**で、Rではglmnetライブラリで使うことができます。ご興味のある方は、ライブラリのマニュアルを参照してください[42]。

（5）予測精度

オーバーフィッティングを避けるときにもうひとつ重要なポイントがあります。それは、

---

[40] AICなど情報量基準についての詳しい説明は参考文献 [9] を参照してください。

[41] 正則化についての詳しい説明は参考文献 [6] を参照してください。

[42] https://cran.r-project.org/web/packages/glmnet/glmnet.pdf

「モデルの作成に使うデータと、検証用のデータを分けて、検証用のデータで予測精度を測る」ということです。

これまでに説明してきた残差、決定係数、AICといった指標はすべてひとつのデータに対して算出される指標です。一方、モデルの予測精度は異なるデータで測定を行います。機械学習ではこれが常識と言ってよいでしょう。このことは、将来得られるデータに対する予測精度を保つためにも重要です（➡5.1.2）。

なお、一般の統計解析ではデータを分割して検証するという方法は使われません。統計解析の理論は、限られたデータから母集団の特徴を推定し、仮説の妥当性を検証すること前提としています。有意確率のような、一見わかりづらい指標が考案されているのもそのためです。データを分割してサンプルサイズを小さくし、検証の精度を低くすることにはあまり意味がありません。機械学習で訓練データとテストデータを分けるのは、あくまで予測を目的とするからです。

話がややそれましたが、いずれにしても重要なのは「今後、新しいデータをモデルに当てはめて予測をしたいと考えるのなら、予測精度の評価はモデルの作成に使ったデータとは異なるデータで行うべきだ」ということです。

（6）予測精度の指標

ここでは、数量や価格、身長、気温、残業時間など、数値で表される変数を予測対象とした場合のモデルに対する評価指標をいくつか紹介しておきます（図3.43）。

MSE（mean square error）**平均二乗誤差** ●————— 全体の平方根（$\sqrt{\ }$）をとって
RMSE（root mean square error）とする場合もある

$$\mathrm{MSE} = \frac{1}{n}\sum (f_i - y_i)^2 = \frac{1}{n}\sum e_i^2$$

価格の予測を例にとると…
100円に対する100円の誤差も、
1万円に対する100円の誤差も同じように評価される

MAE（mean absolute error）**平均絶対誤差**

$$\mathrm{MAE} = \frac{1}{n}\sum |f_i - y_i| = \frac{1}{n}\sum |e_i|$$

MAPE（mean absolute percentage error）**平均絶対誤差**

$$\mathrm{MAPE} = \frac{1}{n}\sum \left|\frac{f_i - y_i}{y_i}\right| = \frac{1}{n}\sum \left|\frac{e_i}{y_i}\right|$$

● 100円に対する100円の誤差は、
1万円に対する100円の誤差よりも重大だと評価する
※実測値に0が存在する場合は使えない

※いずれも数値の予測が対象（カテゴリの判別については後述）

図3.43 予測精度を測定する際に使われる指標

ひとつは二乗誤差を基準とする方法で、**平均二乗誤差**（**MSE**：mean squared error）と呼ばれます。実測値と予測値の差を二乗して平均をとったものです。二乗したままでは値が大きくなるので、これの平方根をとった値（**RMSE**：root mean squared error）もよく使われます。もうひとつは誤差の絶対値を基準とする方法で、**平均絶対誤差**（**MAE**：mean absolute error）と呼ばれます。どちらが良いかはケースバイケースですが、二乗誤差を使った方が、大きく外れた値が指標の悪化に与える効果が大きくなります。

　MSEもMAEも、実測値と予測値の差を使う方法なので、たとえば価格を予測した場合に、実測値が100円で予測値が200円だった場合も、実測値が10,000円で予測値が10,100円だった場合も、誤差の程度は同じと評価されることになります。そこで、誤差の絶対値を実測値で割って誤差率とし、これを平均したものが**平均絶対誤差率**（**MAPE**：mean absolute percentage error）です。MAPEでは、実測値が100円で予測値が200円だった場合と（誤差率は100％）、実測値が10,000円で予測値が10,100円だった場合では（誤差率は1％）、後者のほうが誤差が小さいと評価されることになります。

　これらの手法は、予測精度の評価だけでなく、残差を評価する場合にも使えます。ただし、残差を評価した場合は、未知のデータに対する汎用性ではなく、決定係数と同様に元のデータに対する当てはまりのよさを評価していることになります。

　なお、数値ではなく0/1、No/Yesといった2値分類を予測する場合の評価指標については、機械学習について扱う第5章で説明します（➡5.1.2）。

（7）予測精度を確認する

　MSEの算出については、例を**リスト3.11**に記述しておきました。ここではテスト用のデータが別にあったと仮定し、Model1とModel2の2つのモデルについてMSE、MAE、MAPEを計算しています。この値は、テスト用のデータが適切なものであれば、2つのモデルの予測精度の指標となります。現実には、7件のサンプルで作成したモデルに7件のテストデータを当てはめるなどということはあり得ないのですが、説明の都合上これで進めます。

　MSEを例にとって説明を加えておきましょう。まず、予測値と実測値の差をとって二乗します。これは、ベクトルに対する演算です（予測値と実測値のそれぞれ7件の値について同時に計算が行われるということです）。次に、計算結果のベクトルに対してsum()関数を適用して和をとり、データの件数（7件）で割ってMSEを求めます。なお、length()はベクトルに含まれる要素の数（この場合はデータの件数）を返す関数です。1行記述するだけでこれらの計算が可能です。MAE、MAPEについても同様ですが、これらは絶対値を求める際にabs()関数を使っています。

予測精度を視覚化する場合は、3.2.4項で残差を視覚化する際に用いたのと同じ方法が使えます。ひとつは実測値を横軸、予測値を縦軸にとってその一致度合いを確認する方法です（**図3.30**）。もうひとつは密度プロットで、予測誤差の分布を確認します（**図3.31**）。後者は特に、複数のモデルの予測精度を比較する際に有効です。**図3.31**の密度プロットでは残差として誤差（予測値−実測値）と二乗誤差に相当する値を描いていますが、絶対誤差および絶対誤差率（絶対誤差÷実測値）を描くことも考えられます。予測精度の指標としてMSEやRMSEを使うのであれば二乗誤差をプロットする、MAPEを使うのであれば絶対誤差率をプロットするといったように、使い分けるのがよいでしょう。

3.3.5 　残差の分布—— 線形回帰モデルと診断プロット

（1）残差の分布

これまで考えてきたモデルは、以下のような回帰式を作って、それをデータに適合させ、最適なパラメータを決定するといったものでした。

$$y = b_0 + b_1 x_1$$

このような回帰式を推定する場合に重要なのが、目的変数がどのように分布しているかという問題です。目的変数を縦軸にとった場合、実測値は回帰直線（または回帰平面）の上下にばらつきます。これまで扱ってきたような線形回帰モデルでは、このばらつきが正規分布に近いことを想定していました。これは、ひと言で言えば、「目的変数の残差が正規分布する」ということです。

図3.44を見るとわかるように、目的変数を縦軸にとった散布図で、垂直方向に分布を切ったときに、回帰直線上の値を中心として実測値が偏らず上下にばらついてほしいわけです。

目的変数の値の全体の分布と残差の分布は異なるので、目的変数の値をそのままヒストグラムや密度プロットで見ただけでは正確な確認はできません[43]。Rでは、回帰モデルを作成した際に、モデルを格納したオブジェクトに残差の値が記録されているため、これらの値を取り出してヒストグラムや密度プロットなどを作成すれば残差の分布が確認できます。

残差について正規分布が仮定できないような場合、そして、正規分布ではなく別の分布（➡3.1.5）が仮定できるような場合については、線形回帰ではなく一般化線形モデル

---

[43] 　ただし、目的変数の値の分布を確認しておくことも、仮説や分析の方略を考える際には何より重要です。

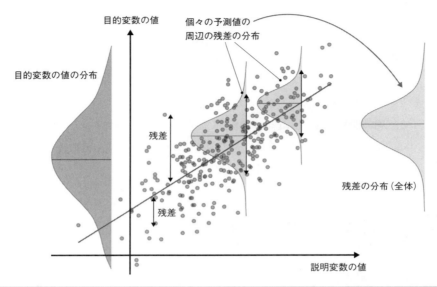

図3.44 残差の分布

(→4.3.3) と呼ばれる手法を使うことになります。

(2) 線形回帰の診断プロット

Rのlm()関数では残差の分布などを確認するための診断プロットが標準で出力されます。これを使えば簡単に詳しい情報を確認できます。例として、3.2.4項の回帰モデルを検証するスクリプトを 3.3.06.Residuals.R に記述しています (**リスト3.12**)。ここでは残業時間の回帰モデルLM6を題材としています。

サンプルスクリプトの中に、par(mfrow=c(2, 2))という箇所がありますが、これはプロットのエリアを2×2で分割し、4つのプロットを表示できるようにするための設定です。ただし、プロットの表示エリアが狭いと「figure margins too large」というエラーメッセージが出てしまいます。エリアが狭い場合には、この設定を省略して1つずつ順番に表示する形でもかまいません。描画の方法は簡単で、標準の作図関数であるplot()でモデルの名称を指定するだけです。そのあとは、par(mfrow=c(1, 1))という指定で、分割を解除しておきます (これをしないと、次にplot()を使ったときに表示が小さくなってしまいます)[44]。

これを実行すると、**図3.45**のような診断プロットが得られます。それぞれの見方は以下

---

[44] このような操作を繰り返していると、「invalid graphics state」というエラーが表示され、プロットができなくなることがあります。そのような場合、RStudioではプロットエリアの箒マークで、すべてのプロットを消去してから再実行してください。

リスト3.12 3.3.06.Residuals.R

```
#残差の分布

#目的変数：残業時間 overtime
#説明変数：勤続年数 tenure
#          部門 section(Ademin, IT, Sales )

#データの読込み
DF <- read.table("StaffOvertime.csv",
                  sep = ",",              #カンマ区切りのファイル
                  header = TRUE,          #1行目はヘッダー(列名)
                  stringsAsFactors = FALSE) #文字列を文字列型で取り込む

#データフレームの先頭を表示
head(DF)

#交互作用を含むモデル
LM6 <- lm( overtime ~ section + tenure
          + section*tenure, data=DF)
summary(LM6)

#残差の分布
library(ggplot2)
ggplot()+
  geom_density( aes(x=LM6$residuals), #LM6の残差
                color="brown",          #枠線をブラウン
                fill ="brown",          #塗りもブラウン
                alpha=0.2  ) +          #透明度を指定
  xlab("残差 ( モデル上の理論値－実測値 )")  #軸ラベル

#標準で用意されているプロットを使って表示
par(mfrow=c(2,2))
plot(LM6)
par(mfrow=c(1,1))
```

3.3

モデルを評価する

のとおりです。

【左上】残差の分布

横軸は、モデルが推定した目的変数の値の理論値 (元データの説明変数の値から推定した予測値) です。縦軸は残差であり、残差が仮に正規分布であれば、その値は0を平均として上下に偏らず分布するはずです。目安として赤い線が表示されますが、これが水平に近ければ偏りは少ないと言えます。大きく傾く、ジグザグに大きく上下するといった状態であれば要注意です。

【右上】正規Q-Qプロット

縦軸は、残差の標準得点です。標準得点とは平均と標準偏差を使って元の値を変換した値です (➡4.2.3)。横軸も同じく、残差の標準得点です。ただし、横軸の方

203

は「もし残差が正規分布をしていたら、このような値になるはずだ」という理論上の値です。したがって、残差が正規分布をしていれば、すべてのケースは対角線の上に並びます。逆に対角線から大きく外れて蛇行するようであれば要注意です。

【左下】

意味合いとしては左上のプロットと似ています。異なるのは縦軸で、残差の絶対値の平方根をとったものです。絶対値をとっているので、予測値と実測値のかい離が大きいケースが上方に表示されます。

【右下】

横軸は、**梃子比**（leverage）と呼ばれるものです。梃子比は、説明変数の値が、中心

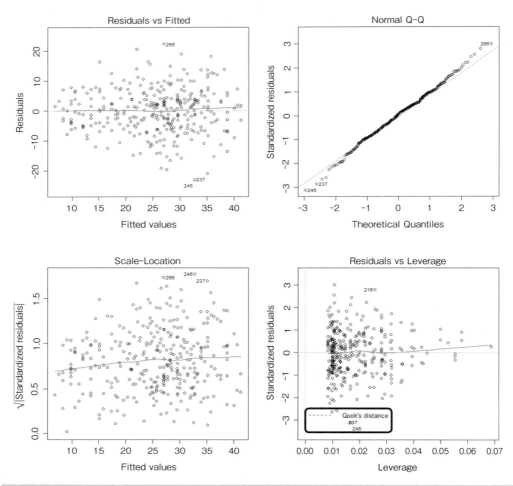

図3.45 診断プロット

からどれだけ外れているかを指標化したものです。線形回帰では、中心から外れた値ほど回帰直線（回帰平面）の推定に大きな影響を与えます。一方、縦軸は残差の標準得点です。梃子比が大きくかつ残差が大きいケースがあると、そのケースはモデルから逸脱していて、その逸脱する方向にモデルを引っ張っていると考えることができます。これを数値化したものが**クックの距離**（Cook's distance）と呼ばれる指標で、プロットの中では赤い破線で現れます。**図3.45**の例ではクックの距離は表示されず、大きな偏りを生むような外れ値はないと言えます。

📝
メモ　図3.44の右下のプロットで太線で囲まれている部分（点線部分は実際には赤色）は凡例です。紛らわしいので図の外に表示してほしいところですが、内側に表示されます。

3.3.6　説明変数同士の相関——多重共線性

（1）多重共線性

　回帰モデルでは**多重共線性**（multicolinearity）という現象に注意する必要があります。多重共線性とは、簡単に言ってしまえば「説明変数同士の相関が高いと回帰平面が安定しない」という問題です。これは、線形回帰に限らず、4.3.3項で述べる**一般化線形モデル**でも発生し得る問題です。

　以下の回帰式を考えてみましょう。

$$y = b_0 + b_1 x_1 + b_2 x_2$$

　これは**図3.46左**にあるような回帰平面の方程式を表します。ところが、説明変数 x_1 と x_2 の相関が非常に高いと、それぞれのケースは平面の上にはばらつかず、1本の直線の上に集まってしまいます。すると、回帰平面は安定しません（**図3.46右**）。いったん平面が決定されても、いくつかのサンプルの値が変われば平面はぐるりと回ってしまい、異なるパラメータが得られることになります。

　このような問題を検証するための指標が**VIF**です。VIFは variance inflation factor の略で、日本語では**分散拡大係数**などと呼ばれます。VIFは個々の説明変数ごとに算出される値で、具体的には、その説明変数をほかのすべての説明変数で予測する回帰モデルを作成し、その決定係数 R^2 を1から引いて分母とします。分子は1で、式は次のようになります。

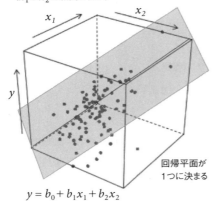
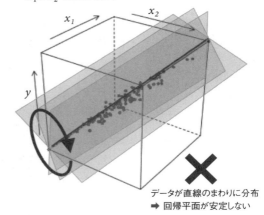

図3.46　多重共線性

$$\text{VIF} = 1 / (1 - R^2)$$

あくまで便宜的な基準ですが、VIFが10以上の場合は該当する変数を削るのが望ましいと言われています[メモ]。これは、決定係数R^2に直すと0.9以上に相当します[45]。

メモ　説明変数を削るのではなく、相関の高い複数の説明変数から新たな変数を作り、その新しい変数を説明変数として使うという方法もあります。主成分分析や因子分析といった次元圧縮の手法がこれにあたります。

（2）VIFの確認

RにはVIFを計算できるライブラリが複数あります。今回はcarライブラリに含まれる関数を使って算出します。サンプルスクリプトは📄3.3.07.MultiColinearity.Rです（**リスト3.13**）。使用するサンプルデータは、ある事業所の拠点ごとにスタッフのモチベーションを調べたもので、📄ESSurvey.csvに収められています。データの項目（列）は、以下のとおりです。なお、データの項目や数値は現実のものではありませんが、考え方はスタッフワークの効率化に関わる事例を参考にしています。

---

[45]　VIFについては5未満、4未満など10より厳しい基準を設ける場合もあります。

Meeting …… 該当の拠点において業務評価面接が行われた回数（年間換算でスタッフ10人あたりの面接回数を示す）

Reassign …… 3年間に仕事の内容や待遇などの変化があった人数の比率

Score …… 拠点ごとのモチベーションの高さを示すスコア（100点満点）

今回は3列目のScore（モチベーションの高さ）を目的変数として回帰分析を行います。説明変数はMeeting（面接回数）とReassign（仕事の変化）の2つです。なお、面接では働きぶりの評価のほか、新しい仕事や配置換えへの希望も話し合われます。一般論として、これらはいずれもモチベーションにプラスの影響を与えるのではないかと考えられます。

最初に、Scoreを目的変数、MeetingとReassignを説明変数として線形回帰モデルを作成しましょう。これまで作成した残業時間のモデルと混同しないように「LE1」と名前をつけました[46]。結果を見ると、自由度調整済み決定係数（Adjusted R-squared）は0.15と低い値です。推定されるパラメータは3つで、このうちReassignの偏回帰係数は有意となりませんでした。VIFの確認は、carライブラリのvif()関数を使って行います。引数にモデルの名称（LE1）を指定すればVIFが算出されます（**例3.20**）。値は1.00と非常に低い値となっています。

例3.20 VIFの確認

```
> vif(LE1)
 Meeting Reassign
1.001713 1.001713
```

リスト3.13　3.3.07.MultiColinearity.R

```
#多重共線性

#目的変数：スタッフのモチベーション Score
#説明変数：10人あたりの年間の業務評価面接回数 Meeting
#          3年間に職務や待遇の変化があった人数の比率 Reassign

#データの読み込み
DF <- read.table("ESSurvey.csv",
                sep = ",",                  #カンマ区切りのファイル
                header = TRUE,              #1行目はヘッダー（列名）
                stringsAsFactors = FALSE) #文字列を文字列型で取り込む

#データフレームの内容を表示
head(DF)
```

---

[46]　特に深い意味はなく、線形モデル（linear model）と従業員調査（employee survey）の頭文字です。

```
#要約統計量
summary(DF)

#目的変数の値のヒストグラム
hist(DF$Score, breaks=30, col="palegreen")

#ペアプロットを描く
pairs(DF)
#相関係数
cor(DF)

#通常の線形回帰モデル
#"."を指定すると目的変数以外のすべての変数を使う
LE1 <- lm( Score ~ ., data=DF)
summary(LE1)

#残差のヒストグラム
hist(LE1$residuals, breaks=25, col="yellow3")
#診断プロット
par(mfrow=c(2,2))
plot(LE1)
par(mfrow=c(1,1))

#モデルの多重共線性について確認
#ライブラリを読み込む
library(car)

#vif(): VIFを計算する関数
vif(LE1)
#10未満であることを目安とする


#交互作用項を含むモデル
#  LE1の式に交互作用項を加えた形で記述
LE2 <- lm( Score ~ .+ Meeting*Reassign, data=DF)
summary(LE2)

#残差のヒストグラム
hist(LE2$residuals, breaks=25, col="yellow3")
#診断プロット
par(mfrow=c(2,2))
plot(LE2)
par(mfrow=c(1,1))

#モデルについてVIFの値を確認
vif(LE2)

#交互作用項と各変数との相関係数を確認
cor(DF, DF$Meeting*DF$Reassign)


#中心化(centering)処理を行う
#※交互作用項と元の変数との相関を下げる効果がある
#  各変数について平均値との差を取り元の値を置き換える
DFc <- DF
DFc$Meeting  <- DFc$Meeting  - mean(DF$Meeting)
DFc$Reassign <- DFc$Reassign - mean(DF$Reassign)
```

```r
#各説明変数について平均が0になっていることを確認
summary(DFc)

#モデル
LE3 <- lm( Score ~ .+ Meeting*Reassign, data=DFc)
summary(LE3)

#VIFの値を確認
vif(LE3)

#交互作用項と各変数との相関係数を確認
cor(DFc, DFc$Meeting*DFc$Reassign)

#3つのモデルのAICを確認
AIC(LE1)
AIC(LE2)
AIC(LE3)


#これまでに作成した残業時間のモデルについてVIFを確認

#目的変数：残業時間 overtime
#説明変数：勤続年数 tenure
#         部門 section(Ademin, IT, Sales )

#データの読み込み
DF <- read.table("StaffOvertime.csv",
                 sep = ",",                    #カンマ区切りのファイル
                 header = TRUE,                #1行目はヘッダー(列名)
                 stringsAsFactors = FALSE) #文字列を文字列型で取り込む

#データフレームの先頭を表示
head(DF)

#交互作用を含まないモデル
LM5 <- lm( overtime ~ section + tenure, data=DF)
#交互作用を含むモデル
LM6 <- lm( overtime ~ section + tenure + section*tenure, data=DF)

#VIFの値を確認
vif(LM5)
vif(LM6)
#carライブラリのvif()関数の仕様：
#  カテゴリ変数(3水準以上)がなければ通常のVIFを計算
#  カテゴリ変数(3水準以上)がある場合、GVIFを計算

#この場合は右端の値 GVIF^(1/(2*Df))を確認
#極端に大きい値がないかを確認する
```

3.3

モデルを評価する

（3）多重共線性と交互作用

　　次に、同じデータを使って、以下のような交互作用項のあるモデルを作成します。交互
作用については3.2.4項の説明を参照してください。

$$y = b_0 + b_1 x_1 + b_2 x_2 + b_3 x_1 x_2$$

（注：yはモチベーションスコア、x_1は面接回数、x_2は仕事の変化）

　　上記のモデルをLE2として作成するとすべての項が有意となり、自由度調整済み決定係
数は0.47となります。残差の分布も良好で、一見問題はないように見えます。しかし、この
モデルについてVIFを計算すると、交互作用項であるMeeting:Reassignの値が14.56と
かなり高くなってしまいました（**例3.21**）。交互作用項があるモデルは多重共線性が発生しや
すいと言えます。VIFが10を超えるということは、交互作用項の値をこの2つの変数で回
帰すると、決定係数が0.9を超えるということです。交互作用項の値は、2つの説明変数と
強く連動しているということになります。

> **例3.21**　VIFの算出

```
> vif(LE2)
        Meeting           Reassign Meeting:Reassign
       9.274764           6.866926        14.562118
```

（4）交互作用項と中心化

　　回帰モデルが交互作用項を含む場合に、多重共線性を避けるために使われる手法が**中
心化**（centering）です。中心化とは、元の値を平均値との差で置き換えるという手法です
（➡4.2.3）。たとえば (1, 6, 8) のようなデータであれば、平均値は5なので (-4, 1, 3) と置き
換えられ、新しい平均値は0となります。

　　この方法で交互作用項のあるモデルLE3を作成すると、モデルの決定係数はLE2の値と
まったく変わりません（**例3.22**）。しかし、VIFを算出すると値が非常に小さくなっているこ
とがわかります（**例3.23**）。

> **例3.22**　中心化を施したモデル

```
> LE3 <- lm( Score ~ .+ Meeting*Reassign, data=DFc)
> summary(LE3)

Call:
lm(formula = Score ~ . + Meeting * Reassign, data = DFc)

Residuals:
```

```
              Min       1Q   Median       3Q      Max
          -24.9692  -4.2969   0.1607   5.1897  25.9737

Coefficients:
                 Estimate Std. Error t value Pr(>|t|)
(Intercept)      66.42629    0.78783  84.315  < 2e-16 ***
Meeting           0.53184    0.08893   5.980 2.36e-08 ***
Reassign         18.04132    7.05237   2.558   0.0118 *
Meeting:Reassign  6.62546    0.77526   8.546 4.78e-14 ***
---
Signif. codes:  0 '***' 0.001 '**' 0.01 '*' 0.05 '.' 0.1 ' ' 1

Residual standard error: 8.766 on 120 degrees of freedom
Multiple R-squared:  0.4783,    Adjusted R-squared:  0.4653
F-statistic: 36.67 on 3 and 120 DF,  p-value: < 2.2e-16
```

例3.23 VIFの算出（中心化を施したモデル）

```
> vif(LE3)
        Meeting         Reassign Meeting:Reassign
       1.002583         1.002857         1.001931
```

余談ですが、中心化にはモデルの解釈がしやすくなるというメリットもあります。図3.47はLE3を図式化したもので、モデルはねじれた平面となります。中心化を行えば、MeetingとReassignの回帰係数は、もう一方の変数が元の値で平均値であるときの傾きを示すことになります（図では曲面の中央の十字線がこれを表しています）。中心化をしていない場

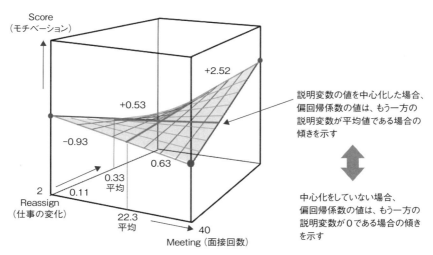

※ -0.93, +0.53, +2.52は、Reassignがそれぞれ最小値(0.11), 平均値(0.33), 最大値(0.63)のときのMeeting方向の傾きを示す。

図3.47 交互作用を含むモデルと中心化

合は元の値で0であるときの傾きを示すことになりますが、この場合0というのはデータに存在しない値です。解釈の問題ではありますが、0が基準というのは直感的にはわかりづらいと言えるでしょう。

なお、交互作用は常に加えるべきというものではありません。解釈の複雑さや多重共線性の問題に加えて、オーバーフィッティング（➡3.3.4）の危険も増大しますので、注意してください。

（5）ダミー変数とVIF

説明変数にカテゴリ変数が含まれる場合には、数値変数の場合とは異なる注意が必要です。残業時間のモデルLM6を例にしてVIFを確認してみましょう。

$$y = b_0 + b_1 x_1 + b_2 x_2 + b_3 x_3 - b_4 x_1 x_3 - b_5 x_2 x_3$$

（注：yは残業時間、x_1はIT、x_2はSales、x_3は勤続年数、小数点以下第2位まで記述）

多重共線性を確認するときの問題は、x_1とx_2が部門という1つの説明変数から展開されていることです。そこで、ダミー変数もうまく扱えるようなGVIF（Generalized Variance Inflation factor）という指標が提案されています。GVIFでは、個々のダミー変数ではなく、その元となるカテゴリ変数（ここでは部門）に対して指標が算出されます。

carライブラリのvif()関数は、説明変数の中に水準が3以上のカテゴリ変数があればGVIFを出力します[47]。説明変数が数値変数だけの場合や、カテゴリ変数があっても水準が2つだけの場合は、通常のVIFが出力されます。出力結果では、GVIF^(1/(2*Df))と出力された一番右の列を確認してください[48]（**例3.24**）。いくつ以下ならよいという基準は明確ではありませんが、この値は通常のVIFの平方根の値に相当するとされています[49]。極端に大きい値ではありませんが、警戒が必要な値とは言えそうです。

例3.24 GVIFの算出

```
> vif(LM6)
                   GVIF Df GVIF^(1/(2*Df))
section       16.780270  2        2.023950
tenure         3.194346  1        1.787273
section:tenure 26.202923  2       2.262494
```

[47]　カテゴリ変数の水準（分類）が3以上ということは、複数（2つ以上）のダミー変数として展開されるということです。3.2.3項で説明したように、ダミー変数の数は、水準の数マイナス1です。

[48]　Dfは自由度を表し、この例では2となります。

[49]　John Fox "Colinearity and Model Selection" (Lecture Notes), McMaster University.
https://socialsciences.mcmaster.ca/jfox/Courses/soc740/lecture-7-notes.pdf

3.3.7 標準偏回帰係数

（1）説明変数の効果をどう測るか

統計解析を使う目的は、現象を数理的に記述すること、さらに言えば、そのメカニズムを明らかにすることにあると言ってよいでしょう。

そこで知りたいのが、個々の説明変数が目的変数の変動にどの程度の効果を与えているかということです。ここではそれを「効果の度合い」と呼ぶことにしましょう。

例3.25 を見てください。これは3.3.6項の例で最初に作成したモデルで、面接回数と仕事の変化が、モチベーションの違いにどう関わっているかを示しています。Meetingの偏回帰係数は0.51、Reassignの偏回帰係数は16.0です。偏回帰係数は回帰平面のそれぞれの方向での傾きを示します。とすれば、Reassignは、Meetingの約30倍の効果を持つと言ってよいでしょうか。

もちろん、これは間違いです。Reassignは3年間に仕事の内容や待遇などの変化があった人数の比率で、小数で表されています。一方、Meetingのほうは年間の10人あたりの面接回数です。偏回帰係数は、説明変数が1単位増えたときの目的変数の変化を示しているので、説明変数間で単位が違う以上、比較は成り立ちません。

例3.25 3.3.6項で作成したモデル

```
> LE1 <- lm( Score ~ ., data=DF)
> summary(LE1)

Call:
lm(formula = Score ~ ., data = DF)

Residuals:
    Min      1Q  Median      3Q     Max
-32.541  -5.582   0.494   7.485  24.612

Coefficients:
            Estimate Std. Error t value Pr(>|t|)
(Intercept)  49.4622     4.0815  12.119  < 2e-16 ***
Meeting       0.5095     0.1123   4.537 1.35e-05 ***
Reassign     16.0063     8.9025   1.798   0.0747 .
---
Signif. codes:  0 '***' 0.001 '**' 0.01 '*' 0.05 '.' 0.1 ' ' 1

Residual standard error: 11.07 on 121 degrees of freedom
Multiple R-squared:  0.1608,	Adjusted R-squared:  0.1469
F-statistic: 11.59 on 2 and 121 DF,  p-value: 2.477e-05
```

（2）標準化と標準偏回帰係数

このような場合に使われるテクニックが**標準化**（standardization）です。標準化とは、平均値が0、標準偏差（SD）が1となるように値の分布を変換することを言います（➡4.2.3）。標準化は、平均値だけでなく、物差しの長さを統一するものと考えればよいでしょう。

そこで、目的変数と説明変数のすべてを標準化してから以下の式でモデルを推定します。

$$Y = \beta_0 + \beta_1 X_1 + \beta_2 X_2 + ...$$

（注：Yは標準化済みの目的変数、X_1、X_2、... は標準化済みの説明変数）

上記のβ_1、β_2、… は、目的変数と説明変数のすべてを標準化してモデルを推定した場合の偏回帰係数で、**標準偏回帰係数**（standadized partial regression coefficient）と呼ばれます。慣例的に「ベータ」と呼ぶこともあります。

標準偏回帰係数は、「説明変数が1SD増えたときに、目的変数が何SD増えるか」を表しています。SDは分布の広がりの度合いを基準に統一された物差しと考えることができ、これをもとに説明変数が与える効果を横並びで比較することができます。

なお、説明変数が1つの単回帰では、標準偏回帰係数の値は相関係数と一致します。つまり、−1に近いほど強い負の効果、+1に近いほど強い正の効果があり、0であれば効果はありません。ただし、複数の説明変数を含む重回帰モデルでは、その絶対値が1を超えることもあります。

（3）Rでの標準偏回帰係数の算出

実際に、Rで標準偏回帰係数を算出してみましょう。ここでは自分で標準化を行ってから回帰モデルを作成する方法と、いったん回帰モデルを作成してから専用の関数を使って標準偏回帰係数を求める方法の2つを紹介します。サンプルスクリプトは📄3.4.01.StandardizedRegression.Rです（**リスト3.14**）。

リスト3.14 3.4.01.StandardizedRegression.R

```
#説明変数の効果の度合い

#目的変数：スタッフのモチベーション Score
#説明変数：10人あたりの年間の業務評価面接回数 Meeting
#          3年間に職務や待遇の変化があった人数の比率 Reassign

#データの読込み
DF <- read.table("ESSurvey.csv",
                 sep = ",",                      #カンマ区切りのファイル
                 header = TRUE,                  #1行目はヘッダー（列名）
                 stringsAsFactors = FALSE) #文字列を文字列型で取り込む
```

```
#通常の線形回帰モデル
#"."を指定すると目的変数以外のすべての変数を使う
LE1 <- lm( Score ~ ., data=DF)
summary(LE1)

#データを標準化する
#scale()：標準化を行う関数
# scaleの出力結果はマトリクス形式なので、
# as.data.frame()を使ってデータフレームに直す
DFst <- as.data.frame( scale(DF) )

#平均値、中央値等を確認
summary(DFst)
#標準偏差を確認
# DFstのそれぞれの列単位にsd()関数を適用
# apply()の引数の2は「列単位」という指定を示す
apply(DFst, 2, sd)

#標準化されたデータに基づく線形回帰モデル
LE4 <- lm( Score ~ ., data=DFst)
summary(LE4)
#偏回帰係数（Estimate）の欄が標準偏回帰係数


#lm.betaライブラリを使う（一般にはこちらが便利）
library(lm.beta)

#通常の方法で作成したモデルをインプットとする
LE5 <- lm.beta(LE1)
summary(LE5)
#通常の結果に標準偏回帰係数の情報が加わる


#参考：偏回帰係数から標準偏回帰係数を算出

#元のモデルLE1の偏回帰係数
LE1$coefficients
#目的変数の標準偏差
ySD  <- sd(DF$Score)
#説明変数の標準偏差
x1SD <- sd(DF$Meeting)
x2SD <- sd(DF$Reassign)

#各説明変数の標準偏回帰係数を求める
#標準偏回帰係数＝
#  偏回帰係数＊説明変数の標準偏差／目的変数の標準偏差
LE1$coefficients[2] * x1SD / ySD
LE1$coefficients[3] * x2SD / ySD
```

3.3

モデルを評価する

方法1：scale()関数を使う

　　自分でデータの標準化を行うためにはscale()関数を使います。ただし、scale()の出力結果はデータフレームではなくマトリクス形式に変換されてしまうので、as.data.frame()関数を使ってデータフレームに戻してやる必要があります。標準化されたデータは平均値が0、標準偏差が1になっています（**例3.26**）。

　　データが格納されたDFstを使って回帰モデルLE4を作成すれば、標準偏回帰係数を確認することができます。データそのものが標準化されているので、通常であれば偏回帰係数が表示される箇所（Estimateの列）に、標準偏回帰係数の値が表示されます（**例3.27**）。

例3.26 標準化後の平均と標準偏差

```
> summary(DFst)

    Meeting              Reassign              Score
 Min.   :-2.28191   Min.   :-1.98606   Min.   :-3.00773
 1st Qu.:-0.73677   1st Qu.:-0.73867   1st Qu.:-0.61146
 Median :-0.03444   Median : 0.06323   Median : 0.04131
 Mean   : 0.00000   Mean   : 0.00000   Mean   : 0.00000
 3rd Qu.: 0.75218   3rd Qu.: 0.68693   3rd Qu.: 0.59814
 Max.   : 3.11203   Max.   : 2.64713   Max.   : 2.78169

> apply(DFst, 2, sd)
 Meeting Reassign    Score
       1        1        1
```

例3.27 標準偏回帰係数の算出

```
> LE4 <- lm( Score ~ ., data=DFst)
> summary(LE4)

Call:
lm(formula = Score ~ ., data = DFst)

Residuals:
     Min       1Q   Median       3Q      Max
-2.71458 -0.46567  0.04124  0.62441  2.05314

Coefficients:
             Estimate Std. Error t value Pr(>|t|)
(Intercept) -3.269e-16  8.294e-02   0.000   1.0000
Meeting      3.782e-01  8.335e-02   4.537 1.35e-05 ***
Reassign     1.499e-01  8.335e-02   1.798   0.0747 .
---
Signif. codes:  0 '***' 0.001 '**' 0.01 '*' 0.05 '.' 0.1 ' ' 1

Residual standard error: 0.9236 on 121 degrees of freedom
```

```
Multiple R-squared:  0.1608,  Adjusted R-squared:  0.1469
F-statistic: 11.59 on 2 and 121 DF,  p-value: 2.477e-05
```

方法2：lm.beta()関数を使う

　もうひとつは lm.beta ライブラリの lm.beta() 関数を使う方法で、通常は、こちらを使ったほうが簡単でしょう。最初のモデル LE1 をこの関数の引数に指定すれば、標準偏回帰係数の情報を加えたオブジェクトが得られます。スクリプトではこの結果を LE5 として保存し、summary() で内容を確認します。この中で Standardized Std. と出力された列が、標準偏回帰係数です（**例3.28**）。これは、先ほどの LE4 の偏回帰係数（Estimate の列）とほぼ同じ値になるはずです。なお、決定係数や有意確率の値は、LE1、LE4、LE5 で同じ値になります。

　この値を説明変数同士で比べると、Meeting の標準偏回帰係数は 0.38 であるのに対し、Reassign の標準偏回帰係数は 0.15 です。Meeting の 1SD 分の変化に比べ、Reassign の 1SD 分の変化は、効果としては少ないということです。このことは Reassign の回帰係数が有意でないこととも符合します。

　lm.beta() 関数はダミー変数を使ったモデルにも適用できます。たとえば、残業時間を

例3.28 標準偏回帰係数の算出

```
> library(lm.beta)
> LE5 <- lm.beta(LE1)
> summary(LE5)

Call:
lm(formula = Score ~ ., data = DF)

Residuals:
    Min     1Q  Median     3Q     Max
-32.541  -5.582   0.494   7.485  24.612

Coefficients:
            Estimate Standardized Std. Error t value Pr(>|t|)
(Intercept) 49.4622       0.0000    4.0815  12.119  < 2e-16 ***
Meeting      0.5095       0.3782    0.1123   4.537 1.35e-05 ***
Reassign    16.0063       0.1499    8.9025   1.798   0.0747 .
---
Signif. codes:  0 '***' 0.001 '**' 0.01 '*' 0.05 '.' 0.1 ' ' 1

Residual standard error: 11.07 on 121 degrees of freedom
Multiple R-squared:  0.1608,  Adjusted R-squared:  0.1469
F-statistic: 11.59 on 2 and 121 DF,  p-value: 2.477e-05
```

3.3

モデルを評価する

217

部門と勤続年数から説明したモデルLM5を`lm.beta()`に入力すれば、IT（ダミー変数）、Sales（ダミー変数）、勤続年数の3つの説明変数について標準偏回帰係数を得ることができます。ただし、ITやSalesといったダミー変数について1SD分の変動が何を意味するかは解釈が難しく、あえてこれを比較するかどうかは分析者の考え方に委ねられることになります。

なお`lm.beta()`関数は、データを標準化してから回帰モデルを作成し直しているのではなく、偏回帰係数の値をもとに標準偏回帰係数を計算しています[注意]。偏回帰係数に、説明変数の標準偏差を掛け、目的変数の標準偏差で割れば標準偏回帰係数が得られます。サンプルスクリプトにはこの手順も参考として記述しておきました。

✳ 注意

3.3.6項のLE2のような交互作用項を含むモデルの場合は、事前に`scale()`で各変数（MeetingとReassign）を標準化し、そのあとで`lm()`関数を使って交互作用項を含む回帰モデルを作成してください。標準化は中心化の代用となるため、多重共線性への対処も可能です。一方、LE2のような形でモデルを作成したあとで`lm.beta()`を実行すると、交互作用項の計算と標準化の順序が逆になるため異なる結果となってしまいます。

第4章

実践的なモデリング

4.1　モデリングの準備

4.2　データの加工

4.3　モデリングの手法

4.4　因果推論

4.1 モデリングの準備

4.1.1 データの準備と加工

　これまでは、相関係数と線形回帰モデルだけを使って、基本的な分析やモデリングの考え方を説明してきました。第4章では、さまざまな手法を具体的な実行例とともに紹介し、加えて統計解析を用いて因果関係を考察する上でのポイントを解説します。

　それらに先立ち、具体的な分析の前に検討しておくべきこととして、以下の2点を取り上げます。

- データの準備と加工
- モデリング手法の選択

　まずは、データの準備と加工について説明しておきましょう。これらの作業はデータサイエンスのプロセス（➡ 1.2.1）の中でも特に多くの時間と労力を必要とします。しかし、これらは分析や予測の結果を左右する最大の要因です。どのようなデータを準備し、どう加工するかがその成否を決めると言っても過言ではありません。

（1）データの準備

　データサイエンスにおいて、適切なデータの入手が重要であることは言うまでもありません。しかし、ビジネスの現場においては理想的なデータが最初から入手できることは稀です。さらに、そもそもデータが存在しない、入手したデータの品質が悪いといった問題もしばしば発生します。たとえば、以下のような事例は珍しくありません。

- 売上などのビジネスの成果に関する情報は蓄積しているが、成果を説明する要因に関する情報（たとえば、販促施策の実施、アクシデントの発生など）は定量的なデータとして残していない
- 会計処理に必要な集計データだけを残し、ローデータ（1件ごとの販売データ）は一定期間保存したあとで処分している

- 実店舗でのサービスとオンラインでのサービスでは別々にデータを管理しており、データの記録形式などが異なっている
- システムの入力が決められたルールどおりに運用されていない（たとえば、店頭で顧客の年齢を入力するルールになっているが面倒なので皆「30歳」として打っている）

データサイエンスを技術的な観点でのみ捉えていると、ともすれば「もらったデータを分析する」という受け身の立場になってしまいがちです。しかし実務で成果を得るためには、業務上の目的から出発して、どうしたら必要なデータを入手できるかを考えるべきです。

1つのデータソースだけで事が足りるということは稀で、たいていの場合は複数のデータソースを組み合わせて分析を行う必要があります。既存のデータだけでなく、新しいデータを入手するための調査を実施してそれらを組み合わせるといったことも考えられます。また、外部データ（会社であれば社外にあるデータ）の活用は積極的に検討すべきです。店舗の売上を分析するなら、天候に関する情報、店舗が立地する地域の情報などが必要になります。これらの多くは、外部のデータソースから入手する必要があります。

（2）データのクレンジングと加工

データのクレンジング（またはクリーニング）と加工は厄介な問題です。第3章で例として使った残業時間のデータは非常にシンプルかつクリーンなデータでした。現実に分析者が遭遇するデータは、多様な項目から構成され、かつ欠損値や外れ値も多く含まれています。

そしてデータのクレンジングと加工は、モデリングの手法以上に、結果に大きな影響を与えます。経験上、データ分析の初心者が「思うような結果が出ない」、または「モデルの精度が悪い」と感じる場合、その原因がデータのクレンジングや加工の不十分さにあることはよくあります。

なお、クレンジングと加工の違いは明確ではありません。一般には、データの品質に関する問題を修正する作業を「クレンジング」と呼び、それ以外のデータの形式の変換を「加工」と呼ぶことが多いでしょう。4.2.1項以降ではこれらのクレンジングと加工について、具体的な注意点を述べていきます。

- データのクレンジング
- カテゴリ変数の加工
- 数値変数の加工とスケーリング

- 欠損値の処理
- 外れ値の処理
- その他のデータ加工

4.1.2 分析とモデリングの手法

　分析とモデリングの手法は多彩で、どのような場合に何を使えばよいのかという疑問を持つ方が多いようです。本書でも第3章で取り上げた相関分析や線形回帰のほか、クラスタリング、因子分析、主成分分析、ロジスティック回帰、決定木、ランダムフォレスト、サポートベクターマシン（SVM）、ニューラルネットワーク（ディープラーニング）などさまざまな手法を扱います（**表4.1**）。

表4.1　本書で扱う代表的な手法

目的	手法	本書での解説	分類／回帰	機械学習における扱い
関連性の分析	相関分析	3.1.3項	—	—
グループ化	クラスタリング	4.3.1項	—	教師なし学習
次元の削減	因子分析	4.3.2項	—	教師なし学習
	主成分分析	4.3.2項	—	
現象の説明	線形回帰	3.2.2項	回帰	教師あり学習
要因の分析	ロジスティック回帰	4.3.4項	分類	
予測	決定木	4.3.5項	分類／回帰	
予測（機械学習）	ランダムフォレスト	5.2.2項	分類／回帰	教師あり学習
	サポートベクターマシン（SVM）	5.2.3項	分類／回帰	
	ニューラルネットワーク	5.3.1項	分類／回帰	

　表の記述で「分類」とあるのは説明や予測の対象がカテゴリである場合、「回帰」とあるのはそれらが数値である場合です。また、機械学習ではこれらの手法を「教師なし学習」または「教師あり学習」といった呼び方で扱います。この点について詳しくは5.1.1項で説明します。

　以下では目的の違いに沿って、どのような場面でそれらが使われるかを説明します。また必要に応じて、上記以外の手法にも簡単に触れておきます。

（1）関連性の分析

　関連性や類似性の強さに基づく分析は、さまざまな局面で使われています。たとえば、ネット通販サイトなどで行われる商品の推奨（レコメンデーション）では商品の購入や評価の状況からユーザー同士の類似性を指標化し、似たユーザーが購入したり高評価をしたりしている商品を推奨するといった方法が使われます。類似性の指標としては相関係数のほかに、**コサイン類似度**と呼ばれる指標などが使われます。また、どの商品とどの商品が一緒に買われているかを明らかにすることを**マーケットバスケット分析**と呼びます。マーケットバスケット分析では**確信度**（confidence）、**支持度**（support）、**リフト**（lift）といった指標を用いて「商品Aを買った人は商品Bを買う」といったルールを抽出します。このようなルールは**アソシエーションルール**（連関ルール）と呼ばれます。

（2）グループ化

　なんらかの関連性や類似性をもとに、似たもの同士を複数のグループに分けるという考え方です。特にニーズや属性が似た顧客を集めてグループを作ることを、マーケティングの分野では**セグメンテーション**（segmentation）と呼びます。基準となる変数については論者によって違いはあるものの、しばしば以下のように説明されています。

- **デモグラフィクス（人口統計的特性）**：性別、年齢、人種、既婚/未婚、世帯人数など
- **ジオグラフィクス（地理的特性）**：居住地、勤務地など
- **ソシオグラフィクス（社会的特性）**：収入、支出、資産、学歴、職業、社会階層など
- **サイコグラフィクス（心理的特性）**：パーソナリティ、関心、価値観、ライフスタイルなど

　このほか、購買頻度や購買金額のように実際の行動として現れたものを**行動特性**、**行動変数**などと呼ぶことがあります。特にインターネット上では商品の検索や閲覧などの行動を詳細に把握できるため、これらの情報を使ってマーケティングを行うことが一般的です。

　このようなセグメンテーションを行うときに有効な方法が**クラスタリング**です（➡ 4.3.1）。クラスタリングは、顧客のセグメンテーションだけでなく、商品を分類する、店舗を分類するなど、さまざまな利用法が考えられます。

（3）現象の説明、要因の分析

　第3章では、線形回帰モデルを使って所属部門や勤続年数が残業時間に与える効果を分析しました。このように、線形回帰モデルやその発展である一般化線形モデル（➡ 4.3.3）を

使えば、説明変数の変化が目的変数の変化に対してどの程度の効果を持つかを定量的に評価できます。これは、残業という現象に対するひとつの説明であり、その要因を解明しようとする試みであると言えます。

ただし、ここで言う「効果」とは得られたデータの中に潜む数学的な関係のことであり、因果関係をそのまま示すものではありません。たとえば、管理部門で残業が少ないのは、「残業をしない人が管理部門に配属されている」ということの結果であるかもしれません。そこで、統計解析に基づいて因果関係を検証するための方法がいくつか考案されています。4.4.1項と4.4.2項でその考え方の一端を説明します。

また、回帰モデルとは異なるアプローチとして、**決定木**（➡4.3.5）と呼ばれる手法があります。決定木は「残業時間に影響を与えるのは何か」といった要因の分析には向きませんが、「どんな人に残業時間が多いのか」といった情報を容易に得ることができる手法です。言い換えれば、一定の基準に沿ってなんらかの属性を持つセグメントを自動的に抽出できるため、知識の発見に向いた手法と言えます。

これらの手法は、要因の分析や知識の発見だけではなく予測に用いることもできます。ただし、次にのべるような機械学習系の手法に比べると予測精度は劣ります。

（4）結果の予測

なんらかの特性に基づく情報を使って結果（特定の目的変数の値）を予測するのは、機械学習の得意分野です。

たとえば、残業の要因を知ることができなくても、たくさん残業をしそうな従業員の特定さえできればよいというのであれば、ランダムフォレスト（➡5.2.2）やSVM（➡5.2.3）といった予測精度の高い手法を使うことが可能となります。

残業時間に限らず、顧客の解約を予測する、機械部品の故障を予測するなど、予測を目的とした課題は多いでしょう。ただし、「予測ができること」と「事象の要因を分析できること」はまったく別問題です。混同しないように注意してください。

（5）次元の削減

次元の削減とは、ひと言で言えば、多くの変数をより少ない変数にまとめ直すことです。具体的な手法には、因子分析、主成分分析などがあります（➡4.3.2）。次元削減が必要となる場面は、大きく2つです。

ひとつは、サイコグラフィクスのような、抽象度が高い概念を整理する場合です。たとえば顧客のロイヤルティ（ブランドへの忠誠）や好感度などをアンケートで数値化しようと

すると、それらを表現するためにいくらでも異なる質問が考えられます。このような場合は、主に因子分析を使って質問同士の相関関係からいくつかの異なる指標を抽出します。

　もうひとつは、扱う変数の数が多すぎる場合や、変数の相関が無視できない場合です。このような場合はそのままクラスタリングや回帰分析を行ってもうまくいかないため、主成分分析などを使って事前に次元の削減を行います。(2)(3)(4)のような目的を達成するための前処理という扱いで考えればよいでしょう。

4.1

モデリングの準備

4.2 データの加工

4.2.1 データのクレンジング

データのクレンジング（クリーニング）の具体的な方法は、扱うデータの種類や特性、特に元のデータがどのような形式や記法で記録されているかによって異なります。ここでは、業務用のデータベースなどから抽出され、表形式に整形されたCSV形式のファイルなどを扱う場合を想定し、よく遭遇する問題とその対処法について説明します。

（1）数値が文字列として格納されている

「数値として記録された項目を計算しようと思ったのに、できない」ことがあります。この原因のひとつとして考えられるのが、数値型か文字型かといった変数の「型」です。数値なのになぜか文字型で読み込まれている、また、文字型から数値型に変換できない場合、その原因として次のような可能性が考えられます。

- 数値が引用符（ ' または " ）でくくられていたり、カンマ付きの文字列として記録されている（たとえば、「12300」という数値が「12,300」として記録されている）。
- 数値でないものが入っている。たとえば、年齢の値として、「20」「24」「38」といった数字以外に、「18歳未満」「不明」などの文字列が値として記録されている。

前者は機械的に変換を行えばすむ問題ですが、RやPythonなどのツールで変換を行うのと、元のデータを管理しているツールで変換を行うのと、どちらが簡単かを考慮すべきです。後者についてはさまざまなケースが考えられます。データをよく確認したうえで、一定のルールを設けて修正する必要があります。

> **※ 注意**
>
> Microsoft Excelで数値をカンマ付きの表示で参照している場合は、それらの数値が文字列として出力されることがありますので注意してください。

（2）行（レコード）と列（フィールド）がうまく分割されていない

　これは、データの行数や列数が元のデータと変わってしまっている、複数の列にわたって数値変数が文字型となっている、ある列に違う列の値が入ってしまっている、といったケースです。データの読み込みは一見うまくいっていて、エラーメッセージも出ないことがあるので注意してください。少なくも、行数と列数は必ず確認するようにしましょう。

　一般には、文字コードが想定したコードと異なる場合、データの中に環境依存文字や特殊記号が含まれる場合にこのような問題が起こることがあります。あらかじめ環境依存文字や特殊記号を変換したり、取り除いたりする必要があります。

　読み込むデータがCSV形式の場合には、値の中にカンマ（ , ）や引用符（ ' または " ）が含まれていると、このような現象が起こります。対処としては、形式を変えてデータを取得し直すか、データを行単位で読み込むプログラムを書いて修正するようにします。

（3）論理的におかしい数字がある、特定の値が不自然に多い

　論理的におかしい数字というのは、たとえば、身長を記録したデータ（単位cm）で、0や999という値があるという場合です。まず考えられるのは、欠損値（測定できなかったといったケース）を0や999として記録している可能性です。

　論理的にはあり得ても、特定の値が不自然に多いということもあります。たとえば、顧客の年齢で99という値が多ければ、「100歳以上の場合をすべて99として記録している」、あるいは「年齢が不明の場合にすべて99として記録している」といった可能性があります。

　また、売上や販売金額にマイナスの数値が記録されていることがあります。これは、業務用のプログラムが取り消しを示すデータをマイナスで記録し、あとで以前の値と相殺するという処理を行っているためです。この場合は、該当するプログラムの仕様を確認し、相殺処理が行われたあとのデータを入手する必要があります。自分で相殺処理のためのプログラムを書くこともできますが、業務処理の経験があるプログラマでない限り、かなり厄介な作業となります。

（4）文字列を記録している項目で、表記が一致していない

　いわゆる「表記ブレ」または「表記ゆれ」と呼ばれる問題です。たとえば、顧客の住所の最寄駅と、路線データの駅名をマッチングする場合、一方が「緑ヶ丘」、もう一方が「緑が丘」であれば、これらは異なる駅とみなされてしまいます。前者が顧客カードをもとに登録したデータで、後者が外部から取得したデータであるなどの理由が考えられます。また、「備考」のように自由記述の内容をそのまま記録している場合は、同じ項目の中でも頻繁に表

記ブレが起こります。

　ひらがなとカタカナ、英字とカタカナ、英字の大文字と小文字、全角と半角、長音記号（ー）の有無、大きい「ケ」と「ヶ」、会社名であれば「株式会社」と「（株）」など、表記ブレにはきりがありません。自由記述の表記ブレをすべてなくすのはまず不可能で、これは自然言語処理の分野における専門的な課題です。ただし駅名のように、記録される値が限定されていれば、その仕様を確認して文字列の変換処理を行うことになります。

（5）扱いづらい記述形式

　特定の項目の記述形式が、データ分析にそぐわない記法で記録されていることもよくあります。典型的な例が「昭和」の「58」年といった和暦による記録で、それが何年前なのかは簡単に計算することができません。また、西暦であっても「2018年第3四半期」といった記述形式で値が記録されているものは、一定の形式で数値に置き換える必要があります。

　さらに、「20180920」といったごく普通の日付でも、その日が何曜日なのか、祝日なのか、ということが分析の観点から重要であれば、日付をもとに曜日を算出してデータに加える必要があります。

　カテゴリで記録されている項目を、数値に置き換えたいという場合もあります。たとえば、通勤時間という項目が「30分未満」「30分以上1時間未満」「1時間以上1時間半未満」「1時間半以上」のような文字列か、それらを表す記号として記録されていることがあります。これらをカテゴリ変数として扱うと、時間の大小関係が分析に反映されません。そこでこれらを「15」「45」「75」「105」といった数に変換することが考えられます。ただし、この値は実際の通勤時間の値とは異なってしまうため、分析の正確さは保証されません。最大値が知り得ないとしたら、「1時間半以上」をいくらにすればよいのかもわかりません。これについては分析の目的と、どのくらい正確な結果を求めるのかといったことを踏まえて判断するしかないでしょう。

（6）不要な項目、重複した項目など

　業務に使用するデータには、分析には不要な項目が多く含まれます。項目名を見ると意味がありそうなものでも、実際には使われていない、あるいは過去に使われていて、値が更新されていないということもあります。

　データの項目数が多ければ、それだけ必要なメモリの容量も増え、内容を参照する際にも余分な情報が表示されて見づらくなります。明らかに必要のない項目はあらかじめ削っておきましょう。

また、ほかの項目とまったく同じ意味の項目や、すべてのケースに同じ値が記録された項目が含まれていることもあります。これらは分析に含めるとエラーとなったり、誤りの原因となったりするため、あらかじめ確認して除くようにしてください。

（7）長すぎる名称

これは本質的な問題ではありませんが、項目名やカテゴリの水準に長い名称が使われていると、スクリプトが読みづらくなったり、プロットで名称の後半が切れてしまって確認ができなかったりするなど、分析の作業が煩雑になります。あらかじめ短くわかりやすい名称に一括で置換しておくと、以降の作業が楽になります。

（8）欠損値がある

欠損値とは、「値が入っていない状態」で、これをどう処理するかは、データ分析においては重要かつ難しいトピックのひとつです。具体的な方法については4.2.5項で後述します。

（9）外れ値がある

（3）のような場合とは別に、データとしては正常でも、大きく外れた値があって意図しない結果が得られてしまうことがあります。外れ値についても、具体的な処理方法は4.2.6項で後述します。

（10）ケースごとに固有のID

IDは、それが数字として記録されていた場合でも、数値ではなくカテゴリとして扱えるよう、数値型から文字列型などに変換しておく必要があります。これらのIDは単なる識別記号であって、値そのものに実務的な意味はないからです。

データ1件ごとに異なるIDが付与されている場合、これを説明変数や目的変数に使うことはできません。クリーニングの段階で除く必要はありませんが、モデルを作る際に使う変数の中からは除く必要があります。IDはすべてのケースに固有の値なので、仮にケース数が100であれば、100の水準を持つカテゴリ変数ということになります。これを説明変数にすると目的変数の値を完璧に推定することができるため、データに完璧にフィットした、かつ意味のないモデルとなります。逆にIDを目的変数にすると、識別したい値に一致するケース数が1となってしまい、やはり意味がありません。

最後に、「完璧なクレンジングはない」ということも付け加えておきましょう。どんなにきれいに整えられたデータを作ったとしても、実際にデータを分析したりモデリングを行なったりした結果、ここが足りなかったと思える点は出てくるものです。したがって、クレンジングは、一度行えば終わりというものではないことに注意してください。

4.2.2 カテゴリ変数の加工

以下では、カテゴリ変数に特有のデータ加工について説明します。

（1）カテゴリ変数と水準

統計的なモデリングにおいてカテゴリ変数（➡ 3.2.3）を扱うときに問題となるのは、1つの変数が持つ水準の数です。一般の業務処理では、1つのカテゴリ変数の中に多くの水準があっても問題となりません。しかし、統計的なモデリングでは大きな問題となり得ます。

企業の業種や個人の職業のような整理された分類であれば、その数はまだそれほど多くないでしょう。特に問題になるのは地名や商品名など、個別の例が列挙されている場合です。たとえば地名を記録した項目があり、それが1000の水準（異なる名称）を持つとすれば、999次元のモデルを扱うことになります。このようなモデルでは、計算量の問題以外にも、いくつかの問題が生じます。

例として、東京とその近県から買い物客が集まる小売店で、顧客の購買頻度を目的変数とし、顧客がどこに住んでいるかを説明変数にしたいと考えたとしましょう。このとき、住所として「渋谷区笹塚2丁目」といった詳細な町名や丁目単位（町丁目）の値を持つ変数を加えることは有効でしょうか。問題は、これらのそれぞれの住所に該当する顧客が何名いるかです。仮に、同じ住所に該当する顧客の数が1名か2名しかいなければ、なんらかの傾向が得られたとしても、それは一般的な法則性の反映ではなくたまたま得られた結果であると考えられます。これは、3.3.4項で述べたオーバーフィッティングです。

また、これを予測に用いた場合、「渋谷区笹塚3丁目」に住む新しい顧客について購買頻度を予測するとしても、それがカテゴリ変数である以上「渋谷区笹塚2丁目」とはまったく別のものとみなされ、2丁目に住む顧客の来店頻度の情報は参照されません。「渋谷区笹塚3丁目」に該当する顧客が過去にいなければ、予測結果を算出することは一切できません。したがって、あまりに細かすぎるカテゴリを説明変数に含めることは、得策ではありません。対処法として考えられるのは以下の3つです。

- 分析から除外する
- 分類の基準を変える
- より本質的な情報を表す別の変数に置き換える

　ただし、顧客がどこに住んでいるかが意味を持つなら、単に除外するのは避けたいところです。2番目以降の方法については以下に説明します。

（2）分類の基準を変える

　先の例では、町丁目をそのまま使うのではなく、ある程度の顧客数が得られるように複数の町丁目をまとめて新しい分類とするといった対策が考えられます。区や市といった単位でもよいかもしれませんが、多くの場合はまとめ方になんらかの工夫が必要です。

　なお、ビジネスデータでは頻度が偏ったカテゴリ変数によく出会います。商品の種類を例にとると、数百の分類があったとしても、実際には上位の10か20といった分類に集中し、下位の分類はごく稀にしか見られないといったケースです。たとえば、パソコンショップで顧客が購入した商品の種類を分析に含める場合を考えてみます。ほとんどの顧客は、パソコンやディスプレイ、マウスなどを購入し、パソコン用の机や椅子、棚を購入する顧客は非常に少ないでしょう。この場合、机、椅子、棚をそのまま別の商品分類とするのではなく「家具類」としてまとめることも検討すべきです。件数が少ないと意味のある結果が得られないからです。

　一方、意見や考え方を問うアンケートの選択肢のようなものは、まとめ方によってバイアスが生じるので、恣意的な再分類は好ましくありません。この点は目的と用途に照らして判断する必要があります。

（3）別の変数への置き換え

　（1）の例で、顧客の購買頻度が、どこに住んでいるかによって異なると考えるのであれば、その違いは、住所から店舗が近い、よく利用する路線で行きやすい、といった事情に基づくと考えられます。であれば、そもそも「笹塚3丁目」のような住所は形式的な区分でしかなく、本来の理由を示す変数ではないと言えます。このような場合は、住所そのものではなく、店舗との距離や所要時間、利用路線などの情報を説明変数とするのが得策です。

　残念ながら、一般的な顧客マスタに、所要時間や利用路線といった情報が含まれていることは稀でしょう。しかし、住所や店舗の所在地から緯度・経度を調べ、距離などの情報を追加することは手間さえかければ可能です。

（4）ダミー変数に展開する際のベースライン

　　回帰モデルの中でカテゴリ変数を扱う場合は、ダミー変数のベースラインについて考慮しておくと、モデルの解釈が楽になります。

　　これはRの仕様の問題ですが、回帰分析を行うと、カテゴリ変数に含まれる水準を文字列と判断してソート順の早いものがベースラインとして設定されます。たとえば、顧客の属性でインターネット回線の利用状況について記録した項目が「a. 固定回線、b. 携帯回線、c. 利用なし」の3つの水準を持つ場合、「a. 固定回線」がベースラインとなり、「b. 携帯回線」と「c. 利用なし」の2つがダミー変数として展開されます。すると、「固定回線」を基準として、「b. 携帯回線」と「c. 利用なし」の2つの条件の効果を見ることになりますので、解釈が煩雑です。

　　これに対して、「c. 利用なし」をベースラインとすれば、ネットの利用がない場合を基準として、「a. 固定回線」と「b. 携帯回線」の2つの効果を見ることができます。

　　Rでは、カテゴリ変数をfactor型に変換してrelevel()関数を使うことでベースラインを設定できますが、この方法はやや面倒です。そこで裏ワザとして、ベースラインにしたいものに、あらかじめほかの頭文字よりも文字コードの値が小さい文字や記号をつけておくのが簡単です。たとえば「a. 固定回線、b. 携帯回線、_. 利用なし」としておけば、「a」や「b」よりも「_」記号のほうがソート順が早いので、自動的にこれがベースラインとなります。

（5）複数のカテゴリ変数間で重複する水準の扱い

　　（4）との関連で、水準の重複について説明しておきます。たとえば、インターネットの利用状況について、以下のような項目があったとします。

　　項目1　インターネット回線の利用：
　　　a. 固定回線　　　　　b. 携帯回線　　　　　　c. 利用なし
　　項目2　最も利用するインターネット機器：
　　　a. パソコン　　　　　b. スマホ／タブレット　　c. 利用なし

　　この2つを説明変数として回帰モデルを作ると問題が生じます。項目1でcに該当する人は、項目2でもcに該当するでしょう。実際には、それぞれの選択肢は、別のダミー変数として展開されます。したがって、項目1のcと、項目2のcというケースごとにまったく同じ値を持つ変数が分析に使われることになります。モデリングで、まったく同じ値を持つ変数を説明変数に使うことはNGです。

　　これに対処する方法のひとつは、先ほどの（4）の要領で項目cをベースラインに設定す

ることです。また、重複する水準が複数ある場合にはベースラインの設定だけでは解決できないため、重複が生じないように（2）の要領で再分類を行うか、該当する項目を分析から除くなどの方法をとる必要があります。

4.2.3 数値変数の加工とスケーリング

（1）数値変数の加工と留意点

　数値変数の加工にはさまざまな方法があります。いずれも分析の目的や意味を踏まえて判断すべきもので一概にこうすべきとは言えませんが、代表的な例と留意点を挙げておきます。また、これらに加えて重要となるのが、数値を測る尺度（scale）の変換です。尺度の変換については（2）以降で詳しく述べます。

● 複数の変数を用いた加工

　単純な例では、3.1.4項で挙げたような「人口総数を世帯数で割って世帯あたり人数を求める」といった操作が考えられます。

　もう少し複雑な例として、店舗の営業成績と立地の関係を考えてみましょう。仮に店舗の立地に関する情報が緯度・経度で得られているなら、これをそのまま使うのではなく、その場所が商業地なのか、駅から近いのかといった情報に置き換える必要があります。

● 前後の値を用いた加工

　加工時に、ほかの変数の値を用いるのではなく、その変数が持つある値と、その前後に近接する値を使います。これらは、時系列で記録されたデータや、空間的な広がりを持つデータ（地理データや画像データなど）で有効です。たとえば、車の移動を記録したデータから、ドライバーの運転状況（たとえば、眠くて危険な状況である、など）を推定するとしましょう。ただし、説明変数としては位置情報だけ、つまり緯度と経度の2つの項目だけが時系列で記録されているとします。この2つの変数をそのまま使っても有効なモデルは構築できません。

　そこで、ある時点の値を一定時間前の値から引いて差をとり、速度を出すことにします。次に、速度について同様の操作を行い、速度の変化（加速度）を出します。さらに、一定時間の間に、瞬間的に大きな加速（減速）が何回起きたか、といった指標を算出することも考えられます。

4.2

データの加工

前後の値を含めたデータ加工の方法としては、差をとる以外にも、周辺の値との平均を
とるといった手法もあります。これは偶然の変化によるノイズを低減するという効果があ
ります。時系列データ以外にも、空間的な関係性があるデータ、たとえば画像データでは、
隣り合う画素の情報を利用して値を加工するのが一般的です。

●カテゴリ変数への変換

連続した値を持つ数値変数をカテゴリ（たとえば「大、中、小」の3分類）に変換するこ
とは、値の分布が持つ情報量が失われるため、あまり行うべきではありません。ただし、直
線的でない関係を数式を使わずに記述したい場合は、一種の簡便法として有効な場合があ
ります。

たとえば、勤続年数を説明変数として残業時間を目的変数とした場合、勤続年数が小さ
くても大きくても残業時間は少なくなることがあらかじめわかっていれば、説明変数（勤続
年数の長さ）でケースを3グループに分割し、目的変数の値（残業時間）について平均値や
分散を確認するといったことは実務的には有効です。

一方で、このような分割が分析結果の誤りを生む場合もあります。たとえば、目的変数で
ある残業時間を30時間で区切り、30時間以上残業をしている人の比率がA部門よりB部門
で多かったとしても、この結果から「B部門のほうが残業が多い」とは言えません。分布の
形と重なり具合によっては、区切りとなる値を変えることで「A部門のほうが残業が多い」
という結論になる可能性もあるからです。

（2）単純なスケーリング

数値変数の加工で**スケーリング** (scaling)、つまり値を測る尺度の変換が重要です。スケー
リングは、基本的には以下の2つの組み合わせです。

- 値が記録されている単位を変える
- 基準となる点（多くの場合、何を0とするか）を変える

単純な例を紹介しましょう。仮に世帯の年間の収入の単位が「万円」で、支出が「円」で
記録されていた場合、単位をいずれかに揃えたほうが便利です。しかし、「同じ単位に揃え
る」ことがいつでも良い方法とは限りません。年間の収入金額と、1回のランチに出せる金
額の関係を調べたい場合、同じ円で比較すると桁数が違いすぎることになります。データ
分析では、ときに同じ単位を使うことよりも、分布の幅、値のばらつきの程度を揃えること
のほうが重要とされます。このような方法については（3）で後述します。

スケーリングについての検討は、技術的な観点だけでなく、ときには実務的な観点を踏まえて行う必要があります。たとえば、不動産の価格を目的変数とし、建築年（西暦何年に建てられたか）を説明変数とする場合を考えてみましょう。建築年は大小関係のある連続的な値です。しかし、1975や2015といった数値の大きさに絶対的な意味があるわけではありません。差をとって2015年は1975年の40年後と言うことはできますが、両者の比をとって2015年は1975年の1.02倍と言うことはできません。西暦0年という基準に実務上の意味がないからです[メモ]。

このような特徴を持つスケールのことを「間隔尺度」と言います。間隔尺度では0に実務的な意味がありません。摂氏や華氏で測定した温度、24時間制での時刻の値は間隔尺度です。

ここで、建築年と現在（仮に2019年とします）の差をとり、1975、2015をそれぞれ44と4に変換することを考えましょう。これは建築後何年経ったかという「築年数」を意味します。両者の差をとって44年は4年より40年古いということもできますし、比をとって44年は4年より11倍古いということもできます[メモ]。このように値を変換すれば、たとえば「建築年が倍になれば、価格が半分になる」といった法則を検証することも可能です[1]。

このような特徴を持つスケールのことを「比例尺度」と言います。比例尺度では0という値に実務的な意味があります。物理学での絶対温度、ある時点からの経過時間は比例尺度です。

● 数値が順序を表している場合

数値変数がなんらかの順序を表している場合は注意が必要です。簡単な例は人気投票の順位で、この場合、1位、2位…といった数字をそのまま数値として計算することはできません[メモ]。

このような特徴を持つスケールのことを「順序尺度」と言います。また、カテゴリで順序関係も成立しないもの（性別、地域、部門などの分類）を「名義尺度」と言います。

また、意見への賛成・不賛成など人間の心理を扱う調査では、「非常にそう思う」から「まったくそう思わない」までを+3から−3までの数字で記録するといった手法がよく使わ

---

[1] 具体的な方法については、4.2.4項で説明する価格と販売数のモデルを参考としてください。

れます[メモ]。多くの場合、これは計算できるものとして通常の数値と同様に扱います。しかし、+3から+2までの距離を-2から-3までの距離と同じとみなしてよいか、0が中心であると言えるのかなどについては厳密には議論の余地があります。

> 📝 **メモ** アンケートなどで使われるこのようなスケールを「リッカート尺度」と言います。特に5段階で測定を行う場合を「5件法」、7段階で測定を行う場合を「7件法」などと言います。

（3）スケーリングの手法

スケーリングの意味をもう少し深く考えてみましょう。たとえば、変数xが1、2、3という3つの値を持つとして、これに「2を掛けて1を足す」という操作で新しい変数Xを作成します。結果は3、5、7となり、これは$X = 2x + 1$という関数による変換を行ったことになります。この操作は次のような比喩で捉えることができます。最初は、目盛りの幅が1の物差しをあて、物差しから1、2、3、... という値を読み取っていました。しかし、新しい物差しは目盛りの幅が最初の物差しの半分で、当てる場所も目盛り1つ分小さいほうにずれています。すると、xの実態は変わらなくても、読み取られる値は3、5、7となります。

このようにスケーリングとは文字どおりスケール、すなわち物差しを変えることであると考えられます。多くの人に馴染みが深い例はテストの成績の比較でしょう。数学のテストはとても難しく、英語のテストは簡単であったとすれば、同じ70点でも意味はまったく異なります。また、漢文のテストは問題が少なく30点満点であったなら、ますます単純な比較はできません。そこで、平均点や分布の幅（標準偏差）を考慮してスケールを統一するために、偏差値を計算します（➡3.1.2）。偏差値は、最もよく知られているスケーリングの手法です。

以下では具体的なスケーリングの手法をいくつか紹介します。これらの手法は、交互作用項の導入による多重共線性の発生を抑制する（➡3.3.6）、クラスタリングで正確な分類を行う（➡4.3.1）、機械学習で効率的にパラメータを効率的に推定するなど、技術上の要請からよく使われます。❶~❸の簡単な実例はサンプルスクリプト📄4.2.03.Scaling.Rを見てください（**リスト4.1**）。

❶中心化 (centering)

中心化は、ひと言で言えば平均値を0にする手法で、元の値xを、xの平均値mとの差$x - m$で置き換えます。数式で書けば以下のようになります。

$$X = x - m$$

（注：mはxの平均値を表す）

リスト4.1 4.2.03.Scaling.R

```
#スケーリング


#正規分布に沿ったデータを作る
#  rnorm()：正規乱数を発生させる
#  ケース数500、mean=120、SD=85
x <- rnorm(500, 120, 85)
summary(x)    #平均値、最小値、最大値など
sd(x)         #標準偏差（不偏分散の平方根）
hist(x, breaks=100)

#中心化（centering）❶
#mean=0となるようにスケーリングする
X <- x - mean(x)
summary(X)
#以下の方が便利
#  scale()：中心化または標準化を行う
#  scale=TRUEで標準化、FALSEで中心化
#  デフォルトはTRUEなのでFALSEを指定
X <- scale(x, scale=F)
summary(X)
sd(X)
hist(X, breaks=100)


#正規化（min-max normalization）❷
#全体が0から1に収まるようにスケーリングする
X <- (x - min(x))/(max(x) - min(x))
summary(X)
sd(X)
hist(X, breaks=100)

#全体がある範囲に収まるようにスケーリングする
A=10
B=20
X <- (x-min(x)) * (B-A) / (max(x)-min(x)) + A
summary(X)
sd(X)
hist(X, breaks=100)


#標準化（standardization, Z-Score）❸
#mean=0、SD=1となるように変換する
X <- (x - mean(x)) / sd(x)
summary(X)
#以下のほうが便利
X <-  scale(x)
summary(X)
sd(X)
hist(X, breaks=100)

#偏差値
#mean=0、SD=1となるように変換する
X <- (x-mean(x)) * 10 / sd(x) + 50
summary(X)
sd(X)
hist(X, breaks=100)
```

4.2

データの加工

❷ 正規化 (normalization) ── min-max正規化

最小値から最大値までのすべての値が一定の範囲に収まるようにスケールを変える手法（min-max scaling）で、一般に正規化という場合は0から1の範囲に収まるようにスケーリングを行うことが多いでしょう。この場合の数式を以下に示しておきます。

$$X = \frac{x - x_{min}}{x_{max} - x_{min}}$$

（注：x_{min}はxの最小値、x_{max}はxの最大値を表す）

0から1以外の範囲に収める場合、たとえばaからbまでの範囲に収めたい場合は、分子に $b - a$ を掛け、全体にaを足します。スクリプトに例を記載していますので、参照してください。

❸ 標準化 (standardization) ── z-score標準化

分布の広がり（裾野の幅）を標準偏差をもとに調整する方法で、平均値が0、標準偏差が1となるようにスケーリングを行います。このようにして標準化を行った結果の値をz-score（z得点）と呼びます。

$$X = \frac{x - m}{SD}$$

（注：mはxの平均値、SDは標準偏差を表す）

平均値が0、標準偏差が1ではなく、平均値が50、標準偏差が10となるように調整する場合は、上の式の分子に 10 を掛け、全体に 50 を足します。このように調整した結果がいわゆる偏差値です。

> **☀ 注意**
>
> 本書では正規化（❷）と標準化（❸）を上記のような意味で使い分けますが、この2つの用語の使われ方はかなり混乱しています。英語、日本語にかかわらず❷の意味で「標準化 (standardization)、❸の意味で正規化 (normalization) という言葉を使う場合も多いので注意してください。

また、ここで述べたようなスケーリングでは、分布の形は変わりません。物差しが全体に一定の割合で伸び縮みするか、物差しをあてる場所が変わるだけです。正規分布でないものが正規分布になるようなことはありません。

一方、値の大小によって物差しの伸び縮みの幅を変えることができれば、分布の形が変わります。場合によっては、偏った分布が左右対称の、正規分布に近い形に変換できることもあります。この方法については次項で説明します。

4.2.4 分布の形を変える──対数変換とロジット変換

　3.1.5項や3.3.5項で述べてきたように、分析の対象となる値がどのような分布をとるかということは重要な問題です。特に経済や経営に関するデータでは、偏った分布が多く見られます。分析では左右対称の正規分布に近い形に変換したいところですが、物差しを一定の倍率で伸び縮みさせる方法では、その形は変えることができません。

　そこで、「小さい値は大きい倍率で、大きい値は小さい倍率で」といったように、元の値に応じて倍率を変え、分布の形を変換します。その方法として、ここでは対数変換と、ロジット変換の2つを紹介します。サンプルスクリプトは📄**4.2.04.LogLogit.R**です（**リスト4.2**）。サンプルデータは📄**incomex.csv**です。

リスト4.2　4.2.04.LogLogit.R

```
#対数とロジット関数

#サンプルデータを読み込む
DF <- read.table( "incomex.csv",
                   sep = ",",                    #カンマ区切りのファイル
                   header = TRUE,                #1行目はヘッダー(列名)
                   stringsAsFactors = FALSE) #文字列を文字列型で取り込む
#内容を確認
head(DF)
summary(DF)

#incomeのヒストグラム
hist(DF$income, breaks=50, col="cyan4")

#対数関数
plot(log, 0.01, 100)
#指数関数 (eの累乗)
plot(exp, -5, 5)

#対数変換してヒストグラムを表示
hist(log10(DF$income), breaks=50, col="cyan4")  #常用対数
hist(log(DF$income),   breaks=50, col="cyan4")  #自然対数

#expenseのヒストグラム
hist(DF$expense,       breaks=50, col="brown")
hist(log(DF$expense),  breaks=50, col="brown")

#散布図を表示
plot(DF$income, DF$expense, col="brown")
#片対数変換
plot(DF$income, log(DF$expense), col="brown") #縦軸を対数変換
#両対数変換
plot(log(DF$income), log(DF$expense), col="brown") #両軸を対数変換


#サンプルデータを読み込む
```

```
# 表形式のデータではないため、関数scan()を使って読み込む
# what=numeric()で、数値データであることを指定する
rate <- scan("chratio.csv", what = numeric())
#内容を確認
summary(rate)

#ratioのヒストグラム
hist(rate,   breaks=50, col="cadetblue")
hist(1-rate, breaks=50, col="cadetblue") #1から引いた値

# 対数変換してヒストグラムを表示
hist(log(rate),   breaks=50, col="cadetblue")
hist(log(1-rate), breaks=50, col="cadetblue")  #1から引いた値

#ロジット関数
Logit   <- function(x){ log(x/(1-x)) }
#標準シグモイド関数
Sigmoid <- function(x){ 1/(1+exp(-x)) }
# いくつかのライブラリが関数を提供しているのでそれを使ってもよい

#ロジット関数
plot(Logit, 0, 1)
#標準シグモイド関数
plot(Sigmoid, -5, 5)

#ロジット関数で変換してヒストグラムを表示
hist(Logit(rate),   breaks=50, col="cadetblue")
hist(Logit(1-rate), breaks=50, col="cadetblue")   #1から引いた値
```

（1）対数関数による変換

　　　所得の分布が対数正規分布に近いと言われていることは3.1.5項で紹介しました。ここで
は、厚生労働省の国民生活基礎調査（平成20年）の結果をもとに [2]、世帯ごとの年間の所
得金額（単位：万円）の分布を描いてみます。ただし、一般に報告として掲載されているデー
タは階級別にサマリーされた値で、ケースごとの値が公開されているわけではありません。
そこで、できるだけ近い分布になるように値を生成しました（**図4.1左**）。明らかに左に偏っ
た分布となっています。

　　　このようなデータを分析するときに使われるのが対数関数による変換（**対数変換**）です。
常用対数を使った変換と、自然対数を使った変換が考えられますが、一般に使われるのは
自然対数です。対数関数で変換した値を元に戻すには、その逆関数である指数関数で値を
変換し直します。常用対数であれば10の累乗、自然対数であればe（2.71828…）の累乗を
使うことになります。対数関数（自然対数log）と、指数関数（eの累乗exp）のグラフを**図4.2**

---

[2]　　国民生活基礎調査｜厚生労働省　https://www.mhlw.go.jp/toukei/list/20-21.html

の左と右に掲げておきます。

常用対数	$X = \log_{10} x$		10の累乗	$x = 10^X$
Rでの記法	`X <- log10(x)`	⇔	Rでの記法	`x <- 10^X`
x：0, 0.01, 0.1, 1, 10, 100, +∞			X：−∞, −2, −1, 0, 1, 2, +∞	

自然対数	$X = \log x$		e (2.72)の累乗	$x = e^X$
Rでの記法	`X <- log(x)`	⇔	Rでの記法	`x <- exp(X)`
x：0, 0.135, 0.368, 1, 2.72, 7.39, +∞			X：−∞, −2, −1, 0, 1, 2, +∞	

常用対数と自然対数のいずれを使った場合でも、物差しで言えば値が小さいほど目盛りの刻みが細かく、値が大きいほど刻みが粗くなります。先ほどの分布を自然対数を使って変換したヒストグラムが**図4.1右**です。

なお、対数変換によって、偏った分布が必ず左右対称になるというわけではありません。対数変換が有効なのは、あくまで元の分布が対数正規分布である場合です。しかし、ビジネスに関わるデータではこれに近い分布がよく見られるので試してみる価値はあります。

サンプルデータ📄incomex.csvには、所得のデータ（income）以外に、架空の項目として、該当する世帯の1か月あたりの娯楽支出（expense、単位：万円）を加えています[3]。

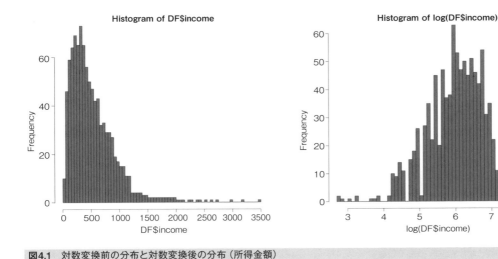

図4.1 対数変換前の分布と対数変換後の分布（所得金額）

---

[3]　incomeの値は、実際の所得分布をある程度反映していますが、expenseの値の分布は架空のものです。

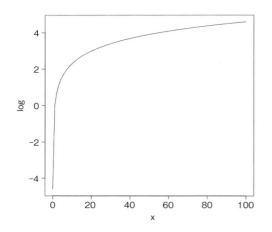
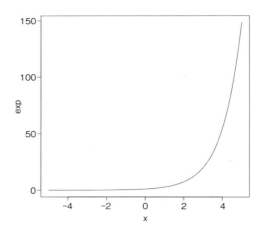

図4.2 対数関数（自然対数）、指数関数（eの累乗）

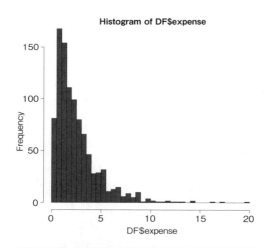

図4.3 左に偏った分布（散布図の縦軸に使用）

これも偏った分布で、中央値が1.9であるのに対し、裾野がかなり右のほうまで伸びています（**図4.3**）。変数が1つだけの場合はヒストグラムで確認ができますが、2つの変数の関係を見たい場合は散布図を作成する必要があります。縦軸にexpense、横軸にincomeを取った散布図が**図4.4左**です。2つの変数が両方とも偏った分布であるために、左下の隅に多くの点が集まり、扇型に分布が広がっています。実務でデータを分析していると、このような散布図をよく見かけますので、注意してください。

このような場合、片方の軸を対数化しただけでは分布の偏りは解消しません（**図4.4中**）。しかし、縦軸と横軸の両方を対数変換すれば、相関係数の説明などでよく目にする楕円形に近い分布となる可能性があります（**図4.4右**）[4]。このことを利用すれば、偏った分布でも線形回帰モデルを適用することができます。具体的な方法は（**4**）で説明します。

---

[4] 散布図の下方で点が水平方向に並び横縞になっていますが、これは、expenseの値が小数点以下1位までしか記録されておらず、対数変換で引き伸ばしたときに、0.1と0.2のような小さい値同士の間が離れてしまうためです。

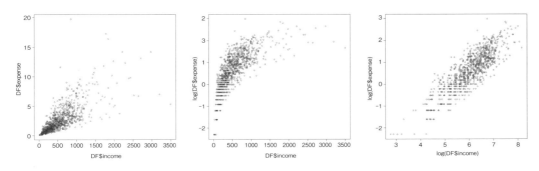

図4.4 変換前、縦軸のみ変換（片対数）、両軸とも変換（両対数）

なお、この例はいずれの変数もすべて正の値ですが、0や負の値は対数変換ができません。0が含まれるデータで、値が0であるケースを分析から除きたくない場合には、すべてのケースの値に小さな値を足してから対数変換する方法がとられます。足す値としては、一般に1または1未満の値が使われます。

（2）ロジット関数による変換

次に検討したいのは、あるサービスに関する顧客の解約率（顧客が解約した件数を、顧客の人数で割った値）です。ただし、顧客は全国に設置された店舗ごとに管理されていて、この値は店舗ごとに算定されたものと考えてください。

使用するサンプルデータは chratio.csv です[5]。解約率が最も低い店舗では0.001、最も高い店舗では0.252で、ヒストグラムを描くと左に偏った分布となります（**図4.5左**）。これを分析する上で、対数変換をすればやはり左右対称に近い分布になります（**図4.5右**）。しかし、これには1つ問題があります。

解約をしていない顧客はサービスを継続しているので、1から解約率を引けば、店舗ごとの顧客の継続率が得られます。したがって、解約率の分布と継続率の分布はヒストグラムの左右を入れ替えただけの、鏡像になります（**図4.6左**）。ところが、継続率を対数変換したものは、**図4.6右**のような分布となり、**図4.5右**とはまったく違う分布になってしまいました。しかも、偏りはまったく解消されていません。

これは、解約率が0に近い数値なのに対して、継続率は1に近い数値であることが原因です。対数変換はあくまで0を基準とした変換で、0から遠い値ほど目盛りの刻みが粗くなるからです。また、対数変換では、0から+∞までの値が-∞から+∞までの値に変換され

---

[5] このデータは架空のデータで、解約率1項目のみのデータです

ます。所得の金額は正の値で、かつ最大値については明確な上限がありませんから、対数変換を施すことは合理的でした。しかし、解約率や継続率は0から1までの値で、下限と上限の両方が決まっています。このような比率のデータでは、0からの距離と1からの距離が同じように扱われる変換方法を用いる必要があります。そこで使われるのが、ロジット関数を使う方法です。

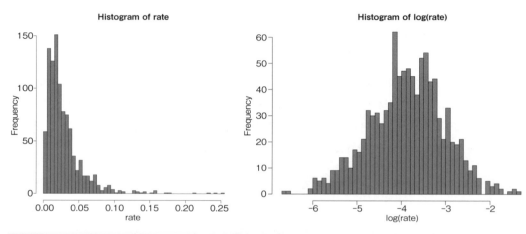

図4.5 対数変換前の分布と対数変換後の分布（解約率）

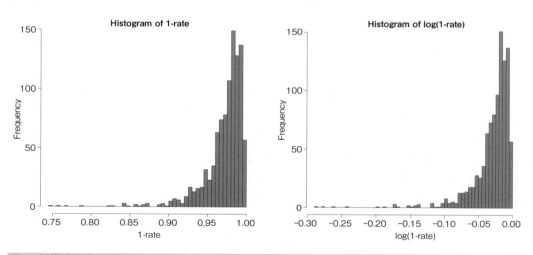

図4.6 対数変換前の分布と対数変換後の分布（継続率）

ロジット関数	標準シグモイド関数
$X = \log \dfrac{x}{1-x}$	$x = \dfrac{1}{1+e^{-x}}$
Rでの記法　`X <- log(x/(1-x))`	Rでの記法　`x <- 1/(1+exp(-X))`
x：0, 0.01, 0.1, 0.5, 0.9, 0.99, 1	X：$-\infty$, -4.60, -2.20, 0, 2.20, 4.60, $+\infty$

　上記では、Rでの記法としてそのまま数式を記述していますが[6]、sigmoid[7] などいくつかのライブラリパッケージでは、これらの関数を提供しているため、それらを読み込んで使ってもよいでしょう。ロジット関数による変換の特徴は、0や1に近いほど目盛りの刻みが細かく、0.5に近いほど粗くなることです。ロジット関数で変換した値を元に戻すには、標準シグモイド関数で値を変換し直します。ロジット関数と、標準シグモイド関数のグラフを**図4.7**に掲げておきます。

　先ほどの解約率の値をロジット関数を使って変換した結果を**図4.8左**に示します。対数変換したものとほとんど変わらないように見えます。しかし、継続率（1－解約率）については、対数変換とはまったく違った結果が得られます。**図4.8右**が継続率をロジット変換した結果で、ちょうど解約率の分布と鏡像の関係になっています。このように、比率のデータを扱う場合は、対数変換ではなくこのロジット変換を使ったほうが便利です。

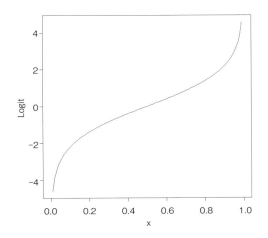
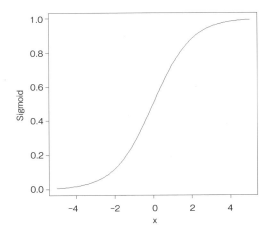

図4.7　ロジット関数（左）と標準シグモイド関数（右）のグラフ

---

[6]　サンプルスクリプトでは、これらの関数を自分で定義して実行しています。なお、ライブラリが提供する関数と区別しやすいように関数名の頭を大文字で記述しています。

[7]　sigmoid　https://cran.r-project.org/web/packages/sigmoid/

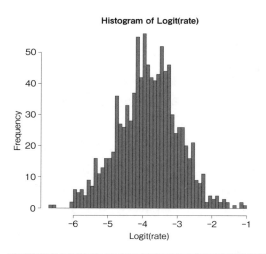
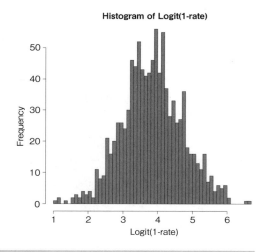

図4.8 ロジット関数で変換した後の分布（解約率、継続率）

（3）対数変換を使った回帰モデル

●販売数と価格の関係

対数変換を使った回帰モデルの例として、商品の販売数と価格の関係について考えましょう。サンプルデータは📄TPPrice.csv、サンプルスクリプトは📄4.2.04a.PriceElasticity.Rです（**リスト4.3**）。なお、サンプルデータの内容は架空のデータです。

このデータは、ある小売チェーンの企画担当者がプライベートブランドのティッシュペーパーの価格設定を考えるために、価格の設定を毎日変えて、販売数との関係を調べることにしたものです。利用できるのは91日分のデータで、項目（列）は以下のとおりです。

`Price` …… 価格（円）
`Sales` …… 販売数（個）

このほか、日付`Day`と商品名の略称`Product`がデータには含まれていますが、分析には使用しません。横軸に`Price`、縦軸に`Sales`をとって散布図を作成すると**図4.9**のようになります。

ここでの目的は、価格xが販売数yに与える効果を検証することです。単純な線形回帰モデルであれば、回帰式は以下のとおりです。

$$y = b_0 + b_1 x$$

（注：yは販売数、xは価格）

ただし図4.9を見ると図の下方で密度が高く、上方では点がまばらになっていること、右下から左上に向かって次第にまばらになるように分布が広がっていることがわかります。

図4.10は、縦軸に残差、横軸にモデル上の予測値を示したものです。0を基準として上方（正の値）がまばらで、下方（負の値）が密になっています。これらは、単純な線形回帰モデルを当てはめづらいデータであることを示しています。

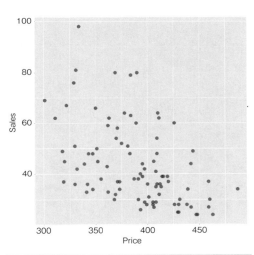

図4.9 散布図

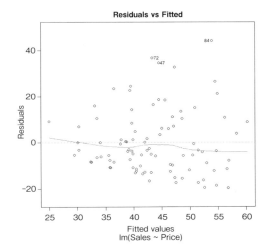

図4.10 残差プロット

リスト4.3　4.2.04a.PriceElasticity.R

```
#価格弾力性モデル

#データの読込み
DF <- read.table("TPPrice.csv",
                 sep = ",",              #カンマ区切りのファイル
                 header = T,             #1行目はヘッダー(列名)
                 fileEncoding="UTF-8")   #文字コードはUTF-8
#データの内容
head(DF)
#統計要約量
summary(DF)

#販売数の分布
hist(DF$Sales, breaks=15, col="steelblue")
#価格の分布
hist(DF$Price, breaks=15, col="steelblue")

#価格と販売数の関係
library(ggplot2)
ggplot(DF, aes(Price, Sales))+                  #描画の対象となる変数
  geom_point(size=3, color="blue", alpha=0.5 )+ #大きさ、色、透明度
```

```
    xlab("Price") +  #x軸ラベル
    ylab("Sales")    #y軸ラベル

#単純な回帰モデル
#Sales = b0 + b1*Price
LS1 <- lm(Sales ~ Price, data=DF)
summary(LS1)

#残差の診断
par(mfrow=c(2,2))
plot(LS1)
par(mfrow=c(1,1))

#目的変数の対数化
#販売数量の分布
hist(log(DF$Sales), breaks=15, col="steelblue")

#目的変数を対数化したモデル
#log(Sales) = b0    + b1*Price
#     Sales  = e^b0 * e^(b1*Price)
LS2 <- lm(log(Sales) ~ Price, data=DF)
summary(LS2)

#残差の診断
par(mfrow=c(2,2))
plot(LS2)
par(mfrow=c(1,1))

#理論的な価格弾力性を考慮したモデル
#目的変数と説明変数の双方を対数化
#log(Sales) = b0    + b1*log(Price)
#     Sales  = e^b0 * Price^b1
LS3 <- lm(log(Sales) ~ log(Price), data=DF)
summary(LS3)

#切片と回帰係数
LS3b0 <- LS3$coefficients[1]
LS3b1 <- LS3$coefficients[2]

#パラメータの値を表示
LS3b0
LS3b1
exp(LS3b0)

#散布図で曲線を記述
#stat_function()でe^b0 * Price^b1を記述
#eの累乗は関数exp()で算出できる
ggplot(DF, aes(Price, Sales))+                      #描画の対象となる変数
  geom_point(size=3, color="blue", alpha=0.5 )+ #大きさ、色、透明度
  xlab("Price") +
  ylab("Sales") +
  stat_function(colour="purple",
                fun=function(x) exp(LS3b0)*x^LS3b1)

#-100円から800円までの範囲でモデルを描画
#標準のplot()関数を使う
plot(function(x) exp(LS3b0)*x^LS3b1,
```

```
              -100, 800, col="purple", ylim=c(-50, 1000))
lines(c(-100, 800), c(0,      0), col="grey")   #x=0の直線を加える
lines(c(   0,   0), c(-50, 1000), col="grey")   #y=0の直線を加える
```

●片対数モデル（目的変数の変換）

　偏った分布を扱うには対数変換が有効であることはすでに述べました。今回の例で、販売数 y が対数正規分布に従うかどうかははっきりしません。しかし、対数変換の結果が正規分布に近いようであれば、これを目的変数として線形回帰を適用できます。実際に対数変換の結果をヒストグラムにすると、正規分布とは言えないものの、先ほどよりは偏りが少なくなります。

　目的変数を対数変換すると、回帰式は以下のようになります。

$$\log(y) = b_0 + b_1 x$$

（注：y は販売数、x は価格）

これは以下の式と同じ意味です。

$$y = e^{b_0 + b_1 x}$$

（注：y は販売数、x は価格）

　Rで実行するには、lm()関数の引数の目的変数の箇所を、販売数 Sales ではなく、log(Sales) とするだけです。log() は自然対数を計算する関数です。

　縦軸に残差、横軸にモデル上の予測値を示した残差プロットを見ると、単純な線形回帰モデル（LS1）に比べて残差の分布が均等に近づいていることがわかります（**図4.11**）。

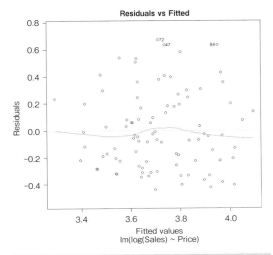

図4.11　残差プロット（対数変換後）

なお、このように目的変数だけを対数変換して作成したモデルを**片対数**モデルと言います。

● モデルの理論的な意味

このようなモデルが現実に即しているかどうかは理論的に考える必要があります。LS1は、価格が高くなれば直線的に販売数が減るというモデルです。しかし、価格が非常に高くなると販売数はマイナスになります。販売数がマイナスとはどういうことでしょう。高い値段で売ればお客様が商品を持ってきてくれるということでしょうか。

LS2のほうは、価格が高くなると販売数が限りなく0に近づくというモデルで、このほうが理論的には正しそうです。しかし、価格が低いほうは問題です。価格が0円なら商品はeの5.39乗に相当する219個、さらに価格をマイナスにすれば300個、400個と売れることになります。これはこれで解釈に苦しみます。

厳密な法則性を証明しようとしているわけではないので、無理に理論的な整合性をとる必要はありませんが、現象の説明が求められる統計解析では、このような考察をしてみることも大事です。特に価格と数量の関係についてはもっと合理的なモデルが考案されているので、次に紹介します。

● 両対数モデル

上で述べた問題は、LS2のような片対数モデルではなく、両対数モデルを作ることで解決できます。いわゆる**価格弾力性**（price elasticity）を考慮したモデルです[8]。価格弾力性とは、「価格を何％下げたら（上げたら）販売数は何％増えるか（減るか）」という指標で、販売数の変化率$\Delta y/y$を価格の変化率$\Delta x/x$で割った値です[9]。

このような価格弾力性の指標値を仮にbとしましょう。価格を上げれば販売数量は減るので、bは一般に負の値です。この値は商品や顧客の属性で異なりますが、価格そのものが上下しても常に一定の値を持つものと考えます。必需品で買いだめができないもの、人々がどうしても欲しいと思うものであればbの値は小さくなります。一方で、買いだめができるもの、ちょっとした我慢ができるものならbの値は大きくなります。余談ですが、タバコの価格弾力性については適正価格や税率との関係で特に多くの議論があります[10]。

---

[8]　詳細については、参考文献[10]を参照してください。

[9]　Δxはxの変化量を表し、xが10から100へと変化した場合、Δxは90です。変化率$\Delta x/x$や$\Delta y/y$の値を正確に求めるには、微分を使う必要があります。

[10]　上村一樹「たばこへの依存度と喫煙量の価格弾力性の関係についての分析」生活経済学研究, 第39巻, pp. 55-67, 2014年

なお、bは「変化率」の比 $(\Delta y/y)/(\Delta x/x)$ であって、「変化量」の比 $\Delta y/\Delta x$ ではないということに注意してください。仮に $\Delta y/\Delta x$ が一定であれば、そのモデルはまさに LS1 のような直線になります。価格が 500 円から 400 円になっても、200 円から 100 円になっても、販売数の増分は仮に 20 個なら 20 個で一定ということです。これでは現実味がありません。逆に、変化率の比 $(\Delta y/y)/(\Delta x/x)$ が一定なら、たとえば $b = -1$ の場合、500 円から 400 円で販売数は 25% 増、200 円から 100 円で 2 倍になるため、こちらのほうが現実的です。このモデルを式にすると以下のようになります。

$$y = ax^b$$
（注：y は販売数、x は価格）

a は基準となる販売数を決めるなんらかの定数、b は価格弾力性でこれも定数です。必要なのは、この 2 つの定数を推定することです。そこで、a を e^{b_0}、b を b_1 にひとまず置き換えます。

$$y = e^{b_0} x^{b_1}$$
（注：y は販売数、x は価格）

そして、両辺の対数をとると以下のようになります。

$$\log(y) = b_0 + b_1 \log(x)$$
（注：y は販売数、x は価格）

式を見ればわかるように、これは目的変数と説明変数の両方を対数化した両対数モデルです。R での推定は、目的変数を Sales から log(Sales) に、説明変数を Price から log(Price) にするだけです。

図 4.12 はもとの散布図にモデル LS3 の曲線を描いたもので、分布に沿った曲線になっています。

次に、このモデルの理論的な意味合いを確かめるために、-100 円から 800 円まで価格を変化させた場合のプロットを LS3 について描いてみます。結果は**図 4.13** のようになります。価格が高くなるほど販売数は 0 に近づき、また、販売数が多いほど価格は 0 に近づくという形です。価格も販売数も 0 を超えてマイナスになることはありません。

● 対数回帰の利用局面

企業の売上や顧客数、世帯の収入や支出など、なんらかの経済的な活動規模を表す指標は、多くの場合、値が低いほうに分布が偏り、正規分布にはなりません。工学でも、物体が壊れた場合の破片のサイズは対数正規分布に従うと言われています[11]。

---

[11] 早川美徳「破壊現象のモデリングとコンピュータシミュレーション」物性研究, 71(3), pp.393-404, 1998 年

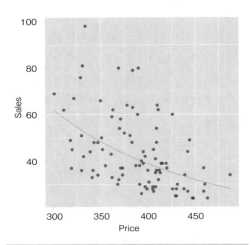

図4.12　両対数変換による回帰モデル

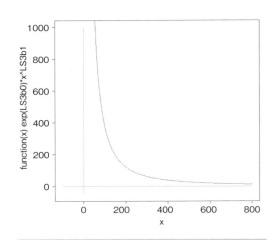

図4.13　価格と販売数量の関係

　これらの値を目的変数とする場合は、今回説明したような方法で線形回帰を行うか、または一般化線形モデル（➡ 4.3.3）など、線形回帰以外の手法を使う必要があります。目的変数の分布は必ず確認するようにしましょう。

　説明変数の分布をどう扱うかは一概には言えません。今回は理論的な仮説から説明変数Price（価格）の対数化を行い、両対数モデルとしました。しかし、元のPriceの値をヒストグラムで表示しても大きな偏りはありませんし、決定係数の値はLS3よりLS2のほうがやや大きくなっています。フィッティングだけを基準とすれば、説明変数の対数化は不要なケースとも言えます。実務でモデルを作成する際は、何を検証したいのかという目的と仮説、それに値の分布という複数の観点で扱いを決めていくことになります。

4.2.5　欠損値の処理

（1）欠損値の扱い

　Rでは、**欠損値**は**NA**という記号で表されます。たとえばx <- NAという操作を行えば、xには値がないもの（欠損値）とみなされます。Pythonでは、欠損値の扱いはNumPyやpandasといったライブラリの機能として提供されています。Excelでは、セルの値がない場合が欠損値に該当します。

　なんらかの分析手法を適用した場合に、欠損値があるためにエラーが出ることはよくあり

ます。困ったことに、これらの欠損値が分析上どのように扱われるかは、Rの中でもパッケージや関数によって統一されていません。

具体的な例をサンプルスクリプト🖹4.2.05.NA.Rに記述しておきました（**リスト4.4**）。**図4.14**は、5名の生徒について英語、数学、国語のテストの成績を示していますが、人によって欠席をした教科が欠損値（NA）となっています。

リスト4.4　4.2.05.NA.R

```
#欠損値

#5件の簡単なサンプルデータ
DF <- data.frame(英語 = c(98, 85, 72, NA, 85),
                 数学 = c(NA, 67, 86, 78, 92),
                 国語 = c(85, 88, 76, 92, NA))
#内容を表示
DF

#平均値を出す
mean(DF$英語)                #結果はNAとなる
mean(DF$英語, na.rm=T) #NAを識別しNAを除いた値で算出

#要約統計量を確認
summary(DF) #NAを識別しNAを除いた値で算出

#欠損値を判別する関数
is.na(DF$英語)

#欠損値でないデータだけを抽出して表示
notNA <- !is.na(DF$英語) #論理演算で！はnotを表す
notNA                       #欠損値でないものがTRUE
DF[notNA, 1]                #TRUEに相当する行の1列目を表示

#リストワイズ
na.omit(DF) #3件がNAを含むので2件だけとなる

#相関係数
cor(DF)                                 #結果はNAとなる
cor(DF, use="complete.obs")             #リストワイズ（2件）
cor(DF, use="pairwise.complete.obs") #ペアワイズ（4件）

#データフレームをコピー
DFa <- DF
#欠損値を平均値で置き換える
DFa[!notNA, 1] <- mean(DF$英語, na.rm=T)

#元のデータと置換後のデータで平均値を比較
mean(DFa$英語)
mean(DF$英語, na.rm=T)
#元のデータと置換後のデータで分散を比較
var(DFa$英語)
var(DF$英語, na.rm=T)
#平均値を補充した結果、分散が小さくなってしまったことがわかる
```

	英語	数学	国語
001	98	**NA**	85
002	85	67	88
003	**NA**	86	76
004	85	78	92
005	85	92	**NA**

図4.14 欠損値を含むデータ

　このデータで、Rのmean()関数を使って英語の平均値を出そうとすると、結果はNAとなってしまいます。これは、mean()がNAを含むデータでは平均値を計算せずにNAを返すという仕様になっているためです。これを回避して平均値を算出するには、mean()に対してna.rm=TRUEというオプションを指定します（**例4.1**）。なお、summary()関数であれば、NAを含むデータであってもNAを除いて平均値や中央値を算出してくれます（**例4.2**）。

例4.1 Rのmean()関数でNAを含むデータを回避する

```
> mean(DF$英語)
[1] NA
> mean(DF$英語, na.rm=T)
[1] 85
```

例4.2 Rのsummary()関数はNAを含むデータでも正常に算出する

```
> summary(DF)
      英語            数学            国語
 Min.   :72.00   Min.   :67.00   Min.   :76.00
 1st Qu.:81.75   1st Qu.:75.25   1st Qu.:82.75
 Median :85.00   Median :82.00   Median :86.50
 Mean   :85.00   Mean   :80.75   Mean   :85.25
 3rd Qu.:88.25   3rd Qu.:87.50   3rd Qu.:89.00
 Max.   :98.00   Max.   :92.00   Max.   :92.00
 NA's   :1       NA's   :1       NA's   :1
```

　Rにはis.na()という、欠損値かどうかを判別する関数があります。欠損値であればTRUE、欠損値でなければFALSEを返します。この関数を使えば、欠損値でないものだけを抽出してから処理を行えます。

（2）欠損値の処理方法（除外）

　欠損値の処理にはいくつかの方法がありますが、まず簡単な方法として、欠損値を除く方法を説明しておきます。

●リストワイズ

　欠損値のあるケース（行）をまるごと除外する方法です。広く使われている方法で、Rのna.omit()という関数を使うことで、欠損値のある行が削除されます。

この方法の問題は、（当然ながら）ケース数が少なくなるということです。先の例でリストワイズにより欠損値を除くと、2名のデータしか残りません。したがって、リストワイズで処理を行う場合は、欠損値の数に注意をする必要があります。

● ペアワイズ

　変数ごとの組み合わせで、欠損値のあるケースを除外する方法です。ただし、これを使うことができるのは、相関係数の算出など、組み合わせごとに計算ができる手法に限られます。

　前掲の**図4.14**に示しているデータで英語と国語の相関係数を算出してみます。001番のケースは数学に欠損値がありますが、英語と国語には点数が入っています。この結果、4名分のケースを使うことができます。英語と数学、数学と国語についても同様です。

　Rで相関係数を算出するcor()関数では、欠損値をリストワイズで除くか、ペアワイズで除くかを指定できます。use="complete.obs" を指定するとリストワイズでの除外となり、この例ではケースが2件しかないことから相関係数は1か–1のいずれかとなってしまいます。use="pairwise.complete.obs" を指定すればペアワイズでの除外となり、4件のケースで相関係数が計算されます。またいずれも指定しなければ結果はNAとなります（**例4.3**）。

例4.3 Rのcor()関数

```
> cor(DF)
     英語 数学 国語
英語    1   NA   NA
数学   NA    1   NA
国語   NA   NA    1

> cor(DF, use="complete.obs")
     英語 数学 国語
英語    1   -1    1
数学   -1    1   -1
国語    1   -1    1

> cor(DF, use="pairwise.complete.obs")
            英語        数学        国語
英語  1.0000000 -0.2875431  0.7205767
数学 -0.2875431  1.0000000 -0.6546537
国語  0.7205767 -0.6546537  1.0000000
```

（3）欠損値の処理方法（代入）

欠損値の処理には、該当するケースを除外する以外に、欠損値を埋めるという方法もあります。

●単一代入法

単一代入法は、なんらかの基準で欠損値の推定を行う方法です。一番簡単なのは平均値を埋める方法でしょう（**平均値補定**）。また、先の例では、英語の成績は、数学や国語の成績と関連していると考えられます。そこで、英語の成績を目的変数、数学と国語の成績を説明変数として回帰モデルを作成すれば、英語の欠損値についてより正確な推定値が得られます（**確定的回帰補定**）。

しかし、現実の値は理論的な推定値（平均値や回帰モデルの予測値）に従うということはほとんどなく、なんらかのばらつきを持っているはずです。これらの補充方法は値のばらつきを無視しているので、本来のデータよりも分散が小さくなってしまうという問題があります。そこで、確定的回帰補定の結果に、ランダムな誤差を追加する方法が使われます（**確率的回帰補定**）。

●多重代入法

多重代入法は、確率的なシミュレーションによって、欠損値について複数の推定値を発生させ、そこから実際に補充する値を選ぶという方法です。詳しい説明は割愛しますが、ベイズ統計の考え方を使った手法で、リストワイズ、ペアワイズや、単一代入法に比べて、より良い推定値が得られることが知られています[12]。

（4）欠損値発生のメカニズムと対処方法

欠損値については、その発生するメカニズムから理論的な分類が行われています。

●欠損が完全にランダム —— MCAR（missing completely at random）

欠損値の発生が、その値自身や、ほかの項目の値（回答者の属性など）に依存しない場合です。この場合はリストワイズやペアワイズが適用できます。

●欠損がランダム —— MAR（missing at random）

欠損値の発生は、その値自身には依存しないものの、ほかの項目の値（回答者の属性な

---

[12]　欠損値補充に関わる理論や多重代入法などの詳しい解説は参考文献 [25] を参照してください。

ど）に依存するという場合です。たとえば、正規雇用の社員と非正規雇用の社員で年収を調査すれば、その値は両者によって差が出ると考えられます。このとき「非正規雇用と正規雇用のそれぞれで見ると年収と回答率に関係はないが、非正規雇用の社員のほうが回答率が低い」とすれば、リストワイズやペアワイズを使って欠損値を除くと、調査結果にバイアスが生じてしまいます。そこで、雇用形態を補助変数として使い、確率的回帰補定や多重代入法を使って欠損値を補充すれば、バイアスを低減することができます。

● 欠損がランダムでない── MNAR (missing not at random)

欠損値の発生が、その値自身に依存する場合です。先の例では、「非正規雇用と正規雇用のそれぞれで見ても、年収の大小によって回答率に差がある」といった場合です。この場合、バイアスを解消する方法はありません。

なお、平均値で欠損値を埋める方法は、いずれの場合でも値の分布に歪みが生じるため好ましくないとされています。しかし、簡便でかつケース数を減らさずにすむことから、厳密な検証よりも予測精度を重視する機械学習などでは、実務で使われることがあります。

4.2.6　外れ値の処理

（1）外れ値がもたらす問題

外れ値の存在は分析の結果に歪みを与え、モデルの精度を低下させる要因となります。ただし、外れ値をどう扱うかは欠損値以上に悩まされる問題です。分布から外れた値がいくつかあった場合に、それが単なる異常値なのか、それともモデルに反映すべき傾向を表しているのか容易には判別がつかないからです。仮に後者の場合、単純にそれらを除くと、逆にモデルそのものを歪めてしまいます。

たとえば、3.2.4項の**図3.27右**に示された、残業時間と勤続年数の関係を示す散布図で、左上方にある■で示された2つの値（勤続年数が5年未満であるにもかかわらず、残業時間が45時間を超えているケース）は、分布の中心からかなり外れているように見えます。この散布図に右肩上がりの直線を引けば、残差の大きいケースとなります。しかし、この2つのケースが外れているように見えるのは、異なる部門のデータが一緒になっているからです。営業部門（Sales）のデータだけを取り出せば、モデルの理論値からそれほど大きく外れていないことがわかるでしょう。

したがって、外れ値を処理する際には、それらがなぜ外れ値となっているのか、本当にモデルに反映する情報から取り除いてよいのかを吟味する必要があります。これが、外れ値を扱う上での重要なポイントです。

（2）外れ値の定量的な評価

（1）で述べたような考察はいったんクリアできたと考え、単純に分布から外れた値を定量的に抽出する方法を考えてみましょう。

ひとつの方法は、分布が正規分布すると仮定して、その平均値から一定の距離だけ外れた値を除外するといった方法です。距離の基準としては標準偏差（SD）を使うことができるので、標準偏差の2倍（2SD）、あるいは3倍（3SD）外れたものは外れ値とみなすという考え方です。

しかし、3.1.1項で扱ったような身長のデータを例に、3SDを基準として外れ値を検出すると、高校生男子の場合で身長189cm以上は外れ値となります。分析の目的によりますが、たとえばスポーツの成績と身長の関係を分析するような場合に189cm以上を例外として無視すると必要なケースが除外されてしまう可能性があり、やはり機械的な判定だけに頼るのは難しいと言えます。

また仮に、機械的に判定をするとしても、正規分布をするという仮定が成り立たなければこの方法は使えません。そこで考えられるのは、密度を使うことです。たとえば、2次元の散布図でデータを捉えたときに、周りにあるデータが少なく、密でないところは外れ値と考えることができます。このような考え方で算出される「外れ度合い」の指標にLOF（Local Outlier Factor）があります。Rではパッケージ DMwR を使って、個々のケースについてLOFの値を算出することができます。ただしこの場合も標準偏差を使う方法と同様、機械的な判定による問題は生じ得ます。

（3）分布の変換と外れ値

外れ値を扱う際は、分布の変換をする際の扱いにも注意すべきです。たとえば、データが対数正規分布をするような場合、そのままヒストグラムや散布図などを見て外れ値を判断すると、値の大きいものほど件数が少なく密度が低くなるため、それらが外れ値であるように見えてしまいます。しかし、分布を変換するとまったく見え方が変わります。

実際にRを使って確認してみましょう。サンプルスクリプトは 📄4.2.06.Outlier.R です（リスト4.5）。サンプルデータは 📄SalesAndRatio.csv に収められています。架空のデータで、説明の都合上やや極端な数値にしてあります。データには、以下の項目が含まれています。

sales …… ある企業の商品ごとの売上金額（単位：万円）

ratio …… 各商品の不良率

この企業には、屋台骨を支える主力商品からほとんど売れない補充部品まで種々雑多な1010種類の商品があり、主力商品は品質の向上と工程の合理化を徹底して不良を抑えていますが、売上の低い商品はその必要がないため、不良率も高い傾向にあります。ここでの目的は、このような商品ごとの売上金額と不良率の関係を確認することです。

リスト4.5　4.2.06.Outlier.R

```
#分布と外れ値

#データを読み込む
DF <- read.csv("SalesAndRatio.csv", header=T)

#内容を確認
head(DF)

#要約統計量
summary(DF)

#欠損値を除く
DF <- na.omit(DF)

#ヒストグラム
hist(DF$sales, col="steelblue", breaks=100)
hist(DF$ratio, col="orange",    breaks=100)

#散布図
library(ggplot2)
ggplot(DF, aes(x=sales, y=ratio))+
  geom_point(colour="brown3",
             alpha=0.5, size=3)

#回帰直線
ggplot(DF, aes(x=sales, y=ratio))+
  geom_point(colour="brown3",
             alpha=0.5, size=3)+
  geom_smooth(method="lm", colour="orange")
  #この状態で回帰直線を引いても意味はない


#分布を変換する（物差しを伸び縮みさせる）

#salesについて常用対数をとる
#    自然対数の場合はlog(X)を使う
DF$Sales <- log10(DF$sales)
#ヒストグラム
hist(DF$Sales, col="steelblue", breaks=100)

#ratioについて対数オッズをとる
#    ここではcarライブラリの関数logit()を使う
```

4.2

データの加工

```
library(car)
DF$Ratio <- logit(DF$ratio)
#ヒストグラム
hist(DF$Ratio, col="orange", breaks=100)

#散布図と回帰直線
ggplot(DF, aes(x=Sales, y=Ratio))+
  geom_point(colour="brown3",
             alpha=0.5, size=3)+
  geom_smooth(method="lm", colour="orange")


#空間密度に基づく外れ値の検出
library(DMwR)

#標準化
DF$Sales_S <- scale(DF$Sales)
DF$Ratio_S <- scale(DF$Ratio)

#lofactor() : 近傍の空間密度を計算
#  kは密度推定に用いる近傍のケースの数 (任意に決める)
#  標準化後の値を用いる
Scores <- lofactor(DF[, c("Sales_S", "Ratio_S")], k=10)

#lofの値をヒストグラムで表示
hist(Scores, col="pink3", breaks=300)

#lof値が2を超えているかどうかをTRUE/FALSEで配列化
DF$over <- Scores > 2.0
head(DF)
#lof値が2を超えているものがいくつあるか
table(DF$over)

#該当のケース (外れ値) を表示
DF[DF$over==T, ]

#変換した値による散布図 (外れ値を色分け)
ggplot(DF, aes(x=Sales, y=Ratio))+
  geom_point(aes(colour=DF$over, shape=DF$over),
             alpha=0.5, size=3)

#変換前の値による散布図 (外れ値を色分け)
ggplot(DF, aes(x=sales, y=ratio))+
  geom_point(aes(colour=DF$over, shape=DF$over),
             alpha=0.5, size=3)


#変換前の値で相関係数を計算
cor(DF$sales, DF$ratio)
#変換後の値で相関係数を計算
cor(DF$Sales, DF$Ratio)
#外れ値を除いて相関係数を計算
cor(DF[DF$over==F, ]$Sales, DF[DF$over==F, ]$Ratio)
```

データには欠損値が含まれるため、na.omit()関数を使って欠損値のあるデータを最初に除外しておきます。そして、ratioを縦軸、salesを横軸にとって散布図を作成すると、**図4.15**のようになります。この図を見る限り、ratioが0.4（40%）近くに達する左上のケースと、salesが3e+05（300,000）以上に達する右方のケースは明らかに外れ値となります。

　ここで、4.2.4項で述べた方法を使って分布を変換してみましょう。salesについてはlog10()関数で常用対数をとり、頭文字を大文字としたSalesという列に変換後の値を格納します。ratioは比率なのでロジット関数で変換し、Ratioという列に格納します。この例ではcarライブラリに含まれるlogit()関数を使います。すると、散布図は**図4.16**のようになり、回帰直線を当てはめることが可能になります。

　次に、密度に基づく外れ値を算出してみます。まず、変換したデータをさらに標準化（➡4.2.3）して、Sales_SとRatio_Sとします。これは2つの変数のスケール（距離の尺度）が大きく異なると、外れ値の検出がうまくできないためです（4.3.1項にも同様の議論がありますので参考にしてください）。

　LOFの算出にはDMwRライブラリのlofactor()関数を使います。算出の基準としては先ほど標準化した値を使うので、Sales_S、Ratio_Sの2列を引数に指定します。また、密度を算出する際に用いる近傍のケースの数kを指定しますが、ここではk=10としておきます。計算した結果はいったんScoresという名前で保存します。

　Scores（計算されたLOFの値）の分布をヒストグラムにすると、**図4.17**のようになります。2.0を超える値がいくつかありますので、今回は閾値を2.0と決めます。Scores > 2.0という論理式を実行すると結果がTRUEまたはFALSEで得られ、これをデータフレームに

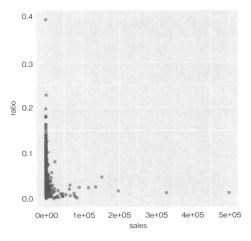

図4.15　欠損値を取り除いたデータで散布図を作成

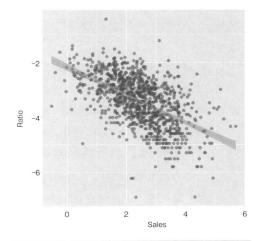

図4.16　ロジット関数で変換後の散布図

overという列を作って格納します。値2.0を超えるケースは8件ありました（**例4.4**）。

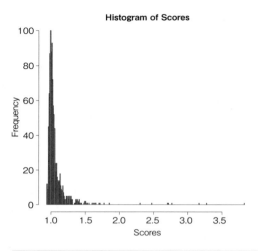

図4.17 Scoresのヒストグラム

例4.4 外れ値と認定されたケース

```
> DF[DF$over==T, ]
       sales  ratio     Sales      Ratio    Sales_S    Ratio_S over
75       0.30 0.027 -0.5228787 -3.5845472 -3.0262853 -0.1993102 TRUE
109  20690.80 0.001  4.3157773 -6.9067548  1.8759928 -3.9329788 TRUE
174    208.43 0.001  2.3189602 -6.9067548 -0.1470798 -3.9329788 TRUE
464    166.67 0.002  2.2218574 -6.2126061 -0.2454594 -3.1528587 TRUE
778    145.67 0.002  2.1633701 -6.2126061 -0.3047157 -3.1528587 TRUE
853     20.77 0.393  1.3174365 -0.4347192 -1.1617723  3.3406294 TRUE
897   1302.23 0.228  3.1146877 -1.2196389  0.6591104  2.4584960 TRUE
1010     3.33 0.007  0.5224442 -4.9548205 -1.9672177 -1.7392942 TRUE
```

　縦軸をRatio、横軸をSalesとした散布図を、overの値（LOFが2.0を超えているかどうか）で色分けして描いてみましょう。結果は**図4.18**のようになり、密度が低いところに位置する外れた値が外れ値（▲表示）になっていることがわかります。一方、横軸のSalesが5（対数変換前の値で100,000）を超えるようなケースは、ほかのケースと近い位置にあり、外れ値とみなされていないことがわかります。

　さらに重要なのは、これを対数変換、ロジット変換する前の散布図に当てはめた結果です（**図4.19**）。raitoが0.2（20%）を超える左上のケースはたしかに外れ値ですが、salesが大きい右方のケースはまばらに見えても外れ値ではありません。また、**図4.19**では密集して見える左下の箇所で、salesとratioがともに小さい場合に外れ値があるのがわかり

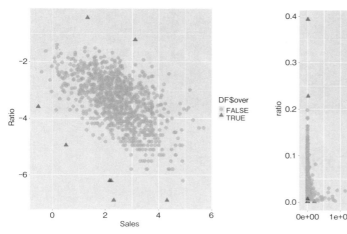

図4.18 LOFを基準とした外れ値

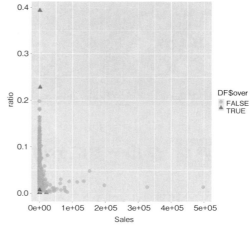

図4.19 LOFを基準とした外れ値（変換前の分布）

ます。このように、対数変換などで分布を変換する場合は、変換前の値で外れ値を検討しても意味がないということに注意してください。

（4）外れ値の影響を受けにくい分析手法

詳しい説明は割愛しますが、外れ値の影響を受けにくい分析手法も考案されています。たとえば、最小二乗法による推定では、目的変数の実測値と予測値の差（残差）の二乗を基準として推定が行われるため、大きな残差を持つケースについて、その影響が非常に大きくなります。そこで、残差が小さいケースよりも残差が大きいケースに対して相対的に小さな重み（ウェイト）を掛け、残差の影響を調整する方法が考えられます。

このような手法を**ロバスト推定**（robust estimation）と言い、上記に述べた以外にもいくつかの方法が存在しますので、関心のある方は調べてみてください[13]。

---

[13] ロバスト推定については参考文献 [23] を参照してください。

4.3 モデリングの手法

4.3.1 グループに分ける──クラスタリング

（1）「分類する」ということ

データを「分類する」ということについて考えてみましょう。分類の対象はビジネスであれば顧客、商品、店舗、顧客からのクレームなどさまざまなものが考えられますが、いったん話を簡単にするために、100匹の犬を3つのグループに分類することを考えましょう。なお「分類する」と言う場合には、2つの異なる考え方があります。

① 大きさ、足の長さ、顔だち、毛の長さなどの特徴を総合的に考慮して、似ている犬を3つのグループに分ける

② 大きさ、足の長さ、顔だち、毛の長さなどの特徴から、それぞれの犬が、ビーグル、コリー、ポメラニアンのいずれであるのかを判別する

①は、日常用語で言うところの「**分類**」であり「**グループ化**」です。とりあえず個々のケースを並べてみて、似ているものをまとめていくといった方法です。グループ化された結果が、何なのかということはやってみないとわかりません。機械学習では「**教師なし学習**」とも呼ばれます。

②は、日常用語で言うところの「**判別**」や「**識別**」です。識別というのは英語のidentifyで、個々のケースをあらかじめ知っている何かの概念に当てはめるということです。「ビーグルとはこういうものだ」という基準を作り、その基準に沿って個々のケースを判定します。機械学習の世界では「**教師あり学習**」とも呼ばれます。

さて、言葉の説明が長くなりましたが、この節で扱うのは①のグループ化です。一般に**クラスタリング**（clustering）と呼ばれる手法です。

また、②のような判別を行う手法については4.3.4項、4.3.5項、および第5章の機械学習で扱います。

> **※ 注意**
>
> 「分類」という言葉の使われ方は曖昧です。データサイエンスや機械学習で「分類」（classification）と言うと②を指すことが多いので注意してください。

（2）クラスタリングの仕組み

　クラスタリングの例として、顧客の**RFM分析**を取り上げます。RFM分析とは、顧客を直近購入日（Recency：その顧客は直近でいつ購入したか）、購入回数（Frequency：その顧客はこれまで何回購入したか）、購入金額（Monetary：その顧客のこれまでの購入金額はいくらか）という3つの軸で分類する手法です。大切なのは、この3つの軸で顧客をセグメント化することにより、きめ細かいマーケティングが可能になるということです。たとえば、購入頻度は多いが購入金額が少ない顧客であればあわせ買いを誘導する、来店頻度は少ないが直近購入してくれた顧客であればダイレクトメールなどで再度の来店を勧誘する、といった具合です。

　R、F、Mの3つの指標で顧客を分類するという場合、仮に3つの指標でそれぞれ値が「大きい、中程度、小さい」という分類をすれば27（＝3×3×3）のグループができます。しかし、27という数が適切なのかはわかりません。また、大、中、小といった基準をどこで分けるべきかもわかりません。そこで今回は、「どこで分けるか」という基準を見つけることは機械に任せ、R、F、Mの3つの指標をもとに顧客をグループ化してみましょう。

　クラスタリングの仕組みを説明するために、いったんF（購入回数）とM（購入金額）だけで考えてみます。10人の顧客を横軸をF、縦軸をMとして散布図に表すと**図4.20**のようになったとします。この散布図上で近い場所にいるかどうかで分類するなら、1番と10番の顧客が明らかに近く、ほかから離れているため1つのグループ（クラスタ1）と考えることができます。2番と3番も近いので1つのグループと考えられますが、この2人は4番とも近い関係にあります。7番も近いのですが、4番のほうが距離はやや短いでしょう、さらに4番は6番とも近いという関係にあります。そこで、これらをまた1つのグループ（クラスタ2）とします。そのほかは、11と12が近く、これらは同じクラスタと判断できます。さらに7、8、5、9をつなげていくと第3のグループ（クラスタ3）ができます。

　クラスタリングでは、このように距離の近いものを同じクラスタとして、各ケースにクラスタ番号を付与します。距離の測り方としてさまざまなものが提案されていますが、**ユークリッド距離**と呼ばれる測り方がよく知られています。これは、私たちが地図上で直線を引くのと同じ方法で、計算上は縦軸方向の距離と横軸方向の距離をそれぞれ2乗して足し合わ

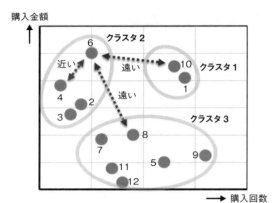

図4.20 クラスタリングの考え方

せ、平方根をとれば求められます（いわゆるピタゴラスの定理です）。ここでは2次元上の例で説明しましたが、変数がnあれば、n次元空間の中での距離をもとに、近いもの同士をグループ化することになります。

なお、クラスタリングには、大きく分けて2つの方法があります。ひとつは上で説明したように、距離が近いものを順番につなげて小さなクラスタを作ってから、さらに距離が近いもの、または近いクラスタをつなげてより大きなクラスタを作っていく方法です。これは**階層型クラスタリング**と呼びます。もうひとつは**非階層型クラスタリング**と呼ばれる方法で、これについては後ほど簡単に仕組みを説明します。

（3）クラスタリング時の注意──標準化、変数の集約

●スケールを揃える

さて、上の考え方には大きな問題がひとつあります。**図4.20**の縦軸と横軸にはあえて目盛りを記していませんでした。実は、購入金額は円単位で記録され、最小は260円から最大は5010円まで幅があります。一方、購入頻度は回数として記録されており、最小は2回、最大は16回です。つまり、2つの軸は物差しがまったく違います。このまま単純に距離を計算すると、**図4.21左**のように、4番と6番の間が1190であるのに対し、6番と10番の間は490となり、後者のほうが近くなってしまいます。

1を最小単位として正確に描くなら、**図4.21左**は縦の長さが横の300倍ある、とても細長い棒のような散布図です。距離に従ってクラスタリングすれば、横軸はほとんど意味を持たず、縦の高さだけでグループ分けをすることになってしまいます。これでは、変数を2つ使う意味がありません。そこで、縦軸と横軸の長さを揃えるために**標準化**（➡4.2.3）を行い

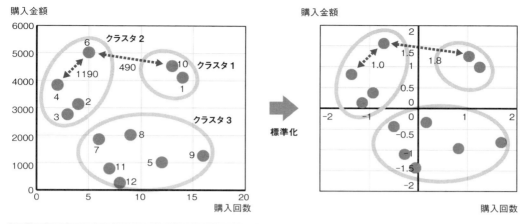

図4.21 標準化

ます。標準化とは、平均が0、標準偏差が1となるようにスケールを揃えることでした。標準化後のデータをもとに距離を測れば、図4.21右のように4番と6番の間が1.0であるのに対し、6番と10番の間は1.8となり、前者のほうが近くなります。

● 変数の集約

クラスタリングを行う際には、別の注意点もあります。上述の例と異なり、基準となる変数の中に類似した変数が多いと、意図しない結果が出やすくなります。

たとえば、メディアとの利用時間を測定して、どのようなメディアとの接触が多いかによって生活者をいくつかのグループに分けるとします。このとき、テレビ、新聞、スマホ、タブレット、ブログ、匿名SNS、実名SNS、画像系SNS、動画共有サイト、オンラインゲーム、の10項目（10次元）でクラスタリングをしたらどうでしょうか。距離の算出ではこの10項目がすべて平等に評価されます。結果として、距離の長短はほとんどデジタルメディアの利用時間だけで決まることになり、「テレビを見るが新聞は読まない」、「新聞は読むがテレビは見ない」といった違いは些細なものとみなされてしまいます。

これを避けるためには、対象とするデジタルメディアを1つに絞るか、複数のデジタルメディアの利用状況を1つの指標に集約する必要があります。または、利用時間をそのまま使うのではなく、各メディアの利用時間を、メディアの違いを示すような少数の指標に集約しておくといった方法をとる必要があります。このような、少数の指標に集約するという方法については4.3.2項で述べます。

（4）階層型クラスタリング

サンプルスクリプト📄4.3.01.ClusteringRFM.Rをもとに、クラスタリングの方法について説明します（**リスト4.6**）。データは📄CustomerRFM.csvに収められています。84人の顧客についてIDと、RFMの指標が格納されています。データの項目（列）は、以下のとおりです。

ID …… 各顧客に固有のID
recency …… 直近の購買日（YYYY-MM-DD形式の文字列）
frequency …… 購買回数
monetary …… 購買金額（円）

データをデータフレームDFとして読み込んだ後、2から4までの項目だけを取り出し、データフレームDFnを作ります（数値項目だけなので名称の最後にnをつけました）。recencyは文字列のままでは大小比較ができないため、数値に変換する必要があります。そのため、文字列形式からRが備えている日付型の形式に変換し、そのあとで数値型に再度変換します。

次に、データフレームDFnの各列を標準化します。標準化を行う関数はscale()ですが、この関数の出力はデータフレームではなくマトリクス形式となります。このため、扱いやすいように再びデータフレームに変換し直しておきます。また、データフレームには行ラベル（rownames）が番号で付与されています。あとでわかりやすいように、番号ではなく、データフレームDFから取り出した顧客IDに変えておきます。

そのあとの手順は以下のようになります。

① dist()関数を使って、すべてのケース（ここでは84人）の間の距離を計算する
② hclust()関数を使って階層型クラスタリングを実行し、plot()で樹形図（デンドログラム）を表示する
③ デンドログラムを見て適切なクラスタ数を判断し、cutree()関数でクラスタを分割する
④ 得られたクラスタ番号は整数型になっているため、カテゴリ変数として扱えるようにfactor型または文字列型に変換しておく
⑤ それぞれのクラスタに何件のケースが含まれるかを確認し、プロットで各クラスタの特徴を比較する

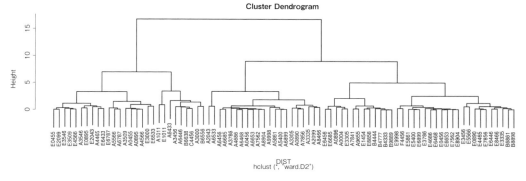

図4.22 樹形図

　ポイントは③で、この例では**図4.22**のような樹形図が得られました。図の下側には、入力データの行ラベル、この場合は顧客IDが表示されています。距離の近い顧客が線でつながれ、つながれたペアがさらに別の顧客と結び付いて、階層型のクラスタを形成していることがわかります。途中の枝の縦方向の長さはクラスタ間の距離を表していると思ってください。

　クラスタの分割は、いわば水平方向にナイフを入れるイメージです。一般的にはクラスタ間の距離が遠いところ、つまり縦方向に長い枝に注目します。この場合は一番上で2つに切るか、またはその下で4つに切るかといった選択肢が考えられます。3つに切ることも可能ですが、ちょうど間が狭いところをあえて切り分ける（左半分が1つのクラスタとなり、右半分が2つに分かれる）形となります。スクリプトではk=4として、4つに切るよう指定しています。

　次にクラスタごとの特徴を比較するために、ボックスプロットを描きます。スクリプトでは縦軸をR、F、Mの3つの変数として、3つのボックスプロットを描くためにforを使って繰り返し処理をしています。この結果を**図4.23**に示します。

　明確な特徴が出ているのはクラスタ4で、これは9名と数が少ないグループですが、R、F、Mのすべてが高い上顧客です。次に重要な顧客層はクラスタ2で、購買頻度と購買金額はクラスタ4に次いで高くなっています。クラスタ1にも注目すべきでしょう。比較的最近に来店している顧客ですが、購買頻度と購買金額は低く、新規顧客がこの中に含まれている可能性があります。クラスタ3は、R、F、Mのすべてが低いことが特徴で、無理に施策を打つ必要はない顧客とも言えます。

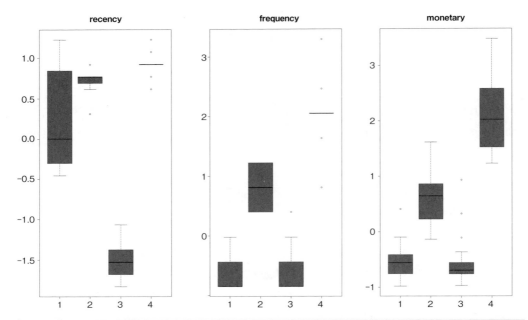

図4.23 ボックスプロット(各クラスタのR/F/Mの値)

リスト4.6 4.3.01.ClusteringRFM.R

```
#クラスタリング


#顧客ごとのRFMデータを使う

#データを読み込む
DF <- read.table( "CustomerRFM.csv",
                  sep = ",",                    #カンマ区切りのファイル
                  header = TRUE,                #1行目はヘッダー(列名)
                  stringsAsFactors = FALSE,     #文字列を文字列型で取り込む
                  fileEncoding="UTF-8")         #文字コードはUTF-8
#内容を確認
head(DF)
summary(DF)

#数値項目だけを取り出す(年月は数値型に変換)
DFn <-DF[, c(2:4)]
DFn$recency <- as.Date( DFn$recency )           #文字列を日付型に変換
DFn$recency <- as.numeric( DFn$recency )        #日付型を数値に変換

#scale()を使って標準得点に変換する(物差しをそろえる)
#変換結果はマトリクスなのでデータフレームに戻す必要
DFn <- data.frame( scale(DFn) )
summary(DFn)
```

```
#行の名前rownamesを行数から顧客IDに変更しておく
rownames(DFn) <- DF$ID
head(DFn)


#階層型クラスタリングを実行する

#dist()で距離行列を計算する
DIST <- dist( DFn )
head(DIST)

#階層型クラスタリングを実行し、樹形図を表示
result.hc <- hclust( DIST, method = "ward.D2" )
plot( result.hc, hang=0.2 )

#クラスタ数を指定してクラスタ番号のラベルを取得する
num.hc <- cutree( result.hc, k=4 )   #クラスタ番号を取得
num.hc <- factor( num.hc )           #数値をカテゴリに変換
head(num.hc)
# Levels:はカテゴリの水準（グループ）を示す
# 1,2,...という値に"1","2",...というラベルが対応
# この例は値とラベルが同じだが通常は"東京","大阪"などを対応させる

#クラスタごとの数を確認(樹形図と見比べておく)
table( num.hc )

#クラスタで分けて各変数のボックスプロットを描く
#変数が3つ(3列)あるので、for文で1列ごとに描く
for (i in 1:3) {
  boxplot( DFn[, i] ~ num.hc,
           main = colnames(DFn)[i],
           #タイトル(main)を列の名前から取得
           col="steelblue" )
}


#k-meansによるクラスタリング

#対象データの後にクラスタ数を指定する(以下の例では3)
#iter.maxは最大繰り返し数
km <- kmeans(DFn, 4, iter.max=30)

#クラスタ番号のラベルを確認する
head(km$cluster)

#クラスタごとの数を確認
table(km$cluster)

#クラスタで分けて各変数のボックスプロットを描く
#変数が3つ(3列)あるので、for文で1列ごとに描く
for (i in 1:3) {
  boxplot( DFn[, i] ~ km$cluster,
           main = colnames(DFn)[i],
           #タイトル(main)を列の名前から取得
           col="coral2" )
}
```

```
#散布図を描く
#ライブラリGGallyのggpairs()で散布図マトリクスを描く
#少し時間がかかる
library(ggplot2)
library(GGally)
ggpairs(DFn,
        aes( colour=num.hc,   #クラスタ番号で色分け
             shape =num.hc,   #形も分ける
             alpha=0.9),      #透明度
        lower=list(continuous=wrap("points",size=4)),
        #左下に散布図を描く
        upper=list(continuous=wrap("cor",   size=4)) ) +
        #右上に相関係数を記述する
  theme_bw() #背景を白に指定

#3D描画ライブラリを読み込む
library("threejs")

#色指定の作成（クラスタ番号の配列をもとに色名に変換）

#色ラベルの配列を作るためにクラスタ番号の配列をコピー
#ここでは階層クラスタリングの結果を使う
color.hc <- num.hc
head(color.hc)

#クラスタ番号を色の名前に変換する
#levels()：factor(カテゴリ変数) のラベルの指定
levels(color.hc) = c("lightpink", "green4", "deepskyblue4", "plum2")
head(color.hc)
# Levels:はカテゴリの水準（グループ）を示す
# 1,2,... という整数の値に色の名称が対応

#factorの実体は整数なので文字列に変換（ラベルの値が実体となる）
color.hc <- as.character(color.hc)
head(color.hc)

#scatterplot3js：3Dプロット
#引数の最初に3次元データを指定（matrix形式に変換）
#color ：色分けのために各サンプルに対応する色名の配列を指定
#labels：各ケースのラベル（この場合は顧客ID）を指定
#size   ：各プロットの大きさ
#この場合は座標データ、色、ラベルをすべて別のオブジェクトから拾っている
scatterplot3js(as.matrix(DFn),    #座標データ
               color=color.hc,    #色の指定 ( 文字列のベクトル )
               labels=DF$ID,      #各ケースのラベル
               size=.5)

##  プロットをもとにクラスタを解釈する
##  それぞれはどのようなクラスタか？
```

（5）非階層型クラスタリング（k平均法）

　次に、（4）で実行したスクリプトと同じことをk平均法（k-means）という非階層型クラスタリング手法を使って行ってみます。実行手順はこちらのほうが簡単で、kmeans()関数を使って、（4）の①②③を一度に実行できます。ただし、クラスタの数kはあらかじめ決めておく必要があります。ボックスプロットで描いた図については解説を省略しますが、クラスタの番号が異なるだけで階層クラスタリングの結果とほぼ同じような分類になっていることがわかるはずです。

　k平均法の仕組みについても簡単に触れておきましょう。まずn次元空間（この場合はR、F、Mの3次元空間）の中にk個の中心点がランダムに設定され、この中心点に近いケースをまとめてクラスタが決定されます。一度クラスタが決定されたら、中心点が各クラスタの重心に移ります。そして、この中心点に近いケースをまとめて、クラスタが再作成されます。これを何度か繰り返していくことで、最終的にクラスタを決定します。

　中心点の初期値がランダムに設定されるため、分類の結果は厳密には実行のたびに異なります。スクリプトでは実行の際にiter.max=30という値を指定していますが、これは、ランダムに中心点を決めた状態から、クラスタの再作成を何度繰り返すかという指定です。回数が少ないと結果が安定しません。

　k平均法の良いところは階層型クラスタリングに比べて実行速度が速いことです。特に膨大なケース数がある場合にこの手法が使われます。機械学習では「教師なし学習」の手法とされ、第5章で紹介するscikit-learnにも実装されています。

（6）散布図の描画

　ボックスプロットでもクラスタの特徴はわかりますが、**図4.20**で示したような散布図上でのクラスタの境界も確認しておきたいところです。方法としては、R×F、F×M、M×Rといった組み合わせで散布図を作り、クラスタの番号で色分けをして描くことが考えられます。3.1.4項でも紹介したggpairs()を使って作った散布図マトリクスを**図4.24**に示します。

　また、今回はR、F、Mの3次元空間でのクラスタリングなので、3Dプロットを使った視覚的な確認も可能です。3Dプロットを作るRのライブラリは複数ありますが、ここではライブラリthreejsが提供するscatterplot3js()関数を用います。描画のためには少々準備が必要です。クラスタ番号を色分けに使いたいため、クラスタ番号をもとに、色を指定したベクトルを作成します。また、座標の指定を3列のマトリクスで行う必要があり、データフレームをas.matrix()で変換したものを引数に指定します。

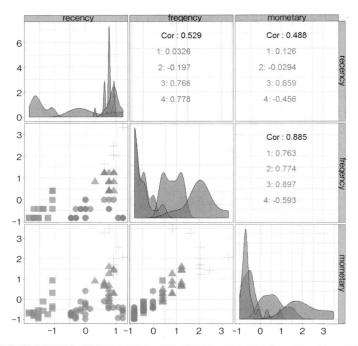

図4.24 ggpairs()による散布図マトリクス

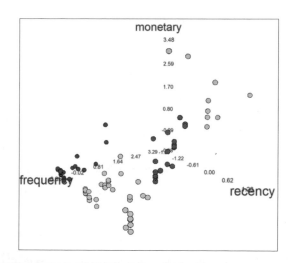

図4.25 R/F/Mの3軸による3Dプロット

描画の結果は、RStudioでは［Plots］タブではなく、その右方にある［Viewer］タブに表示されます（**図4.25**）。このプロットは、インタラクティブに操作することが可能で、マウスでポイントしドラッグすることで、回転して好きな角度から見ることができます。

図4.24に記された相関係数の値を見ればわかりますが、このデータではmonetary（購買金額）とfrequency（購買回数）の間に高い相関があります。このため、R×Fと、R×Mの散布図はほとんど同じ図になっており、意味合いとしては2次元のデータをクラスタリングしているのとあまり変わらないと言えます。これは、購入頻度が高ければ、必然的に累計の購買金額も高くなるということに由来しています。Mの値を累計の購買金額ではなく、1回あたりの平均購買金額に置き換えれば、monetaryとfrequencyの相関は低くなり、クラスタリングの結果も異なる形となることが考えられます。

（7）クラスタリングの利用局面

顧客をクラスタリングする場合の変数としては、今回取り上げたRFMのような指標以外に、商品の種類ごとの購買頻度（または購買金額）を使うことも考えられます。また、逆に、顧客ごとの購買頻度（または購買金額）から、商品をクラスタリングすることも考えられます。あるいは、商品種類ごとの売れ行きから店舗をクラスタリングして、特性の近い店舗をくくりだし、それぞれのクラスタに対して異なる施策方針や評価基準を設定するといった使い方もあります。

マーケティング以外にも、たとえばエンジニアリングの分野では、機械の運転状況をモニターした結果得られた複数の指標から、機械の状態をクラスタに分け、いずれかから異常を発見するといった使い方が考えられます。最初から、正常な状態と異常な状態が判別できていればクラスタリングではなく（1）で述べた②の分類課題となりますが、そもそも何が異常な状態かがよくわかっていないような場合に有効です。

4.3.2 指標を集約する——因子分析と主成分分析

（1）モデルの次元

回帰モデルでもクラスタリングでも、それらのモデル化においてどのような変数をいくつ使うかは大きな問題です。計算機の能力が向上したことにより、ノートパソコンでも、数十、あるいは数百といった変数を1つのモデルの中で扱うことは十分可能となりました。このため、得られたデータをそのまま計算機に投入すれば、意味のある結果が得られるかのような

誤解も生じがちです。データのクレンジングや加工をきちんと行ってもなお、以下のような問題が生じることがあります。

変数の数があまりに多い場合

- ケース数が多いと、膨大な時間がかかる
- ケース数が少ないと、オーバーフィッティングの危険が増す（➡3.3.4）
- なんらかの解釈をしたい場合に、情報量が多すぎる

変数の中に相互に相関の高いものが混じっている場合

- クラスタリングの結果が歪む（➡4.3.1）
- 回帰モデルにおいて多重共線性が発生する（➡3.3.6）。解釈が難しくなる

これらを回避するためには、変数の数を減らす必要があります。しかも、お互いに相関の高い変数を発見して重点的に減らしていかなければなりません。ところが、具体的にどう変数を減らすかはそう簡単ではありません。たとえば、顧客の購買頻度と来店頻度という2つの指標で相関が高いとしても、どちらを残すべきかは容易に判断できません。足して2で割り平均をとるという考え方もありますが、あまりに乱暴です。

このような問題を解決するのが、**次元削減**（dimensionality reduction）あるいは**次元圧縮**と呼ばれるテクニックです[14]。特によく使われるのは、因子分析、主成分分析と呼ばれる2つの手法です。

次元削減は、データサイエンスの基礎的な技法の中では抽象度が高く、入門者にはやや高度な内容と言えます。しかし、クラスタリングや回帰分析、機械学習の前処理として汎用的に使える技法です。また、データの前処理だけでなく、曖昧な概念について客観的な評価指標を作成するときにも役に立ちます。以下の少し長い説明から、そのイメージをつかむようにしてください。

（2）因子分析

因子分析（Factor Analysis：FA）は、さまざまな分野で使われていますが、特に心理学の発展と深い関係を持っています。たとえば、人の能力や性格を測ろうとすれば、具体的な測定項目は無限に考案できます。なかには似たような測定項目もたくさんあります。それらをどう整理すれば、能力や性格の指標になるのかはよくわかりません。そこで伝統的に使わ

---

[14] 次元削減という用語は、後述するステップワイズ法のように変数を選んで減らす手法と区別がつかずわかりづらいかもしれません。しかし、一般に次元圧縮よりも広く使われているため、本書では「次元削減」を使っています。

れてきたのが因子分析です。

　簡単な例として、英語、数学、国語、理科、社会という5教科の成績は、相互に関連していることが考えられます。数学と理科はともに数式を扱いますし、国語と社会は文章の読み解きが求められます。しかし、数学も理科も日本語の文章がわからなければ応用問題は解けませんし、逆に社会でも計算やグラフの理解は必要です。単純に、文系、理系と分ければよいものでもなさそうです。

　そこで、多くの生徒の成績を調べたデータから、5教科の成績の相関関係を割出し、これを分析すれば、計算力と、日本語の読解力という2つの評価指標が抽出できるかもしれません。すると、たとえば理科の成績は以下のような式で表すことができます。

$$理科の成績 = a_1 \times 計算力 + a_2 \times 読解力 + 理科だけに求められる力$$

　a_1とa_2は、計算力や読解力の理科の成績への影響度合いを示します。理科に限って言えば計算力の影響は大きいでしょうから、a_1の値は大きく、a_2の値はやや小さいかもしれません。また、物質や生物についての知識も必要ですから、最後の「理科だけに求められる力」も大きそうです。

　この式は理科に限らず、ほかの教科にも適用できます。ただし、成績については教科ごとに変動の幅（分散）が違うため、標準化によってスケールを統一しておきます。

$$x_1 = a_{11} f_1 + a_{12} f_2 + e_1$$
$$x_2 = a_{21} f_1 + a_{22} f_2 + e_2$$
$$\vdots$$
$$x_5 = a_{51} f_1 + a_{52} f_2 + e_5$$

　x_1からx_5はそれぞれの教科の成績を標準化したもの、f_1は計算力、f_2は読解力、e_1からe_5は、それぞれの教科について独自に求められる能力です。aは、教科の数が5つ、共通能力の数が2なので、5×2で10個のパラメータとなります。因子分析とは、つまり、5教科の成績の相関関係から5教科の成績に共通するなんらかの因子を抽出し、上の式を推定するというテクニックです（**図4.26**）。

　ここで用語の使い方について整理しておきましょう。

　a_{ij} …… 因子負荷量 (factor loading)
　　　　元の測定項目（変数）に対する共通因子の重み

　f_j …… 共通因子 (common factor)
　　　　元の測定項目（変数）から抽出（合成）される因子

e_i …… 独自因子（unique factor）
共通因子だけでは説明できない、元の測定項目に固有の因子

図4.26 で注意が必要なのは、読解力の負荷が高い教科でも計算力が不要というわけではないということです。社会では読解力だけでなく計算力の寄与も高くなっています。逆に、数学や理科も、読解力の負荷はある程度高くなっています。つまり、共通因子が示すのは、特定の教科の合算や平均ではなく、全教科に共通する能力です。

ここでは共通因子を2つに設定しましたが、これに加えて「論理思考力」のような3つ目の共通因子を想定することもできます。英語独自と思われていた能力の中にも、日本語と英語の文章構造を見比べて分析する思考力が含まれていて、それは数学や国語の能力にも共通するかもしれません。

共通因子の数をいくつにするかは、定量的な評価と解釈のしやすさという両方の観点から分析者が決定します。ただ、どのような能力が共通因子として抽出されるかは、実はやってみないとわかりません。計算力が抽出されるはずだと思って分析しても、実際に抽出されるのは暗記力のような能力かもしれません。また、ツールが「読解力」や「暗記力」といった名前をつけてくれるわけではありません。抽出された共通因子が何を示しているのかについては、分析結果を見て人間が解釈する必要があります。因子分析では、この解釈を容易にするために軸の回転というテクニックが使われますが、理論的な説明はやや難解になるた

■ 教科ごとの成績

	英語	数学	国語	理科	社会
生徒1	90	85	40	85	50
生徒2	50	55	65	45	65
生徒3	75	85	90	80	95
⋮	⋮	⋮	⋮	⋮	⋮

共通因子を抽出

■ 因子負荷量

	第1因子	第2因子	
数学	0.84	0.08	第1因子の負荷が
理科	0.72	0.15	高い教科
国語	-0.16	0.74	第2因子の負荷が
社会	0.37	0.58	高い教科
英語	0.12	0.38	
解釈 ➡	計算力	読解力	

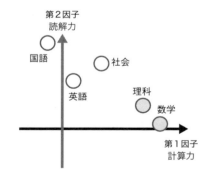

図4.26 共通因子の抽出

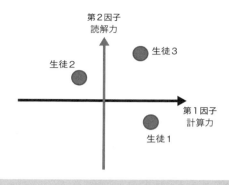

図4.27　因子得点の算出

め割愛します[15]。

　因子分析を実行すると、因子負荷量の値のほかに**因子得点**（factor score）と呼ばれる値が算出されます。因子得点とは、ケース（この例では生徒）ごとの共通因子の値で、これを見れば、生徒ごとにどのような能力が高いのかを判定できます（**図4.27**）。

　この因子得点の値をもとにして生徒をクラスタリングすれば、相関の高い変数の効果が集約されるため、より正確な結果が得られます。また、志望校の受験の結果を目的変数とし、因子得点の値を説明変数として回帰分析を行えば、（教科単位での指導以外に）重点を置いて生徒を指導していくべきポイントが見つかるかもしれません。

（3）主成分分析

　主成分分析（Principal Component Analysis：PCA）も、その考え方は因子分析とほとんど同じです。ただし、因子分析の共通因子に相当する概念を、主成分分析では**主成分**（principal component）と呼びます。ここでは、因子分析との違いに重点を置いて説明します。

　因子分析では、共通因子では説明できない変動を独自因子として残しますが、主成分分析では、すべての主成分ですべての変動を説明します。このため、主成分の数は元の測定項目（変数）の数と同じになります。5教科の成績であれば主成分も5つです。これをすべて使ってしまうと次元を削減する意味がないため、実際には上位のいくつかの主成分を使います。

$$f_1 = a_{11}x_1 + a_{12}x_2 + a_{13}x_3 + a_{14}x_4 + a_{15}x_5$$
$$f_2 = a_{21}x_1 + a_{22}x_2 + a_{23}x_3 + a_{24}x_4 + a_{25}x_5$$

---

[15]　因子分析や主成分分析の詳細については、参考文献[19]を参照してください。

$$\vdots$$

$$f_5 = a_{51}x_1 + a_{52}x_2 + a_{53}x_3 + a_{54}x_4 + a_{15}x_5$$

a_{ij} …… 固有ベクトル (eigen vector)

元の測定項目（変数）の主成分に対する重み

f_j …… 主成分 (principal component)

元の測定項目（変数）から合成（抽出）される主成分

先ほどと同様に、x_1からx_5はそれぞれの教科の成績を標準化したもの、f_1からf_5までが主成分です。ただし、x（元の変数）を左に置くか、f（共通因子または主成分）を左に置くかで（**2**）とは式の書き方が違っています。これは2つの分析手法の「使い方の違い」だと思ってください。

因子分析は、基本的に複数の共通因子を抽出して解釈することを目的とした手法です。「潜在的な因子の組み合わせで観測される変数を表現する」と言ってもよいでしょう。これに対して、主成分分析では測定項目の連動を、できるだけ最初の軸（第1主成分）に集約します。このため「観測される変数の組み合わせで主成分を表現する」といった用途に向いています。

5教科の成績の例で言えば、第1主成分は計算力や読解力といった個別の能力ではなく、「総合学力」です。第2主成分は、総合学力では説明できない（取りこぼされる）別の変動が、「第2の総合学力」として抽出されます。

したがって、因子分析は「潜在的な能力の組み合わせで成績が決まる」と考える場合に、主成分分析は「成績の組み合わせで総合的な能力が表現できる」と考える場合に使いやすい手法であると言えます[16]。

（4）因子分析と主成分分析の使い分け

因子分析と主成分分析の違いについて、さらに実務的な観点から補足しておきます。

- **共通因子／主成分の数の決定**：因子分析では、いくつの共通因子を抽出するかを決めてからアルゴリズムを実行する必要があります。主成分分析では、アルゴリズム

---

[16] 現実にはどちらの手法も測定項目を数学的に操作して変動を集約しているだけで、基本的な原理は共通しています。使い方の違いを強調するために「因子分析は結果から原因を抽出する手法」、「主成分分析は原因から結果を合成する手法」と説明されることもありますが、2つの分析手法の違いと因果の方向とは本来別の問題です。

を実行したあとでどの主成分を使うか決めることができます[17]。

- **解釈のしやすさ**：因子分析は、複数の異なる共通因子を使って現象を解釈（意味づけ）するための手法で、そのための工夫が施されています。主成分分析では、多くの変動がより少ない主成分に集約されるため、解釈は難しくなります。

- **実行のしやすさ**：因子分析では数々の手法やテクニックが考案されており、その選択や指定によって、異なる計算結果が得られたり、エラーが発生したりします。主成分分析のほうは実行が簡単で、得られる結果も安定しています。

- **用途**：どちらも変数の次元を圧縮（削減）する手法ですが、因子分析は、現象を分析することを目的としたリサーチや学術研究でよく使われます。因子数の調整や変数の追加・削除といった試行錯誤をしながら、結果を解釈していくことが前提です。主成分分析は、解釈がしづらい代わりに、ある程度機械的に実行することができます。機械学習の前処理にも有効で、Pythonの機械学習ライブラリscikit-learn（➡5.2.1）にも主成分分析が実装されています。

（5）次元削減

サンプルスクリプト📄4.3.02.Dimensionality.R をもとに、因子分析の方法について説明します（**リスト4.7**）。使用するサンプルデータは📄TokyoSTAT_P25.csv です。これは3.1.4項で使用した東京都の自治体データに、さらに多くの項目を加えています。自治体の名称とIDに加え、その自治体に住みたいと思うかどうかの調査結果を点数した「人気度」、および、自治体の特性を表す25の指標が格納されています[18]。

1. **市町村**：東京都の自治体（特別区および市町）の名称
2. **行政CD**：各自治体に対応するコード（ID）
3. **人気度**：住みたいと思うか（点数が高いほど住みたい人が多い）
4. **世帯あたり人数**：自治体の特性を表す指標のひとつ
5. **年齢15歳未満比率**：同上
   （以下略）

分析の課題は以下の2つです。

---

[17]　この点はツールの仕様により異なる可能性があります。

[18]　データの出所は3.1.4項で挙げたものと同じです。ただし、「人気度」のみ架空の項目です。現実の調査のランキングとは一致しません。

- 25の行政指標に基づいて、特性の似た自治体をクラスタリングする
- 25の行政指標に基づいて、自治体の人気を説明する回帰モデルを作る

このいずれの課題においても、25の行政指標をそのまま使うことは得策ではありません。3.1.4項で確認したように、指標の中には似た意味合いのものが数多くあり、お互いに相関しています。25の指標をそのまま使ってクラスタリングを行うことは可能ですが、相関の強い変数が多く含まれていると結果が歪みます（➡4.3.1）。また、回帰分析においても、項目間の相関の高さによって意図しない結果が生じる可能性があります（➡3.3.6）。そもそも、ケース数（自治体の数）が50である以上、25の説明変数をすべて使うとオーバーフィッティングの危険があります（➡3.3.4）。

このようなリスクを避けるには、因子分析または主成分分析を使って変数を集約し、次元を削減します。まず、25の行政指標からいくつの共通因子を抽出するかを決めましょう。そのために、ライブラリpsychに含まれる fa.parallel() 関数を実行します。この関数は、**平行分析**（parallel analysis）と呼ばれる手法でランダムなデータと実際のデータの分析結果を比較し、適切な因子数や主成分数の目安を算出します。

実行が終了すると、**図4.28**のようなプロットが出力されます。これは**スクリープロット**と呼ばれる図で、因子数（主成分数）を増やしていったときに、説明できるデータの変動（分散）が減少していく様子をプロットしたものです。第1因子や第1主成分には多くのデータの変動が含まれますが、第2因子や第2主成分では説明できる変動が少なくなります[19]。第3因子や第3主成分以下も同様で、分散の説明率が次第に下がっていくと考えてください。このため因子数や主成分数をいたずらに増やしても、意味のある結果は得られません。

このスクリープロットの曲線を見て、因子数、主成分数が適切かを判断します。また平行分析では、共通因子や主成分の数を選ぶ目安として、図の中に赤い点線が表示されます。これは、点線を下回るような因子や主成分を抽出しても意味がないという示唆です。同様の示唆はテキストでも出力されます（**例4.5**）。the number of factors=3 というのは、因子分析において適切な因子数が3、the number of components=2 というのは、主成分分析において適切な主成分数が2と示唆されていることを意味します。

ただし、ここで示唆される数はあくまで目安です。分析の結果や解釈を踏まえて、最終的には自身で適切な数を決定することが望ましいでしょう。

---

[19]　縦軸の値は固有値と呼びます。

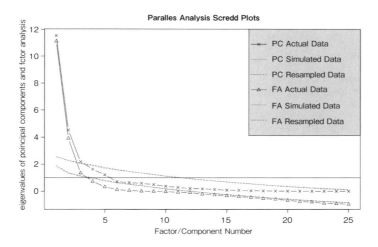

図4.28 平行分析で描いたスクリープロット

例4.5 平行分析の実行

```
> result.prl <- fa.parallel(DF[, -(1:3)], fm="ml")
Parallel analysis suggests that the number of factors = 3  and ⏎
the number of components = 2
```

リスト4.7　4.3.02.Dimensionality.R

```
#FA/PCA

#ファイルを読み込んでデータフレームを作成する
DF <- read.table( "TokyoSTAT_P25.csv",
                  sep = ",",
                  header = TRUE,
                  stringsAsFactors = FALSE,
                  fileEncoding="UTF-8")      #文字コードはUTF-8

#データの概要を確認する
str(DF)
summary(DF[, -c(1:2)])

#50の区市町をなんらかの基準でクラスタに分けたい …クラスタリング
#人気度がどのような要因に基づくのかを分析したい …回帰分析
#前処理として次元削減を行う

#ライブラリの読込み
library(psych)
#fa.parallel：平行分析（PA）の実施（視覚的に適切な因子数を判断）
#fm＝因子抽出法（minres 最小残差法、pa 主因子法、ml 最尤法）
#ここでは最尤法を選択
#1-2列目はIDなので除く
#3列目は次元削減の対象ではないので除く
result.prl <- fa.parallel(DF[, -(1:3)], fm="ml")
```

```r
#FA（因子分析）の実行

#fa：因子分析の実行
#fm＝因子抽出法（minres 最小残差法、pa 主因子法、ml 最尤法）
#ここでは最尤法を選択
#nfactors＝因子数（抽出したい軸の数）
#rotate＝回転法（直交回転：varimax等、斜交回転：promax等）
#scores＝因子得点算出法
#1-2列目はIDなので除く
#3列目は次元削減の対象ではないので除く
resultFA <- fa(DF[, -(1:3)],
                nfactors=3,               #因子数を指定
                fm = "ml",                #pa 主因子法, ols 最小二乗法, ml 最尤法
                rotate = "varimax",       #varimax 直交、promax 斜交
                scores = "regression")    #regression 回帰法

#結果の表示
#digits＝小数点以下表示桁の指定
#sort=TRUEを指定（各項目ごとの因子負荷量がソートされる）
print(resultFA, digits=2, sort=TRUE)

#結果を図で表示
fa.diagram(resultFA,
            rsize=0.8, e.size=0.1, #四角と円のサイズ
            marg=c(.5,5,.5,.5),    #余白の設定
            cex=.6)                #文字サイズ

#結果の見方
#MRi...：各項目ごとの因子負荷量（各変数がどれだけ因子に寄与しているか）
#h2：共通性 -- 各変数の値の変動が因子でどれだけ説明できるかを表す
#u2＝1-h2：独自性（uniqueness）-- 取りこぼしの度合い（救えなかった情報）

#因子負荷量（変数ごとの因子への寄与）の値をタテヨコにプロットする
# 　因子負荷量は、resultFAの中のloadingsに格納されている

#第1因子と第2因子
#枠のみを作成する
# 　 type="n"で点を描かない
plot(resultFA$loadings[, 1],
      resultFA$loadings[, 2], type="n")
#枠内にテキストを表示する
# 　 テキストは因子負荷量のリストの行の名前を取得して使う
text(resultFA$loadings[, 1],
      resultFA$loadings[, 2],
      rownames(resultFA$loadings), col="steelblue")
#y=0の直線を引く
# 　 点(-1, 0)から点(1, 0)まで線を引けばよい
# 　 lines(X, Y)でXとYのベクトルを指定する（散布図と同じ）
lines(c(-1, 1), c(0, 0), col="grey")
#x=0の直線を引く
# 　 点(0, -1)から点(0, 1)まで線を引けばよい
lines(c(0, 0), c(-1, 1), col="grey")

#第3因子と第2因子についても同様
```

```
plot(resultFA$loadings[, 3],
     resultFA$loadings[, 2], type="n")
text(resultFA$loadings[, 3],
     resultFA$loadings[, 2],
     rownames(resultFA$loadings), col="steelblue")
lines(c(-1, 1), c(0, 0), col="grey")
lines(c(0, 0), c(-1, 1), col="grey")

#因子得点(ケースごとの得点)はresultFAの中のscoresに格納されている
head(resultFA$scores)

#因子得点をデータフレームに変換
DFfa <- as.data.frame(resultFA$scores)
#行の名前を自治体名に変換
rownames(DFfa) <- DF$市町村

#意味を考えて因子に名前を付ける
names(DFfa) = c("ビジネス度","都会生活度","非高齢化度")
head(DFfa)

#因子得点について要約情報を表示
summary(DFfa)
#標準偏差
apply(DFfa, 2, sd)

#因子得点をもとにクラスタリング
kmFA <- kmeans(DFfa, 4, iter.max=50)
#色ラベルの配列を作るためにクラスタ番号の配列をコピー
color.kmFA <- kmFA$cluster
head(color.kmFA)

#クラスタ番号を色名に変換する
#levels = factor(カテゴリ変数)のラベルの指定
#クラスタの数に注意
color.kmFA <- as.factor(color.kmFA)
levels(color.kmFA) <- c("blue", "red", "green", "orange")
head(color.kmFA)

#factorの実体は整数型なので文字列に変換（ラベルの値が実体となる）
color.kmFA <- as.character(color.kmFA)
head(color.kmFA)

#因子得点(サンプルごとの点数)の値を色分けしてプロットする
#ラベル(市町村名＝DFfaの行の名前)を rownames(DFfa) で表示
#クラスタの色名color.kmFAで色分けをして表示
plot(DFfa$ビジネス度,
     DFfa$都会生活度, type="n")
text(DFfa$ビジネス度,
     DFfa$都会生活度, rownames(DFfa), col=color.kmFA)
lines(c(-10, 10), c(0, 0), col="grey")
lines(c(0, 0), c(-10, 10), col="grey")

plot(DFfa$非高齢化度,
     DFfa$都会生活度, type="n")
text(DFfa$非高齢化度,
     DFfa$都会生活度, rownames(DFfa), col=color.kmFA)
lines(c(-10, 10), c(0, 0), col="grey")
```

4.3

モデリングの手法

```
lines(c(0, 0), c(-10, 10), col="grey")



#主成分分析
resultPCA <- prcomp(DF[, -(1:3)], scale=TRUE)

#結果の要約
summary(resultPCA)

#各変数ごとの主成分（固有ベクトル）
#第3主成分まで表示
resultPCA$rotation[, 1:3]

#各ケースごとの主成分得点
#5自治体、第3主成分まで表示
resultPCA$x[1:5, 1:3]

#主成分得点(サンプルごとの点数)の値をタテヨコにプロットする
biplot(resultPCA)

#主成分得点をデータフレームに変換
DFpca <- as.data.frame(resultPCA$x)
#行の名前を自治体名に変換
rownames(DFpca) <- DF$市町村

#主成分得点について要約情報を表示
summary(DFpca)[, 1:2]
#標準偏差
apply(DFpca, 2, sd)[1:2]

#主成分得点をもとにクラスタリング
#ここでは第3主成分までを使う
kmPCA <- kmeans(DFpca[, 1:2], 4, iter.max=50)
#色ラベルの配列を作るためにクラスタ番号の配列をコピー
color.kmPCA <- kmPCA$cluster
head(color.kmPCA)

#クラスタ番号を色名に変換する
#levels＝factor(カテゴリ変数)のラベルの指定
color.kmPCA <- as.factor(color.kmPCA)
levels(color.kmPCA) <- c("blue", "red", "green", "orange")
head(color.kmPCA)

#factorの実体は整数型なので文字列に変換（ラベルの値が実体となる）
color.kmPCA <- as.character(color.kmPCA)
head(color.kmPCA)

#主成分得点(サンプルごとの点数)の値を色分けしてプロットする
#ラベル(市町村名＝DFfaの行の名前)を rownames(DFpca) で表示
#クラスタの色名color.kmFAで色分けをして表示
plot(DFpca$PC1, DFpca$PC2, type="n")
text(DFpca$PC1, DFpca$PC2, rownames(DFpca), col=color.kmPCA)
lines(c(-20, 20), c(0, 0), col="grey")
lines(c(0, 0), c(-10, 10), col="grey")
```

```
#結果の保存

#元のデータに因子得点とクラスタ番号を付加
DF <- cbind(DF, DFfa)            #列同士を結合
DF$kmFA <- color.kmFA            #色の名前で付加

#元のデータに主成分得点（第2まで）とクラスタ番号を付加
DF <- cbind(DF, DFpca[, 1:2])    #列同士を結合
DF$kmPCA <- color.kmPCA          #色の名前で付加

#データを確認して保存
str(DF)
write.table(DF, row.names=F,
            file="TokyoSTAT_fa_pca.csv")


#人気度の分布
summary(DF$人気度)
hist(DF$人気度 ,        col="ivory3")
hist(log(DF$人気度), col="ivory3")

#クラスタごとの人気度の分布
boxplot(log(DF$人気度) ~ DF$kmFA, col="grey")

#回帰分析（25項目の行政指標を使う）
Lm1 <- lm(log(人気度) ~ ., data=DF[, c(3:28)])
summary(Lm1)

#多重共線性の確認
library(car)
vif(Lm1)

#因子得点を使った回帰分析（因子得点のみを説明変数に使う）
Lm2 <- lm(log(人気度) ~ ., data=DF[, c(3, 29:31)])
summary(Lm2)
#標準偏回帰係数βを算出
library(lm.beta)                # βを算出するライブラリ
Lm2beta <- lm.beta(Lm2)     #lm.beta()関数でβを計算
summary(Lm2beta)

#多重共線性の確認（相関のない因子を抽出したため1となる）
vif(Lm2)

#Lm2による人気度予測結果（理論的な推定値）
pred <- predict(Lm2, newdata=DF)
#結果は対数化されているので、指数化して戻す
exp(pred)

#実測値と理論上の推定値
plot(log(DF$人気度), pred, type="n")
text(log(DF$人気度), pred, DF$市町村, col=color.kmFA)
lines(c(0, 10), c(0, 10), col="grey")
```

4.3

モデリングの手法

（6）Rを使った因子分析

引き続き、サンプルスクリプト📄4.3.02.Dimensionality.R（**リスト4.7**）に沿って、Rを使った因子分析の手順を説明します。

使用するのは、ライブラリpsychに含まれるfa()関数です[20]。fa()には、因子分析に特有の因子抽出法、軸の回転法、因子得点算出法などの指定がありますが、ここでは、因子抽出にあたって最尤法（ml）、軸の回転にあたって直交回転（varimax）、因子得点の算出にあたって回帰法（regression）を用います。特に重要なのはnafactorsの指定で、ここで抽出する因子数を指定します。今回は、平行分析で得られた3を因子数とします。結果はresultFAというオブジェクトを作って格納します（名称は何でもかまいません）。結果の表示にはprint()関数を使いますが、sort=TRUEという指定が重要です。この指定は、元の変数を縦に並べるときに、因子負荷量を基準にソートします。

因子分析の分析結果を**例4.6**に示します。まず、変数ごとの、3つの共通因子に対する因子負荷量が表示されます。それぞれの変数の説明を以下に挙げておきます。

item

変数の元の順序（順番が変わっているため、わかりやすいように表示される）

ML1〜ML3 …… 共通因子ごとの因子負荷量

共通因子に対する各変数の寄与の度合いを表す

h2 …… 共通性

各変数が共通因子で説明できる度合い（1からu2を引いた値）

u2 …… 独自性

各変数が共通因子で説明できない度合い（大きい変数が多いと望ましくない）

com …… 複雑性

各変数の因子負荷量が複数の共通因子にまたがっている度合い

表示された結果を上から順にながめていき、どの共通因子への因子負荷量が高いかで変数を3つに分けます。具体的には、まずML1とML2の絶対値（±を無視した値）を見比べて、ML1のほうが大きいことを確認します。しかし、下に向かって見ていくと、これが逆転するところがあります。この例では「小売業販売額_事業所あたり_百万円」と「世帯あたり人数」の間です。ここから上が、主にML1に寄与する項目、ここから下は、主にML2に寄与する項目です。ここから下は、ML2とML3を見比べていくと、「ごみリサイクル率_pct」と「年

---

[20] 因子分析を実行する関数には、R標準のfactanal()もありますが、ライブラリpsychのfa()のほうが機能が豊富で扱いやすいので、こちらを推奨します。

齢65以上比率」で逆転します。ここから下は、主にML3に寄与する項目です。

　因子負荷量の値のうちマイナスとなっている値は、その変数が共通因子に対して負の効果を持つことを意味します。たとえば、「世帯あたり人数」のML2に対する因子負荷量は-0.92ですが、これは、世帯あたり人数の値が小さいほうが共通因子ML2の値が大きいということです。

例4.6 因子分析の分析結果

```
> resultFA <- fa(DF[, -(1:3)],
+                nfactors=3,
+                fm = "ml",
+                rotate = "varimax",
+                scores = "regression")
> print(resultFA, digits=2, sort=TRUE)
Factor Analysis using method =  ml
Call: fa(r = DF[, -(1:3)], nfactors = 3, rotate = "varimax",
    scores = "regression", fm = "ml")
Standardized loadings (pattern matrix) based upon correlation matrix
```

	item	ML1	ML2	ML3	h2	u2	com
千人あたり事業所数	18	0.97	0.16	0.14	1.00	0.0046	1.1
昼間人口比_per	6	0.97	0.11	0.12	0.97	0.0310	1.1
千人あたり大型小売店数	21	0.95	0.12	0.20	0.97	0.0327	1.1
千人あたり飲食店数	20	0.95	0.22	0.19	0.98	0.0171	1.2
千人あたり交通事故発生件数	24	0.95	0.00	0.14	0.92	0.0828	1.0
千人あたり刑法犯認知件数	25	0.91	0.23	0.05	0.88	0.1202	1.1
千人あたり幼稚園数	19	0.80	0.24	0.14	0.71	0.2866	1.2
千人あたり病院数	22	0.79	-0.01	-0.26	0.70	0.3041	1.2
転入者_対人口比	4	0.65	0.62	0.41	0.98	0.0240	2.7
課税所得_就業者1人あたり_千円	13	0.50	0.43	0.43	0.62	0.3763	2.9
小売業販売額_事業所あたり_百万円	14	0.49	0.17	0.45	0.47	0.5291	2.2
世帯あたり人数	1	-0.16	-0.92	-0.28	0.95	0.0503	1.3
年齢15未満比率	2	-0.06	-0.91	-0.09	0.83	0.1684	1.0
高齢単身世帯比率	7	0.03	0.74	-0.65	0.96	0.0373	2.0
転出者_対人口比	5	0.48	0.71	0.49	0.97	0.0282	2.6
耕地面積_対可住面積比	12	-0.13	-0.64	-0.11	0.45	0.5545	1.1
千人あたり老人ホーム数	23	0.01	-0.63	-0.16	0.43	0.5712	1.1
可住地面積比率	11	0.01	0.60	0.06	0.36	0.6362	1.0
小売業販売額_売場面積あたり_万円m2	15	0.44	0.58	0.34	0.65	0.3502	2.5
第3次産業従事者数比	10	0.09	0.54	0.23	0.35	0.6497	1.4
第1次産業従事者数比	8	-0.20	-0.54	0.08	0.34	0.6634	1.3
第2次産業従事者数比	9	-0.09	-0.54	-0.23	0.35	0.6537	1.4
ごみリサイクル率_pct	17	-0.24	-0.53	0.11	0.36	0.6444	1.5
年齢65以上比率	3	-0.10	-0.19	-0.85	0.77	0.2340	1.1
国民健保一人あたり診療費_円	16	-0.15	-0.34	-0.48	0.36	0.6382	2.0

```
                        ML1  ML2  ML3
SS loadings            8.22 6.34 2.75
Proportion Var         0.33 0.25 0.11
```

```
Cumulative Var         0.33 0.58 0.69
Proportion Explained  0.47 0.37 0.16
Cumulative Proportion 0.47 0.84 1.00

Mean item complexity =  1.5
Test of the hypothesis that 3 factors are sufficient.

The degrees of freedom for the null model are  300  and the objective ➡
function was  62.46 with Chi Square of  2488.15
The degrees of freedom for the model are 228  and the objective function ➡
was  29.15

The root mean square of the residuals (RMSR) is  0.07
The df corrected root mean square of the residuals is  0.08

The harmonic number of observations is  50 with the empirical chi square ➡
 152.34  with prob <  1
The total number of observations was  50  with Likelihood Chi Square =  ➡
1102.82  with prob <  1.2e-114

Tucker Lewis Index of factoring reliability =  0.442
RMSEA index =  0.328  and the 90 % confidence intervals are  0.263 NA
BIC =   210.88
Fit based upon off diagonal values = 0.98
Measures of factor score adequacy
                                          ML1  ML2  ML3
Correlation of (regression) scores with factors   1.00 0.99 0.98
Multiple R square of scores with factors          1.00 0.98 0.96
Minimum correlation of possible factor scores     0.99 0.97 0.93
```

（7）因子分析の結果の解釈

　　これらの結果をもとに解釈してみましょう。ML1への因子負荷量が高い項目を見ると、千人あたりの事業所数や大型小売店数、飲食店数、昼間人口比などビジネスや商業に関わる指標がほとんどです。交通事故や刑法犯認知の件数もありますが、これもビジネスや経済の活性度、商業の盛んな度合いを示していると考えることができます。これを仮に「ビジネス度」と名付けます[21]。

　　ML2は、世帯あたり人数が少なく、年齢15歳未満の比率が少なく、高齢者の単身世帯が多いほどその値が大きくなります。これらはいずれも単身者が多いことを示していると考えられます。また、耕地面積が少なく、小売業の売場面積あたりの販売額が大きく、第3次産業の従業者が多く、第1次・第2次産業の従業者は少ないといった特徴は、それだけ密集

---

[21]　もっと良いネーミングがありそうですが、シンプルで文字数が少ないことを重視して命名しました。

と都市化が進んでいることを示していると言えます。せせこましい大都会での単身者の暮らしを想像してもよいかもしれません。これを仮に「都会生活度」と名付けます。面白いのは「ごみリサイクル率_pct」です。この項目は独自性が0.64とやや高い値を示していますが、ML2に-0.53の因子負荷量を持ちます。ごみのリサイクル率が低いことと、単身者が多いことは近い意味があるかもしれません。

　主にML3に寄与しているのは2つの変数で、「年齢65以上比率」と「国民健保一人あたり診療費_円」です。この2つはお年寄りが多いことの指標と言えるでしょう。また、「高齢単身世帯比率」はML2に寄与している項目ですが、ML3に対する因子負荷量も-0.65と絶対値が大きいことに注目してください。これらの3つの項目のML3に対する因子負荷量は、すべて符号がマイナスです。そこで、高齢化に対するマイナスの指標ということで、「非高齢化度」と命名します。

　共通因子に対する因子負荷量を見るときは、絶対値が0.2を下回る値は、解釈において無視してもよいでしょう。また、因子分析においては、どの共通因子にも寄与しないような項目があることは好ましくありません。u2の値が0.85か0.9を超えるような変数は、分析から除くことを検討すべきです。

　分析結果の中段にある指標値にも注目しておきましょう。SS loadings（因子負荷量の二乗和）やProportion Var（分散説明率、寄与率）の値はML1で高く、ML2、ML3で値が徐々に下がっていきます。これは、最初のスクリープロットで見たように、データの変動を説明できる度合いが徐々に下がっていくことを意味します。特に確認しておくべきなのはCumulative Var（累積寄与率）です。これはProportion Varの値を累積したもので、今回の例では、第3因子まで抽出した結果、全体の分散の69%が説明されたことになります。この値があまりに低いと、分析そのものに意味がないということになります。

　上で述べたような各変数と因子負荷量との関係は、fa.diagram()関数を使うと視覚的に確認できます（**図4.29**）。

　また、第1因子（この例ではML1）を横軸、第2因子（ML2）を縦軸にとり、散布図上に各変数の因子負荷量をプロットすることで、どの変数がどの共通因子に寄与しているかを正確に示すことができます。因子負荷量の値は、結果を格納したオブジェクト（resultFA）の中のloadingsというリストから取り出せます。plot()関数では点を描かず、代わりに関数text()を用いることで変数の名称を2次元上にプロットします（**図4.30左**）。同様に、第2因子を横軸、第3因子（ML3）を縦軸にとった図も作成します（**図4.30右**）。原点(0,0)を中心として、それぞれの変数が正負のどちらの方向で寄与しているかを確認するようにしてください。

4.3

モデリングの手法

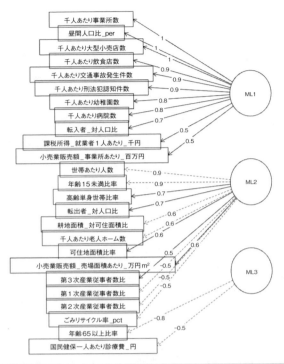

図4.29 変数と因子負荷量との関係

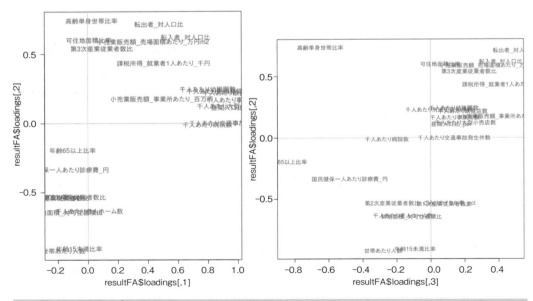

図4.30 因子負荷量のプロット

（8）因子得点に基づくクラスタリング

　（5）で述べたような観点から、個々の変数の値ではなく、共通因子の値を使って自治体のクラスタリングを行なってみましょう。ケース（自治体）ごとの共通因子の値、すなわち因子得点は、オブジェクトresultFAの中のscoresというリストから取り出すことができます。

　サンプルスクリプト（**リスト4.7**）では、取り出した因子得点をデータフレームに変換し、行ラベル（自治体名称）と列ラベル（共通因子の名称）をつけています。このデータフレームをインプットとしてクラスタリングを行いましょう。ここでは階層クラスタリングではなくk平均法を使います。得られたクラスタ番号は色の名前に変換し、各クラスタを色で識別できるようにしておきます。

　4.3.1項では、クラスタの特徴を把握するためにボックスプロットと3Dプロットを使いましたが、今回は変数ごとの因子負荷量のプロットと同様に、それぞれの共通因子を縦軸と横軸にとり、自治体の名称をプロットします。**図4.31上**を見ると、ビジネス度において突出している千代田区が独立したクラスタとなっています。千代田区以外の3つのクラスタの分かれ方は、**図4.31下**を見ればわかります。都会生活度の高い自治体と低い自治体で分かれ、高い自治体はさらに非高齢化度が高いかどうかで分かれています。右上のクラスタには渋谷区や新宿区など大繁華街を持つ自治体が、左上のクラスタには北区や足立区などの工業地や下町を含む自治体が含まれています。また下側のクラスタには、東京の西側に位置する郊外の自治体が多く含まれています。

　なお、kmeans()関数の実行結果は実行のたびに異なるため厳密には上で紹介したものと異なる結果になる場合があります。

> ✴ **注意**
>
> クラスタリングのような距離を基準とした分析手法では、それぞれの軸のスケールに注意を払う必要があります。**図4.31**では縦軸と横軸の目盛りを揃えて出力した図を掲載していますが、特に**図4.31上**を正方形で出力すると、縦横のスケールが合わなくなり、距離感もつかみにくくなるため注意してください。

（9）Rを使った主成分分析

　続いて主成分分析を実行してみます。因子分析と同じような処理内容になりますので、現実には、目的に応じてどちらか一方を実行すれば大丈夫です。

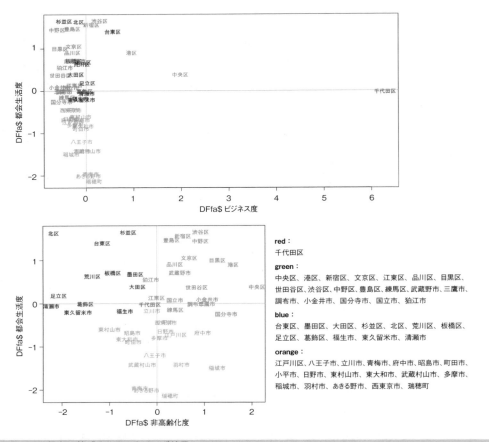

図4.31 因子得点に基づくクラスタリング結果

　使用するのはprcomp()関数です[22]。scale=TRUEは変数ごとのスケールを標準化するという指定です。また、結果にresultPCAという名称をつけて格納しています。summary()関数で要約を見ると、第1から第25までの主成分について、Standard deviation（標準偏差）、Proportion of Variance（寄与率、分散説明率）、Cumulative Proportion（累積寄与率）の3つの指標が表示されます。因子分析の場合と同様に、Cumulative Proportionの値を確認してください。平行分析で示唆されたように第2主成分までを使って、64%の分散が説明できることがわかります（**例4.7**に第6主成分までの値を示します）。

　因子分析では、因子負荷量を見ることで元の変数と抽出された共通因子との関係を確認

---

[22] 主成分分析を実行するR標準の関数にはprcomp()とprincomp()の2種類がありますが、prcomp()のほうが扱いやすいためこちらを推奨します。

できました。主成分分析では、固有ベクトルの成分がこれに相当します。その値は、結果を格納したオブジェクト（resultPCA）の中のrotationというリストから取り出すことができます（**例4.8**に第3主成分までの値を示します）。また、因子分析の因子得点（ケースごとの共通因子の値）に相当するのは、主成分得点（ケースごとの主成分の値）です。これは、resultPCAの中のxというリストから取り出すことができます。

　　ケースごとの主成分得点のプロットはbiplot()関数で確認できます。図の中にはそれぞれのケース（自治体）が番号でプロットされています。また、元の変数が第1主成分と第2

例4.7 Rを使った主成分分析

```
> resultPCA <- prcomp(DF[, -(1:3)], scale=TRUE)
> summary(resultPCA)
Importance of components:
                          PC1     PC2     PC3     PC4     PC5     PC6
Standard deviation     3.3971  2.1271  1.4791 1.27554 1.10198 0.84051
Proportion of Variance 0.4616  0.1810  0.0875 0.06508 0.04857 0.02826
Cumulative Proportion  0.4616  0.6426  0.7301 0.79518 0.84376 0.87201
```

例4.8 Rを使った主成分分析の分析結果

```
> resultPCA$rotation[, 1:3]
```

	PC1	PC2	PC3
世帯あたり人数	0.21817823	0.292007358	0.016652864
年齢15未満比率	0.17315873	0.282854276	0.107643674
年齢65以上比率	0.13827649	0.109660617	-0.462839305
転入者_対人口比	-0.28134219	-0.035917394	0.057305951
転出者_対人口比	-0.26794431	-0.117216398	0.117642903
昼間人口比_per	-0.24316331	0.243126759	-0.063282831
高齢単身世帯比率	-0.07399042	-0.218733757	-0.512410750
第1次産業従業者数比	0.14312036	0.166901626	0.250632303
第2次産業従業者数比	0.14036634	0.191454238	-0.128220532
第3次産業従業者数比	-0.14144537	-0.192633089	0.125130549
可住地面積比率	-0.11383968	-0.257891119	-0.087326397
耕地面積_対可住面積比	0.15650544	0.244937181	0.128000027
課税所得_就業者1人あたり_千円	-0.23531538	-0.003764779	0.128319792
小売業販売額_事業所あたり_百万円	-0.18853341	0.053126273	0.272612089
小売業販売額_売場面積あたり_万円m2	-0.23711598	-0.087377992	0.069927304
国民健保一人あたり診療費_円	0.13891741	0.086561773	-0.327457796
ごみリサイクル率_pct	0.14313231	0.127942834	0.261682729
千人あたり事業所数	-0.25378255	0.219289176	-0.056588990
千人あたり幼稚園数	-0.23505208	0.155132882	-0.083435715
千人あたり飲食店数	-0.26230625	0.191112884	-0.023531861
千人あたり大型小売店数	-0.25021531	0.226389573	0.003021881
千人あたり病院数	-0.15137829	0.284149431	-0.281049405
千人あたり老人ホーム数	0.12741348	0.292245219	0.020278499
千人あたり交通事故発生件数	-0.22590231	0.277312460	-0.014390255
千人あたり刑法犯認知件数	-0.24883963	0.187829606	-0.097897803

主成分（横軸と縦軸）に対して、どのように寄与しているかが矢印で表示されます（**図4.32**）。

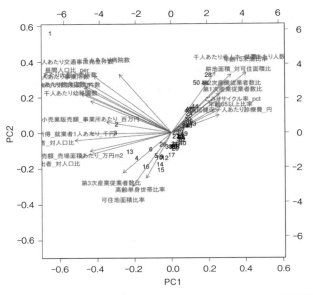

図4.32 biplot()関数による主成分得点の表示

（10）主成分得点に基づくクラスタリング

　（**8**）で行ったのと同様のクラスタリングを、主成分得点に基づいて行ってみます。因子分析の場合と同様に、取り出した因子得点をデータフレームに変換し、行ラベル（自治体名称）をつけます。このデータフレームをインプットとしてk平均法でクラスタリングを行います。今回は、平行分析の示唆に基づいて第2主成分までを使います。（**8**）と同様に、得られたクラスタ番号は色の名前に変換し、各クラスタを色で識別できるようにしておきます。

　2つの主成分を縦軸と横軸にとり、自治体の名称をプロットしたものが**図4.33**です。**図4.32**では番号で表示されていたものを、自治体の名前に置き換えて色分けしたものと考えてください。因子分析で「ビジネス度」と名付けた方向性が**図4.33**では斜め左方に向かう形で表現されていて、**図4.31 上・下**とは見ている角度が違うことがわかります。主成分分析では主成分が何を意味するかを解釈することは難しく、第1主成分は「自治体の総合得点を集約したもの」と考えるにとどめておくのがよいでしょう。

例4.9 元の変数に基づく回帰分析

```
> Lm1 <- lm(log(人気度) ~ ., data=DF[, c(3:28)])
> summary(Lm1)

Call:
lm(formula = log(人気度) ~ ., data = DF[, c(3:28)])

Residuals:
     Min       1Q   Median       3Q      Max
-0.60277 -0.13619  0.00777  0.12467  0.56727

Coefficients:
                                    Estimate Std. Error t value Pr(>|t|)
(Intercept)                        -1.408e+03  1.569e+03  -0.898  0.37832
世帯あたり人数                     -2.532e+00  1.630e+00  -1.554  0.13336
年齢15未満比率                      7.092e+00  1.443e+01   0.491  0.62763
年齢65以上比率                     -1.678e+00  1.087e+01  -0.154  0.87855
転入者_対人口比                     9.518e-01  2.235e+01   0.043  0.96639
転出者_対人口比                     1.418e+01  2.728e+01   0.520  0.60790
昼間人口比_per                      1.929e-03  1.942e-03   0.993  0.33051
高齢単身世帯比率                   -4.455e+00  1.340e+01  -0.332  0.74245
第1次産業従業者数比                 1.297e+03  1.593e+03   0.814  0.42356
第2次産業従業者数比                 1.415e+03  1.568e+03   0.902  0.37601
第3次産業従業者数比                 1.416e+03  1.568e+03   0.903  0.37551
可住地面積比率                     -6.632e-01  7.389e-01  -0.898  0.37833
耕地面積_対可住面積比              -2.334e-01  2.189e+00  -0.107  0.91596
課税所得_就業者1人あたり_千円       3.493e-05  1.047e-04   0.334  0.74144
小売業販売額_事業所あたり_百万円    1.109e-03  1.984e-03   0.559  0.58145
小売業販売額_売場面積あたり_万円m2 -2.282e-03  5.210e-03  -0.438  0.66523
国民健保一人あたり診療費_円         7.340e-06  8.593e-06   0.854  0.40148
ごみリサイクル率_pct               -2.922e-02  9.830e-03  -2.973  0.00662 **
千人あたり事業所数                 -2.546e-03  1.083e-02  -0.235  0.81610
千人あたり幼稚園数                  2.685e-01  3.265e+00   0.082  0.93514
千人あたり飲食店数                 -6.601e-03  6.039e-02  -0.109  0.91387
千人あたり大型小売店数             -1.874e+00  2.092e+00  -0.896  0.37926
千人あたり病院数                   -2.905e+00  3.407e+00  -0.853  0.40221
千人あたり老人ホーム数              2.385e+00  3.670e+00   0.650  0.52193
千人あたり交通事故発生件数          1.135e-01  8.522e-02   1.332  0.19524
千人あたり刑法犯認知件数           -5.651e-03  1.891e-02  -0.299  0.76771
---
Signif. codes:  0 '***' 0.001 '**' 0.01 '*' 0.05 '.' 0.1 ' ' 1

Residual standard error: 0.3286 on 24 degrees of freedom
Multiple R-squared:  0.9284, Adjusted R-squared:  0.8538
F-statistic: 12.45 on 25 and 24 DF,  p-value: 1.595e-08
```

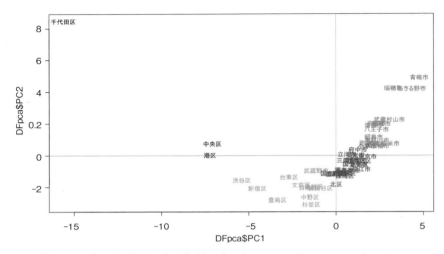

図4.33 主成分得点に基づくクラスタリング

（11）算出された指標値の保存

因子得点や主成分得点の値は、元の25の変数の値を代替する指標として用いることができます。このため、因子得点、主成分得点、およびそれぞれのクラスタの分類（今回は色の名称）を元のデータフレームに追加し、保管しておきましょう。スクリプトには、データフレームをファイルとして保存するスクリプトも追加しておきましたので、必要に応じて参考としてください（本書では、これ以上このデータを利用することはありません）。

（12）回帰分析への応用

（5）で述べた2つ目の課題、「25の行政指標に基づいて、自治体の人気を説明する回帰モデルを作る」ことを考えましょう。目的変数は人気度で、最小値は11から最大値は214と幅があります。ただし、人気度が100を超える自治体は少数で、分布は左に偏っています（**図4.34**）。このままでは、線形回帰モデルを当てはめることが難しいため、対数化して用いることにします。

参考として、因子得点に基づく4つのクラスタで、人気度がどのように違うかを表したボックスプロットを**図4.35**に示します。

最初に、25の行政指標をそのまま使って回帰モデルLm1を作成してみます。結果を**例4.9**に示します。自由度調整済み決定係数の値は0.85と高いものの、回帰係数の中で有意なものは「ごみリサイクル率_pct」のみで、素直に解釈すると「ごみのリサイクルができない自

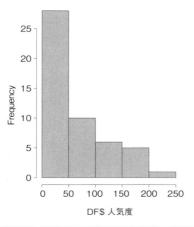

図4.34 人気度の分布

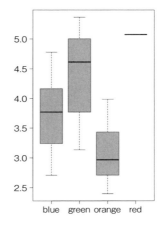

図4.35 クラスタごとの人気度（対数変換）

治体ほど人気が高く、ほかに効果を与えるものはない」という結論になってしまいます。これは明らかにおかしな結論で、オーバーフィッティングや多重共線性の発生が疑われます。モデルLm1についてVIFの値（→3.3.6）を確認してみましょう。多くの項目でVIFの値が10を超えており、明らかに多重共線性が発生しています（**例4.10**に最初の6項目の値を示します）。

例4.10 VIFの算出

```
> library(car)
> vif(Lm1)
```

世帯あたり人数	年齢15未満比率
8.865640e+01	3.745960e+01
年齢65以上比率	転入者_対人口比
1.911331e+01	1.320354e+02
転出者_対人口比	昼間人口比_per
9.423737e+01	1.006671e+02

次に、(**8**)で作成した因子得点の値を使って回帰モデルLm2を作成してみましょう。説明変数は「ビジネス度、都会生活度、非高齢化度」の3つで、シンプルなモデルです。また、それぞれの因子得点の効果を正確に比較するために、標準偏回帰係数も算出しておきましょう（**例4.11**）。自由度調整済み決定係数（Adjusted R-squared）の値は0.79と高く、かつすべての説明変数が有意となりました。3つの共通因子の中で、都会生活度が最も人気度に対して大きい効果を持っていることがわかります。また、いずれの共通因子も人気度に対し

てプラスに働いています。なお、因子分析において相互に相関のない（非常に低い）共通因子を抽出しているため、VIFの値はいずれの説明変数も1.0となります[23]。

例4.11 因子得点に基づく回帰分析

```
> Lm2 <- lm(log(人気度) ~ ., data=DF[, c(3, 29:31)])
> Lm2beta <- lm.beta(Lm2)
> summary(Lm2beta)

Call:
lm(formula = log(人気度) ~ ., data = DF[, c(3, 29:31)])

Residuals:
    Min      1Q  Median      3Q     Max
-0.8594 -0.2605 -0.0488  0.2889  0.9853

Coefficients:
            Estimate Standardized Std. Error t value Pr(>|t|)
(Intercept)  3.75975      0.00000    0.05592  67.237  < 2e-16 ***
ビジネス度    0.21442      0.24893    0.05663   3.787 0.000441 ***
都会生活度    0.67445      0.77846    0.05696  11.842 1.44e-15 ***
非高齢化度    0.31313      0.35763    0.05756   5.440 1.98e-06 ***
---
Signif. codes:  0 '***' 0.001 '**' 0.01 '*' 0.05 '.' 0.1 ' ' 1

Residual standard error: 0.3954 on 46 degrees of freedom
Multiple R-squared:  0.8012, Adjusted R-squared:  0.7882
F-statistic:  61.8 on 3 and 46 DF,  p-value: 3.609e-16
```

　　最後に、共通因子に基づく人気度の予測値を predict() 関数で算出してみましょう。この予測値は対数化されています。実測値を横軸、推定値を縦軸としてプロットしたものが**図4.36**です。世田谷区では推定値が実測値よりも低く、狛江市や小金井市では逆に高くなっていますが、おおむね良好なフィッティングであることがわかります。

（13）因子分析、主成分分析の利用局面

　　因子分析と主成分分析の使い分けについては（4）で説明しました。ここでは共通したメリットと留意点について補足しておきます。

　　まず、統計解析や機械学習における技術上のメリットとして、データの情報量を「できるだけ」落とさずに変数の数を減らせることがあります。計算時間を短縮する、解釈を容易にする、オーバーフィッティングを回避する、相関の高い項目を集約するといった観点で、あ

---

[23]　因子分析で軸の回転にあたって直交回転（varimax）を指定すると、相互に相関のない共通因子が抽出されます。斜交回転（promax）を指定すると、相関のある共通因子が抽出されます。

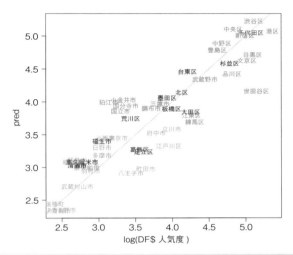

図4.36 人気度の実測値と予測値（対数変換）

らかじめデータの次元を圧縮しておくことは有効です。

　技術的な観点以外には、恣意的な評価軸の設定を防ぐことができるというメリットもあります。特に因子分析については、客観的に指標を集約するという観点から利用することがよくあります。たとえば、「企業の組織特性の違いは、革新的か保守的か、分散型か集中型か、という2つの軸でマッピングできる」という主張があっても、その信憑性は誰にもわかりません。しかし、組織特性を測定するようなさまざまな指標を複数の企業について調べたデータが蓄積されていれば、そこから客観的な評価軸を抽出することができます。以下に例を2つ挙げておきます。

- **顧客のセグメンテーション**：ある製品（たとえば清涼飲料）について顧客の嗜好を調べる複数の質問を作成し、それらの質問への回答から共通因子を抽出して、顧客の分類（クラスタリング）を行います。それぞれのクラスタは、製品に対して異なる嗜好を持っていると考えられるため、ターゲットとなるクラスタを特定して、そのクラスタに向けた商品開発を行います。
- **店舗の評価**：店舗ごとの特性を表す多種多様な指標（規模、立地、運営形態、スタッフの属性など）から共通因子を抽出し、店舗の性格の違いを表す複数の指標を作成します。さらに、それぞれの指標と、業務上の成績や顧客の満足度との関連を分析し、店舗運営の参考情報とします。

　一方、これらの技法を使うときの問題は、分析結果の抽象性が高まることです。特に、

専門家でない相手に報告を行う必要がある場合、共通因子や主成分の意味を説明する際には工夫が必要です。また、情報量を「できるだけ」落とさないと言っても、落としていることは間違いありません。特に累積寄与率の値には注意する必要があります。

　最後に、これらの手法とディープラーニングの関係について触れておきます。因子分析や主成分分析の説明で取り上げた式は、実は、ニューラルネットワークを表す式と似ています。ディープラーニングの多くのモデルには、複数の次元をより少ない次元に圧縮していく過程が含まれています。次元削減の手法について最低限のイメージを持っておくと、ディープラーニングの仕組みを直感的に理解するのにも役立つでしょう。

4.3.3 一般化線形モデル（GLM）とステップワイズ法

（1）線形回帰モデルが適用できない場合

　現象の説明や要因の分析を行うための手法として、これまでは線形回帰モデルを扱ってきました。しかし、線形回帰モデルには「目的変数の残差が正規分布に従う」という制約条件があります（➡ 3.3.5）。

　一方、現実に得られる値の分布は正規分布とは限らず、線形回帰モデルを当てはめた場合の残差も正規分布とは大きく異なる可能性があります。たとえば、以下のようなケースです。

　　① 顧客の解約の有無について要因を分析したい
　　② 顧客の来店回数の大小について顧客属性との関係を分析したい

　①の例では、目的変数の値が解約するかしないか（1か0か）のいずれかとなるため、残差が正規分布するということはあり得ません。②の例は実際の値がどのように分布するかによりますが、全顧客の平均が2～3回程度であれば、一般に正規分布は当てはめづらいでしょう。このような場合に適用できる手法が**一般化線形モデル**（Generalized Linear Model：**GLM**）です。

（2）一般化線形モデル（GLM）

　GLMは、線形回帰モデルを拡張したものと考えることができます。次の4.3.4項でGLMの一種であるロジスティック回帰について説明を行いますので、詳細はそちらを参照してい

ただくとして、ここではGLMの概略のみを記しておきます[24]。

　一般化線形モデルを実行するRの関数はglm()です。glm()を使う際はその引数内にfamilyというオプションを記述し、分布とリンク関数を以下のような書式で指定します。この指定がモデリングの方法を表します。

書式

```
family = 分布（リンク関数）
```

　分布は、目的変数の値が、モデルの理論値に対してどのようなばらつきを持つかという設定です。具体的には以下のような指定が可能です。それぞれの分布の特徴については3.1.5項を参照してください。

正規分布　　　…… `gaussian`
二項分布　　　…… `binomial`
ポアソン分布　…… `poisson`
ガンマ分布　　…… `Gamma`

　これに対して**リンク関数**は、目的変数と説明変数の理論的な関係を表します。対数回帰の場合の対数関数、ロジスティック回帰の場合のロジット関数に相当するものです。具体的には以下のような指定が可能です。

なし（恒等関数）　…… `identity`
自然対数　　　　　…… `log`
ロジット関数　　　…… `logit`
プロビット関数　　…… `probit`

　上の**恒等関数**（identity function）は$y=x$という関数のことで、「そのまま」つまり変換をしない関数です。プロビット関数はロジット関数（➡ 4.2.4）と同様に0から1までの値を$-\infty$から$+\infty$に変換するもので、使われ方もロジット関数に似ています。

　目的変数の値を縦軸、説明変数の値を横軸にとってモデルの推定値を曲線として描けば、そのカーブはリンク関数の逆関数になります。曲線での推定を行う際に、その曲線をどう変換すれば直線になるかというその変換方法を指定するのがリンク関数だと考えればよいでしょう。

---

[24]　GLMの詳細については、参考文献[9]を参照してください。

また、GLMにおけるパラメータ（切片、回帰係数）の推定は、最小二乗法ではなく、最尤法（→3.3.3）で行われます。これは、正規分布ではない偏った分布を扱う場合に最小二乗法を使うと、良い推定値が得られないからです。そのため、モデルの適合度も決定係数ではなく疑似決定係数（→4.3.4）やAIC（→3.3.4）の値を見て判断することになります。

（3）GLMの必要性

4.2.4項では、販売数と価格の関係をモデル化するのに、販売数を対数変換してから線形回帰をあてはめました。このように、偏った分布に対して自分で目的変数を変換してから線形回帰モデルを当てはめ、パラメータを推定することは可能です。ただしこれは、変換後の値について残差が正規分布に従うのが条件です。図4.37の曲線は関数$y = e^x$を示す曲線で、観測される値はこの曲線の上下に対数正規分布に従って発生しています。このような場合は、目的変数を対数化して線形回帰を適用できます。

一方、ベルヌーイ分布に従う0/1のデータ、ポアソン分布に従う発生回数のカウントデータなどは、対数関数などで値を変換しても、残差が正規分布に従うことは期待できません。このような場合はGLMを使った推定が必要です。

また、比較的稀ですが、直線的でない関係でも残差は正規分布に従うということがあり得ます。図4.38は、曲線は図4.37とまったく同じで$y = e^x$ですが、残差はこの曲線の上下に正規分布しています。このようなデータで、対数変換によって目的変数の値そのものを変換してしまうと、かえって残差の分布が歪んでしまいます。この場合は、リンク関数に対数関数（log）、分布に正規分布（gaussian）を指定してGLMで回帰モデルを作成すれば、正確な推定が可能です。

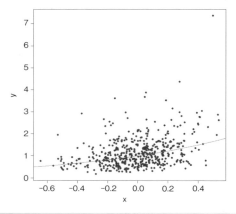

図4.37 $y = e^x$（対数正規分布）

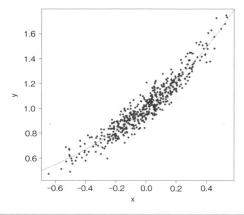

図4.38 $y = e^x$（正規分布）

一般化線形モデルは、線形回帰モデルをより発展させたものと言えますが、さらに、より複雑な現象に柔軟に対処できる技法として、**一般化線形混合モデル（GLMM）** などの手法が考案されています。同様に、ベイズ推定を用いる**ベイジアンモデリング**と呼ばれる方法も注目されています。関心のある方はぜひ書籍などを参照してください[25]。

（4）ステップワイズ法による変数選択

4.3.4項でロジスティック回帰を実行する際には、ステップワイズ法を使った変数選択を行います。このステップワイズ法についても、あらかじめ簡単に説明しておきましょう。

モデルに含まれる説明変数が多ければそれだけでデータへの適合度合いは上がり、オーバーフィッティングの危険が高くなります（➡3.3.4）。そこで、説明変数の数とデータへの適合度合いのバランスがとれたモデルを作る必要があります。しかし、どの変数を除いてどれを入れればよいかはすぐに判断できません。業務上の知見から選ぶことができればよいのですが、そうでないと変数を削ったり足したりといった試行錯誤を繰り返すことになります。特に、変数を削ったり、足したりすると有意であったものが有意でなくなったり、逆に有意でなかった変数が有意になったりするため、決めるのは容易ではありません[26]。

このような作業を定式化し、機械的に行う方法が**ステップワイズ法**です。ステップワイズ法では、説明変数の選択を変えながら何度もモデルを作り直します。特に説明変数が多い状態から初めて徐々に減らしていく方法を**変数減少法**と呼び、ほかに**変数増加法、変数増減法**といった方法があります。

Rでは、lm()やglm()で作成したモデルにstep()関数を適用すれば、ステップワイズ法による変数選択が自動的に実行されます。モデルはAICを基準として評価され、AICの値がより小さいモデルが、より良いモデルとして残されます。変数を自動で選んでくれるのは非常に便利で、説明変数の数が増えると特にそのありがたみも増します。

ただし、ここで言う良いモデルが、実務上の観点で良いモデルだとは限りません。たとえば、4.3.2項で扱った自治体人気度の回帰分析（次元削減をせずに25の指標をそのまま使ったモデル）でステップワイズ法を使えば、自動的に有効な変数を選び、次元数が少ない信頼性の高いモデルを作成してくれます。しかし結果として得られるモデルは「世帯あたり人数が少なく、かつごみリサイクル率が低ければ人気が高い」といった解釈しづらいものとなります（結果の例示は省略しますので、関心のある方は自身で実行してみてください）。

---

[25] これらについては、参考文献 [4]、[12]、[26] を参照してください。

[26] なぜこのようなことが起こるかと言うと、4.4.2項で説明するように、ある変数の効果をどう算定するかは別の変数の有無に依存しているからです。

機械は変数の意味を踏まえた配慮ができず、地域の特徴や人気につながる要因を表す指標として何が適切かを判断できません。「ごみリサイクル率」が本質的な要因なのか、他の本質的な要因の効果としてたまたま得られたものなのかといった考察は、機械の守備範囲外です。このように種々多様な変数が含まれる場合には、あらかじめ人手による変数の選択や集約などを行ってからステップワイズ法を適用するべきでしょう。

4.3.4 2値データを目的変数とする分析
──ロジスティック回帰

（1）0か1かの判別

これまでのモデルで扱った目的変数はすべて大小関係のある数値でした。しかし、実際にはYesかNoか、0か1か、買うか買わないか、などの2値データを扱いたいという場合もあります。

例として、電話会社の顧客が解約をしたケースとしていないケースの違いを説明するという課題を考えてみましょう。このような課題で統計モデルを作ることには2つのメリットがあります。

まず、どのような要因が解約に結びつくのかを定量的に把握することで、その要因について対策を立てられるかもしれません。クロス集計や簡単なグラフ化でもある程度の分析はできますが、複数の要因が関係している場合はモデリングが必要になります。次に、作成したモデルをもとに解約しそうな顧客を判別できれば、優待プログラムを提案するなどして、顧客が実際に解約する前に手を打つことが可能になります。前者は統計解析、後者は機械学習に近いテーマですが、いずれにしてもなんらかのモデリングが必要です。

このような場合に使える回帰モデルが**ロジスティック回帰**（logistic regression）です。ロジスティック回帰は一般化線形モデル（GLM）の一種で、以下の点が線形回帰モデルとは異なっています。

- 目的変数の値が二項分布（➡3.1.5）に従って発生すると考える
- ロジット関数（➡4.2.4）による変換を行う
- 最小二乗法ではなく、最尤法（➡3.3.3）で推定を行う

使用するサンプルスクリプトは📄4.3.04.LogisticReg.Rです。なお、（2）はロジスティック回帰の理論的な説明が主であるため、面倒な方は飛ばして（3）に進んでもかまいません。

リスト4.8 4.3.04.LogisticReg.R

```
#目的変数が2値のカテゴリ変数の場合

#ロジスティック回帰の考え方
#簡単なサンプルデータ
y = c( 0, 0, 0, 0, 0, 1, 0, 1, 1, 1, 1, 1)
x = c(-5,-4,-3,-2,-1,-1, 1, 1, 2, 3, 4, 5)
#散布図を描画
plot(x, y,                           #xを横軸、yを縦軸
     col="blue", pch=16,             #pch=16で塗りつぶした丸
     xlim=c(-5, 5), ylim=c(0, 1) )   #x軸とy軸の範囲を指定

#xの値からyの値(0か1か)を推定するモデル
GM <- glm(y ~ x, family=binomial(logit))
#回帰係数
GM$coefficients
GMb0 <- GM$coefficients[1]
GMb1 <- GM$coefficients[2]

#モデル上の予測値を追加
par(new=TRUE)                        #重ね描きの指定
plot(x, GM$fitted.values,            #xを横軸、予測値を縦軸
     col="orange", pch=16,           #pch=16で塗り潰した丸
     xlim=c(-5, 5), ylim=c(0, 1),    #x軸とy軸の範囲を指定
     axes=FALSE,                     #軸を表示しない
     xlab="", ylab="")               #軸ラベルを表示しない
par(new=FALSE)                       #重ね描きを解除

#plot()の中に回帰式を指定
plot(function(x) 1/(1+exp(-GMb0-GMb1*x)),
     #変数xを生成する範囲を-5から5まで指定、前の図に追加
     -5, 5, col="red", add=TRUE)
#y=0.5の直線を引く
#    点(-5, 0.5)から点(5, 0.5)まで線を引けばよい
#    lines(X, Y)でXとYのベクトルを指定する(散布図と同じ)
lines(c(-5, 5), c(0.5, 0.5), col="grey")
#x=0の直線を引く
#    点(0, 0)から点(0, 1)まで線を引けばよい
lines(c(0, 0), c(-0, 1), col="grey")

#縦軸をロジット変換して図を描く
#yの予測値をロジット変換
LogitY <- log( GM$fitted.values/(1-GM$fitted.values) )
#散布図で描画
plot(x, LogitY,                  #xを横軸、予測値を縦軸
     col="orange", pch=16)       #pch=16で塗り潰した丸
#plot()の中に回帰式を指定
plot(function(x) GMb0+GMb1*x,
     #変数xを生成する範囲を-5から5まで指定、前の図に追加
     -5, 5, col="red", add=TRUE)
#y=0の直線を引く
lines(c(-5, 5), c(0, 0), col="grey")
#x=0の直線を引く
lines(c(0, 0), c(-5, 5), col="grey")


#顧客の解約データを読み込む
```

```
DF <- read.table( "CsLeave.csv",
                   sep = ",",                        #カンマ区切りのファイル
                   header = TRUE,                    #1行目はヘッダー(列名)
                   stringsAsFactors = FALSE,         #文字列を文字列型で取り込む
                   fileEncoding="UTF-8")             #文字コードはUTF-8
#内容を確認
str(DF)
summary(DF)

#カテゴリ変数を数値から文字列に変換
DF$OL申込 <- as.character(DF$OL申込)
DF$C応募  <- as.character(DF$C応募)
DF$FM登録 <- as.character(DF$FM登録)
DF$ML購読 <- as.character(DF$ML購読)

#目的変数の内訳を確認
table(DF$契約)

#テーブルプロットによる可視化
library(tabplot)
#契約の有無(解約)によるソート
tableplot(DF[, -1], sortCol ="契約")
#通話分数によるソート
tableplot(DF[, -1], sortCol ="通話分数")

#目的変数が文字列で記述されているので、1と0に置換
DF$契約[DF$契約=="Y"] <- 1 #契約あり
DF$契約[DF$契約=="N"] <- 0 #契約なし(解約)
#そのままでは文字列なので、整数に変換
DF$契約 <- as.integer(DF$契約)

#一般化線形モデル
#   binomialは目的変数が二項分布に従うという仮定を示す
#    (logit)は線形モデルをlogit変換することを示す
GC1 <- glm(契約 ~ 年齢,
             family=binomial(logit), data=DF)
summary(GC1)
#パラメータの値
GC1$coefficients
#切片と回帰係数(描画のために取り出しておく)
GC1b0 <- GC1$coefficients[1]
GC1b1 <- GC1$coefficients[2]
#年齢が1才増えると、オッズは何倍?
exp(GC1b1)
#年齢が10才増えると、オッズは何倍?
exp(GC1b1*10)

#実測値を年齢ごとに平均(契約継続の比率)
y_Age <- tapply(DF$契約, DF$年齢, mean)
#年齢のラベル(20から90までの数字)
Age    <- as.integer( names(y_Age) )
#縦軸を契約継続の比率、横軸を年齢でプロットする
plot(Age, y_Age, col="blue", pch=16,
     xlim=c(-90, 100), ylim=c(0, 1))
#plot()の中に回帰式を指定
plot(function(x) 1/(1+exp(-GC1b0-GC1b1*x)),
     #変数xを生成する範囲を-5から5まで指定、前の図に追加
```

308

```
                    -90, 100, col="red", add=TRUE)

#疑似決定係数の算出
library(BaylorEdPsych)
PseudoR2(GC1)[1]


#説明変数を"."とすることで、すべての項目が投入される
#ただし、1列目はIDなので除く
GC2 <- glm( 契約 ~ .,
                family=binomial(logit), data=DF[, -1])
summary(GC2)
#疑似決定係数の算出
PseudoR2(GC2)[1]

#ステップワイズ法で有用な変数のみを残す
GC3 <- step(GC2)
summary(GC3)
#疑似決定係数の算出
PseudoR2(GC3)[1]
#VIFの算出
library(car)
vif(GC3)

#オッズの比を計算
exp(GC3$coefficients[3]*10)   #年齢が10歳高い
exp(GC3$coefficients[4])      #B社機種（A社との比較）
exp(GC3$coefficients[5])      #C社機種（A社との比較）
exp(GC3$coefficients[10]*10)  #通話が10分長い
exp(GC3$coefficients[11]*10)  #通話回数が10回多い

#通話分数と回数との相関
cor.test(DF$ 通話分数 , DF$ 通話回数 )

#料金コースと他の変数との関係
boxplot(DF$ 年齢 ~ DF$ コース , col="orange")
mosaicplot(table(DF$ コース , DF$ 機種 ), shade=TRUE)


#モデルに基づく予測値
#予測用のサンプルデータ（5件）を読み込む
DFnew <- read.table( "CsNew.csv",
                sep = ",",                    #カンマ区切りのファイル
                header = TRUE,                #1行目はヘッダー（列名）
                stringsAsFactors = FALSE,     #文字列を文字列型で取り込む
                fileEncoding="UTF-8")         #文字コードはUTF-8
#内容を確認
head(DFnew)

#カテゴリ変数を数値から文字列に変換
DFnew$OL申込 <- as.character(DFnew$OL申込 )
DFnew$C応募  <- as.character(DFnew$C応募 )
DFnew$FM登録 <- as.character(DFnew$FM登録 )
DFnew$ML購読 <- as.character(DFnew$ML購読 )

#新しいデータをモデルに当てはめる
PredY <- predict(GC3, newdata=DFnew)
```

4.3

モデリングの手法

```
#predictの結果はロジット変換された確率であることに注意
PredY
#標準シグモイド関数を使って変換前の値に戻す
PredY <- 1/(1 + exp(-PredY))
PredY

#以下の方法でも同じ
PredY <- predict(GC3, newdata=DFnew, type="response")
#  type="response"  でロジット変換前の値を取得できる
PredY

#継続の確率を0/1の値に変換する
PredY >= 0.5
```

（2）ロジスティック回帰の仕組み

まず、簡単なデータをもとに考えましょう。説明変数 x を顧客の満足度（最低−5から最高5まで）、目的変数 y をサービスの継続（0が解約、1が継続）として12名分のケースが得られているとします。横軸を x、縦軸を y としてこのデータをプロットすると**図4.39**のようになります。この中で、$y=0$ または $y=1$ に位置する、上下に配置された点がそれぞれのケースを示し、x の値が小さければ y は0、逆に x の値が大きければ y は1が多くなっています。

このデータに対し、ロジスティック回帰を適用します。Rでは関数 glm() を使います。引数の中の family=binomial(logit) という記述のうち、binomial は目的変数の値が二項分布に沿って発生するという仮定を表しています。

また、logit は目的変数 y をロジット関数（➡ 4.2.4）で変換したものに線形式を当てはめるという意味です。式で書くと次のようになります。

$$\log \frac{y}{1-y} = b_0 + b_1 x$$

（注：y はサービス継続、x は満足度）

ただし目的変数の実測値である0と1は、ロジット関数で変換するとそれぞれ−∞と+∞になってしまいます。ここで示している y は実測値ではなく、モデルが示す理論上の値であると思ってください。この理論値は0か1のいずれかではなく0から1までの範囲に収まる連続値です。つまり、ロジスティック回帰では、目的変数の値（0/1）を直接推定するのではなく「目的変数の値が1をとる確率」を推定します。

さらに、上の式は次のような形でも書くことができます。

$$\frac{y}{1-y} = e^{b_0 + b_1 x}$$
$$= e^{b_0} e^{b_1 x}$$

（注：y はサービス継続、x は満足度）

この$y/(1-y)$を**オッズ**（odds）と呼び、ある現象が起こる場合と起こらない場合の確率の比を表します。

図4.39の中の曲線は、このような形で推定したパラメータをもとにモデルを表す曲線を描いたものです。この曲線は**シグモイド曲線**（sigmoid curve）と呼ばれており、次の式で表されます。

$$y = \frac{1}{1 + e^{-(b_0 + b_1 x)}}$$

（注：yはサービス継続、xは満足度）

☀ 注意

標準シグモイド関数はロジスティック関数と呼ばれる関数のひとつで、ロジスティック回帰という名称もこれに由来します。なお、ロジット関数とロジスティック関数を混同しないように注意してください。

式が何度も出てきますが、これらは同じ関係を、式の形を変えて表現しているだけです。最後の式の右辺は、線形式$b_0 + b_1 x$の値を標準シグモイド関数に当てはめたものです。ロジット関数と標準シグモイド関数は、お互いの逆関数です（➡4.2.4）。

さて、図の上下に位置する実測値は、曲線（モデル）とは一致しません。しかし`glm()`関数は、最尤法によって、上下に位置する点（実測値）が得られるような確からしさが最も高くなるように赤色の曲線を調整します。目的変数の理論値はこのシグモイド曲線の上に乗る形になります（**図4.39**の中の曲線上の点）。

この理論値は0から1までの範囲に収まる連続値で、「その顧客のステータスが継続である確率」です。そこで、確率が0.5以上なら1、0.5未満なら0といったように境目となる値、すなわち**閾値**（threshold）を設けて最終的な推定値を導きます。多くの場合、0.5を閾値としますが、目的によっては0.5ではなく、より低い（または高い）閾値を設定する場合もあります。

なお、一連の式からわかるように、このプロットの縦軸yをロジット関数で変換すると線形式のモデルになります。これを**図4.40**に示しておきます。ただし実測値（0と1）は$-\infty$と$+\infty$になってしまうため、図に描き入れることはできません。

（3）Rによるロジスティック回帰

①分析の準備

ここでは、サンプルスクリプトをもとに、ロジスティック回帰のより具体的な例について説明します。サンプルデータは📄**CsLeave.csv**で、通信社の2798件の顧客情報が含ま

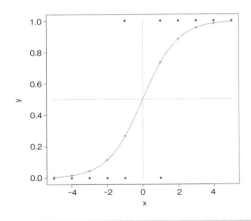

図4.39 ロジスティック回帰のモデル

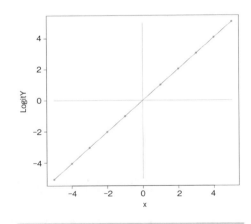

図4.40 ロジット関数で変換

れています（ただし、内容は架空のデータです）。目的は最初の例と同様に、顧客のどのような属性が解約に結びついているかを知ることです。データの項目（列）は、以下のとおりです。

1. ID：各顧客に固有のID
2. 性別：女性はF、男性はM
3. OL申込：契約時にオンラインで申し込みをしたか（0/1）
4. 年齢：整数で記録
5. 機種：利用している端末機器のメーカーの略号（A/B/C）
6. P購入：契約時に機器のオプションパーツを購入した数を整数で記録
7. コース：料金コース（Economy/Family/Executiveの各頭文字）
8. C応募：抽選で賞品があたるキャンペーンに応募したか（0/1）
9. FM登録：ほかの家族も契約をしているか（0/1）
10. ML購読：メールマガジンを購読しているか（0/1）
11. 通話分数：月あたりの平均通話分数
12. 通話回数：月あたりの平均通話回数
13. 請求額：月あたりの平均請求額
14. 契約：現在も契約中か（Y：契約中、N：解約済み）

このような形のデータが業務用のデータとして整備されていることはまずありません。たとえば、通常の顧客マスタは年齢ではなく生年月日で記録されているはずです。分析の際

はそこから年齢を算出する必要があります。通話分数や通話回数といったデータも、通常は月ごと、または日ごと（さもなくば日付と時分秒の記録）のものがあるだけのはずです。このため、月あたりの平均を算出するためにはデータ加工の手間が必要となります。したがってこれは、あくまで分析のために整理されたデータと思ってください。

また、ツールがこれらの項目を適切に処理できるようにするために、いくつかの工夫が必要です。まず、「OL申込」「C応募」「FM登録」「ML購読」の4項目はそれぞれの内容に該当しない場合を0、該当する場合を1として記録した2値変数です。読み込んだ段階では変数の型が整数（int）になっているため、as.character()関数を使って文字列（chr）に変換しておきます。こうすれば、Rはこれらをカテゴリ変数として扱ってくれます。

こういった、カテゴリと数値が混在する複数の変数について、一度に目的変数との関係を確認したいという場合に使えるのがテーブルプロット[メモ]です。3.1.4項で紹介したggpairs()も使えますが、IDを除いても14の変数があるとかなり表示が煩雑です。そこで、テーブルプロットを提供するライブラリtabplotを使います。テーブルプロットを描く関数はtableplot()です。tableplot()を使う際は丸括弧の中にsortCol=に続けて目的変数にあたる変数名を指定します。これは、指定した変数をキーとしてその値の降順（上から下に値の大きい順）で各ケースがソートされて表示されることを意味します。実際に、契約をソートキーとして結果を表示したものが**図4.41**です。

📝
メモ

テーブルプロット

テーブルプロットは、特定の目的変数とほかの複数の変数との関係を一度に見ることができるプロットです。数値変数は折れ線で表され、カテゴリ変数は水準によって色分けされます。プロットの各列は目的変数の値の大小でソートされるため、それぞれの列においてプロットの上下で折れ線が示す値や色の比率がどう変化しているかを見れば、目的変数とそれらの変数との関係を直感的に把握することができます。

一番右の列が契約で、約90%を境に色が分かれています。この例ではソートキーである契約がカテゴリ変数なのでこの境界の上下で他の変数の値がどう違うかを見ていくことになります。たとえば3列目の年齢は、この境界より下で明らかに数値が下がって（左にずれて）います。また、4列目の機種は、この境界より下でA社が少なく、B社が多いように見えます。6列目のコースは、明らかにE（エコノミー）が多くなっています。これらから、解約をした顧客は、ほかの顧客より年齢が低く、B社の機種を使っており、「エコノミー」コースを選択しているという様子が見て取れます。

なお、スクリプトには別の例として、数値変数である通話分数でソートをした場合も記載

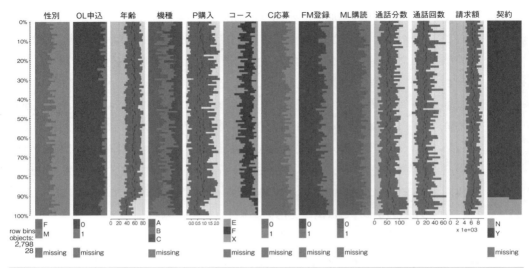

図4.41 テーブルプロットの描画

しておきました。通話分数が大きくなるに従って通話回数も増え、また請求額もわずかながら上昇していることなどが確認できるはずです。

② ロジスティック回帰の実行

先ほどいくつかの説明変数についてデータの型を変換しましたが、ロジスティック回帰を実行するために、もうひと手間が必要です。目的変数は現在、カテゴリ変数でYとNという2つの水準がありますが、glm()の仕様に合わせるためにこれを1（継続）と0（解約）に変換し、型を整数に変えておく必要があります。値の変換にあたっては、条件指定（たとえば、契約の値がYである）に合う行を抽出して新しい値（たとえば1）を代入します。このままでは1か0の文字列としか認識されないので、as.integer()を使って整数に変換します。先ほどいくつかの説明変数について型を変換したのとまったく逆の形ですが、仕様に基づく制約と思ってください。

手始めに、説明変数が1つだけの例を考えてみましょう。回帰式は（**2**）に記したものと同じですが、今回は説明変数xに年齢を選びます。ロジスティック回帰を実行するには、glm()関数を使って、引数にfamily=binomial(logit)を指定します。そのほかの記述はlm()の場合と同様です。ここではGC1という名称のオブジェクトにモデルを格納しています。

これを実行すると、結果は**例4.12**のようになります。パラメータの値を解釈するのは対数回帰の場合と同じく少々面倒です。年齢の回帰係数は0.0634で有意ですが、これは、年

例4.12　ロジスティック回帰の実行

```
> GC1 <- glm( 契約 ~ 年齢,
+                     family=binomial(logit), data=DF)
> summary(GC1)

Call:
glm(formula = 契約 ~ 年齢, family = binomial(logit), data = DF)

Deviance Residuals:
    Min      1Q   Median      3Q      Max
-3.0927   0.1669  0.2842   0.4640   0.8919

Coefficients:
             Estimate Std. Error z value Pr(>|z|)
(Intercept) -0.551292   0.202128  -2.727  0.00638 **
年齢         0.063396   0.004861  13.043  < 2e-16 ***
---
Signif. codes:  0 '***' 0.001 '**' 0.01 '*' 0.05 '.' 0.1 ' ' 1

(Dispersion parameter for binomial family taken to be 1)

    Null deviance: 1642.4  on 2797  degrees of freedom
Residual deviance: 1410.2  on 2796  degrees of freedom
AIC: 1414.2

Number of Fisher Scoring iterations: 6
```

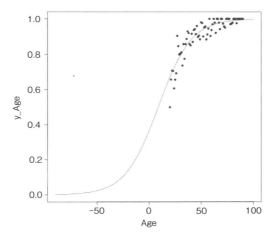

図4.42　年齢ごとの契約継続率

齢が1歳高い顧客では、契約継続のオッズ$y/(1-y)$が$e^{0.0634}$=1.065倍になることを示します。10歳高ければオッズは$e^{0.634}$=1.89倍です。

念のため、契約継続の比率を年齢ごとに算出し、縦軸を継続比率、横軸を年齢として散布図を描いてみましょう。ここに回帰式を表すシグモイド曲線を当てはめると、ほぼ比率の実測値に適合した曲線となっていることがわかります（**図4.42**）。

③ 擬似決定係数

モデルのデータへの適合度合いを示す決定係数は、実行結果には表示されません。これは、glm()がパラメータの推定を最小二乗法ではなく最尤法（➡3.3.3）で行っているためです。最尤法は残差の二乗和を最小化しようとしているわけではないので、残差の二乗和を適合度合いの基準とする決定係数を使うと適切な評価ができません。そこで、尤度を基準とした適合度合いの基準が考案されています。そのひとつが**マクファデンの擬似決定係数**（McFadden's pseudo R^2）です。

具体的な計算手順は割愛しますが、モデルの対数尤度（尤度の対数をとったもの）$\log L_1$を分子とし、モデルのすべてのパラメータを0としたときの対数尤度$\log L_0$を分母として比をとります。尤度は一般に0から1までの値をとり、対数をとると負の値になります。尤度が大きいほど対数尤度の絶対値は小さくなるため、推定の結果が良いほど、比をとった値$\log L_1 / \log L_0$は小さくなります。そこで、この比を1から引きます。

$$\text{MacFadden's pseudo } R^2 = 1 - \frac{\log L_1}{\log L_0}$$

これは、パラメータを推定したことによって、尤度（実測値を得られる確からしさ）がどれだけ高まったかという指標だと考えることができます。通常の決定係数と同じように0から1までの値をとりますが、通常の決定係数よりも低めの値となることが知られています。

Rでは、ライブラリBaylorEdPsychに含まれる関数PseudoR2()を使うことでマクファデンの擬似決定係数が計算できます。このモデル（GC1）では0.141という値が得られました。

④ ステップワイズ法による変数選択

次に、ID（1列目）を除くすべての項目を説明変数に加えてモデルを作ってみましょう（モデルGC2）。結果を表示すると、擬似決定係数は0.274と高くなりましたが、統計的に有意でない変数も多数含まれています。有意確率が大きい意味がなさそうな変数も多数含まれています。

そこで、ステップワイズ法（➡4.3.3）を使った変数選択を行います。step()関数で引数に作成したモデルの名称（ここではGC2）を指定すれば、自動的に変数減少法による変数選

択が行われます。実行すると、最初のモデルから徐々に説明変数を減らしながらモデルを
再作成し、最終的にAICの値が小さいモデルが出力されます。スクリプトでは、最終的に得
られたモデルをGC3という名前で保存しています。

結果（GC3）を見ると、「OL申込」「C応募」「ML購読」「請求額」といった変数は削られて
います（**例4.13**）。有意でない変数もいくつか残っていますが、これを削るとまた全体のバ
ランスが変わってしまうため、このモデルを最終的な結果とします。GC3のAICは1216.8で、
GC2の1222.9より低下しました。これは変数を減らしたことの効果と考えてよいでしょう。
一方、擬似決定係数は0.273（**例4.14**）で、GC2からはほとんど減っていないことに注目し
てください。

例4.13 ステップワイズ法で変数選択を行ったモデル

```
> summary(GC3)

Call:
glm(formula = 契約 ~ 性別 + 年齢 + 機種 + P購入 + コース + FM登録 +
    通話分数 + 通話回数, family = binomial(logit), data = DF[,
    -1])

Deviance Residuals:
    Min       1Q   Median       3Q      Max
-3.3470   0.0873   0.1975   0.3947   1.6026

Coefficients:
              Estimate Std. Error z value Pr(>|z|)
(Intercept)   1.062557   0.317333   3.348 0.000813 ***
性別M         0.245826   0.151614   1.621 0.104933
年齢          0.055506   0.006205   8.946  < 2e-16 ***
機種B        -2.083193   0.232204  -8.971  < 2e-16 ***
機種C        -1.235883   0.248606  -4.971 6.65e-07 ***
P購入         0.317581   0.115985   2.738 0.006179 **
コースF       0.452847   0.283444   1.598 0.110119
コースX      14.787508 352.376530   0.042 0.966527
FM登録1       0.768415   0.197001   3.901 9.60e-05 ***
通話分数     -0.011262   0.001945  -5.789 7.08e-09 ***
通話回数      0.008135   0.003725   2.184 0.028987 *
---
Signif. codes:  0 '***' 0.001 '**' 0.01 '*' 0.05 '.' 0.1 ' ' 1

(Dispersion parameter for binomial family taken to be 1)

    Null deviance: 1642.4  on 2797  degrees of freedom
Residual deviance: 1194.8  on 2787  degrees of freedom
AIC: 1216.8

Number of Fisher Scoring iterations: 17
```

例4.14 疑似決定係数の算出

```
> PseudoR2(GC3)[1]
 McFadden
0.2725531
```

⑤ 結果の解釈

例4.13に示した実行結果の中で、特に有意確率が低い変数は、目的変数になんらかの効果があることが他の変数よりも確からしいと言えます。有意確率では数値の比較がしづらいので、その算出根拠となっている z 値をあわせて見るとよいでしょう。z 値の絶対値が大きいほど有意確率が低く、その効果が確からしいと言えます。ただし、これは統計的な有意性に関する判断であって、効果の大きさを測るものではないことに注意してください。

効果の大きさを測るための指標としては標準偏回帰係数（➡3.3.7）があり、ロジスティック回帰でも lm.beta() 関数を使って算出することは可能ですが、目的変数が2値であることからその解釈が難しく一般には使われません。ここでは有意確率（または z 値）と偏回帰係数の値で確認をしていきます。

有意となった説明変数の中で主なものを確認しましょう。年齢の回帰係数は 0.0555 で、年齢が10歳高ければ契約継続のオッズ $y/(1-y)$ は $e^{0.555}$=1.74 倍です。端末機器のメーカーは契約継続に大きく関わっており、ベースラインとなっている A 社は他社に比べて契約継続の可能性が高いことがわかります。B 社の場合は、契約継続のオッズは $e^{-2.08}$=0.125 倍と

例4.15 予測値の算出

```
> PredY <- predict(GC3, newdata=DFnew)
> PredY
          1          2          3          4          5
 2.4749362  2.1700634 -1.5190535  2.3659099 -0.3873517

> PredY <- 1/(1 + exp(-PredY))
> PredY
        1         2         3         4         5
0.9223660 0.8975288 0.1796009 0.9141906 0.4043550

> PredY <- predict(GC3, newdata=DFnew, type="response")
> PredY
        1         2         3         4         5
0.9223660 0.8975288 0.1796009 0.9141906 0.4043550

> PredY >= 0.5
    1     2     3     4     5
 TRUE  TRUE FALSE  TRUE FALSE
```

大きく下がります。C社の場合は$e^{-1.24}$=0.291倍です。ほかにも、オプションパーツの購入や、ほかの家族が契約していることは契約継続にプラスの効果があることがわかります。

月あたりの平均通話分数は、10分増えると契約継続のオッズは$e^{-0.113}$=0.893倍とやや下がります。通話時間が長い人は解約をしやすい傾向にあると解釈できますが、注意すべきなのは、通話回数が説明変数に入っていることです。一般に、通話時間が長ければ通話の回数も多い傾向があります（相関係数は0.425）。しかし、通話分数の偏回帰係数は「通話回数が同じなら、より長く通話している（1回の通話時間が長い）顧客のほうが契約継続の可能性が低い」ということを示しています。このような解釈のしかたについては、4.4.2項の議論を参照してください。逆に、通話回数の偏回帰係数は正の値で有意であり、「トータルの通話分数が同じなら、より何回も通話している（1回の通話時間が短い）顧客のほうが契約継続の可能性が高い」ということを示しています。

性別や料金コースが契約の継続に与える効果は確認できません。特に料金コースはテーブルプロットを見ると「解約する顧客はエコノミーコースが多い」ことが明らかなので、一見するとおかしな結果であるように見えます。しかし、これは、料金コースの効果が実際には年齢や機種といった他の説明変数の効果として説明できるということです。

料金コースごとの年齢の違いを示したボックスプロットを**図4.43**に示します。また、料金

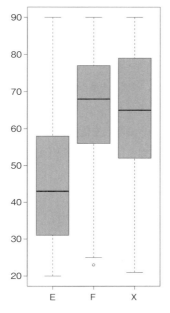

図4.43 料金コースごとの年齢の違いを示したボックスプロット

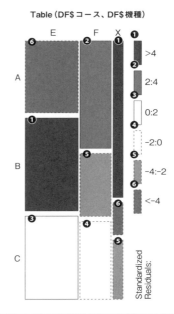

図4.44 料金コースごとの機種の違いを示したモザイクプロット

コースごとの機種の違いを示したモザイクプロットを**図4.44**に示します。

解約の多い若年齢層やB社機種において、明らかにエコノミーコースを選ぶ顧客が多いということがうかがえます。言い換えれば「年齢や機種などの条件が同じであれば、料金コースの違いは解約には結びついていない」ということです。

（4）予測値の算出についての注意

線形回帰の場合と同様に、`predict()`関数を使えばデータにモデルを当てはめて予測値を出すことができます。

例として、5件のケースを含む新しいサンプルデータ**CsNew.csv**を読み込んで予測値を出してみましょう。

> **メモ** CsNew.csvはあくまで予測値の算出方法を説明するために準備したファイルで、予測精度を評価するためのものではありません。モデルの予測精度を評価するための一連の流れは、機械学習の章（特に5.1.2項）で詳しく説明しているのでそちらを参照してください。

`predict()`の出力は、いったんPredYというオブジェクトに格納しておきます。その内容を見ると、2.47、2.17、-1.52、…といった値が入っていますが、これはロジット変換された値です（**例4.15**）。これらを変換される前の確率に戻すには標準シグモイド関数を適用すればよいので、そのままの関数の形で1/(1 + exp(-PredY))として記述します。その結果、予測値は0.922、0.898、0.180、…となりました。実際には、`predict()`の中に`type="response"`という指定を記述することで、最初から確率の値を得ることができます。これを忘れると上記のようにロジット変換された値となるので注意してください。

得られた確率を最終的な0/1の予測値に変換するには、0.5以上であるかどうかを判別すればよいことになります。そのためには判別のための論理式を記述すればよく、結果はTRUE、TRUE、FALSE、…のようになります。ここで、TRUEは契約の継続、FALSEは解約を表します。

（5）ロジスティック回帰の利用局面

ロジスティック回帰は、0と1、NoとYesといった2つの水準を持つカテゴリを判別するために使うことができます。このようなカテゴリの判別は機械学習においてさまざまな手法が研究されており、単純に判別するということだけを目的とするなら、ランダムフォレストやSVMといった手法を使ったほうが高い予測精度を確保できます。しかし、個別の説明変

数の効果を吟味し解釈したいのであれば、やはりロジスティック回帰のような回帰モデルの作成が有効です。

また、個々のケースごとに0/1の結果が与えられたデータでなくても、数の比さえデータとして与えられていればロジスティック回帰を適用できます。たとえば「120人のうち112人が継続し、8人が解約」「164人のうち149人が継続し、15人が解約」といったように、店舗ごとの継続数と解約数がわかっているとします。この場合、店舗ごとの継続数がy1、解約数がy2であれば、目的変数にcbind(y1, y2)を指定し、説明変数に店舗の属性を表す変数（たとえば各店舗の営業年数など）を指定することで、回帰モデルを作成できます[27]。継続数を顧客数で割って比率に変換した値y1/(y1+y2)を目的変数に指定することもできますが、人数の大小という情報が失われてしまうため好ましくありません。

なおロジスティック回帰では2つの水準しか扱えませんが、3水準以上のカテゴリを判別したい場合は、**多項ロジットモデル**（multinomial logit model）と呼ばれるモデリング方法があります。Rではライブラリmlogitのmlogit()関数を使って推定することができます[28]。方法はロジスティック回帰の場合とほぼ同じなので、関心のある方は試してみてください。

4.3.5 セグメントの抽出とその特徴の分析——決定木

（1）数式を使わないモデリング

これまで、目的変数と説明変数の関係をモデル化する際は、線形回帰やロジスティック回帰など、数式で解釈することを前提にした回帰モデルを扱ってきました。このようなモデルを作るメリットは、説明変数の効果を厳密かつ個別に検証できることです。しかし、数式に基づく解釈は往々にして面倒で難解です。また、実務ではこのような検証が常に求められるわけではありません。解約に結びつく要因を正確に知りたいというよりは、「解約が多い顧客層はどのような顧客層か」がわかればよいという場合も多いでしょう。たとえば、解約の可能性が高い顧客に対してダイレクトメールを送りたいのであれば、「解約の可能性が高い顧客を見分けるためのルール」がわかれば十分です。年齢が何歳上がるとどれくらい継続率が上がるのか、機種の違いによって年齢が継続率に与える効果に違いはあるのか、といった厳密な考察は必ずしも必要ではないでしょう。

---

[27]　cbindは、複数のベクトルを列として束ね、1つのオブジェクトとする関数です。

[28]　mlogit　https://cran.r-project.org/web/packages/mlogit/mlogit.pdf

そこで、このようなルールを手っ取り早く知りたいという場合に有効なのが**決定木**によるモデリングです。そのアルゴリズムにはいくつかの種類がありますが、ここでは**CART**（Classification and Regression Tree [29]）と呼ばれる手法を扱います。CARTはセグメントを常に2つに分割し、**二分木**（binary tree）を生成します。目的変数がカテゴリの場合（分類問題）にも、数値の場合（回帰問題）にも使える手法です。

（2）Rを使った決定木の作成

① 決定木による解約分析

決定木については、理論的な解説よりも実例を示したほうがわかりやすいでしょう。4.3.4項で使ったサンプルデータ 📄**CsLeave.csv** をもとに、解約の多いセグメントを抽出する決定木を作成してみましょう。サンプルスクリプトは 📄**4.3.05.Cart.R** です（**リスト4.8**）。

データを読み込んでから、決定木を作成するためのライブラリ rpart を読み込みます。決定木を作るための関数は rpart() で、これまでと同様に目的変数と説明変数を指定します。ここでは ID（1列目）以外のすべての項目を説明変数として使用します。重要なのは method = "class" という記述で、これは目的変数がカテゴリ変数であるという指定です。仮に目的変数が数値変数で、その大小でセグメントを分けたい場合は method = "anova" を指定します。モデルの名称は仮に CRT1 としておきます。

実行結果は**例4.16**のようになります。これが決定木のツリー構造ですが、わかりづらいので図にしてみたほうがよいでしょう。描画には、ライブラリ rpart.plot の rpart.plot() 関数を用います。結果は**図4.45**のようになりました。

例4.16 rpart()関数の実行結果

```
> CRT1 <- rpart(契約 ~ .,
+                   data = DF[, -1], method = "class")
> CRT1
n= 2798

node), split, n, loss, yval, (yprob)
      * denotes terminal node

 1) root 2798 241 Y (0.08613295 0.91386705)
   2) 年齢< 34.5 526 129 Y (0.24524715 0.75475285)
     4) 機種=B,C 320 110 Y (0.34375000 0.65625000)
       8) 通話分数>=121.81 36  12 N (0.66666667 0.33333333)
        16) 通話回数>=13 28   6 N (0.78571429 0.21428571) *
        17) 通話回数< 13 8   2 Y (0.25000000 0.75000000) *
```

---

[29] Classification and Regression Treeは、直訳すれば「分類・回帰木」といった意味合いになります。

```
         9) 通話分数< 121.81 284   86 Y (0.30281690 0.69718310) *
      5) 機種=A 206   19 Y (0.09223301 0.90776699)
        10) 通話分数>=151.105 7    2 N (0.71428571 0.28571429) *
        11) 通話分数< 151.105 199   14 Y (0.07035176 0.92964824) *
    3) 年齢>=34.5 2272 112 Y (0.04929577 0.95070423) *
```

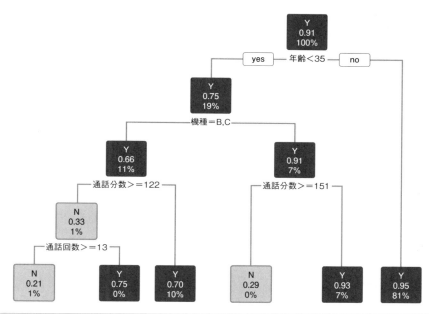

図4.45　決定木：rpart.plot()関数による表示

リスト4.8　4.3.05.Cart.R

```
#決定木

#乱数の種を設定（実行のたびに同じ乱数を発生させる）
set.seed(9999)

#顧客の解約データを読み込む
DF <- read.table( "CsLeave.csv",
                  sep = ",",                    #カンマ区切りのファイル
                  header = TRUE,                #1行目はヘッダー(列名)
                  stringsAsFactors = FALSE,     #文字列を文字列型で取り込む
                  fileEncoding="UTF-8")         #文字コードはUTF-8
#内容を確認
str(DF)
summary(DF)

#決定木(CART)のライブラリ
library(rpart)

#目的変数～説明変数の形で記述
#説明変数を"."とすることで、すべての項目が投入される
```

```
#ここではカテゴリの判別に使うのでmethodに"class"を指定
CRT1 <- rpart(契約 ~ .,
                data = DF[, -1], method = "class")
#結果の確認
CRT1

#決定木の表示
#描画ライブラリの読み込み
library(rpart.plot)

#rpart.plot：ツリーの表示
# tweak    ：図の中に表示する文字の大きさ
# roundint：分岐条件の数値を整数に丸めるかどうか
rpart.plot(CRT1, tweak=1.0, roundint=FALSE)

#type(0-4)とextra(0-9)で表示形式を変えられる
#under＝数値の表示位置（ノードの中：0，ノードの下：1）
rpart.plot(CRT1,
            type=4,         #ルールを枝の途中に表示する
            extra=1,        #比率ではなくケース数を表示する
            roundint = FALSE,    #分岐条件の数値を丸めない
            under=TRUE)     #比率またはケース数を中ではなく下に表示

#prp：ツリーの表示（より細かい指定が可能）
prp(CRT1,
    type = 4,               #分岐の表示書式：0-4
    extra = 101,            #101で数、105で比率を表示
    nn = TRUE,              #ノード番号の表示
    tweak = 1.0,            #文字サイズ
    space = 0.1,            #ノード内の余白(標準は1.0)
    shadow.col = "grey",    #影の色を指定
    col = "black",          #ノードラベルの文字色
    split.col = "brown3",   #分岐条件の文字色
    branch.col = "brown3",  #枝の色
    fallen.leaves = FALSE,  #末端ノードを下揃えしない
    roundint = FALSE,       #分岐条件の数値を丸めない
    box.col = c("pink", "palegreen3")[CRT1$frame$yval])
                            #比率の大小で色分け
# 文字サイズは描画前のPlotエリアの大きさでも変化する


#枝の数を増やす
#cp値の設定によって枝の数が変わる
CRT2 <- rpart(契約 ~ .,
                data = DF[, -1],
                method = "class",
                control=rpart.control(minsplit=20,  #ノードの最小ケース数
                                      minbucket=10, #末端ノードの最小ケース数
                                      maxdepth=20,  #階層の最大数
                                      cp=0.005))    #cp値
#結果の確認
CRT2

#cp値の表示
printcp(CRT2)

#cp値ごとの予測誤差を図示
```

```
# xerror：交差妥当化に基づく誤差の程度（大きいと良くない）
plotcp(CRT2)


#枝の数を減らす
CRT3 <- rpart(契約 ~ .,
                data = DF[, -1],
                method = "class",
                control=rpart.control(minsplit=20,  #ノードの最小ケース数
                                      minbucket=10, #末端ノードの最小ケース数
                                      maxdepth=20,  #階層の最大数
                                      cp=0.015))    #cp値
#結果の確認
CRT3

#ツリーの表示
prp(CRT3,
    type = 4,                   #分岐の表示書式：0-4
    extra = 101,                #101で数、105で比率を表示
    nn = TRUE,                  #ノード番号の表示
    tweak = 1.0,                #文字サイズ
    space = 0.1,                #ノード内の余白（標準は1.0）
    shadow.col = "grey",        #影の色を指定
    col = "black",              #ノードラベルの文字色
    split.col = "brown3",       #分岐条件の文字色
    branch.col = "brown3",      #枝の色
    fallen.leaves = FALSE,      #末端ノードを下揃えしない
    roundint = FALSE,           #分岐条件の数値を丸めない
    box.col = c("pink", "palegreen3")[CRT3$frame$yval])
#比率の大小で色分け


#モデルに基づく予測値
#予測用のサンプルデータ（5件）を読み込む
DFnew <- read.table( "CsNew.csv",
                     sep = ",",                   #カンマ区切りのファイル
                     header = TRUE,               #1行目はヘッダー（列名）
                     stringsAsFactors = FALSE,    #文字列を文字列型で取り込む
                     fileEncoding="UTF-8")        #文字コードはUTF-8
#内容を確認
head(DFnew)

#新しいデータをモデルに当てはめる
PredY <- predict(CRT3, newdata=DFnew)
#predictの結果はNとYのそれぞれの確率（比率）で表される
PredY

#継続の確率（2列目の値）を0/1の値に変換する
PredY[, 2] >= 0.5
```

4.3

モデリングの手法

図の上から見ていきましょう。最上位のノードは「Y」と表示されていますが、これは契約の継続有無を表すY（継続）とN（解約）のうちYのほうが多いことを表しています。Yの比率（つまり継続率）は0.91です。ここに含まれるのは100%、つまりすべてのケースです。

この下には下位のノードを分けるルールとして「年齢<35」が表示されています。年齢が35歳未満なら左へ、逆に35歳以上であれば右へと進みます。左の下位ノードではYの比率（継続率）が0.75と下がっており、右の下位ノードでは逆に0.95と上がっていることに注意してください。これは左のノードで解約が多いということを示しています。継続率が0.75である左の下位ノードには全体の19%が含まれます。

左下の位ノードはさらに、[機種=B, C]というルールで2つのノードに分割されます。最終的に最も継続が少ないのは左下のノードで、「年齢が35歳未満でB社またはC社の機種を使っており、通話分数が122分以上で、通話回数が13回以上の人」です。この場合の契約継続率は21%、全体に占める割合は約1%です[30]。

rpart.plot()関数にはさまざまなオプションがあり、ルールをノードの下ではなく枝の途中に表示する、ノードごとに比率ではなくケース数を表示する、などの指定が可能です。さらにprp()関数を使えば、より細かい指定が可能です[31]。ケース数を表示した場合、解約が最も多いとされたセグメントは解約が22名、継続が6名であることがわかります。なお、木の構造は**図4.45**と同じであるため掲載は省略します。

②枝の数の調整

モデルCRT1には5つの分岐が含まれています。そこで、この分岐を増やしてみましょう。分岐を増やすにはrpart()関数の引数として**cp値**を設定します。cp値とはモデルの複雑さを表す指標で、この値が小さいほど枝が多い、複雑な木であることを示します。

枝の数をコントロールするために、ほかにもいくつかのオプションを設定することができます。rpartの引数にcontrol=rpart.control()という指定を加えれば、ノードに含まれる最小ケース数（minsplit）、末端ノードに含まれる最小ケース数（minbucket）、階層の最大の深さ（maxdepth）、cp値（cp）の4つを設定できます。ここではそれぞれ4つに20、10、20、0.005を設定しました。図の掲載は省略しますが、こうして得られるモデルCRT2は、13の分岐を持つツリーとなります。

---

[30]　CARTでセグメントが分割される際の基準については、参考文献[11]を参照してください。

[31]　https://cran.r-project.org/web/packages/rpart.plot/rpart.plot.pdf

③複雑なモデルとオーバーフィッティング

さて、問題はこのようにして得られたルールが妥当かどうかということです。ノードを細かく分割しすぎると、一般性のない偶然の傾向を反映してしまうことになります。これはまさに、3.3.4項で述べたオーバーフィッティングです。極端な場合、決定木ではすべての末端ノードの数を1にすれば、完璧にデータに適合したモデルを作ることができます。しかし、そのようなモデルを新しいデータに適用しても、良い結果は得られないでしょう。

オーバーフィッティングを避ける方法のひとつは、データを分割して予測精度を検証することです。printcp()関数は、データを複数に分割してモデルを作成して交差検証（➡5.1.2）を行うことで、モデルの複雑さに応じた予測誤差の指標を求めます。**例4.17**の中でxerrorと出力された列がこれにあたり、xstdはその標準偏差です。この場合はcp値が0.011、分岐数が3のときにxerrorの値が最小となっています。なお、データの分割はランダムに行われることから、xerrorの値は厳密には実行するたびに異なる値となります。

plotcp()関数は、同様の指標をプロットで出力します（**図4.46**）。縦軸にxerror、横軸に枝の分岐数と対応するcp値が表示されます。図中で上下に伸びたヒゲはxerrorの値にxstdをプラスまたはマイナスで加えたもので、xerrorのブレ幅を表しています。この図では、分岐が4のときに予測誤差が最も少なく、それより分岐が増えると予測誤差が増えるこ

例4.17 cp値と予測誤差の表示

```
> printcp(CRT2)

Classification tree:
rpart(formula = 契約 ~ ., data = DF[, -1], method = "class",
    control = rpart.control(minsplit = 20, minbucket = 10, maxdepth = 20,
        cp = 0.005))

Variables actually used in tree construction:
 [1] FM登録    ML購読    OL申込    P購入    年齢    性別    機種    請求額    通話分数 通話回数

Root node error: 241/2798 = 0.086133

n= 2798

        CP nsplit rel error xerror    xstd
1 0.0165975      0   1.00000 1.0000 0.061579
2 0.0110650      3   0.95021 0.9751 0.060879
3 0.0082988      9   0.88382 1.0373 0.062608
4 0.0062241     11   0.86722 1.0290 0.062381
5 0.0050000     13   0.85477 1.0415 0.062721
```

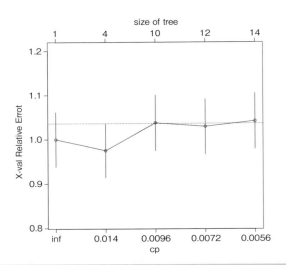

図4.46 cp値と予測誤差のプロット

とがわかります。これらの結果を踏まえると、cp値0.014以上、分岐数4以下のモデルを選択するのが得策でしょう。

　なお、オーバーフィッティングを厳重にチェックしたい場合は、xerrorの最小値にxsdを加えて、これを下回るような値が得られるような最も大きいcp値（最も小さな分岐数）を選ぶという方法もあります[32]。言葉ではわかりづらいと思いますが、図で横に引かれた点線を下回る値の中で、最も左のものを選ぶということです。こうすれば、より単純なモデルを選ぶことになるので、オーバーフィッティングは生じにくくなります。ただしこの例では、分岐が1つ（年齢のみによる分岐）となってしまうため、xerrorが最小となるモデルを選んでよいでしょう。

　これらの指標を参考にcp値を0.015として作成したツリーを図4.47に示します。なおこちらは図4.45とは異なり、prp()関数を使って描画を行った結果です。図の書式が違うことに注意してください。各ノードには、解約と継続のそれぞれの人数が表示されています。分岐数は3で、年齢、機種、通話分数の3つの説明変数を使ったルールとなっています。

（3）決定木による予測値の算出

　決定木でもこれまでと同様、predict()関数を使って予測値を出すことができます。目的変数がカテゴリ変数の場合（モデルの作成時にmethod="class"を指定した場合）、

---

[32] 判断基準についての詳しい説明は参考文献[11]を参照してください。

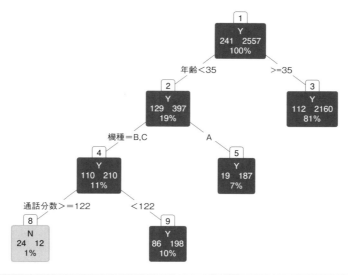

図4.47 枝を刈った決定木

predict()の出力結果は、それぞれの値（ここでは継続か解約か）が得られる確率となります。

4.3.5項の場合と同様に、5件のケースを含む新しいサンプルデータ📄**CsNew.csv**を読み込み、予測値を出してみましょう。predict()関数の出力は、1列目が解約（N）、2列目が継続（Y）の確率となります（**例4.18**）。各ケースについて契約継続かどうかを判別するためには、2列目の値が0.5以上であるかどうかを判別すればよく、予測結果は5件すべてでロジスティック回帰による予測結果と一致します。ただし、4.3.4項でも述べたように、この結果からモデルの予測精度を判断することはできません。

例4.18 予測値の算出

```
> PredY <- predict(CRT3, newdata=DFnew)
> PredY
           N          Y
1 0.09223301 0.9077670
2 0.30281690 0.6971831
3 0.66666667 0.3333333
4 0.04929577 0.9507042
5 0.66666667 0.3333333
>
> PredY[, 2] >= 0.5
    1     2     3     4     5
 TRUE  TRUE FALSE  TRUE FALSE
```

注意が必要なのは、predict()の出力の2列目、ケースごとの継続確率の予測値です。3番目と5番目はいずれも0.333となっていますが、これは**図4.47**の末端ノード（最も下の階層）で最も左の、最も継続率が低いノードに該当します。決定木では、同じノードに属するケースについては、予測値はすべて同じとなります。これは確率ではなく、なんらかの数値を予測する場合も同様です。

（4）決定木の利用局面

決定木は、目的変数がカテゴリの場合にも数値の場合にも使うことができ、汎用性の高い手法です。判定のためのルールが明示されることから、現象の理解にも役立ちます。特に、「このようなセグメントで解約率が高い」といった、これまで気づかなかったような知識が得られる可能性があります。決定木を使うメリットは以下のように整理できるでしょう。

- 統計や数学に関する知識がなくても、結果を容易に理解できる
- このようなケースではこういった結果になる、という例が明確に示せる
- なんらかの施策（DMを出す、広告を提示するなど）を実行するときに、対象となるセグメントを抽出するのに向いている
- モデルを適用するための前提条件（値の分布、線形/非線形など）を、あまり気にする必要がない

これらはいずれも、ビジネスユーザーに好まれるポイントでしょう。特に、最後の点については少し補足を加えておきます。

今回のような例で、ロジスティック回帰で年齢を説明変数とすると、「年齢が高いほど継続率が上がる」か「年齢が高いほど継続率が下がる」かのいずれかを想定することになります。もし、若年層とお年寄りの双方で継続率が低く、中年層で継続率が高いといった傾向があるなら、年齢という変数になんらかの加工を加えて回帰式を作る必要があります[33]。したがって、回帰モデルをきちんとブラッシュアップするにはそれなりの手間がかかります。これに対して決定木は、年齢と継続率の関係がどのようなものであっても、自動的に境界を定めて分割してくれます。こういったところは、決定木の扱いやすさです。

一方でデメリットもあります。

- 予測精度が低い。予測を目的とするならば、ランダムフォレストやSVMなどの機械

---

[33] 年齢をいくつかの水準に分割してカテゴリとして扱う、ある年齢を基準として差の絶対値をとる、などの方法が考えられます。

学習系の手法を使うほうがよい

- 数値変数を目的変数とした場合、予測値が離散的にしか得られない。同じノードに属するケースは、すべて同じ予測値になってしまう
- 現象の説明もある程度可能だが、基本的にはクロス集計と同じで、場合分けの結果でしかない。数式を使った回帰モデルのように、各説明変数の効果を分離して定量的に評価することはできない

最後の点は若干わかりづらいと思いますので、具体的な例で説明しましょう。たとえば、病状の悪さと薬の投薬回数を説明変数、病気が治ったかどうかを目的変数としてモデルを作成したとします。ここで2つの説明変数の間には相関があり、「病状が悪いほど投薬回数が多い」という傾向があったとしましょう。そして、特に病状の悪いケースでは治ることが稀であったとします。

このような場合、ロジスティック回帰の結果は病状の悪さと投薬回数という2つの要因を分けた効果を表すことになります。投薬回数に対する偏回帰係数の値は「病状が同程度であった場合の投薬回数の効果」を示すからです。投薬が多く病状の悪いケースで治ることが稀であっても、全体として投薬が治療に有効であればその効果はプラスとなります。

一方、決定木のアルゴリズムの目標は「セグメントを探すこと」です。したがって、得られるルールは「病状が悪く、投薬回数が多ければ治らない」、かつ「病状が良く、投薬回数が少なければ治る」といった形になります。また、値の分布のしかたによっては、見かけ上「投薬回数が多ければ治らない」というルールが得られることもあり得ます。事実の記述としては間違いでありませんが、これを投薬という要因の効果と考えてしまうと、解釈を誤ることになります。

4.4 因果推論

4.4.1 データから因果関係を明らかにする
──統計的因果推論

（1）統計的因果推論

線形回帰やロジスティック回帰といったモデルにおける説明変数の「効果」は、目的変数との連動の度合いを表すものであり、因果関係をそのまま示すものではありません。

しかし、データからなんらかの知見を得たいという場合、その動機には因果関係の解明が含まれていることが多いでしょう。たとえば、4.3.4項の分析例のように「オプションパーツの購入は、契約継続にプラスの効果を持つ」という知見が得られた場合、「パーツ購入を勧める」ことは重要なマーケティング上の施策となり得ます。この場合は「パーツの購入」を原因、「契約継続」を結果とみなしていることになります。一方で、この解釈については「解約をしないタイプの人ほど、パーツを購入する傾向がある」という別の可能性があり得ます。たとえばブランドへのロイヤルティが高い人ほどパーツを多く購入し、かつ解約をしない傾向があるのかもしれません。この場合、ブランドへのロイヤルティは交絡要因（➡ 3.1.3）であるということになります。

そこで重要なのは、パーツ購入が契約に結びつくのであってその逆ではないことを確かめられるか、そして同じ条件の人同士で買った場合と買わなかった場合を比べてその効果を定量化できるかということです。このような因果関係の分析に関わるテーマを**統計的因果推論**（statistical causal inference）と呼び、さまざまなアプローチが提唱されています。

なお、因果の結びつきやその向きを検証することと、因果関係の効果（**因果効果**）を定量的に把握することとは、本来的には異なる問題です。因果推論に関わるアプローチには、そのいずれか（または両方）が含まれますが、特に前者を指して**統計的因果探索**（statistical causal discovery）と呼ぶこともあります。

データサイエンスの目的のひとつが現象を解明し知識を得ることだとすれば、因果推論はその究極のテーマと言えます。以下では、因果推論に関わるいくつかのアプローチについて、その概略を紹介します。

（2）実験計画法とランダム化比較試験（RCT）

　因果関係を突き止めるときに最も確実な方法は「実験」です。このとき、偏りを排除するように条件の設定やグループ分けを行う方法は、**実験計画法**（experimental design）として知られています。

　たとえば、店舗において実施するキャンペーンが実際に売上を伸ばしているのかどうかを調べたいとします。この場合、同じ条件になるように店舗を複数抽出し、キャンペーンを行う店舗と行わない店舗をランダムにグループ分けして、実験期間中の売上に差があったかどうかを統計的に検証する方法が考えられます。このようにランダムにグループを分けて結果を比較する方法を、**ランダム化比較試験**（Randomized Controlled Trial：**RCT**）と呼びます。

　しかし、このような方法には多くの困難があります。まず、まったく同じ条件の店舗を抽出することは困難で、抽出したとしても統計的に意味のあるサンプルサイズを確保できない可能性があります。ほかのイベントや季節などの影響を排除するために、どのくらいの実験を続ければよいかもわかりません。そもそも、キャンペーンを行わないことが売上にマイナスであると考える人は、実験そのものに反対するでしょう。

　この方法が容易に行える分野もあります。それがWebマーケティングで、広告を出す位置、広告に使う画像の種類などを変えることでクリック率がどう変わるかをRCTによって検証することが可能です。この分野では、大量のケースを確保でき、かつ機械による制御が容易であることからRCTの利用が効果的であると言えます。

（3）回帰不連続デザイン

　回帰不連続デザイン（Regression Discontinuity design：RDデザイン）は、実験をした場合と同じような変化が自然に起きている場合に、その変化を捉えて因果効果を確認するという手法です。

　たとえば「医療保険の自己負担割合を変えると医療サービスの利用が増えるのか」という問題を実験で検証することは困難です。しかし、日本では自己負担割合が70歳以上で1割、70歳未満で3割と年齢によって異なっていました（2014年3月まで）。ほかの年齢では見られないような不連続な変化が70歳前後で起きていれば、その変化は自己負担割合の違いによるものだろうという解釈が可能です[34]。

　RDデザインは、RCTが実施できない状況で、既存のデータをもとに因果関係を検証し

---

[34]　Hitoshi Shigeoka, "The Effect of Patient Cost Sharing on Utilization, Health, and Risk Protection," 2013, NBER Working Paper No. 19726.　参考文献［3］

たい場合に有効です。しかし、分断が起きている付近以外（上の例では30歳や40歳）で同様の効果があるかについては、厳密にはわからないという制約があります。

（4）バックドア基準

線形回帰モデルやGLMのような回帰モデルにおいて、偏回帰係数や標準偏回帰係数の値は、「ほかの説明変数が一定であった場合」に説明変数の値の変化が目的変数に与える効果とみなすことができます。

ただし、フィッティングの良さや予測精度だけを基準として説明変数を選択するという方法では、因果の向きや交絡要因の存在が考慮されずにモデルが作られることになります。このため、上記の効果を単純に因果関係に基づく効果とみなすことはできません。

一方、因果関係に注目して適切な変数選択が行われ、かつモデルが成り立つような条件が満たされるなら、これらの回帰モデルにおける偏回帰係数（または標準偏回帰係数）は説明変数の因果効果を表すものと考えてよいでしょう。そこで適切な変数選択を行うための基準として提唱されているのが、「**バックドア基準**」です。これについては4.4.2項で例を挙げて説明します。

（5）傾向スコア

傾向スコア（propensity score）は、交絡要因の影響を排除して、因果効果を正確に推定するために用いられます。（4）のバックドア基準でも交絡要因の影響を排除することは可能ですが、線形回帰モデルやGLMは、交絡要因の効果がそれぞれの説明変数に対して同じように働くことを仮定しています。しかし、このような仮定は常に成り立つわけではありません。

傾向スコアは、複数の交絡変数が与える効果を予測モデルによって集約するという考え方で、線形回帰などの回帰モデルを使うよりも正確に交絡要因の影響を排除できるとさえています[35]。

（6）操作変数

操作変数（instrumental variable）とは、簡単に言えば「Xには影響を与えるが、Yに対してはXを介してのみ影響を与える」という変数Zです。このような変数があれば、Z–Xの相関とZ–Yの相関を比較することで、XとYの両方に影響を与える交絡要因があったとしてもX-Y間の因果効果を推定できます。

また、操作変数ZはYに直接影響を与えることがないので、「XがYに影響を与える」モ

---

[35]　傾向スコアの詳しい説明については、参考文献[5]を参照してください。

デルと「YがXに影響を与える」モデルでは、X、Y、Zの3者の相関関係が異なります。したがって、どちらのモデルが現実のデータに近いかを比較できればXとYの間で因果の向きを推定することができます。この比較には（7）で述べる構造方程式モデリングが用いられます。

　ただし実務で、条件を満たすような操作変数を見つけるのはそれほど簡単ではありません。たとえば、キャンペーンの効果が売上に与える影響を知りたい場合、「店長がキャンペーンを好きか」という情報は操作変数として使えるでしょうか。キャンペーンへの嗜好はキャンペーンの実施に影響を与えるものの、売上に直接は影響しないように思えます。しかし、キャンペーンを好むような店長は店舗の運営そのものについてももともと全般に熱心であり、キャンペーン以外の点についても売上にプラスの効果を与えている可能性があります。したがってこの場合、店長のキャンペーンへの嗜好は操作変数としては使えないことになります。

（7）構造方程式モデリング

　構造方程式モデリング（Structural Equation Modeling：SEM）は、モデルに含まれる変数間の共分散（➡ 3.1.3）に注目した手法で、**共分散構造分析**（covariance structure analysis）とも呼ばれます。複数の変数間の結び付きをモデルとして表現し、その影響度合いを定量化するために使われます。

　たとえばA、BがXに影響を与え、E、F、XがYに影響を与えるといった関係がある場合、単純な回帰モデルではそれを表現することができません。SEMでは、複数の変数や共通因子（➡ 4.3.2）を矢印で結んで**パス図**（path diagram）を描き、そのモデルが現実のデータに合っているか、それぞれの影響はどの程度かを検証します。

　実務的な例としては、製品の特徴から共通因子を抽出し、それらが顧客満足にどのくらい影響を与えるのか、その顧客満足はブランドへのロイヤルティにどのくらい影響を与えるのかといったモデルを作り、それぞれの影響の程度とモデルの妥当性を検証する、というものがあります。サービス生産性協議会が提唱している**JCSI**（**日本版顧客満足度指数**）は、実際にこのような考え方でSEMに基づいて作成された指標です[36]。

　Rではlavaanやsem Plotというライブラリを使うことでSEMを実行できます[37]。

---

[36]　小野譲司「JCSIによる顧客満足モデルの構築」マーケティングジャーナル vol.30 No.1, p.20-34, 2010
　　　https://www.j-mac.or.jp/mj/download.php?file_id=130

[37]　SEMについての詳しい説明は、参考文献［20］を参照してください。

（8）LiNGAM

LiNGAM は Linear non-Gaussian Acyclic Model（線形非ガウシアン非巡回モデル）の略称です。（7）で述べた SEM は正規分布に基づくモデルであり、因果の向きや結びつきに関してなんらかの事前情報を必要とします。これに対して LiNGAM は、値の分布が正規分布ではないことを前提に、事前情報を使わずに因果の向きを推定する手法です。

簡単に言えば、X と Y の値の分布がともに正規分布ではない（たとえば、一様な分布である）とすると、「X が Y に影響を与える」場合と「Y が X に影響を与える」場合では全体の分布の形が異なります。LiNGAM ではこの特性を使って、因果の向きを推定します。既存のデータから因果を探索する手法として、近年特に注目されている手法です[38]。

4.4.2 因果関係に基づく変数選択

因果関係に注目して適切な変数選択が行われれば、線形回帰モデルにおける偏回帰係数または標準偏回帰係数は説明変数の因果効果を表すものと考えられます。ここでは、そのための変数選択の基準について説明します。

要因の分析ではなく予測だけを目的とするのであれば、このような配慮はさほど重要でないと言えます。予測は、因果関係を気にせずとも、相関関係だけで成り立つからです。ただし、相関関係だけに立脚し因果関係に対する配慮を欠いた予測モデルは、仮に実用上の予測精度が得られたとしても、意図しない結果を招いたり、場合によっては差別問題などにつながる可能性があります（➡ 1.2.4）。

実務上のデータの分析では、分析の結果に対する解釈が求められることも多いでしょう。作成したモデルについて誤った解釈をしないためにも、以下の内容はぜひ踏まえておくようにしてください。

（1）偏回帰係数は何を示しているのか

x_1 と x_2 のどちらの要因が y の変動にどの程度の効果を与えているのか、これを知りたいということが回帰モデルを作成する理由です。そこで、偏回帰係数の意味をもう一度おさらいしておきましょう。

$$y = b_0 + b_1 x_1 + b_2 x_2$$

上の式で、偏回帰係数 b_1 が意味するのは、x_2 の値を固定したときに、x_1 だけを動かすと、

---

[38]　LiNGAM についての詳しい説明は、参考文献 [16] を参照してください。

その変動はyの変化にどの程度効果をもたらすか、ということです。ここで、もしx_1とx_2の間に高い相関があったとしても、x_1を動かしたときに、x_2も一緒に動くと考えてはいけません。

たとえば、yを体脂肪率、x_1を体重、x_2を身長として考えてみましょう。x_1の偏回帰係数であるb_1が示すのは、「もし身長が同じなら、体重の違いはどのくらい体脂肪率の違いを示すのか」ということです。「体重が重ければ身長も高いだろう」さらに「身長も高ければ体脂肪率はさほど高くないだろう」といったことは、b_1が示す効果とは切り離された、別の問題です。

ここでは、偏回帰係数の値は「モデルに含まれる他の説明変数の影響を固定したとき」の効果を示すということを覚えておいてください。この点は標準偏回帰係数でも同じです。両者の違いは、物差しが統一されているかどうかということだけです。

（2）事例：何を説明変数とすべきか

回帰モデルにおいては、必ずしも説明変数が原因、目的変数が結果というわけではありません。3.2.1項で述べたように、結果に相当する変数から、原因に相当する変数の値を推定するといった利用法もあり得ます。その場合、上で述べた偏回帰係数の効果は、「結果がどの程度変動したら、原因にどの程度の変動があったものと考えられるか」を示すことになります。

しかし、なんらかの原因が、結果にどのくらい影響を与えているのかを知りたいというケースはやはり多いでしょう。「原因のどの程度の変動が、結果にどの程度の変動をもたらしたと考えられるか」ということです。

ビジネスでは特に、なんらかの条件が、顧客の満足度の向上や、来店数の増加など、好ましい結果につながるかどうかを知ることが求められます。そこで、次ページに挙げている事例について考えてみましょう。

説明文の内容を簡単にまとめると、知りたいのは販促費xが来店客数yに与える影響です。ただし販促費xと来店客数yは商圏規模zから影響を受けます。また販促費xはチラシ枚数wに、チラシ枚数wは来店客数yに影響を与えます。販促費xと来店客数yはともにキャンペーン応募者数vに影響を与えます。

文章だけではわかりづらいと思いますので、図式化してみましょう（**図4.48**）。矢印は因果の向きを表しています。

事例	販売促進費の有効性

　あるチェーンストアの全国の120店舗を調べたデータから、販売促進費（販促費）の有効性を調べます。販促費をどれくらい投入するかは店舗の裁量に任されているので、販促費の多い店舗ほど来店客数が高いという傾向があれば、販促費の投入は有効であると考えられます。

　各店舗がある年度に使った年間の販促費（単位：万円）をx、その年度の来店客数（延べ人数）をyとします。さらに、データとして店舗の商圏規模z、その店舗が配布したチラシ枚数w、店頭での年間のキャンペーン応募者数vが得られています。

　商圏規模zはその店舗の立地や、周辺の人口、競合店の有無などを調べて算定したもので、過去数年間の営業実績も踏まえて調整された指標です。店舗が元から持っている集客力のポテンシャルを表し、商圏規模が大きい店舗であれば、来店客数はそれだけ多いと考えられます。

　年間の予算は販促費も含めてこの商圏規模を参考に決定されます。販促費が多く確保されていれば、各店舗はその分チラシの枚数wを増やすことができます。ただし、予算の何％を販促費にあてるのか、また、販促費の何％をチラシに使うかは、店舗ごとの裁量に任されています。

　販促費はチラシの印刷以外に、店内のポスターや店頭でのキャンペーンの実施にも使われます。特に、店頭でのキャンペーン応募者の獲得数vは、販促費によるキャンペーンの成果を表す指標のひとつです。ただし、来店客数が多ければそれだけ応募者数も多くなると考えられます。

　各店舗の施策は、販促以外にも価格設定や従業員のスキル向上などさまざまなものがあり、これらは来店客数に少なからず影響します。しかし、これらの施策に関する指標値は得られていません。

　ここで、あなたが知りたいのは「販促費の大小は、来店客数にどのくらい影響を与えるか」です。目的変数は来店客数yです。では、説明変数はx、z、v、wのうちいくつ、そして何を選ぶべきでしょうか。

　統計解析を使う目的も明確にしておきましょう。ここでの目的は、図に示したような矢印の向き（因果の向き）を検証することではありません。このような因果関係があるということを前提にして、そこから、販促費という「原因」が来店客の増加という「結果」に与える影響を算定することです。

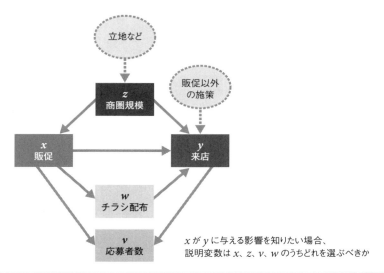

図4.48　各変数間の因果関係

　販促以外の施策についてはデータが得られていないため分析には組み込めません。それらの効果は、モデルの残差に含まれることになります。

　なお、モデルを作成する際のポイントとして、来店客数と販促費の関係を線形とみなすべきか（対数や指数を使って表す必要はないか）という問題がありますが、それらは考慮しないことにします。サンプルデータは🗎Promotion.csvとして用意してありますが、頭で考えるだけでも十分です。ぜひ、時間をとって考えてみてください。

（3）共通の要因（交絡変数）

　正解について説明する前に、順を追って考えてみたいと思います。サンプルスクリプトは🗎4.4.02.VariableSelection.Rです（**リスト4.9**）。

　サンプルデータ上の項目名は、アルファベットと単語の組み合わせでyVisit（来店客数）、xPromo（販促費）、zScale（商圏規模）、wFlyer（チラシ枚数）、vEntry（キャンペーン応募数）となっていますが、以下ではy、x、z、w、vとしておきます。

　サンプルスクリプトでは、データを読み込んだあとでそれぞれの項目の要約統計量などを確認しています。この事例では、説明変数間の相関関係が重要なので**例4.19**に挙げておきます。

例4.19 説明変数間の相関関係

```
> cor(DF[, -1])
           yVisit    xPromo    zScale    wFlyer    vEntry
yVisit  1.0000000 0.6422109 0.8589467 0.5952924 0.8156106
xPromo  0.6422109 1.0000000 0.5245466 0.7924311 0.8159734
zScale  0.8589467 0.5245466 1.0000000 0.5014602 0.6664258
wFlyer  0.5952924 0.7924311 0.5014602 1.0000000 0.7575554
vEntry  0.8156106 0.8159734 0.6664258 0.7575554 1.0000000
```

　まず知りたいのは、販促費と来店客数の関係ですから、説明変数は販促費 x だと考えてモデルを作ってみます。サンプルスクリプトでは LC1 がこれに該当します。LC1 についての詳細な情報の例示は省略しますが、これをもとにした回帰式は以下のようになります。

$$y = 266000 + 63.7x$$

（注：有効数字を3桁として記載、以下同様）

　仮に販促費 x が1万円上がれば来店客数 y は64人増えるという計算です。x の標準偏回帰係数は0.64で、これは y と x の相関係数に相当します。説明変数が1つだけの単回帰モデルなので、相関係数0.64を二乗したものが、決定係数の値0.41と一致します。販促費の効果は明確であるように思えます。

　しかし、ここで考慮すべきなのは「販促費と売上の両方に影響を与えるほかの要因がないか」ということです。販促費と売上の両方に影響を与えるほかの要因（交絡要因）があると、直接の因果関係とは関係のない疑似相関が発生します（➡ 3.1.3）。そして常識で考えれば、商圏規模の大きい店は来店客数が多く、使う販促費も多いということは想像できます。したがって、0.64という相関係数はほぼ間違いなく疑似相関です。

リスト4.9　4.4.02.VariableSelection.R

```
#説明変数をどう選ぶか

#目的変数：年間の来店客数 y              yVisit
#説明変数：年間の販促費 x               xPromo
#          立地などに基づく商圏規模 z     zScale
#          年間のチラシ枚数 w            WFlyer
#            年間の店頭でのキャンペーン応募数 v  vEntry

#販促費x(原因)から来店客数 y(結果)への影響度合いを知りたい
#ただし x と y は z から影響を受ける
#          x は w に、w は y に影響する
#          x と y はともに v に影響する


#データの読込み
DF <- read.table("Promotion.csv",
                  sep = ",",                      #カンマ区切りのファイル
```

```
                    header = TRUE,              #1行目はヘッダー（列名）
                    stringsAsFactors = FALSE) #文字列を文字列型で取り込む

#データフレームの内容を表示
head(DF)
#要約統計量
summary(DF)

#目的変数の値のヒストグラム
hist(DF$yVisit, breaks=20, col="palegreen")

#散布図を描く
library(ggplot2)
ggplot(DF) +
  geom_point(aes(xPromo, yVisit), size=4, alpha=.5)

#相関係数
cor(DF[, -1])


#線形回帰モデル
#標準偏回帰係数を出力するライブラリ
library(lm.beta)

#直接に効果を知りたい変数のみを使う
LC1 <- lm( yVisit ~ xPromo, data=DF)
summary(lm.beta(LC1)) #標準偏回帰係数を追加して出力


#交絡変数（商圏規模）を加える
LC2 <- lm( yVisit ~ xPromo + zScale, data=DF)
summary(lm.beta(LC2))

#散布図を描く（商圏規模で色分け）
ggplot(DF) +
  geom_point(aes(xPromo, yVisit, color=zScale),
             size=4, alpha=.5)


#合流点の変数（キャンペーン応募数）を加える
LC3 <- lm( yVisit ~ xPromo + vEntry, data=DF)
summary(lm.beta(LC3))

#散布図を描く（キャンペーン応募数で色分け）
ggplot(DF) +
  geom_point(aes(xPromo, yVisit, color=vEntry),
             size=4, alpha=.5)


#中間変数（チラシの枚数）を加える
LC4 <- lm( yVisit ~ xPromo + wFlyer, data=DF)
summary(lm.beta(LC4))

#LC1に中間変数（チラシの枚数）を加えた場合
LC5 <- lm( yVisit ~ xPromo + zScale + wFlyer, data=DF)
summary(lm.beta(LC5))
```

4.4

因果推論

このような関係を回帰モデルから排除するためには「両方に影響を与える他の要因」、つまり商圏規模zをモデルに含める必要があります。排除するために含めると言うと表現が矛盾しているようですが、これは（1）で述べた偏回帰係数の意味を考えればわかるはずです。

これを踏まえてモデルLC2を作成すると、以下の回帰式が得られます。

$$y = 70800 + 26.2x + 4.57z$$

今度は、販促費xが1万円上がれば来店客数yは26人増えるということで、先ほどよりも控えめな数字です。標準偏回帰係数も0.26と低くなりました（**例4.20**）。これに対してzの標準偏回帰係数は0.72で、来店客数は商圏規模に依存していることがわかります。

xとyをそれぞれ横軸と縦軸にとった散布図で確認すると、**図4.49**のようになります。点の色は、薄いほど商圏規模zが大きいことを示しています。そして、色の薄い点は図の上方に位置しています。色の濃さで点をいくつかのグループに分け、それぞれに対して回帰直線を引けば、緩やかな右肩上がりの直線が複数引けるでしょう。一方、色の違いを無視して回帰直線を引けば、その傾きはかなり急になります。この例では、色の違いzは無視すべきではありません。商圏規模zは来店客数yの違いを生み出す原因のひとつです。知りたいのは、zを固定した場合の販促費xの効果であるからです。

この例で、zはxとyの両方に影響を与える交絡変数です。そこで、回答を導くための

例4.20 交絡変数を含むモデル

```
> LC2 <- lm( yVisit ~ xPromo + zScale, data=DF)
> summary(lm.beta(LC2))

Call:
lm(formula = yVisit ~ xPromo + zScale, data = DF)

Residuals:
    Min      1Q  Median      3Q     Max
-145397  -32896    1816   41072  158649

Coefficients:
            Estimate Standardized Std. Error t value Pr(>|t|)
(Intercept) 7.079e+04    0.000e+00  1.806e+04   3.920 0.000149 ***
xPromo      2.622e+01    2.644e-01  4.952e+00   5.294 5.67e-07 ***
zScale      4.571e+00    7.203e-01  3.169e-01  14.421  < 2e-16 ***
---
Signif. codes:  0 '***' 0.001 '**' 0.01 '*' 0.05 '.' 0.1 ' ' 1

Residual standard error: 55620 on 117 degrees of freedom
Multiple R-squared:  0.7885,	Adjusted R-squared:  0.7848
F-statistic:   218 on 2 and 117 DF,  p-value: < 2.2e-16
```

ルールをひとつ記しておきましょう。「xとyの双方に影響する交絡変数が明確である場合は、これをモデルに加える」ということです。

（4）合成された結果（合流点）

次に、店頭でのキャンペーン応募者数vをモデルに含めたらどうなるかを考えてみましょう。サンプルスクリプトではLC3がこれに該当します。

$$y = 166000 - 6.92x + 409v$$

詳細な情報の例示は省略しますが、偏回帰係数はこれまでとは符号が逆転し、マイナスになっています。販促費xが1万円上がると来店客数yは7人減るという計算です。ただし、xの係数については有意確率が0.45で、有意ではありません（係数は0か、または多少のプラスである可能性も捨てきれないということです）。

この回帰式は、データの持つ規則性を表現しているという点では間違いではありません。ただ、「結果」から「原因」を説明するモデルになっていることに注意する必要があります。前提で述べたように、販促費xは応募者の獲得vに影響を与えます。販促費が多ければ、応募者を獲得する効率はその分良くなり、応募者1人あたりの来店客数は減ります。したがって、獲得応募者数を一定の値に固定して考えれば、販促費が来店客数に与える効果は数式上はマイナスになり得るわけです。

xとyをそれぞれ横軸と縦軸にとった散布図で確認すると、**図4.50**のようになります。点の色は、薄いほど獲得した応募者vが多いことを示しています。そして、色の薄い点は図の

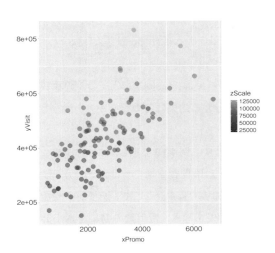

図4.49 販促費と来店客数（色は商圏規模）

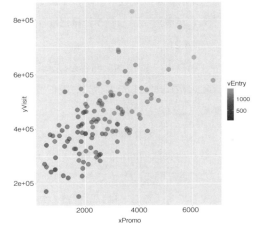

図4.50 販促費と来店客数（色はキャンペーン応募数）

右上に位置しています。図4.49との違いは目で見るとわかりにくいのですが、色の濃さで点を分けて回帰直線を何本か引けば、わずかに右下がりの直線が引けるはずです。しかし、先に述べたように、これは販促費の投入によって応募者の獲得が効率化できたことの結果でしかありません。この例では、色の違いvは無視すべきです。

さて、vは、xとyの影響が合成されて生まれた結果です。ただ、単に2つの変数の変動が合成されているというだけでなく、因果関係の「結果」のほうに位置するということが問題です。これを、流れが合わさるという意味で「合流点」と呼ぶことにします。2つ目のルールは、xがyに与える影響を知りたいのであれば、「xとyから影響を受ける合流点は、モデルに加えない」ということです[メモ]。

合成変数という用語は複数の変数から生成した因子や主成分を指す意味でよく使われますが、その場合は、因果の方向性とは関わりなく、ただ複数の変数を合成して1つの変数にまとめたものという意味合いになります。一方、ここで扱っている「合流点」は「因果の下流に位置する」ということが重要です。

(5) 途中に位置する変数（中間変数）

次に問題となるのはチラシの枚数wです。これを含めたモデルがLC4です。また、交絡変数である商圏規模zはモデルに含めるべきですから、zとwの両方を含むモデルもLC5として作成してみましょう。回帰式は次のようになりました。

$$y = 71800 + 21.3x + 4.52z + 0.067w$$

xの偏回帰係数の値はLC2よりも小さくなり、販促費が1万円上がっても来店客数yは21人しか増えないという計算になりました。標準偏回帰係数も0.21で、LC2より減少しました（例4.21）。

再び（1）で述べた内容を踏まえて考えると、この結果は、「商圏規模とチラシの枚数を一定の数に固定した場合に、販促費の大小が売上に与える効果はどの程度か」を検証していることになります。

しかし、チラシは販促費によって印刷されるものです。例4.19に示したようにチラシの枚数と販促費の間には0.79という高い相関があります。販促費を増やせば、その分チラシをたくさん刷ることができ、それが結果的に売上につながります。ここで、チラシの枚数を固定して考えることは、販促費の効果からチラシの効果を除き、販促費の効果を過小評価することになります。

例4.21 交絡変数と中間変数を含むモデル

```
> LC5 <- lm( yVisit ~ xPromo + zScale + wFlyer, data=DF)
> summary(lm.beta(LC5))

Call:
lm(formula = yVisit ~ xPromo + zScale + wFlyer, data = DF)

Residuals:
    Min      1Q  Median      3Q     Max
-139091  -31972    1880   38648  164856

Coefficients:
             Estimate Standardized Std. Error t value Pr(>|t|)
(Intercept) 7.176e+04    0.000e+00  1.809e+04   3.967 0.000127 ***
xPromo      2.130e+01    2.148e-01  7.125e+00   2.989 0.003415 **
zScale      4.519e+00    7.122e-01  3.214e-01  14.060  < 2e-16 ***
wFlyer      6.678e-02    6.795e-02  6.949e-02   0.961 0.338521
---
Signif. codes:  0 '***' 0.001 '**' 0.01 '*' 0.05 '.' 0.1 ' ' 1

Residual standard error: 55640 on 116 degrees of freedom
Multiple R-squared:  0.7901,  Adjusted R-squared:  0.7847
F-statistic: 145.6 on 3 and 116 DF,  p-value: < 2.2e-16
```

4.4

因果推論

　チラシを印刷した効果を販促費の効果の中に含めるには、チラシの枚数をモデルから除く必要があります。含めるために除くという、またもや矛盾した表現になりますが、その理屈はこれまで述べてきたとおりです。w は、x が y に効果を与えるその途中に位置する変数なので「**中間変数**」と呼ぶことにします。そこで、3つ目のルールは「x と y の間にある中間変数はモデルに加えない」ということです。

（6）バックドア基準と因果推論

　以上からすでに明らかなように、問題の答えは「販促費 x と過去の商圏規模 z の2つを説明変数とする」です。

　これまでに述べてきた3つのルールを**図4.51**に整理しておきました。ただし、現実には、より多くの変数の間に、より複雑な因果関係や相関関係が生じるでしょう。4.4.1項で紹介したバックドア基準は、この点について、一般的なルールとして定式化されたものです [39]。バックドア基準そのものの説明は、やや難解になるため本書では割愛します。しかし、ここで述べたような内容を理解していれば、実用において手順を大きく誤ることはないでしょう。

---

[39]　関心のある方は、参考文献 [5]、[29] を参照してください。

■ **交絡変数**（xとyにともに影響を与える共通の要因）がはっきりしている場合は、分析に**加える**

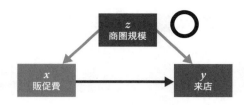

■ **中間変数**（xがyに影響を与える途中の現象）を**加えてはいけない**

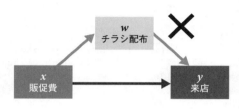

■ **合流点**（xとyがともに影響を与える結果）の変数を**加えてはいけない**

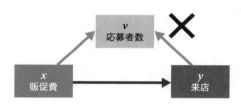

図4.51　因果効果を知るためのルール

第 5 章

機械学習と
ディープラーニング

5.1 機械学習の目的と手順

5.2 機械学習の実行

5.3 ディープラーニング

5.1 | 機械学習の目的と手順

5.1.1 機械学習の基本

（1）機械学習とは

　機械学習（machine learning）という言葉は人工知能研究の初期から使われてきました。計算機学者のアーサー・サミュエル（Arthur Samuel）は、1959年の「チェッカーゲームを使った機械学習についての研究」と題した論文で、「コンピュータが経験から学習するようにプログラムすることは、詳細なプログラムを作る必要性を削減するだろう」と記しました[1]。

　一般にコンピュータのプログラムでは必要な処理をすべて場合分けして記述する必要があります。しかし、チェッカーや将棋のようなゲームでは、ゲームの局面をあらかじめすべて場合分けしておくことができません。もし、経験から学習するようなプログラムを作ることができれば、機械は人間と同じようにゲームをプレイすることができます。

　ここで重要なのは、どうすれば機械が学習できるのか、そもそも学習とは何か、ということです。今日の機械学習における学習とは、判断の根拠とするための統計的なモデルを形作っていく過程と考えればよいでしょう。このことをより明確にするために、**統計的機械学習**（statistical machine learning）という言葉を使うこともあります。

　なお、人間や動物が行う学習と、機械学習における学習とでは、学習という言葉が指す内容が大きく異なります。ときにはこれらを混同して「機械学習では、機械が自動的に学習をしてくれる」といった勘違いが生まれることもあります。まずいったんは、人間や動物の学習と機械学習における学習は異なるものだと考えてください。学習とは何かという問題についてはコラム「機械学習と強化学習」を参照してください。

---

[1]　Samuel, Arthur (1959). "Some Studies in Machine Learning Using the Game of Checkers," *IBM Journal of Research and Development*. 3 (3): 210–229.

（2）機械学習の目的

1.1.4項で述べたように、機械学習の主要な目的は「**予測**」にあります。この場合の予測とは、データに含まれる変数同士の関係（多くの場合、相関関係）を抽出し、その関係を新しいデータに当てはめることで、特定の変数の値を推定することです。

機械学習で行う予測の対象は多岐にわたります。

- この商品はいくつ売れそうか
- この顧客は解約しそうか
- この機械は故障しそうか
- このメールはスパムだと言えそうか
- この数字は0から9のうちどれに近いか
- この写真はネコとイヌのどちらだと言えそうか
- この音声は怒りを含んでいるか

例を挙げているときりがありませんが、上で「この○○」と書いたのは、予測が個々のケースに対して行われるということを意味しています。つまり、予測するということは、「売れる商品の特性は何か」「この要因は解約にどの程度影響を与えるか」「故障の原因は何か」といった一般的な法則性を知ることとは別の問題です。特に、予測精度の高い機械学習系手法の多くは、人間が解釈できるような知識を得られない「ブラックボックス」となっています[メモ]。このことは、人間がなんらかの知識を得ることを前提とする統計解析との大きな違いです。

メモ　説明変数が予測値に与える効果を直接に知り得ない場合、説明変数が予測精度に与える重要度などの指標を計算することで、間接的に示唆を得るといった方法をとることもあります。

（3）学習とフィッティング

機械学習において「**学習**」の核となるのは判断の根拠に使う最適な統計モデルの形を決めることです。そこで重要となるのが**フィッティング**の調整です。

多くの機械学習におけるフィッティングは、一般的な統計解析のように仮説に基づく制約を設けてモデルを作るのではなく、むしろデータに合わせて（予測精度が上がるように）自由にモデルを作っていく過程に近いと言えます。**図5.1**に示すように、「どこまでデータに合わせるか」を調整することが重要になります。

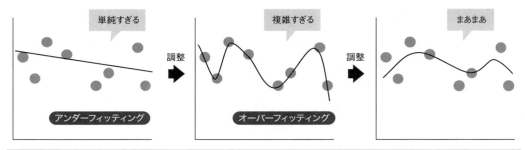

図5.1　フィッティングの調整

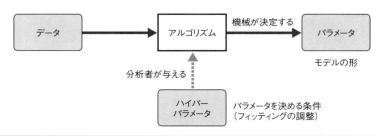

図5.2　ハイパーパラメータの役割

　機械学習で使われるアルゴリズムの多くは、実行する際に分析者が**ハイパーパラメータ**（hyper parameter）と呼ばれる数値を指定します。ハイパーパラメータの役割は、**図5.2**に示すようなフィッティングの程度を調整することです。通常のパラメータ（→ 3.2.2）はモデルの形（高さ、傾き、曲がり具合）を数学的に表す数値で、アルゴリズムが出力する結果そのものとも言えます。これは、アルゴリズムと条件さえ指定すれば、機械が自動的に算出する値でした。これに対してハイパーパラメータは、パラメータを決めるための条件を調整する数値で、基本的には人間が指定します。これまでの説明では、決定木（→ 4.3.5）で扱ったcp値がハイパーパラメータです。

　ただし、何も情報がなければ指定すること自体が難しいため、ハイパーパラメータを適切に決めるためのテクニックが考案されています。これについては5.1.2項で説明します。

（4）教師あり学習とそのアルゴリズム

　機械学習の利用方法は、**教師あり学習**（supervised learning）と**教師なし学習**（unsupervised learning）に大別されます。

　教師あり学習は、機械学習の典型的な手法と言えます。（1）で述べた例も、基本的には

教師あり学習の課題です。ここでいう「教師あり」とは、学習データにおいて目的変数の値、つまり予測において正解として与えられる実測値が存在するということです。学習の段階では、このデータをもとに目的変数と説明変数の関係を表すモデルを作り、予測の段階では、新しいデータに含まれる説明変数の値をもとに目的変数の値を予測します。

線形回帰や一般化線形モデル（GLM）、決定木といった手法は、機械学習で言えば教師あり学習に相当します。いずれも説明変数の値で目的変数の値の変動を説明、または予測するものでした。これらも機械学習のアルゴリズムとして使えますが、通常はもっと予測に適したアルゴリズムが使われます。

教師あり学習のテーマは、大きく回帰と分類に分かれます。**回帰**（regression）は数値変数（基本的には連続量）の値を予測する場合、**分類**（classification）はカテゴリ変数の値を予測する場合に使われると考えればよいでしょう。

表5.1 では、後述するscikit-learn（➡5.2.1）において利用可能な数多くのアルゴリズムから、代表的なものをいくつか取り上げて記しています。k近傍法とナイーブベイズについては本書では解説を省いていますが、比較的単純で理解しやすい手法です。

なお、scikit-learnで分類課題に対して使われるアルゴリズムには、ロジスティック回帰が含まれています。これは4.3.4項で説明したものと基本的には同じですが、エラスティックネット（Elastic-Net）と同じように正則化（➡3.3.4）のための仕組みが実装されています。scikit-learnでロジスティック回帰を使う場合は、その効果を調整するためにハイパーパラ

表5.1 教師あり学習と教師なし学習

	方法	目的	利用できる主なアルゴリズム
教師あり (supervised)	回帰 (regression)	変化する量（数値変数の値）を予測する	リッジ回帰（➡3.3.4） エラスティックネット（➡3.3.4） ランダムフォレスト（➡5.2.2） サポートベクターマシン（SVM）（➡5.2.3） k近傍法
	分類 (classification)	決められた分類（カテゴリ変数の値）を予測する	ロジスティック回帰（➡4.3.4） ランダムフォレスト（➡5.2.2） サポートベクターマシン（SVM）（➡5.2.3） k近傍法 ナイーブベイズ
教師なし (unsupervised)	クラスタリング (clustering)	似た特徴を持つケースをグループ化する	k平均法（k-means）（➡4.3.1） GMM
	次元削減 (dimensionality reduction)	多くの変数をより少ない変数に集約する（特徴量の次元を減らす）	主成分分析（PCA）（➡4.3.2） Isomap

メータを指定します。

（5）教師なし学習とそのアルゴリズム

　教師なし学習は、学習データにおいて目的変数の値、つまり予測において正解として与えられる実測値が存在しないということです。これまでに紹介した手法ではクラスタリング（➡ 4.3.1）がこれにあたります。学習の段階で、与えられたケースをグループ化し、クラスタを作ります。予測の段階では、新しいケースについて、既存のどのクラスタに所属するかを判定します。

　なお、4.3.2項で紹介した次元削減も、**表5.1**では教師なし学習の中に含まれています。主成分分析などの次元削減手法はそれ自体が予測のために用いられるものではなく、データの前処理として用いられることも多いため「学習」と呼ぶには違和感がありますが、教師なし学習の手法として分類されています。

　教師なし学習についてもscikit-learnには多くのアルゴリズムが実装されており、ここでそれらをすべて紹介することはできません。**GMM**（Gaussian Mixture Model：**混合ガウスモデル**）はk-means（➡ 4.3.1）のようなクラスタリング手法のひとつですが、ケースごとにクラスタへの所属確率を計算することができます。また、**Isomap**は次元削減手法のひとつで、データの分布が非線形の構造を持つ場合でも適切な次元の集約が可能です。

（6）そのほかの機械学習

　強化学習は機械学習のひとつに分類されることが多いものの、上記で述べたような教師あり学習・教師なし学習とは考え方が異なるところがあり、特に目的の観点からは最適化手法のひとつと位置づけられます。また、簡単な迷路学習のような基本的な強化学習のプログラムでは、必ずしも統計的なモデリングを必要としません。この点は、統計的な近似による予測そのものを目的とする機械学習との大きな違いです。

　現在のところ、強化学習を実践するにあたってはscikit-learnのような簡単な実装用パッケージはなく、多くのプログラムを自身で「手組み」する必要があります。また、行動価値、状態価値、報酬といった強化学習に特有の概念を理解しておく必要があります。

　一方で、実用的な強化学習では行動価値などを推定するロジックを統計的な予測モデルで近似する必要があり、その部分は教師あり学習、特に近年ではディープラーニングによって行われます。「強化学習を実現するための手法として教師あり学習が使われる」と考えればよいでしょう。したがって、強化学習を理解する場合も、教師あり学習の原理や技法についての知識は不可欠です。

強化学習における学習の考え方についてはコラム「機械学習と強化学習」にも記しておきましたので、あわせて参照してください。

5.1.2　機械学習の手順

機械学習のアルゴリズムを一から作ることは稀であり、通常は専用のライブラリを活用することになります。また、予測を目的とする以上は、込み入った解釈が求められることもありません。このため、機械学習は手順を覚えれば比較的容易に活用できます。主要な手順は、データ分割（split）、学習（fit）、予測（predict）、評価（validation/test）、チューニングの5つです。全体の流れを図示しておくと、**図5.3**のようになります。

（1）データ分割（split）

データ分割は、収集したデータの一部を学習（フィッティング）用、残りを評価用に分けることです。機械学習では、与えられたデータだけでなく、新しいデータに対しても適切な予測結果が得られることを重視します。なお、新しいデータに対して適切な予測が行えることを、汎用性が高いという意味で**汎化能力**または**汎化性能**（generalization performance）と言います。

そこで、得られたデータを学習用データと評価用データに分割します。学習用データと評価用データの比率は、6対4から8対2といった程度でよいでしょう。最初に学習用デー

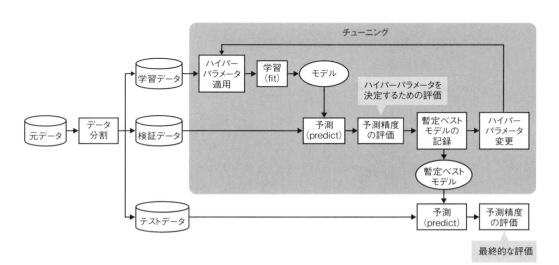

図5.3 機械学習の手順

タを使ってモデルを作成します。次に、評価用データを使ってモデルの予測精度を評価します。こうすれば、得られた予測精度は汎化性能の指標となります。

　一般に機械学習では、多くのデータを学習するほど良い結果が得られます。また、データの収集には手間やコストがかかるため、全データを学習用に活用するのがよいように思えます。しかし、このようにして学習用データで素晴らしい精度が得られたとしても、実務への適用は惨憺（さんたん）たる結果に終わる可能性があります。評価用データはこういった事態を未然に防ぐために使われます。

　なお、実際には性能を1回だけ評価して終わるということはなく、より良い性能を得るためにモデルの調整を行います。調整とは具体的にはフィッティングを行う際のハイパーパラメータの値を変更することです。場合によってはモデルを作成するアルゴリズムを変更することもあります。

　しかし、モデルを調整するために評価用データを使ってしまうと、このモデルは評価用データに特化したものとなっている可能性があります。これは、評価用データに対して最も有利なハイパーパラメータやモデルを分析者が選択することになり、間接的にではありますが学習する際に評価データを使っていることになるためです。

　この場合、得られた予測精度は汎化性能の指標と言い切れません。そこで、モデルの調整の際に使う評価データとは別に、最終的な評価に使うためのデータを別に用意します。**図5.3**では前者を「検証データ」、後者を「テストデータ」と呼ぶことで区別しています。この場合、データは3つに分割されることになります。

　分割の方法は一般には無作為抽出（ランダムサンプリング）ですが、目的やデータの特性に応じて一工夫することもあります。たとえば、学習用と検証用でサンプルの取得期間を変えたり地域を変えたりして、期待どおりの動作が得られるかを確認します。

　データ分割の代表的な手法には**ホールドアウト**（hold-out）**法**と**クロスバリデーション**（cross-validation：**交差検証**）があります。

●ホールドアウト法

　ホールドアウト法はデータの分割を1回ですませる方法です。手続き的にも簡単で、基本的な方法と言えます。**図5.3**の手順で言えば、元データを学習用、検証用、テスト用の3つに分割し、それぞれでモデルのフィッティング、検証、最終的な評価を行うことになります。ホールドアウト法は、比較的サンプル数が多いときに用いられる手法です。サンプル数が少ない際にホールドアウト法を用いるとデータに偏りが生じやすく、正しく評価を行うことが難しくなります。

● クロスバリデーション法

　クロスバリデーション（交差検証）法は、データの分割を1回ですませるのではなく、何度か異なる分割を行って、学習データと検証データの異なる組み合わせを得る方法です（図5.4）。

　ホールドアウト法の場合、高い予測精度が得られるようなハイパーパラメータの設定値を見つけたとしても、それはたまたま1つの検証データに適した設定値であるかもしれません。もしそうなら、適切な設定値を探す努力が無駄になってしまいます。そこで、1つの設定値に対して、学習用データと検証用データの異なる組み合わせでフィッティングと検証を何通りも行い、それらの予測精度の平均を算出してモデルの評価指標とします。

　図5.3に示した手順に沿って言えば、まず最初に学習データとテストデータを分割します。次に学習データをいくつか（たとえば5つ）に分割します。このうち4つをまとめて実際の学習データ、残りの1つを検証データとすれば、その組み合わせは5通りが考えられます。そこでこの5通りの組み合わせを使ってフィッティングと検証を行い、5通りの予測精度を算出し平均します。仮にハイパーパラメータの値について10通りの設定を試すとすれば、フィッティングと予測は50回行われることになります。これは図5.3のグレーの範囲の手続きに相当します。

　クロスバリデーションでは分割（組み合わせ）の数をkで表し、k個に分割する場合をk分割交差検証（k-folds cross validation）と呼びます。kの値は5から10が用いられることが多く、10分割する場合は10分割交差検証ということになります。

　クロスバリデーションを使うメリットは、件数の少ないデータでも確からしい検証結果が得られることです。件数が多いデータでもクロスバリデーション法は有効ですが、計算に要する時間がk倍になるため避けられることがあります。

　なお、後述するscikit-learnでは最初に学習データとテストデータさえ分割しておけば、

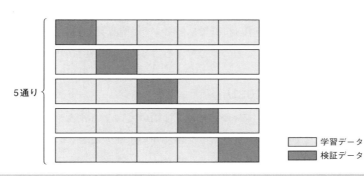

図5.4　クロスバリデーション（5分割の場合）

その後の学習データと検証データの分割、異なる組み合わせでのフィッティングと検証は
ツールが自動的に行なってくれるため便利です[2]。

（2）学習（fit）

　ここで言う学習とは、モデルをデータに適合させる過程（フィッティング）であり、説明
変数と目的変数の関係を表すパラメータを決定するプロセスです。このプロセス自体はツー
ルに実装されたアルゴリズムが行うため、人間がすることはアルゴリズムの選択、説明変数
と目的変数の選択、ハイパーパラメータの設定です。

　高い性能を持つアルゴリズムの研究は日進月歩の領域であり、日々新しい優秀なアルゴリ
ズムが開発されています。これまで用いられているアルゴリズムで有名なものとしては、教
師なし学習（クラスタリング）であればk平均法（k-means）、教師あり学習であれば、分類
課題の場合はランダムフォレストやSVM（サポートベクターマシン）、回帰課題の場合はリッ
ジ回帰、サポートベクター回帰（SVMの原理を使った回帰課題向けのアルゴリズム）といっ
たものが挙げられます。

　どのアルゴリズムが良いかは目的やデータの特性によって異なり、多くの場合は事前にわ
からないため、複数のアルゴリズムを試して最も性能が高いものを利用することになります。

　なお、アルゴリズムを選択する際に注意したいのは、アルゴリズムがブラックボックス化
していてもよいか、つまり、解釈できるような知識が得られなくてもよいかという点です。
予測精度の高いアルゴリズムほどブラックボックスである傾向が強く、高い予測精度を得る
という目的と知識を得るという目的は往々にして相反します。あらかじめ目的を定められ
ないと、予測精度を追求してチューニングを重ねたにもかかわらず、最終的には、モデルが
判断を下す基準がわからない、第三者に対する説明責任を果たせないといった理由で導入
を断念するということもあるため注意してください。

（3）予測（predict）

　予測とは、説明変数の値（特徴量）を使って目的変数の値を予想することです。通常は、
学習済みのモデルに説明変数の値を与えることで、目的変数の値が得られます。

（4）評価（validation / test）

　ここで言う評価とは、フィッティングに用いていない評価データ（検証データ、テスト
データ）を使ってモデルの予測精度を確認する手順のことです。なお精度を評価するにあ

---

[2]　　具体的な方法は本書では割愛します。詳細については参考文献 [30] を参照してください。

■ 混同行列（confusion matrix）

		予測値	
		0（Negative）	1（Positive）
実測値	0（Negative）	True Negative	False Positive
	1（Positive）	False Negative	True Positive

注）True Positive（真陽性）とは、1（陽性）と予測され、それが正答（True）であったケースを指す。False Negative（偽陰性）は、0（陰性）と予測されたにもかかわらず、それが誤り（False）であったケース。False Positive（偽陽性）やTrue Negative（真陰性）という呼称についても同様となる

■ 分類課題における代表的な評価値

$$\text{正解率（Accuracy）} = \frac{TP+TN}{TP+TN+FP+FN}$$

$$\text{適合率（Precision）} = \frac{TP}{TP+FP}$$

$$\text{再現率（Recall）} = \frac{TP}{TP+FN}$$

$$\text{F値（F-measure）} = \frac{2×\text{適合率}×\text{再現率}}{\text{適合率}+\text{再現率}}$$

図5.5 混同行列

たって、分類課題と回帰課題では使われる指標が異なります。

分類課題では、**混同行列**（confusion matrix）を作成してから正解率（accuracy）、適合率（precision）、再現率（recall）、F値などを確認します。混同行列とは分類結果をまとめた表です（**図5.5**）。行に実際の分類（実測値）、列に予測された分類（予測値）を取り、それぞれが0/1の2値分類であれば2×2のクロス集計表とします。左上と右下では実測値と予測値が一致するため、この2つのセルに記録された数の合計を全体のケース数で割れば、正解率が得られます。一般には正解率が大きいほど良いとされますが、目的によっては再現率や適合率などの指標が重視されることもあります。また、モデルの予測値がどのような傾向で出ているか、外れるとしてもどのように外れているのか（当て方、外し方）を把握することは重要で、そのためにも、正解率以外の指標を確認する必要があります。

回帰課題では、**平均二乗誤差**（Mean Squared Error：MSE）、**平均絶対誤差**（Mean Absolute Error：MAE）、**平均絶対誤差率**（Mean Absolute Percentage Error：MAPE）といった指標を確認するのが一般的です。これらはいずれも誤差の程度を表すもので、小さいほど良いということになります（➡ 3.3.4）。

ただし、平均二乗誤差は、大きくかい離した値の影響をより強く受ける指標であるため、データの中に外れ値が多くあると極端に指標が悪化するという特性があります。このような特性が好ましくないと判断される場合は、ほかの指標を使ったほうがよいでしょう。平均絶対誤差と平均絶対誤差率にはこのような特性はなく、前者が全体の誤差を知るのに、後者がサンプルごとの当てはまりの良さを知るために使われます。

（5）チューニング

チューニングとは、高い予測精度を得るためにフィッティングの際のハイパーパラメータの値などを変えて、学習データによる学習と検証データによる評価を繰り返すことです。

チューニングの方法には、グリッドサーチとランダムサーチがあります。この場合、評価に用いるのは**検証**（validation）データです。ハイパーパラメータの値は基本的に人間が設定する必要がありますが、当てずっぽうで設定を変えても良い結果は得られません。このため、プログラムを使って異なる値を次々と試し、良い設定値を探していくという方法がとられます。このような探索の手法として、グリッドサーチまたはランダムサーチが用いられます。

グリッドサーチとは、ハイパーパラメータの値を網羅的に探索していく方法です。たとえば、設定すべきハイパーパラメータが2つあったとします。このとき、それぞれのパラメータについて10通りの値を試すとすれば、組み合わせは100通りになります。ちょうど10 × 10のマス目（グリッド）を探索していくイメージになるため、グリッドサーチと呼ばれます。

問題は、設定すべき値が0.1なのか、5.6なのか、123.4なのかといったことがまったくわからないということです。そこで有効なのが、[1, 2, 3, 4, ...] ではなく、[0.01, 0.1, 1, 10, ...] といった形で指数的に値を変えて探索をする方法です。また、0.1が良さそうだと思っても、0.09と0.11ではまた結果が異なるかもしれません。そこで、最初は粗くできるだけ幅の広い値を探索して有効な範囲を確認し、良さそうな値の「あたり」をつけたあとで、さらにその周辺の狭い範囲で探索を行うといった方法が効率的です。

一方、**ランダムサーチ**では、文字どおりパラメータをランダムに設定して有用なパラメータの範囲を探ります。一般的にはこの手法を用いたほうが有用なパラメータを早く見つけられますが、予測精度はグリッドサーチに若干劣る傾向があります。

5.1.3 データの準備に関わる問題

1980年代のAIブームで盛んであったルールベースの推論では、演繹的に判断を行うためのロジックを人間が考えます。これに対して、現在の機械学習は「過去のデータではこうだった」という経験的な事実から推論を行う帰納的なアプローチです。

統計解析もデータをもとに推測を行うという点では同様ですが、統計解析の場合には、データを扱う以前の段階で人間がなんらかの仮説を設定し、それにデータを組み合わせて推定と検証を行います。これに対して、機械学習では特定の仮説を置かずにデータからモデルを作成するのが一般的です。また、予測精度の高い多くの機械学習手法がブラックボックスであることから、統計解析のように解釈の段階でデータの偏りやロジックのおかしさに気づくことは困難です。

このことは、機械学習においてデータの質と量が非常に重要となることを意味します。不十分なデータや偏ったデータからは、誤った予測ロジックが生まれてしまいます。分析者

は大量かつ良質なデータを収集することに心を砕く必要があります。しかし、現実においてデータの収集には多くの労力とコストが必要で、期待した精度のモデルが作れないこともあり得ます。ここでは、教師あり学習の分類課題を例にとり、データの量と質に関わる問題を説明します。

（1）学習データの問題

機械学習のアルゴリズムが分類を行う仕組みに即して考えてみましょう。図5.6を見てください。2つの軸は、予測のもととなる特徴量（説明変数）が2つあることを示しています。白と黒の丸はデータとして与えられた1件1件のケースを示しています。課題は2値分類で、アルゴリズムの目標は、説明変数の値に基づいて対象が黒か白かを識別するモデルを作ることです。モデルを作るということは、図の上では「境界線を引く」ことに相当します。

黒か白かという2つの値のことを、ここでは「教師ラベル」と呼ぶことにします。教師ラベルとは、一般には、分類課題において学習データとして与えられる目的変数の値（カテゴリ変数の水準）のことです[メモ]。また、カテゴリの各分類（水準）のことを「クラス」と呼びます。

> 📝 メモ
> 機械学習、特に分類課題では、説明変数、目的変数といった言い方よりも、特徴量、教師ラベルといった言い方が好んで使われます。

さて、図5.6のような場合は、アルゴリズムが境界線を引くことは容易です。この場合は、2つの説明変数の組み合わせで明確に白と黒を分けることができ、かつ説明変数の異なる値に応じて、十分な数のケースが確保されているからです。しかし、程度問題ではあります

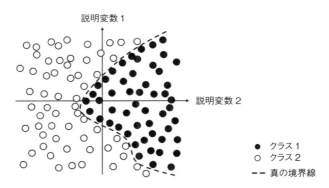

図5.6　理想的なデータが得られている場合

が、実際のデータは量、多様性、正確性に問題を抱えることが多々あります。

　ここで**図 5.6**に引かれている境界線、つまり十分なデータをもとに得られた境界線が「真の境界線」であるとします。これよりも得られるデータが少ないとしたら、境界線を定めることはできるでしょうか。**図 5.7**がそのような場合にあたります。

　データの量が減ったことで、白と黒の境界が曖昧になってしまい、境界線の引き方にはさまざまな可能性が考えられます。これは、アルゴリズムが推定するパラメータ（境界線の角度や曲がり具合）が一意に定められないということを意味します。なんらかの形で境界線を引くとしても、それは真の境界線からずれてしまうことになります。より正確な推定を行うためには、一定の範囲に十分なデータが存在すること、つまりデータの密度が重要だということです。

　ここでは説明変数が 2 つ、つまり 2 次元の場合を想定しました。しかし、次元が 3、4 と増えると、奥行きが追加されてその分空間が広くなります。仮にデータの件数が同じであれば、次元が増えることによって密度が減り、データの分布はまばらになってしまいます。あまりにデータがまばらだと、境界線を判断することが極めて困難となります。これは「次元の呪い」と言われ、データから十分な情報を抽出できない状況です。

　たとえば、説明変数が 2 個の場合に各説明変数を 10 区間に分割し、1 つの領域について 1 件のデータを確保することを考えると、必要なデータは 10^2=100 件です。説明変数が 5 個の場合に各説明変数を 10 区間に分割すれば、その数は 10^5=10 万となります。前者と後者では必要なデータの件数が 1000 倍異なります。どの説明変数が予測に有効かわからなければ、その分多くの説明変数を使うことになり、余計に多くのデータが必要になってしまいます。

　特定の分類（クラス）にデータが偏っている場合にも問題が生じます。**図 5.6**と**図 5.8**ではデータの件数は同じですが、クラス単位で見ると件数が大きく異なります。**図 5.8**の場合は、白のケースが少なく分布がまばらであるため、真の境界線を判断することが難しくなります。

　ここで、クラスごとの偏りが起きないようにデータを収集すればよいと思われる方もいるかもしれません。しかし、現実にはそれが難しいケースも多いと言えます。たとえば、機械の運転状況で正常な状態と異常な状態を見分けたいとしても、異常の発生回数には限りがあります。異常な場合を人為的に作り出してデータを収集できない限り、異常な状態に該当するデータは不足してしまいます。マーケティングの例では、富裕層を識別するモデルを作ろうとしても、実際に富裕層に該当する顧客の数は極めて限られます。

　次に問題になるのは、特定の領域にデータが偏っている場合です。これを**図 5.9**に示し

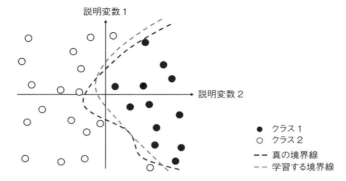

図5.7 データの量が足りない場合

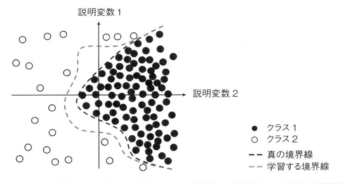

図5.8 特定のクラスに偏っている場合

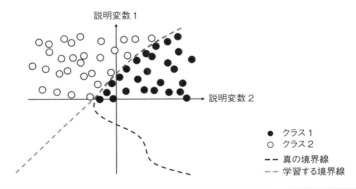

図5.9 特定の領域に偏っている場合

ます。この場合、図の上方の区間では正しく境界線を学習できますが、図の下方の境界線は上で引かれた境界線をそのまま延長したものとなってしまい、真の境界線から大きくずれてしまいます。

最後に、図5.10を見てください。白と黒のケースがお互いの領域にはみ出しています。人種や性別が同じでも1人1人の身長は異なるように、現実の値には一定の変動（ばらつき）があります。このため、完璧な分類モデルを作ることは一般には不可能です。ただし、本来あるはずの変動とは別に、データそのものの不正確さも見かけ上の変動を生み出します。

たとえば、本来は2つの説明変数で完璧に分類ができる図5.6のような場合であっても、白であるはずのケースが黒として記録されていたり、説明変数の値が実際とずれていたりすると、図5.10のような状態となり得ます。実務で得られるデータから、このような不正確さを排除することは困難です。機械から得られるデータであれば計測の誤差やノイズの混入、人間が記録するデータであれば入力ミスが問題となります。

なんらかの情報を補充するために、データベースから情報を取り出すような場合にも問題が生じます。顧客の属性を補充するために顧客マスタから情報を取り出そうとしても、属性情報の更新が長い間行われておらず、古い情報しか得られないといった場合です。逆に、顧客マスタには直近の属性情報しかなく、必要とする過去の時点の情報がわからないといった場合もあり得ます。企業が管理する業務システムでは、データの分析を意識してデータの記録や管理を行うことは稀です。特に、業務で頻繁に利用しないようなデータ項目は、適切な形で管理されていない可能性があります。

データ分析や機械学習用のサンプルデータとして一般に公開されている「iris」や「MNIST」などのデータセットは、データの量と質があらかじめ確保された状態で公開されています。多くの場合は、説明変数の数に見合ったデータ件数があり、教師ラベルごとの件数も均一で、説明変数の値についての偏りもなく、計測や記録上の誤りも除外されています。しかし、自身でデータを収集する場合には、上で説明したような問題に直面することになります。まずは対象となるデータの特性を理解し、目的に見合った量と質を確保することが重要です。

irisは3種類のアヤメの花についてがく片の幅などの数値を記録したデータ、MNISTは手書きの数字を画像として記録したデータです。

(2) 半教師あり学習と能動学習

　データの量が不足する一因となるのが、教師ラベルを付与する手間とコストです。たとえば、人の画像とそれ以外の画像を分類する課題について考えてみましょう。画像データそのものはインターネットやビデオカメラを使えば大量に入手できます。しかし、それらが人かどうかを学習させるには、すべての画像に人かどうかという教師ラベルが付与されている必要があります。このように、データにラベルを付与する作業のことを**アノテーション**（annotation）と呼びます。

　しかし、人手で画像にひとつずつラベルをつけるのは大変な作業です。ある程度の数は対処できたとしても、十分なデータを確保しようとすると相当な時間とコストが発生します。このような問題への対処として有効なのが、半教師あり学習や能動学習と呼ばれる方法です。

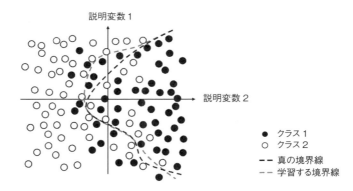

図5.10 個体差が大きい場合／データが不正確な場合

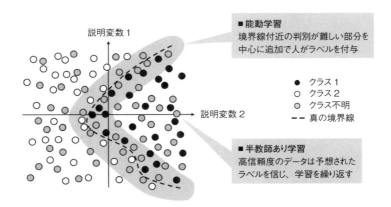

図5.11 半教師あり学習と能動学習

● 半教師あり学習

　図5.11 を見てください。白と黒は、すでになんらかの方法でラベルが得られているデータです。グレーのものはラベルが付与されておらず、そのままでは学習に使うことができません。

　半教師あり学習は、ラベルが付与されたデータだけで一度モデルを作り、そのモデルで残りのデータのラベルを予測する方法です。図の例で右側の中央付近、吹き出しをつけた周辺のデータは高い確率で黒と予測できるでしょう。このように高い確率で判定できるケースについては「予測が正しいもの」と信じてラベルを付与し、学習データに組み入れます（**図5.12**）。

　注意点としては、予測結果が信頼できるということが前提であり、そもそもモデルの予測精度が低い場合には役に立たないということです。十分な予測精度が得られない場合にこの手法を用いると、モデルの精度をさらに悪化させることになります。

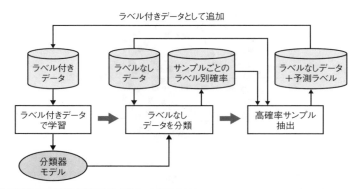

図5.12 半教師あり学習の手続き

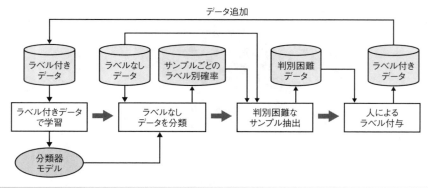

図5.13 能動学習の手続き

● 能動学習

　能動学習は、半教師あり学習とは逆に、機械では分類が難しいようなケースを扱います。最初は、半教師あり学習と同じように、ラベルが付与されたデータのみでモデルを作り、そのモデルでラベルが付与されていないデータについて予測を行います。ここから一定の基準で、予測が不確かであるようなケースや、正解率の向上に寄与する度合いが高そうなケースを選び出します。

　たとえば**図5.11**では、境界線付近のデータについては判別が難しく、予測が不確かになりやすいと考えられます。このようなケースについては、人手でラベルを付与して学習データに組み入れ、モデルを作り直します。能動学習では、この手順を繰り返すことでモデルの精度を高めていきます（**図5.13**）。このような方法をとれば、やみくもに人間がラベル付けを行うことを避けられるため、ラベル付与のコストを大きく低減できます。

　半教師あり学習と能動学習は、ともに、ラベルのないデータを学習に組み入れていくための方法論です。そのため、これらを組み合わせて活用することも試みられています。

5.1.4　特徴抽出と特徴ベクトル

　前項でも述べたように、機械学習ではデータから帰納的にモデルを作成して推論を行うため、どのようなデータを与えるかが非常に重要です。このため、データからモデルを導出しやすいように、必要な情報を加工し強調したり、不要な情報を除去したりといった処理が必要となる場合があります。これを**特徴抽出**（feature extraction）と言います。また、特徴抽出によって作成されるのが**特徴ベクトル**（feature vector）です。分野によっては「素性ベクトル」という言葉を使うこともあります。以下ではこれらについて説明します。

（1）特徴ベクトルの必要性

　特徴抽出が特に必要とされるのは、画像データなどの非構造化データです。一般の機械学習手法では、画像のピクセル情報をそのままデータとしてインプットしても良好な結果は得られません。業務システムのデータのように構造化されたデータであれば、「年齢の高い顧客は購入金額が高い」といったように、特定の説明変数の値が直接に結果に影響する可能性があります。しかし、画像データでは「上から2番目のピクセルの色が濃ければ、この画像はネコである」といったような単純なルールはほとんど成立しません。

　また、画像のピクセル情報をそのまま使おうとすると、仮に512ピクセル四方のカラー画像であれば、512×512×3で約79万の説明変数を扱うことになります（3というのは赤、緑、

青の色情報です）。それぞれのピクセルの値が分類に一定の効果を持ち、それらを活用しないと判断ができないとすれば、5.1.3項で述べたような理由から膨大なデータ量が必要となります。

そこで、あらかじめ画像のピクセル情報をもとに、ネコかそうでないかといった判断に結びつくような特徴を情報として加えておきます。具体的には、それぞれのピクセルに注目するのではなく、複数のピクセルの情報をもとに、特徴的な形状を表す情報を抽出します。たとえば、ネコの画像を判別したいのであれば、「丸い形状の有無」、「縞々模様の有無」といった情報を表すような一連の変数を作成し、これを特徴ベクトルとします。これをインプットとすれば、モデルの次元を大幅に削減できます。この結果、ある程度限られたデータ量でも学習が可能となります。画像データを例にとって説明しましたが、日本語や英語などで書かれたテキストのデータを対象とする場合も、元の文字列から、それぞれの単語ごとの頻出度など、なんらかの数値情報を抽出して扱います。

ただし、ディープラーニングの場合は、この特徴抽出に相当する過程がアルゴリズムの中に組み込まれていると言われます。「これは縞々模様である」といった判断のルールをあらかじめ組み込まなくても、アルゴリズムがそれらの特徴を内部で抽出するということです。ディープラーニングが非構造化データの扱いに向いていると言われるのはこのためです。

なお、構造化されたデータでも、特徴抽出に相当する処理が不要というわけではありません。第4章で述べたような一連のデータ加工の処理の中で、データの意味を捉えやすくなるように加工を行うことが特徴抽出に相当すると考えればよいでしょう。たとえば、店舗の位置情報をもとに駅からの距離を算出するといった作業がこれに相当します。また、次元削減（➡ 4.3.2）によって複数の変数から共通の因子を抽出することは、まさに特徴抽出そのものであると言えます。

（2）特徴ベクトルの作り方

特徴ベクトルの作り方は問題ごとに異なり、分析者の知識・経験に左右されます。ただし、大きくは以下の5つと言えるでしょう。目的に応じて、これらの方法を組み合わせることで特徴ベクトルを作ることになります。

なお、詳しい説明の大部分は第4章で紹介したデータの加工と重複しますので、適宜省略します。

① そのままの値を使う

その変数が、そのまま予測に有用な特徴を表していると考えられる場合は特に加工の必

要はありません。得られたデータの値をそのまま使えばよいということになります。

② カテゴリ変数への対処

カテゴリ変数については、分類の基準が業務上の要件で決まっていることが多く、これをそのまま使うと予測がうまくいかないことがあります。このため、事前にカテゴリの再分類を行うなどの工夫が必要です（➡ 4.2.2）。

場合によっては、数値変数をカテゴリ変数に置き換えることもあります。たとえば、銀行預金の残高の数字そのものよりも、「1000万円以上かどうか」に関心があるといった場合です。これについては、4.2.3項の「カテゴリ変数への変換」も参照してください。

いずれの場合においてもカテゴリ変数は、そのままではインプットとして扱えないため、ダミー変数（➡ 3.2.3）に変換する必要があります。なお、機械学習では、ダミー変数のことを**ワンホット表現**（one-hot representation）と呼ぶことがあります。「1つだけ1で、ほかはすべて0」という意味で、このような名称が使われています。

③ 物差しの変換

4.2.3項に記載した方法で、標準化、正規化、対数化などの手段が考えられます。詳しくは該当の箇所を参照してください。

④ 周辺データも含めた差分や平均

画像のような非構造化データ、または時間的・空間的な広がりを持つデータではこの方法が特に有効です。詳しくは4.2.3項の「前後の値を用いた加工」を参照してください。

⑤ 特定の分野で用いられる指標

分野によっては、特定の目的に合った指標がすでに開発されています。Webマーケティングでは**CVR**（コンバージョンレート）と呼ばれる指標がよく使われます。これはサイト訪問者やページの閲覧者のうち、どの程度の人が購入や申し込みに至っているかを示す割合です。

テキストの解析では、**tf-idf**と呼ばれる有名な指標があります。これは文書中に含まれる単語の重要度を評価するための指標です[3]。

---

[3]　　tf-idfに関する詳しい説明は、参考文献[7]を参照してください。

コラム　機械学習と強化学習

　本文の機械学習についての説明を読んでいて、統計モデルのパラメータを決める過程を「学習」と呼ぶことに疑問を持つ方もいるでしょう。実際、人間や動物の「学習」はこのような単純なプロセスとは異なると考えられます。

　大学の教養課程などで心理学を学んだ方であれば、「オペラント学習」という概念について聞いたことがあるはずです。これは、人間や動物が試行錯誤に基づいて経験から学習する原理を定式化したものです。その例としてよく使われるのがラット（ネズミ）と「スキナーボックス」という箱を使った実験です。

- レバーとランプがついた箱にラット（エージェント：agent）を入れる。
- 箱は、緑のランプがついているとき（状態：state）に限って、レバーを押すと一定の確率でエサが出るよう設定されている（なお、エサが出るとしばらくの間ランプは消える）。
- ラットは動き回るうちに"たまたま"レバーを押す（行動：action）。ラットは、レバーを押すとエサ（報酬：reward）が出ることを記憶する。
- ラットは行動を繰り返すうちに（試行錯誤 trial & error）、緑のランプがついているときを選んでレバーを押すようになる。
- 設定された条件を変えると、それに応じて行動も次第に変わっていく。

　つまり、ある状態のもとで、エージェントがある行動を選択すると、その状態（Sと略します）と取った行動（A）の組み合わせによって報酬（R）が得られます。取った行動によって状態は変化し、エージェントは次の状態のもとで新しい行動を取ります。この、S-A-R-S-A…というサイクルを繰り返すうちに、エージェントは状態に応じて取るべき行動を学習していきます。この過程を**強化**（reinforcement）と呼びます。

　強化学習（reinforcement learning）とは、このような、まさに人間や動物が試行錯誤から学習していく仕組みをもとにした学習のモデルです。機械にこれを行わせるときに鍵となるのは、状態価値、行動価値という概念です。**状態価値**とは、報酬を得るときに、ある状態が持つ好ましさを定量化した指標です。同様に**行動価値**は、ある状態である行動をとることの好ましさを定量化した指標です。

　ここでは、行動価値について話を進めましょう。行動価値を知るためには、デタラメでもとにかく行動をしてみる必要があります。条件が複雑になると「今こうすると次の状態はこうで、そこでこうするとこうなるから、今はこうしておこう」といった先読みも必要になります。これらを踏まえて、エージェントは行動のたびに行動価値を更新します。この更新の方法は**TD学習**（Temporal Difference learning）という名称で定式化されています。

　ここまで説明すると、強化学習の前提が一般の機械学習（教師あり学習や教師なし学習）とは大きく異なることがわかるでしょう。一般の機械学習では、行動によって結果が得られるわけではなく、行動によって状態が変化するわけでもありません。自分で試行錯誤をしながら環境から学んでいくという考え方は教師あり学習にはありません。強化学習の著名な研究者であるサットンとバルトー（Sutton & Barto）は、その著書の中で、教師あり学習の研究者が有用なアルゴリズムを開発してきたことを認めつつも、学習や試行錯 ➡

誤という概念をよく理解せず混乱をもたらしてきたということを批判的に論じています 。

強化学習の目的は、状況の変化に応じた行動のサイクルを最適化することです。ぶつからずに走る機械を作る、囲碁や将棋で勝つプログラムを作る、通信ネットワークの制御を自動的に行うといった課題が相当します。

ただし課題が複雑になると、すべての状態と行動の組み合わせを明らかにすることができません。このため、仮の行動価値を予測する統計モデルを作り、実際に行動してみた結果とTD学習の考え方を使って、モデルの予測値が本来の行動価値に近づくよう徐々にパラメータを更新していきます。このときに使う統計モデルとして注目されているのがディープラーニングです。囲碁などで「ディープラーニングが人間に勝った」と言われるのはこのためです。

このような強化学習の発展は、さまざまな用途に機械学習が浸透していくための起爆剤となるのでしょうか。その可能性は十分にあると思いますが、一方でその限界も見据えておく必要があります。さまざまなテクニックを駆使した強化学習も、過去の経験に基づく統計的なパターンから帰納的に判断を行うという原理は、教師あり学習と変わるところはありません。

帰納的な推論の限界は、本文でも折に触れて説明してきました。現実に人間やそれに近い動物が行う「学習」は、演繹的な推論と帰納的な推論を柔軟に組み合わせた高度な知的作業であると考えられます。試行錯誤に基づいて学習を行う強化学習も、帰納的な推論の限界からは逃れられないでしょう。機械学習を利用する人は、安易に「機械がデータから学習をして適切な判断をしてくれる」と考えることなく、その限界を踏まえて有効な活用方法を探るべきでしょう。

5.1

機械学習の目的と手順

5.2 | 機械学習の実行

5.2.1 機械学習ライブラリの活用——scikit-learn

　ユーザーの立場で機械学習を活用する場合、一から自分でプログラミングをするといったことはせず、**scikit-learn** などの専用のツール（ライブラリ）を使うのが一般的です。scikit-learn は Python 用の機械学習ライブラリで、個人・商用問わず誰でも無料で利用することができます。scikit-learn を使うメリットとしては以下が挙げられます。

● 多数のアルゴリズムが用意されている

　機械学習には多種多様な手法とそのアルゴリズムがあります。しかし、自分が解決したい課題について、どのアルゴリズムが最適かといったことを事前に知ることは、一般にはできません。このため、複数のアルゴリズムを試しながらモデルのチューニングを重ねていく必要があります。この際、アルゴリズムを自分で記述すると手間と時間がかかるだけでなく、実装が良くないことによる処理速度の問題やバグの心配が生じます。

　scikit-learn には、よく使うアルゴリズムが一通り用意されているため、基本的にこれだけで多くの課題に対応できます。scikit-learn に一本化せず、複数のライブラリを組み合わせるのも手ですが、使い勝手の問題を考えると、可能な限り1つのライブラリで済ませるのが得策です。

● 使い勝手が良い

　scikit-learn には多数のアルゴリズムが用意されていますが、どれも使い方はほぼ同じです。最初にライブラリから任意のアルゴリズムのクラスを指定し、モデルのオブジェクトを生成します。なお、R で統計解析や機械学習のアルゴリズムを使う場合はモデルの作成とフィッティングを同時に行ないますが、scikit-learn ではまずモデルのオブジェクトを生成し、次にフィッティングを行うという2段階の手続きとなります。

　オブジェクトを生成したら、次にオブジェクトが備える `fit()` メソッドを呼び出して、モデルをデータに適合（フィッティング）させます。データ量が少なく、それほど複雑なモデ

ルでなければフィッティングは一瞬で終わりますが、データ量が多く複雑なモデルでは一定の時間がかかります。フィッティングが完了したら、オブジェクトが備えるpredict()メソッドを使って、予測を実行します。

これらの手順はアルゴリズムの種類によらず一貫性があるため、一度覚えてしまえば、使うアルゴリズムが変わっても戸惑うことがありません。チューニングを行う際のソースコードの記述も容易になります。

●ドキュメントが豊富

scikit-learnの公式ホームページ（https://scikit-learn.org/stable/）には、アルゴリズムの説明、使い方、サンプルソースコードなどが多数記載されています。これだけでも十分な情報量がありますが、現状ではscikit-learnが機械学習ツールの実質的な標準となっているため、インターネット上に有志によるサンプルソースコードやチュートリアルが多数流通しています。機械学習の初学者には特に、ドキュメントが豊富という点は魅力的でしょう。

5.2.2 機械学習アルゴリズムの例——ランダムフォレスト

ランダムフォレストは比較的高速で、ハイパーパラメータの意味も直感的にわかりやすく、SVMやディープラーニングに比べると、ブラックボックス化の度合いが低い機械学習アルゴリズムです。その扱いやすさに加え、比較的高い予測精度が得られることから広く使われています。

（1）ランダムフォレストの仕組み

ランダムフォレストは、複数の決定木を組み合わせて予測を行うアルゴリズムです。決定木の仕組みについては4.3.5項で述べたとおりです。決定木における学習は、教師ラベルを分類するという観点からデータを最もうまく分割できる説明変数を見つけ、その説明変数を使ってデータを分割する際の適切な境界値を定めることで行われます。いったん分割したあとは、分割後のデータに同様の処理を繰り返すことで階層的なモデルを構築していきます。

しかし階層を深くすると決定木は過学習を起こしやすく、かえって予測精度が落ちるという欠点があります。ランダムフォレストでは、**アンサンブル学習**（ensemble learning：**集団学習**）という手法を使ってこの問題に対処します（**図5.14**）。

アンサンブル学習とは、平易な表現をすれば、複数のモデルを使って多数決で予測結果

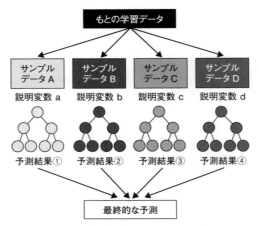

図5.14 アンサンブル学習（集団学習）

を出すことです。ランダムフォレストでは、複数の異なる決定木を作成し、これらの予測結果をもとに多数決を行います。個々の決定木を作る際には、学習に用いるサンプルを、元のデータの全ケースからランダムに抽出します。また、学習に用いる特徴量（説明変数）も、元のデータ項目からランダムに抽出します。このようにすることで、生成される決定木はそれぞれに異なるものとなります。

ランダムフォレストでは、これらの決定木の予測結果を多数決で統合することによって過学習を回避します。分類課題の場合は、各ケースについて、個々の決定木が予測した各クラスへの所属確率を平均し、確率が高いと判断されるクラス（分類）を予測結果とします。なお、予測されるクラスではなく各クラスへの所属確率を出力することも可能です。回帰課題の場合は、各ケースについて個々の決定木の予測値を平均した値が予測結果となります。

ランダムフォレストを使った分類をscikit-learnで行うには、sklearn.emsembleに含まれるRandomForestClassifierというクラス（➡2.3.3）を使ってモデルのオブジェクトを作成します。Classifierという名称は、分類課題に対応したアルゴリズムであることを表しています。

（2）ランダムフォレストの主要なハイパーパラメータ

ランダムフォレストで設定する主要なハイパーパラメータは、作成するツリーの数と、作成するツリーの階層の2つです。どのような値を設定したらよいかは、分析の課題とデータ

によって異なります。いちおうの目安は**表5.2**に記述しておきましたので、これを参考に試行錯誤をしてみてください。

表5.2 ランダムフォレストの主要なハイパーパラメータ

ハイパーパラメータ	scikit-learn上の引数名	設定する値の目安
ツリーの数	`n_estimators`	10 ～ 10,000
ツリーの階層	`max_depth`	1 ～ 100

　作成するツリーの数は、一般的には多いほうが良い結果が得られますが、ある点を超えるとさほど変化しなくなります。ツリーの数があまりに増えるとフィッティングや予測に時間がかかるため、これらの観点も踏まえて設定をする必要があります。scikit-learnでは、最初にモデルを作成する際に、この数を`n_estimators`という名称で設定します。

　ツリーの階層は、深ければ深いほど複雑な分類条件を学習することになります。scikit-learnではこの階層の最大値を`max_depth`という名称で設定します。階層が浅いと単純なルールとなり良い性能が得られません。一方、深くしすぎると過学習を起こしてしまい、やはり良い性能が得られません。このため、最適な点を探る必要があります。

　これ以外にも、決定木を作成する際の説明変数の数を定める`max_features`や、最下層のノードの数の最大値を定める`max_leaf_nodes`といったハイパーパラメータがあります。これらは特に設定をせず、デフォルトの値のままでもよいでしょう。

　なお、ランダムフォレストでは決定木を作成する際のサンプルと特徴量をランダムに抽出するため、実行するたびにモデルが生成されます。再実行の際にも同じ結果を得たい場合は、乱数シードを決める`random_state`をなんらかの数値に設定する必要があります。

（3）説明変数の重要度の算出

　scikit-learnに実装されたランダムフォレストのアルゴリズムでは、予測に用いた説明変数ごとの重要度を算出することが可能です。学習後のモデルに対して `feature_importances_` という属性を参照することで、この値が得られます。

　重要度とは、その説明変数を予測に用いた場合と用いなかった場合で、どの程度モデルの予測値が変わるかということを指標化した値です。この値は、モデルの作成に使ったすべての説明変数について算出され、その和は1.0となります。

　これを見ることで、予測値を大きく左右するのがどの説明変数かを知ることができ、アルゴリズムの判断基準をある程度推し測ることが可能です。この点はランダムフォレストを用いる大きなメリットです。

ただし、この重要度はあくまで予測を左右する度合いの指標です。これを因果関係を表すものとして解釈することは重大なミスリードを生む可能性があることに注意してください。

5.2.3 機械学習アルゴリズムの例
―― サポートベクターマシン（SVM）

サポートベクターマシン（Support Vector Machine：**SVM**）は高い予測精度が得られることが多いため、人気の高いアルゴリズムです。しかしながら、モデルが学習していることはブラックボックス化されてしまうこと、チューニングの難しさ、データ量が多くなるにつれ学習時間が飛躍的に長くなるなどのデメリットがあります。

（1）SVMの仕組み

教師ありの分類を行う機械学習アルゴリズムにはさまざまなものがあります。分類とは、5.1.3項で示したように、クラス間の境界線を決定する問題と考えることができます。SVMはこの境界線を決める際に、マージンとサポートベクトルという概念を使う点が特徴的です。

マージンとは、簡単に言えば、この境界線と各データとの距離のことです（**図5.15**）。この距離が大きければ、新しいデータに対して予測を行う場合に、堅牢性が高い（安定して期待どおりに動作する）モデルと言えます。マージンを求めるときに、すべてのデータと境界線のマージンを最大化する必要はありません。境界線付近のクラスの判別が難しそうなデータとのマージンが重要であり、境界線から遠く離れたデータのマージンについては考慮しなくても問題ありません。このため、SVMは境界線付近のデータを**サポートベクトル**と呼び、これらのデータにおけるマージンを最大化します。

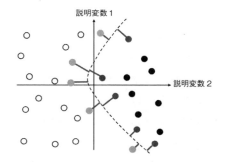

図5.15 サポートベクトルとマージン

また、境界線が直線ではない（すなわち、非線形分離が必要な）場合に対応するため、**カーネル関数**（kernel function）と呼ばれる関数を使い、元のデータを高次元空間に移し変えて分離します。このテクニックは**カーネルトリック**と呼ばれますが、説明は数学的に難解なものとなるため省略します[4]。

scikit-learnでSVMを使った分類を行うには、sklearn.svmに含まれるSVCというクラスを使ってモデルのオブジェクトを作成します。SVCのCはclassifier（分類器）を表しています。

また、サポートベクターマシンの原理を回帰課題に適用する手法として、サポートベクター回帰（SVR）があります。scikit-learnではSVRというクラスを用います。SVRのRはregressor（回帰器）を表しています。

（2）ハイパーパラメータなどの設定

SVMを使う際は、使用するカーネル関数の種類を指定する必要があります。この種類についてはガウシアン（設定上の名称はrbf）、多項式（poly）、線形（linear）といった選択肢があります[5]。ただし、SVMを使う目的としては、複数の次元を持つ特徴量（説明変数）と教師ラベル（目的変数）の複雑な関係に対して、柔軟なフィッティングを行って高い予測精度を得たいという場合がほとんどでしょう。このような目的に適しているのがガウシアンカーネルで、多くの場合はこれを使えばよいでしょう。なお、SVMはチューニングに時間がかかることが多いため、ガウシアンカーネルで良い結果が得られない場合にはほかのカーネルを試してみるとよいでしょう。

主要なハイパーパラメータはC（誤分類コスト）とgamma（境界線の複雑さ）です。ランダムフォレストの場合と同様、どのような値を設定したらよいかは、分析の課題とデータによって異なります。いちおうの目安は**表5.3**に記述しておきました。

表5.3　SVMの主要なハイパーパラメータ

ハイパーパラメータ	scikit-learn上の引数名	設定する値の目安
カーネルの種類	kernel	'rbf'、'linear'、'poly'
誤分類コスト（C）	C	0.01 ～ 10,000
境界線の複雑さ（gamma）	gamma	'auto'、0.001 ～ 100

---

[4]　比較的平易な説明は参考文献 [30] に記載されていますので参照してください。

[5]　ガウシアンカーネルについてrbfという名称がよく使われますが、これは放射基底関数（radial basis function）の略称です。特に複雑な形状を近似する際にこのRBFと呼ばれる関数が使われます。一般にはRBFとして使われる関数はガウシアン関数だけではありませんが、ここでは同じ意味と思って差し支えないでしょう。

C（誤分類コスト）はオーバーフィッティングを避けるためのペナルティ度合いを調整するハイパーパラメータです。Cが小さいと誤った分類をある程度許容することになり、大きければ許容しないことになります。このため、値が小さすぎるとモデルが単純すぎて性能が得られず（アンダーフィッティング）、大きすぎると過学習（オーバーフィッティング）が生じます。

　gamma（境界線の複雑さ）は境界線の形状をどの程度細かく緻密にするかというハイパーパラメータです。小さければ境界線が直線に近くなり、大きければ複雑な形状になります。形状があまりに複雑になるとオーバーフィッティングが生じるため、正解率などが満足できる範囲でできるだけ小さいgammaを選び、滑らかな境界線にするようにしてください。

5.2.4　機械学習の実行例

　ここまで説明してきた機械学習に必要な知識を実際に使い、具体的な手順を説明します。題材は近年話題になっている自動運転をイメージした自動ブレーキ技術を機械学習で取り組む例を考えます（図5.16）。

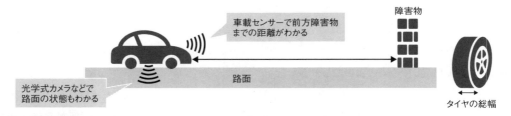

図5.16　自動ブレーキ技術を機械学習で取り組む例

> ※ 注意
>
> ここで使うデータは筆者が生成したものです。また、取り組みやすいように簡略化しているため、そのまま実世界には適用できないという点に留意してください。

①目的

　前方障害物と車速から衝突を防ぐために自動的にブレーキを掛けるべきかを判別するモデルを構築します。ここでは車両ごと、路面状態ごとに異なるモデルを作って使い分けることはせず、さまざまな車両、路面状態に対応できる一般性の高いモデルの構築を目指します。

②データの概略

　等速で走行中の車両がブレーキを踏み始めてから完全に停止するまでの距離を計測したデータです。データ内には車重、タイヤの幅が異なる車両が複数含まれています。また、ブレーキを踏む直前の車速や路面の状態も記録されています。

　ここで使うサンプルデータは 📄car_braking.csv です。Python のサンプルスクリプトは 📄5.2.04.machine_learning.py です（**リスト5.1**）。また、スクリプトで使用している主な変数は**表5.4**のとおりです。

表5.4　machine_learning.py で使う主な変数

変数	意味
car_weight	車重
car_velocity	ブレーキを踏む直前の車速（初速度）
tire_width	タイヤの総幅
road_type	路面の状態（舗装路のドライ路面は tarmac_dry、ウェット路面は tarmac_wet、積雪路は snow_road）
measured_breaking_distance	ブレーキを踏み始めてから完全停止するまでの距離の計測値

　なお、サンプルスクリプトの 📄5.2.04.machine_learning.py は、Jupyter Notebook で実行できる形式のファイルではありません。Jupyter Notebook で実行する場合は 📄5.2.04.machine_learning.ipynb を使うようにしてください。

　ファイル 📄5.2.04.machine_learning.ipynb では、掲載したスクリプトと同様のファイルを複数のセルに分割して記述しています。マウスなどでセルを選択してから Ctrl ＋ Enter キーを押せば、選択したセルを実行できます。上のセルから順番に実行して、結果を確かめてください。また、一度実行したあとに結果をクリアしたい場合は、JupyterNotebook の［Kernel］メニューから［Restart & Clear Output］を選択して、該当ページのリスタートをしてください。

　実際のソースコードの記述例を順に追いながら、重要な点を説明します。

（1）初期処理（ライブラリ読み込みなど）　❶

　まず、データ格納や整形に必要なライブラリである numpy と pandas を import 文で読み込みます。可視化も必要となるため matplotlib も読み込みます。

　機械学習に関係するライブラリは scikit-learn（sklearn）から読み込みます。まずは、

先ほど説明したランダムフォレストとSVMを読み込みます。scikit-learnは評価時に便利な関数として、正解率を算定するaccuracy_score()と、混同行列を作るconfusion_matrix()があるので、これらも読み込みます。また、学習済みのモデルの保存・読み込み用にpickleというライブラリを読み込みます。

　最後に、乱数のシード値（seed）を指定しておきます。機械学習では乱数を多用することになるため、シード値を固定しないと毎回違ったモデルができあがってしまいます。再現性のある処理とすることは非常に重要なため、シード値を固定するように習慣づけてください。

（2）データの取り込み、データ分割　❷

　次に、前項でも使ったデータ（📄car_braking.csv）を取り込む必要がありますが、この際numpyとpandasの使い分けに注意する必要があります。基本的にnumpyは数値配列を扱うのを得意とするため、文字列や日付など数値以外のデータが扱えません。今回のデータの場合、路面状態は文字列データで提供されているため、pandasで取り込む必要があります。

　次にデータ分割を行います。データ分割は、学習時に誤って検証・評価用データを使ってしまわないように、データ読み込み後、なるべく早い段階で実施することをお勧めします。ここでは学習データに6割、検証データに2割、残りをテストデータとしています。ランダムにサンプリングをする際はnumpyが提供しているpermutation()関数を使ってシャッフルされたインデックスのリストを使うと便利です。scikit-learnの機能としてこのような処理を行うtrain_test_split()関数も用意されているため、恣意性のあるデータ分割を行わない場合はこちらを使うのも手です。

（3）教師ラベルの加工　❸

　ここでは分類器を作りたいのですが、用意されているデータにはブレーキ要否の教師ラベルがありません。このため、分析者は車両が停止するまでの距離と前方障害物までの距離の大小関係から教師ラベルを作る必要があります。前方物体までの距離を多数用意したほうが精度の高いモデルが見込めますが、計算時間・リソースの関係で、1サンプルにつき前方障害物までの距離を5個用意して教師ラベルを作ることにします（増やしすぎるとSVMのフィッティングにかかる時間が飛躍的に長くなります）。

リスト5.1 5.2.04.machine_learning.py

```python
# -*- coding: utf-8 -*-
#---------------------------------------
#   各種ライブラリの読み込み ❶
#---------------------------------------
import numpy as np
import pandas as pd
import matplotlib.pyplot as plt

from sklearn.ensemble import RandomForestClassifier
from sklearn.svm import SVC
from sklearn.metrics import accuracy_score,confusion_matrix

import pickle
np.random.seed(123)  # 乱数を使う場合、再現性を保つためSEEDを指定


#---------------------------------------
#   データの取り込み、データ分割 ❷
#---------------------------------------
df = pd.read_csv("car_braking.csv")

train_num = int( len(df) * 0.6 )  # 6割を学習データ
val_num = int( len(df) * 0.2 )    # 2割を検証データ

perm_idx = np.random.permutation( len(df) ) # ランダムなインデックス
# perm_idxの先頭から6割までを学習用インデックスにする
train_idx = perm_idx[ : train_num ]
# perm_idxの先頭6割から8割までを検証用のインデックスにする
val_idx = perm_idx[ train_num : (train_num + val_num) ]
# perm_idxの先頭8割以降をテスト用のインデックスにする
test_idx = perm_idx[ (train_num + val_num) : ]

train_df = df.iloc[ train_idx, : ] # 学習用インデックス値で行抽出
val_df = df.iloc[ val_idx, : ]     # 検証用インデックス値で行抽出
test_df = df.iloc[ test_idx, : ]   # テスト用インデックスで行抽出


#---------------------------------------
#   教師ラベルの加工 ❸
#---------------------------------------
# ここでは分類問題として考える。
# 車重、車速、タイヤ幅、路面、物体までの距離を与えたときに、
# ブレーキを踏む必要があるかを判定するロジックを作る。
# 教師ラベルはブレーキを踏む場合1、踏まない場合は0とする。
# 0と1の教師ラベルを停止距離(measured_braking_distance)と
# 乱数生成で作った物体までの距離で作る
# 1サンプルにつき、物体までの距離が異なるサンプルを5個作る
# 停止距離<=物体までの距離のときブレーキを踏むとする。

# 教師ラベルを作成する関数を作成
def create_label( samples, input_df ):
    # samplesは、1計測結果につき作るサンプル数。この例では5。
    # input_dfは、入力するデータフレーム

    # 空のデータフレームのコンテナを作成。ここにデータを足していく。
    container_df = pd.DataFrame( {'car_weight'     : [], # 車重
                                  'car_velocity'   : [], # 車速
                                  'tire_width'     : [], # タイヤ幅
```

（4）カテゴリ変数のダミー変数化　❹

　　路面状態はカテゴリ変数であるため、これをダミー変数化します。ダミー変数化する際は、まずカテゴリ変数のユニーク値（カテゴリの各水準の名称）を求めます。水準数が少ないため、この例では水準数より1個少ないダミー変数を作ることになります。水準数が多かった場合には、重要そうでないユニーク値を「その他」に集約するなど工夫が必要になります。ソースコードではnumpyを使っていますが、scikit-learnにはOrdinalEncoder()やOneHotEncoder()という関数が用意されているのでこちらを利用してもいいでしょう。対象がデータフレームであれば、pandasのデータフレームが備えるget_dummies()関数を使って変換することも可能です。

（5）標準化　❺

　　機械学習では、多くのアルゴリズムでインプットを標準化しておく必要があります。ランダムフォレストでは標準化は不要ですが、SVMでは標準化が必要です。ただし、ランダムフォレストに標準化されたインプットを与えても問題ありません。このあとでチューニングをする際、アルゴリズム別にインプットファイルを使い分けるのは手間なので、アルゴリズム問わず標準化をしておくのがよいでしょう。

　　標準化するには、説明変数から説明変数毎の平均を引き、説明変数ごとの標準偏差で割ります。この際に注意が必要な点が2つあります。

　　1つ目は、標準化する際に必要となる平均や標準偏差は必ず学習データのみから作る必要があるということです。np.mean(学習データ, axis=0)、np.std(学習データ, axis=0)として平均、標準偏差を求めます。よく全データの平均と標準偏差を用いている例を見かけますが、汎用性を正しく評価するためにもこのような標準化は避けるべきです。

　　2つ目は、標準化するのに使った平均と標準偏差はモデルの一部であり、必ず保存しておく必要があります。保存し忘れると、データの加工方法がわからなくなるため、学習したモデルを使うことができなくなります。

（6）チューニングと検証データを用いた評価　❻

　　ランダムフォレストとSVMのそれぞれをチューニングします。この際、ハイパーパラメータは指数的に変えていくのがコツです。ハイパーパラメータの値がとる範囲は非常に広いため、等間隔にハイパーパラメータをとるよりは指数的にしたほうが全体像をつかみやすいでしょう。

　　各ハイパーパラメータで、fit()メソッドを用いてフィッティングを行い、predict()

```
                                          'road_type'           : [], # 路面
                                          'distance_to_object' : [], # 物体までの距離
                                          'hit_brake'           : []} ) # ブレーキ要否
        for i in range(samples):
            temp_df = input_df[ ['car_weight', 'car_velocity', \
                                 'tire_width', 'road_type'] ] #列指定
            # 停止距離の50%～150%でサンプルを作る。
            # numpyのuniform関数で一様分布の乱数を生成して、停止距離に掛ける。
            random_distance = input_df['measured_braking_distance'] \
                              * np.random.uniform( 0.5, 1.5, len(input_df) )
            # 停止距離がランダムな距離以下のとき1、そうでない場合は0とする。
            # これを教師ラベルとする。
            # リストにif-else処理をして、別のリストを作る方法
            # [TRUE時の処理 if 条件 else FALSE時の処理 for文]
            labels = [ 1. if \
                            (input_df['measured_braking_distance']).iloc[j] \
                            <= random_distance.iloc[j] \
                            else \
                            0. \
                            for j in range( len(input_df) ) ]
            # ランダムな距離をデータフレームに格納
            temp_df['distance_to_object'] = random_distance
            # ラベルをデータフレームに格納
            temp_df['hit_brake'] = labels
            # データをコンテナのデータフレームに追加
            container_df = pd.concat([container_df, temp_df])
        return container_df

# 学習、検証、テストデータの各サンプルについて5個教師ラベルを作る
train_df2 = create_label(5, train_df)
val_df2 = create_label(5, val_df)
test_df2 = create_label(5, test_df)

train_y = np.array(train_df2['hit_brake'])
val_y = np.array(val_df2['hit_brake'])
test_y = np.array(test_df2['hit_brake'])

#--------------------------------------
#   カテゴリ変数をダミー変数に変換 ❹
#--------------------------------------
# カテゴリ変数であるroad_type変数のユニーク値を調べる
unique_road_type = np.unique(df['road_type'])
print ("-unique road type-----------------")
print(unique_road_type)

# ダミー変数の数はダミー変数は（ユニーク値の数)-1になる。
# ユニーク値が多い場合は、「その他」にまとめるなどの工夫が必要だが、
# 今回は少ないためそのような対応は不要
dummy_cat_num = len(unique_road_type)-1 #ダミー変数の数
# 空のダミー変数を作成。この後のダミー変数化の処理で値を入れていく。
# np.zeros()はからの行列を作る。引数に行列の大きさを与える。
# 行数は学習、検証、テストデータの行数、列は（ユニーク値の数)-1
train_dummy_vars = np.zeros( (len(train_df2), dummy_cat_num) )
val_dummy_vars = np.zeros( (len(val_df2), dummy_cat_num) )
test_dummy_vars = np.zeros( (len(test_df2), dummy_cat_num) )

# ダミー変数化
```

5.2

機械学習の実行

メソッドを用いて予測を行います。予測結果の正解率をaccuracy_score()関数で評価します。この一連の処理をパラメータ変更しながら実施し、暫定ベストのモデルやそのパラメータを記録します。ここでは暫定ベストを判断する際は検証データの正解率を用いていますが、これ以外の指標を用いても問題ありません。

（7）モデルの選択　❼

モデルは、検証データでの評価結果を確認して選びます。ランダムフォレストは84.65％の正解率、SVMは85.25％の正解率であるため、SVMのモデルを使えばよいと結論づけた

表5.5　閾値ごとの再現率、適合率

閾値(%)	ランダムフォレスト		SVM	
	recall(%)	precision(%)	recall(%)	precision(%)
0	100.00	49.65	100.00	49.65
1	100.00	50.13	100.00	61.87
2	100.00	50.13	100.00	64.90
3	99.80	51.70	100.00	66.73
4	99.80	51.70	99.90	67.76
5	99.80	54.12	99.90	68.18
6	99.80	54.12	99.70	69.18
7	99.80	55.93	99.60	70.09
8	99.80	55.93	99.50	70.42
9	99.30	57.80	99.40	70.96
10	99.30	57.80	99.19	71.64
11	99.09	59.93	99.09	72.25
12	99.09	59.93	98.69	72.75
13	98.69	61.56	98.19	72.98
14	98.69	61.56	97.99	73.38
15	98.29	62.93	97.78	74.24
16	98.29	62.93	97.18	74.46
17	98.19	64.70	97.18	74.63
18	98.19	64.70	96.88	74.98
19	97.78	65.83	96.88	75.27
20	97.78	65.83	96.17	75.61
21	97.28	67.27	95.77	75.78
22	97.28	67.27	95.07	75.95
23	97.08	68.71	95.07	76.25
24	97.08	68.71	94.76	76.63
25	96.37	69.70	94.66	77.24

```python
for i in range(dummy_cat_num): # ダミー変数の数だけループ
    this_road_type = unique_road_type[i] # ダミー変数化する路面を選択
    # 学習、検証、テストデータ上の路面が、今ダミー変数化したい路面だった場合に1、
    # そうでない場合に0にする。
    train_dummy_vars[:, i] = [ 1. if road_type == this_road_type else 0.\
                    for road_type in train_df2['road_type'] ]
    val_dummy_vars[:, i] = [ 1. if road_type == this_road_type else 0. \
                for road_type in val_df2['road_type']]
    test_dummy_vars[:, i] = [ 1. if road_type == this_road_type else 0. \
                    for road_type in test_df2['road_type'] ]

#---------------------------------------
#   標準化 ❺
#---------------------------------------
train_x = np.array(train_df2[ ['car_weight', 'car_velocity', 'tire_width',\
                    'distance_to_object'] ]) # 連続値取得
mean_x = np.mean(train_x, axis = 0)
std_x = np.std(train_x, axis = 0)
np.save('mean_x.npy', mean_x) # 平均値の保存
np.save('std_x.npy', std_x)   # 標準偏差の保存

train_x -= mean_x #平均0
train_x /= std_x   #標準偏差1
train_x = np.hstack([train_x, train_dummy_vars]) # 連続値とダミー変数のマージ

val_x = np.array(val_df2[ ['car_weight', 'car_velocity', 'tire_width',\
                        'distance_to_object'] ]) # 連続値取得
val_x -= mean_x # 平均0
val_x /= std_x   # 標準偏差1
val_x = np.hstack([val_x, val_dummy_vars]) # 連続値とダミー変数のマージ

test_x = np.array(test_df2[ ['car_weight', 'car_velocity', 'tire_width',\
                        'distance_to_object'] ]) # 連続値取得
test_x -= mean_x # 平均0
test_x /= std_x   # 標準偏差1
test_x = np.hstack([test_x, test_dummy_vars]) # 連続値とダミー変数のマージ

#---------------------------------------
#   チューニングと検証データを用いた評価 ❻
#---------------------------------------
print ("-Tuning-----------------")
best_val_acc_rf = 0.
best_val_acc_svm = 0.

# rbf SVC
print("SVC rbf") # SVMのチューニング
for c in [ 10000., 1000., 100., 10., 1., 0.1, 0.01]: # ハイパーパラメータ
    for g in ['auto', 0.001, 0.01, 0.1, 1., 10., 100. ]: # ハイパーパラメータ
        # ハイパーパラメータの組み合わせごとにモデルを用意
        clf = SVC(kernel = 'rbf', C = c, gamma = g, probability = True, ➋
random_state = 0)
        clf.fit(train_x, train_y) # フィッティング
        pred_train_y = clf.predict(train_x)             # 学習データで予測
        train_acc = accuracy_score(train_y, pred_train_y) # 学習データの正解率
        pred_val_y = clf.predict(val_x)             # 検証データで予測
        val_acc = accuracy_score(val_y, pred_val_y) # 検証データの正解率
        print( "c:%s\tgamma:%s\ttrain_acc:%.3f\tval_acc:%.3f" \
```

5.2

機械学習の実行

くなりますが、これは尚早です。ここで注意したいのは、85.25％の正解率は14.75％の不正解率であるということです。自動ブレーキといった人の生死に関わる領域で14.75％の不正解は許容できないと考えるべきでしょう。

このような場合は、モデルにクラスを予測させず、クラスごとの確率を予測させて対応します。確率を計算させるには`predict()`メソッドではなく、`predict_proba()`メソッドを使います。2クラスを分類する場合、確率が50％以上のクラスが予測されるクラスになりますが、この値（閾値と呼ばれる）を50％から下げることで再現率（recall）が改善できないかを確認します。この例での再現率とは、ブレーキを踏む必要があった場面で、どれだけ自動ブレーキが機能したかを測る指標です。再現率と適合率（precision）はトレードオフ関係にあるため、再現率を改善しようとすると適合率は下がるのが一般的です。つまり、ブレーキを踏まなくてよい場面で、ブレーキが作動することを許容することになります。安全性の観点から考えるとこのような対処が適切と思われます。

閾値を1％刻みで変更したときの正解率、再現率、適合率の変化は図5.17のようになります。図は横軸に閾値を取り、縦軸に正解率、再現率、適合率の値をとっています。閾値を下げると再現率が向上するが、適合率が低下するのが確認できます。ランダムフォレストとSVMを比較すると、このトレードオフの傾向に違いがあることも確認できます。このため、異なるモデルを比較する際は閾値を固定するのではなく、正解率、再現率、適合率といった評価指標から適切な閾値を探すようにしましょう。

ランダムフォレストとSVMの再現率がそれぞれ99％のときの適合率を比較すると前者が59.93％、後者が72.25％となります（表5.5）。正解率ではランダムフォレストとSVMに大きな差は見られませんでしたが、再現率（recall）を99％に固定した際の適合率

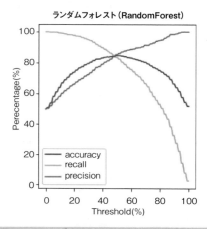
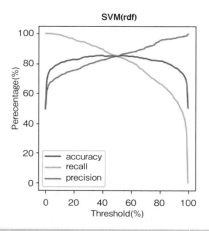

図5.17 ランダムフォレストとSVMの比較

```python
                        %(c, g, train_acc, val_acc) )
                if best_val_acc_svm < val_acc: # 暫定ベストのモデルか確認
                    best_val_param_svm = [c, g] # パラメータ格納
                    best_clf_svm       = clf # モデルコピー
                    best_val_acc_svm   = val_acc # ベストな正解率を更新

print("RF") # ランダムフォレストのチューニング
for n in [1, 2, 5, 10, 20, 50, 100, 500, 1000]: # ハイパーパラメータ
    for d in [1, 2, 5, 10, 20 ,50]: # ハイパーパラメータ
        # ハイパーパラメータの組み合わせごとにモデルを用意
        clf = RandomForestClassifier(n_estimators = n,max_depth = d,random_state = 0)
        clf.fit(train_x, train_y) # フィッティング
        pred_train_y = clf.predict(train_x) # 学習データで予測
        train_acc = accuracy_score(train_y, pred_train_y) # 学習データの正解
        pred_val_y = clf.predict(val_x) # 検証データで予測
        val_acc = accuracy_score(val_y, pred_val_y) # 検証データの正解
        print("n_est:%s\tmax_depth:%s\ttrain_acc:%.3f\tval_acc:%.3f" \
                %(n, d, train_acc, val_acc))
        if best_val_acc_rf < val_acc: # 暫定ベストのモデルか確認
            best_val_param_rf = [n, d] # パラメータ格納
            best_clf_rf       = clf # モデルコピー
            best_val_acc_rf   = val_acc # ベストな正解率を更新


#-------------------------------------
#   モデルの選択 ❼
#-------------------------------------
if best_val_acc_rf < best_val_acc_svm: # SVMがランダムフォレストより良い場合
    best_algo      = 'SVM'
    best_val_param = best_val_param_svm # ベストなSVMハイパーパラメータ取得
    best_clf       = best_clf_svm       # ベストなSVMモデル取得
    best_val_acc   = best_val_acc_svm   # ベストなSVM正解率取得
else:
    best_algo      = 'RF'
    best_val_param = best_val_param_rf # ベストなランダムフォレストハイパーパラメータ取得
    best_clf       = best_clf_rf       # ベストなランダムフォレストモデル取得
    best_val_acc   = best_val_acc_rf   # ベストなランダムフォレスト正解率取得


print ("-Best Model-----------------")
print(best_algo) # 最適パラメータの確認
print("val_acc.:%.4f" % best_val_acc)
print(best_val_param) # 最適パラメータの確認


print ("-Best RF-----------------")
print("val_acc.:%.4f" % best_val_acc_rf)
print(best_val_param_rf) # 最適パラメータの確認
print ("-Best SVM-----------------")
print("val_acc.:%.4f" % best_val_acc_svm)
print(best_val_param_svm) # 最適パラメータの確認


# ランダムフォレストモデルにおける重要度を確認。
# ランダムフォレストの場合、このようにどの説明変数が予測結果に寄与するかわかる。
features = ['car_weight', 'car_velocity', 'tire_width', 'distance_to_object',\
            'snow_road', 'tarmac_dry']
plt.barh(range(len(features)), best_clf_rf.feature_importances_,\
        align='center', alpha = 0.5)
plt.yticks( range( len(features) ), features )
plt.xlabel('Importance')
```

（precision）はSVMが大幅に優れていることがわかります。このことからモデルとしてはSVMのほうが優れていると言えますが、SVMはモデルが何を学習したかわからないデメリットがあります。このため、精度の高いモデルをとるか、解釈できるモデルをとるかが最終的な判断基準になります。

ランダムフォレストの場合、モデル内に feature_importances_ という属性が付与されており、ここで重要度（Importance）が確認できます（**図5.18**）。重要度とはそれぞれの説明変数がどれだけ予測結果に影響を与えるかを示す指標で、数値が大きいほど強い影響があることになります。重要度を確認すると人間の感覚・知識と異なる説明変数が使われていないかを確認できます。人間の感覚・知識と異なる説明変数が主要な説明変数となっていた場合、その説明変数を使ってよいかを検討しましょう。

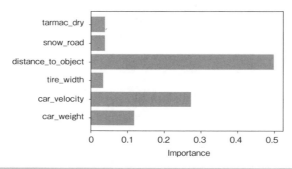

図5.18 重要度（Importance）の比較

（8）テストデータを用いた評価 ❽

ここでは、最終的に利用するモデルを再現率（recall）99%のときに適合率（precision）が高かったSVMにします。SVMを使ってテストデータを予測し、検証データで再現率を99%確保するのに必要だった閾値11%（前掲**表5.5**を参照）でブレーキ要否の判定を行います。このとき、テストデータでの再現率は98.51%、適合率は75.98%となり、検証データの結果から大きくずれていないことを確認できます。こちらの値は print(temp_cm) の値から求まります。

（9）ドメイン知識の活用

ここまでデータのみを使ったモデル構築方法を考えてきましたが、ドメイン知識（データ・業務領域の専門知識）を有する場合は精度をさらに改善できます。今回の場合、力学の方程式を解くと車両が静止するまでの距離は車両速度の2乗に比例し、路面の摩擦係数

```
plt.show()

# 再現率と適合率のトレードオフ確認用の関数を作成
def change_threshold(val_y, pred_proba_val_y):
    # val_yは、検証データの教師ラベル
    # pred_proba_val_yは、検証データの予測確率
    val_acc_list = []
    val_prec_list = []
    val_rec_list = []
    for thres_p in range(101): # 0%から100%まで1%刻みで閾値変更
        # 予測確率pが閾値以上ならば1、そうでないならば0
        pred_val_y = [1. if p >= thres_p / 100. else 0. for p in pred_proba_val_y]
        temp_cm = confusion_matrix(val_y, pred_val_y) # 混合行列作成
        val_acc = (temp_cm[0][0] + temp_cm[1][1]) / np.sum(temp_cm) * 100.
        val_acc_list.append(val_acc) # 正解率をリストに追加
        val_prec = (temp_cm[1][1] + 1.e-18) / (temp_cm[0][1] + temp_cm[1][1] + ➡
1.e-18) * 100.
        val_prec_list.append(val_prec) # 適合率をリストに追加
        val_rec = (temp_cm[1][1]) / np.sum(temp_cm[1]) * 100.
        val_rec_list.append(val_rec) # 再現率をリストに追加
    return val_acc_list, val_prec_list, val_rec_list


pred_proba_val_y = best_clf_rf.predict_proba(val_x)[:, 1] # 確率を予測
val_acc_rf, val_prec_rf, val_rec_rf = change_threshold(val_y, pred_proba_val_y)

pred_proba_val_y = best_clf_svm.predict_proba(val_x)[:, 1] # 確率を予測
val_acc_svm, val_prec_svm, val_rec_svm = change_threshold(val_y, pred_proba_val_y)

plt.figure(figsize = (8, 4)) # 図の大きさ指定
plt.subplot(1, 2, 1) # 1行2列の図を作成。以降、まずは1つ目の図を指定
plt.title("RandomForest") # タイトル追加
plt.plot(val_acc_rf, label = 'accuracy')    # ランダムフォレストの正解率
plt.plot(val_rec_rf, label = 'recall')      # ランダムフォレストの再現率
plt.plot(val_prec_rf, label = 'precision') # ランダムフォレストの適合率
plt.xlabel('Threshold(%)')  # x軸名
plt.ylabel('Percentage(%)')  # y軸名
plt.legend() # 凡例追加
plt.subplot(1, 2, 2) # 2つ目の図を指定
plt.title("SVM(rbf)") # タイトル追加
plt.plot(val_acc_svm, label = 'accuracy')    # SVMの正解率
plt.plot(val_rec_svm, label = 'recall')      # SVMの再現率
plt.plot(val_prec_svm, label = 'precision') # SVMの適合率
plt.xlabel('Threshold(%)')  # x軸名
plt.ylabel('Percentage(%)') # y軸名
plt.legend() # 凡例追加
plt.show() # 図の描画


#--------------------------------------
#    テストデータを用いた評価 ❽
#--------------------------------------
print ("-Testing------------------")
pred_proba_test_y = best_clf_svm.predict_proba(test_x)[:,1] # ベストなSVMで確率を予測
# 閾値12%の時に際銀率99%を期待できることをval_rec_svm変数で確認。
# 閾値12%以上でラベルを1、12%未満で0と予測
pred_val_y = [1. if p >= 12. / 100. else 0. for p in pred_proba_test_y]
# 閾値12%の際の混合行列を計算、出力
temp_cm = confusion_matrix(test_y, pred_val_y)
```

に反比例することがわかります。関係のない車重やタイヤの幅といった情報を除外してモデルを再度チューニングすると、検証データにおいて正解率85.25%だったところが正解率88.15%まで改善できます。

　この例からもわかるように、ドメイン知識を用いて変数をある程度絞ってから機械学習に投入することが精度改善のコツです。よく、思いつく限りの説明変数を用意して機械学習をしている事例を見かけますが、多くの場合、有限のデータと計算リソースしかない確保できないため得策ではありません。裏を返すと、膨大なデータと高速な計算機が確保できるのであればこの手法は有効です。

　機械学習で思っていたほどよい結果が得られない場合、より良いアルゴリズムやハイパーパラメータがあるのではないかと考え、これらの改善に時間を使ってしまいがちです。この作業自体は非常に重要だとは思いますが、壁にぶつかったときにはドメイン知識を得る努力をしたほうが早いことも多いです。とはいうものの、ドメイン知識に縛られすぎると驚きがあり効果的な説明変数を発見する機会がなくなってしまうため、このバランスをとることがデータ分析者には求められます。

（10）まとめ

　ここまでの結果を見て、思っていたより精度が出ないと感じられた方もいらっしゃるかもしれません。本書の例では用いたデータを生成する際、路面状態ごとに摩擦係数を一定範囲内でランダムに設定して、静止するまでの距離を計算しています。このため、路面の状態を示す説明変数を見ているだけでは、計算に実際使われた摩擦係数がわからないため、どのようなアルゴリズムを用いたとしても100%の精度は達成できません。100%の精度を実現したいのであれば、なんらかの方法で摩擦係数のデータを取得する方法を考えねばなりません。

　機械学習を用いることで、このようなデータ収集上の課題が見えてくることが多々あります。期待する精度が得られないときもネガティブにならず、どういった情報を追加すればよかったかの仮説を考えることは重要です。データ分析の世界では、「Garbage in, Garbage out（ガラクタを入れても、ガラクタしか出てこない）」とよく言います。どんなに優れたアルゴリズムがあったとしても、データが予測に役立つ情報を含んでいなければ良い結果は期待できません。このため予測に役立つ情報が何かを検討・把握して、データを収集することが極めて重要です。最初からうまくいくことは稀なため、このような仮説検証サイクルが目的達成には必要です。

```
print(temp_cm)

# モデルを保存する
filename = 'ml_svm_model.sav'
pickle.dump( best_clf_svm, open(filename, 'wb') )
filename = 'ml_rf_model.sav'
pickle.dump( best_clf_rf, open(filename, 'wb') )
```

5.3 ディープラーニング

5.3.1 ニューラルネットワーク

　この節では、昨今注目されているディープラーニング（深層学習）の活用方法について見ていきます。詳しい説明に入る前に、ディープラーニングの核とも言えるニューラルネットワークについて見ておきましょう。

（1）基本原理

　ニューラルネットワークは、文字どおりニューロン（脳神経細胞）の構造をイメージして作られました。最も基本的な構成は**パーセプトロン**と呼ばれています。**図5.19**のような形状をしており、入力値に重みを掛け、その総和が一定値を超えたときに出力します。パーセプトロンは脚光を浴びましたが、線形分離可能な問題でしか解けないという欠点があり、普及しませんでした。線形分離可能とは、直線の境界線で分類できるということです。

　図5.19の図と式を見たときに、勘の良い人は「これは、線形回帰モデルではないか」と思うかもしれません。実際にはそのとおりで、これは切片のない線形回帰モデルに相当します。その予測値が一定以上なら1、そうでなければ0と判断しているだけです。予測という観点で、単純な問題にしか適用できないことは明らかです。取り組むべき問題の多くはよ

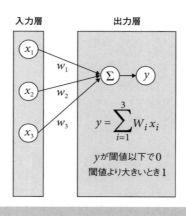

図5.19　パーセプトロン

り複雑で、非線形分離が必要となります。したがって、パーセプトロンが有効なケースは限られています。

　パーセプトロンの問題を克服するために作り出されたのが、現在主流となっている**図5.20**のような**多層ニューラルネットワーク**です。多層ニューラルネットワークは、入力層と出力層の間に隠れ層を入れています。隠れ層は、前の層のアウトプットであり、次の層のインプットになる変数の集まりで、この変数の数を「ユニット数」と言います。計算方法は基本的にパーセプトロンと同じですが、活性化関数を入れているのがポイントです。**活性化関数**とは、入力値に対して非線形な計算を行う関数です。初期の多層ニューラルネットワークではシグモイド関数が使われています。ネットワークを多層化し、このような活性化関数を使うことで、非線形分離が必要な問題に対応できるようになりました。

　なお、図5.20で隠れ層がなく階層が1つだけであったとすれば、このモデルはロジスティック回帰（➡ 4.3.4）と等価です。ロジスティック回帰で確率計算を行った結果を、多段階に積み重ねたものが図5.20のモデルであると考えればよいでしょう。

（2）普遍性定理

　ニューラルネットワークの歴史は古く、パーセプトロンという考え方は1950年代には登場していました。しかしながら、第3次AIブームに至るまでのおよそ50年間、期待と失望の繰り返しで実用化に至りませんでした。50年間もの間、多くの研究者がニューラルネットワークの可能性を信じて取り組んできたのは「**普遍性定理**」があるためです。

　普遍性定理とは、有限個のユニットを持つ1層の隠れ層しか持たないニューラルネット

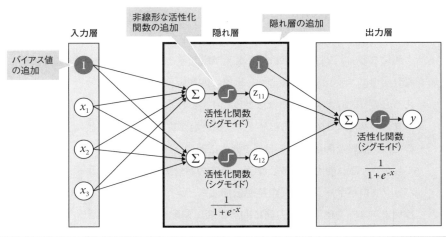

図5.20　ニューラルネットワーク

ワークはいくつかの条件のもとで任意の連続関数を任意の精度で近似できるというものです。もう少し平易な言葉で言うと、「どのような数式でもデータさえあれば学習できる」ということです。

　世の中のすべての事象は理屈のうえでは数式化できるため、ニューラルネットワークの実用化によりこれまで解決できなかったさまざまな問題が解決されると信じられていました。このような期待のもとに研究が続けられ、ニューラルネットワークのさまざまな欠点が飛躍的に改善して実用化にまで至りました。近年ではニューラルネットワークという言葉よりもディープラーニング（深層学習）という言葉がよく使われるようになり、第3次AIブームの牽引役となっています。

5.3.2　ディープラーニングを支える技術

　ニューラルネットワークの抱える問題を改善・発展させたものが**ディープラーニング（深層学習）**です（ディープラーニングはニューラルネットワークの一種と捉えてください）。ディープラーニングはこれまでの機械学習の性能を大きく上回るだけでなく、人間以上の結果を残したものも登場してきています。たとえば、2015年には画像認識で、2016年には囲碁で、ディープラーニングを活用したプログラムが人間よりも良い結果を残しています。この躍進を支える技術の一部をご紹介します。

（1）ディープなネットワーク構造の実現

　普遍性定理の説明で1つの隠れ層ですべての関数を近似できると説明しましたが、ディープラーニングでは隠れ層（中間層）を増やしています。隠れ層を1層だけ使って複雑な関数近似を行う場合、ユニット数を増やす必要があります。隠れ層のユニット数は次の層の入力値になります。このようにして次元が増えると過学習が起きやすくなります。したがって、隠れ層のユニット数を抑えつつ、複雑な関数近似が可能なニューラルネットワーク構造を考える必要があります。その方法として考えられるのが、複数の隠れ層を重ねて深い（ディープな）ネットワークを作ることです。隠れ層が複数あれば、関数に関数を適用することになるため、複雑な関数近似を実現できることになります。

　しかし、隠れ層を増やすと学習させるのが急激に難しくなります。ディープラーニングは**バックプロパゲーション（誤差逆伝播法）**というアルゴリズムを用いてパラメータの推定を行います。出力側から入力側に向けて順に勾配を計算し、教師ラベルと予測結果の差が小さくなるように（ニューラルネットのパラメータ）を更新する処理です。「勾配」とは重みを

変えた際の誤差の変化率で、数学での偏微分にあたります。このとき層があまりに多いと、出力層に近い隠れ層の重みは更新されますが、入力層に近い隠れ層の重みが更新されなくなるという問題が発生します。これがいわゆる「勾配消失」と呼ばれる問題です（**図5.21**）。逆に入力層に近い隠れ層の重みが急激に変化し、誤差が改善しないという勾配爆発（勾配爆発問題）が起こることもあります。このように層の深いネットワークは学習がうまく進まなかったり、学習が不安定になりやすいという問題を抱えています。

研究の結果、これらの現象を解消する技術が3つほど考案されています。

まず、各層の重みの初期値を適切に設定することで問題が緩和されることが知られています。具体的には、教師なし学習である**自己符号化器（オートエンコーダー）**を用いた初期化やXavierの初期値などがあります。自己符号化器とは、入力された情報を圧縮後に復元するニューラルネットワークで、**表5.1**に挙げた次元削減アルゴリズムのひとつです。これを使って次元を圧縮する際に使った重みをネットワークの重みの初期値にすると、完全にランダムな重みの初期値よりも良い結果が得られることがわかっています。このようなテクニックは**事前学習**と呼ばれます。

一方、Xavierの初期値は、自己符号化器のように事前学習を必要とする方法ではなく、単純に各層のユニット数から初期値を決めます。Xavierの初期値は乱数ですが、

$$\pm\sqrt{(6/(入力ユニット数＋出力ユニット数))}$$

の範囲に収まるように計算されます。このようにするとすべての層における勾配がほぼ等し

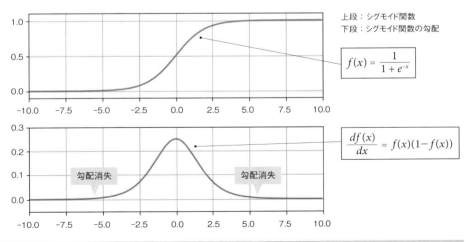

図5.21 勾配消失問題

くなり、入力層の近くの隠れ層まで重みが更新されやすくなります。

　2つ目の技術は活性化関数 **ReLU**（Rectified Linear Unit：正規化線形ユニット）の活用です。従来使われてきたシグモイド関数は値が大きいまたは小さいときに、勾配がなくなるという特性があることがわかっています。一方、ReLUでは、入力が負の値のときは勾配が消失しますが、正の値のときは常に1になる特性があるため、勾配の問題が緩和されました（**図5.22**）。負の値で勾配が消失する問題を解消するために、ReLUの亜種である **Leaky ReLU** なども開発されています（**図5.23**）。

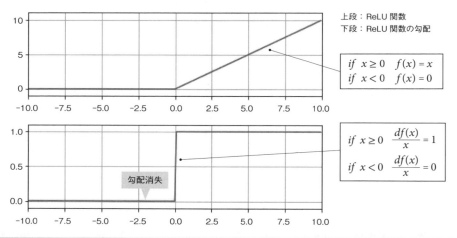

図5.22 勾配消失問題（ReLU関数の場合）

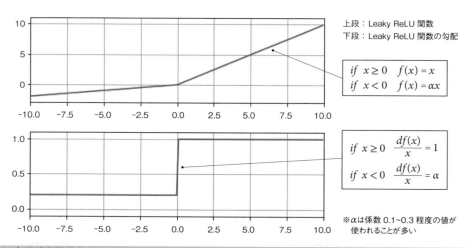

図5.23 勾配消失問題（Leaky ReLU関数の場合）

3つ目の技術は**バッチ正規化**です。バッチ正規化は層と層の間にはさむ追加の層であり、出力の平均を0、分散を1に標準化します。これはインプットで行う標準化処理と同様の処理を各層で動的に行う処理であり、学習の安定化に寄与します。

（2）大規模データへの対応・高速演算の実現

ディープラーニングには過学習を起こしやすいという短所があります。過学習を簡単に解決する方法は、データの量を増やすことです。この点で、ディープラーニングは他の機械学習アルゴリズムよりも、多くのデータを必要とします。多様かつ大量のデータを準備することができれば、過学習は起こりづらくなります。現在、企業内のデータベースやインターネット上には大量のデータが蓄積されているため、過学習の問題は減ってきています。

大量のデータを学習させるときに、ディープラーニングではすべてのデータを同時に使わず、複数回に分けてフィッティングを行う「ミニバッチ学習」と呼ばれる手法が使われます。また、コンピュータの通常のCPUに代わってGPU（グラフィック処理ユニット）を使うことで、何倍も計算能力が向上し大量データを学習しやすくなりました。

（3）特徴量抽出機能の実現

5.1.4項で紹介したように、一般の機械学習では特徴抽出の手続きが欠かせません。特にインプットが多次元になりがちな、画像データやテキストデータはこの傾向が強いと言えます。これに対してディープラーニングでは、アルゴリズムに特徴抽出をある程度任せることができます。

画像を扱う場合は**畳み込み層**（convolution layer）と呼ばれる構造を用意することで、画像の特徴量抽出を自動化します。「畳み込み」は、画像処理の要素技術として古くから使われている処理です。フィルターまたはカーネルと呼ばれる格子状のベクトルとウィンドウ（フィルターと同サイズの切り抜かれた画像）について要素ごとの積の和を算出し、1つの数値を作り出します（**図5.24**）。ウィンドウをずらしながらこの計算を繰り返すと、画像内に見られるエッジや模様などの特徴量が抽出できます。ディープラーニングでは、画像の分類に役立つフィルターを自動的に学習できる点がこれまでとは異なっています。

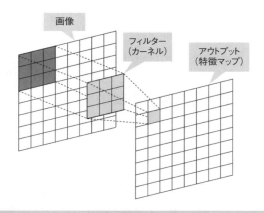

図5.24　畳み込み層の仕組み

　テキストを扱う場合は、**LSTMユニット**（Long Short-Term Memory units：**長短期記憶ユニット**）などの再帰型のネットワークを使うことで、連続的なデータの特徴を抽出します。たとえば、次の言葉を予測するモデルを作りたい場合、その直前の言葉だけでなく、最低でも数個前までの単語を知る必要があります。このため再帰型ネットワークは、その内部に記憶力（memory）を持ったネットワークとなっています。再帰型ネットワークは単語を入力すると、その出力が次の出力を計算する際に使われます（**図5.25**）。こうすることで単語そのものを直接に記憶しなくても、次の言葉を予測する際にそれ以前の言葉すべてが考慮されます。結果として、文脈を考慮した予測ができるのが、これまでの機械学習と異なる点です。

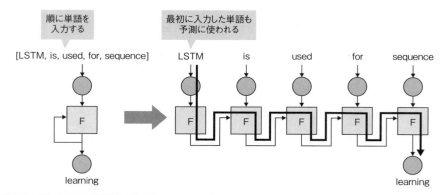

図5.25　再帰型ネットワークの仕組み

5.3.3 ディープラーニング・フレームワーク

ディープラーニングの普及に伴い、多様なフレームワークが用意されています。現状では完璧なフレームワークは存在しないため、目的に即したフレームワークの選択が必要になります。ここでは主要なフレームワークのメリット・デメリットを紹介します。

（1）TensorFlow

TensorFlow（テンソルフロー）はGoogleによって作られ、現状最も普及しているフレームワークです。このため、公式・非公式を問わずドキュメントやサンプルソースコードが多数公開されています。また、TensorFlow Servingと呼ばれる学習済みモデルを本番システムで運用するための仕組みが用意されているのも心強いポイントです。

ただし、TensorFlowは比較的抽象度が低いフレームワークであるため[6]、ソースコードの記述量が多く、記述内容も複雑になりがちというデメリットがあります。裏を返すと自由度が高いと言え、初心者には扱いづらく、玄人向けのフレームワークとも言えます。

- **TensorFlow**
  https://www.tensorflow.org/?hl=ja

（2）Keras

Keras（ケラス）はオープンソースソフトウェアで、TensorFlowなどのフレームワークに対応したラッパーライブラリです。ラッパーライブラリとは、元の機能を包むように覆い隠し、機能追加、簡略化するライブラリです。KerasはTensorFlowより抽象度が高い「高水準」のフレームワークであり、記述が容易でわかりやすいのが特徴です。このため、初心者や、簡単に多くの活用方法を試したい人に重宝されています。TensorFlowに次ぐ人気のフレームワークなので、公開されているドキュメントも豊富です。ただし、扱いやすさを優先しているため、自由度が低くなってしまうのがデメリットです。

- **Keras**
  https://keras.io/

---

[6]　抽象度が低いということは、人間よりも機械に近いレベルで細かい記述を行う必要があるということを意味します。このことを情報工学では「低水準」または「低級」といった言い方で表しますが、初学者には誤解を招く表現であるため本文では避けました。

（3）PyTorch、Chainer

　　PyTorch（パイトーチ）はFacebookが提供しているフレームワークであり、TensorFlowとよく比較されます。TensorFlowはDefine-and-Runという方式を採用しており、あらかじめ計算グラフ（ネットワークの構造を表現したもの）を記述したうえでデータを流し込んで順伝播（予測値を計算するのと同じ順方向の計算）を行い、そのあとでバックプロパゲーション（逆伝播）によるパラメータ推定を行うという2ステップに分けられた動作をします。

　　一方、PyTorchはDefine-by-Runという方式を採用しています。計算グラフ（ネットワーク構造）の事前記述が不要であり、データを流し込んで順伝播の計算を行うと同時に逆伝播による計算も行います。データ長が定まっていない自然言語処理などに威力を発揮します。

　　PyTorchと同様にDefine-by-Run方式を採用しているフレームワークにChainerがあります。日本で開発された和製フレームワークということもあり、日本人ユーザーが多い傾向があります。PyTorchはこのChainerを参考として開発されたとも言われ両者はよく似ていますが、現在では英語圏での利用を含めPyTorchのほうがよく使われているようです。

- **PyTorch**
  https://pytorch.org/
- **Chainer**
  https://chainer.org/

（4）MXNet、Microsoft Cognitive Toolkit

　　上記以外で注目したいフレームワークがMXNetとMicrosoft Cognitive Toolkit（旧名称はCNTK）です。前者はApache、後者はMicrosoftが提供しているフレームワークであり、スケーラビリティに優れるという特性があります。それぞれクラウドサービスの活用を見据えた作りになっているため、クラウド環境としてAWS（Amazon Web Services）を使う場合はMXNet、Microsoft Azureを使う場合はMicrosoft Cognitive Toolkitを選択肢に入れるとよいと言われています。

- **MXNet**
  https://mxnet.apache.org/
- **Microsoft Cognitive Toolkit**
  https://www.microsoft.com/en-us/cognitive-toolkit/

5.3.4 ディープラーニングの実行

ディープラーニングも機械学習の一種なので、実行手順は大きく変わりません。ここでは、初心者にも使いやすいKerasを使って機械学習で扱った例を解きながら、ディープラーニング固有の手順や留意点を説明します。サンプルスクリプトは🗎5.3.04.deep_learning.pyです（リスト5.2）。

Jupyter Notebookで実行する場合は、Jupyter Notebook用のスクリプトファイル🗎5.3.04.deep_learning.ipynbを使うようにしてください。掲載したスクリプトと同様のファイルを複数のセルに分割して記述しています。上のセルから順番に実行して結果を確かめてください。また、一度実行したあとに結果をクリアしたい場合は、Jupyter Notebookの[Kernel]メニューから[Restart & Clear Output]を選択して、該当ページのリスタートをしてください。

リスト5.2 5.3.04.deep_learning.py

```python
# -*- coding: utf-8 -*-
#-------------------------------------
#  各種ライブラリの読み込み①
#-------------------------------------
import numpy as np
import tensorflow as tf
import random as rn

import os
os.environ['PYTHONHASHSEED'] = '0'
np.random.seed(123) # 乱数を使う場合、再現性を保つためSEEDを指定
rn.seed(123)

session_conf = tf.ConfigProto(intra_op_parallelism_threads = 1, \
                              inter_op_parallelism_threads = 1)
from keras import backend as K
tf.set_random_seed(123)
sess = tf.Session(graph = tf.get_default_graph(), config = session_conf)
K.set_session(sess)

import pandas as pd
import matplotlib.pyplot as plt

from keras.models import Sequential      # ネットワーク構造定義に利用
from keras.layers import Dense, Dropout # ネットワークの部品
from keras.optimizers import Adam        # 最適化アルゴリズム
# fit中に利用
from keras.callbacks import LearningRateScheduler,EarlyStopping, ModelCheckpoint
from keras.models import load_model           # モデルの読み込み用
from sklearn.metrics import confusion_matrix # 混同行列作成用

#-------------------------------------
```

```
#   データの取り込み、データ分割②
#------------------------------------
df = pd.read_csv("car_braking.csv")

train_num = int( len(df) * 0.6 ) # 6割を学習データ
val_num = int( len(df) * 0.2 )   # 2割を検証データ

perm_idx = np.random.permutation( len(df) ) # ランダムなインデックス
# perm_idxの先頭から6割までを学習用インデックスにする
train_idx = perm_idx[ : train_num ]
# perm_idxの先頭6割から8割までを検証用のインデックスにする
val_idx = perm_idx[ train_num : (train_num + val_num) ]
# perm_idxの先頭8割以降をテスト用のインデックスにする
test_idx = perm_idx[ (train_num + val_num) : ]

train_df = df.iloc[ train_idx, : ] # 学習用インデックス値で行抽出
val_df = df.iloc[ val_idx, : ]     # 検証用インデックス値で行抽出
test_df = df.iloc[ test_idx, : ]    # テスト用インデックスで行抽出


#------------------------------------
#   教師ラベルの加工③
#------------------------------------
# ここでは分類問題として考える。
# 車重、車速、タイヤ幅、路面、物体までの距離を与えたときに、
# ブレーキを踏む必要があるかを判定するロジックを作る。
# 教師ラベルはブレーキを踏む場合1、踏まない場合は0とする。
# 0と1の教師ラベルを停止距離(measured_braking_distance)と
# 乱数生成で作った物体までの距離で作る
# 1サンプルにつき、物体までの距離が異なるサンプルを5個作る
# 停止距離<=物体までの距離のときブレーキを踏むとする。

# 教師ラベルを作成する関数を作成
def create_label( samples, input_df ):
    # samplesは、1計測結果につき作るサンプル数。この例では5。
    # input_dfは、入力するデータフレーム

    # 空のデータフレームのコンテナを作成。ここにデータを足していく。
    container_df = pd.DataFrame( {'car_weight'        : [], # 車重
                                 'car_velocity'      : [], # 車速
                                 'tire_width'        : [], # タイヤ幅
                                 'road_type'         : [], # 路面
                                 'distance_to_object' : [], # 物体までの距離
                                 'hit_brake'         : []} ) # ブレーキ要否
    for i in range(samples):
        temp_df = input_df[ ['car_weight', 'car_velocity', \
                            'tire_width', 'road_type'] ] #列指定
        # 停止距離の50%~150%でサンプルを作る。
        # numpyのuniform関数で一様分布の乱数を生成して、停止距離に掛ける。
        random_distance = input_df['measured_braking_distance'] \
                            * np.random.uniform( 0.5, 1.5, len(input_df) )
        # 停止距離がランダムな距離以下のとき1、そうでない場合は0とする。
        # これを教師ラベルとする。
        # リストにif-else処理をして、別のリストを作る方法
        # [TRUE時の処理 if 条件 else FALSE時の処理 for文]
        labels = [ 1. if \
                    (input_df['measured_braking_distance']).iloc[j] \
                    <= random_distance.iloc[j] \
```

```python
                        else \
                            0. \
                        for j in range( len(input_df) ) ]
            # ランダムな距離をデータフレームに格納
            temp_df['distance_to_object'] = random_distance
            # ラベルをデータフレームに格納
            temp_df['hit_brake'] = labels
            # データをコンテナのデータフレームに追加
            container_df = pd.concat([container_df, temp_df])
        return container_df

# 学習、検証、テストデータの各サンプルについて5個教師ラベルを作る
train_df2 = create_label(5, train_df)
val_df2 = create_label(5, val_df)
test_df2 = create_label(5, test_df)

train_y = np.array(train_df2['hit_brake'])
val_y = np.array(val_df2['hit_brake'])
test_y = np.array(test_df2['hit_brake'])

#---------------------------------------
#   カテゴリ変数をダミー変数に変換④
#---------------------------------------
# カテゴリ変数であるroad_type変数のユニーク値を調べる
unique_road_type = np.unique(df['road_type'])
print ("-unique road type-----------------")
print(unique_road_type)

# ダミー変数の数はダミー変数は（ユニーク値の数）-1になる。
# ユニーク値が多い場合は、「その他」にまとめるなどの工夫が必要だが、
# 今回は少ないためそのような対応は不要
dummy_cat_num = len(unique_road_type)-1 #ダミー変数の数
# 空のダミー変数を作成。この後のダミー変数化の処理で値を入れていく。
# np.zeros()はからの行列を作る。引数に行列の大きさを与える。
# 行数は学習、検証、テストデータの行数、列は（ユニーク値の数）-1
train_dummy_vars = np.zeros( (len(train_df2), dummy_cat_num) )
val_dummy_vars = np.zeros( (len(val_df2), dummy_cat_num) )
test_dummy_vars = np.zeros( (len(test_df2), dummy_cat_num) )

# ダミー変数化
for i in range(dummy_cat_num): # ダミー変数の数だけループ
    this_road_type = unique_road_type[i] # ダミー変数化する路面を選択
    # 学習、検証、テストデータ上の路面が、今ダミー変数化したい路面だった場合に1、
    # そうでない場合に0にする。
    train_dummy_vars[:, i] = [ 1. if road_type == this_road_type else 0.\
                    for road_type in train_df2['road_type'] ]
    val_dummy_vars[:, i] = [ 1. if road_type == this_road_type else 0. \
                    for road_type in val_df2['road_type']]
    test_dummy_vars[:, i] = [ 1. if road_type == this_road_type else 0. \
                    for road_type in test_df2['road_type'] ]

#---------------------------------------
#   標準化⑤
#---------------------------------------
train_x = np.array(train_df2[ ['car_weight', 'car_velocity', 'tire_width',\
                                'distance_to_object'] ]) # 連続値取得
mean_x = np.mean(train_x, axis = 0)
```

```python
std_x = np.std(train_x, axis = 0)
np.save('mean_x.npy', mean_x) # 平均値の保存
np.save('std_x.npy', std_x)   # 標準偏差の保存

train_x -= mean_x #平均0
train_x /= std_x  #標準偏差1
train_x = np.hstack([train_x, train_dummy_vars]) # 連続値とダミー変数のマージ

val_x = np.array(val_df2[ ['car_weight', 'car_velocity', 'tire_width',\
                           'distance_to_object'] ]) # 連続値取得
val_x -= mean_x # 平均0
val_x /= std_x  # 標準偏差1
val_x = np.hstack([val_x, val_dummy_vars]) # 連続値とダミー変数のマージ

test_x = np.array(test_df2[ ['car_weight', 'car_velocity', 'tire_width',\
                             'distance_to_object'] ]) # 連続値取得
test_x -= mean_x # 平均0
test_x /= std_x  # 標準偏差1
test_x = np.hstack([test_x, test_dummy_vars]) # 連続値とダミー変数のマージ

#----------------------------------------
#   ネットワーク構造の定義、モデルのコンパイル⑥
#----------------------------------------
def model_create_compile(p): # pは各層のユニット数が記録されたリスト
    model = Sequential() # 以降、モデルにaddで層を追加

    # p[0]から1層目のユニット数を取得、活性化関数はrelu
    # 最初の隠れ層はinput_shapeの指定が必要
    model.add( Dense( p[0], activation='relu' ,input_shape=(6,) )  )
    #過学習を抑えて、精度を向上させるために追加
    model.add( Dropout(0.5) )

    # p[1]から2層目のユニット数を取得。p[1]が0より大きい場合、2層目作成処理。
    # 2層目からはinput_shapeの指定が不要
    if p[1] > 0:
        model.add( Dense(p[1], activation='relu') )
        model.add( Dropout(0.5) )
        # p[2]から3層目のユニット数を取得。p[2]が0より大きい場合、3層目作成処理。
        if p[2] > 0:
            model.add( Dense(p[2], activation='relu') )
            model.add( Dropout(0.5) )
    # 出力層の作成
    # ブレーキを踏む確率を出力させたいため、ユニット数1で活性化関数はシグモイド
    # これで0~1の値を出力するモデルが作れる
    model.add(Dense(1, activation='sigmoid'))

    # モデルは、コンパイルしないと使えないため注意
    # 損失関数をbinary_crossentropyを指定
    # metricで正解率を確認するためにaccを指定
    # 最適化アルゴリズムはAdamを使用
    model.compile( loss='binary_crossentropy', metrics=['acc'], optimizer=Adam() )

    return model


#----------------------------------------
#   学習の設定と実行⑦
#----------------------------------------
```

```python
# 学習率のスケジューラーに必要な関数を定義する
def step_decay(epoch):
    init_lr = 1.e-2        # 初期の学習率
    if epoch >= 20:
        init_lr = 1.e-3 # 20エポック後の学習率
    if epoch >= 40:
        init_lr = 1.e-4 # 40エポック後の学習率
    if epoch >= 60:
        init_lr = 1.e-5 # 60エポック後の学習率
    return init_lr

def fit_and_checkpoint(model):
    # 最適化する際に用いる学習率を定期的に下げていくのが一般的。
    # ここでstep_decayをスケジューラーとして指定。
    lr_decay = LearningRateScheduler(step_decay)

    # ディープラーニングでは学習をやめるタイミングが重要。EarlyStopという。
    # ここでは30epoch待ってもval_lossが改善しない場合、処理を中断する。
    early_stop = EarlyStopping(monitor='val_loss', patience=30, verbose=0, ➡
mode='auto')

    # ディープラーニングでは学習を進めるほど良いとは限らないため、
    # このネットワーク構造での暫定ベストモデルを記録する。
    model_cp = ModelCheckpoint(filepath = 'dl_model.h5' , monitor='val_loss', \
                               verbose=0, save_best_only=True, mode='auto')
    # fit()でフィッティング。historyには、epoch毎の結果が格納されるが、ここでは使わない。
    history = model.fit(train_x, train_y,
                        batch_size=512, # バッチサイズ。モデルを1度更新する際に利用するサンプル数。
                        epochs=300,     # 多めに300エポック実施
                        verbose=0,      # 最適化の経過を表示しない
                        validation_data=(val_x, val_y), # 検証データを指定
                        callbacks=[lr_decay,early_stop, model_cp], # 1エポック終わるごと ➡
に実施する処理
                        shuffle=True) # 学習を安定化させるためにデータ順序をエポックごとに変更
    return model
#----------------------------------------
#   ネットワーク構造のチューニング⑧
#----------------------------------------
# ネットワークの定義用ハイパーパラメータ
layer1_val=[8,16,32,64,128,256] # 1層目のユニット数の探索範囲
layer2_val=[0,8,16,32,64,128,256] # 2層目のユニット数の探索範囲
layer3_val=[0,8,16,32,64,128,256] # 3層目のユニット数の探索範囲

# ハイパーパラメータの組み合わせを40種類作成
param_key=set() # 重複したハイパーパラメータがないようにsetを利用
param_list=[]    # ハイパーパラメータ自体はこの配列に記録
while True:
    l1v=np.random.choice(layer1_val) # 1層目のユニット数をランダムに選ぶ
    l2v=np.random.choice(layer2_val) # 2層目のユニット数をランダムに選ぶ
    if l2v>0: # 2層目がある時のみ3層目のユニット数をランダムに選ぶ
        l3v=np.random.choice(layer3_val)
    else:
        l3v=0
    key_val="%s_%s_%s"%(l1v,l2v,l3v) # ハイパーパラメータの組み合わせ
    if not (key_val in param_key): # 重複がないか確認
        param_key.add(key_val)
        param_list.append([l1v,l2v,l3v])
```

5.3

ディープラーニング

```python
        if len(param_list) == 40:  # 40種類作成後中断
            break

#チューニング処理
best_val_loss=99999.
m=0  #  経過確認用。最適化したモデル数。
for p in param_list: # あらかじめ作ったハイパーパラメータのランダムな組み合わせを順に実行（ランダムサーチ）
    print("model %s--------"%m)
    model = model_create_compile(p)   # ネットワーク構造の定義、モデルのコンパイル⑥
    model = fit_and_checkpoint(model) # 学習の設定と実行⑦
    model.load_weights('dl_model.h5') # 現在のネットワーク構造で検証データのLossが最小だった ➡
モデルを読み込む
    val_loss=model.evaluate( val_x, val_y,batch_size=512, verbose=0) # loss値確認
    if best_val_loss>val_loss[0]: # 現在のネットワーク構造が暫定ベストの場合、暫定ベストとして保存
        print( "TEMP_BEST:%s\tval_loss:%.4f\tval_acc:%.4f"%(p, val_loss[0], ➡
val_loss[1]) )
        best_val_loss=val_loss[0]
        model.save('temp_bestdl_model.h5')
    else:
        print( "%s\tval_loss:%.4f\tval_acc:%.4f"%(p,val_loss[0], val_loss[1]) )
    m+=1

#---------------------------------------
#評価⑨
#---------------------------------------
model = load_model('temp_bestdl_model.h5') #暫定ベストモデルを読み込む
model.summary()
scores = model.evaluate(val_x, val_y, verbose=0,batch_size=512)
print("validation_acc:%.4f"%scores[1])

#再現率（recall）と適合率（precision）のトレードオフ確認
val_acc_list=[]
val_prec_list=[]
val_rec_list=[]
predicted_proba_validation_y = model.predict(val_x, batch_size=512)
for thres_p in range(101):
    # thres_pの閾値で予測した際のラベルを作成。
    pred_val_y = [1. if p >= thres_p/100. else 0. \
                  for p in predicted_proba_validation_y]
    temp_cm = confusion_matrix(val_y, pred_val_y)

    val_acc = (temp_cm[0][0] + temp_cm[1][1])/np.sum(temp_cm) * 100.
    val_acc_list.append(val_acc) # 正解率をリストに追加
    val_perc = (temp_cm[1][1]) / (temp_cm[0][1] + temp_cm[1][1] + 1.e-18) * 100.
    val_prec_list.append(val_perc) # 適合率をリストに追加
    val_rec = (temp_cm[1][1]) / np.sum(temp_cm[1]) * 100.
    val_rec_list.append(val_rec) # 再現率をリストに追加
plt.plot(val_acc_list, label='accuracy')
plt.plot(val_rec_list, label='recall')
plt.plot(val_prec_list, label='precision')
plt.xlabel('Threshold(%)')
plt.ylabel('Percentage(%)')
plt.legend()
plt.show()

#再現率 （Recall）が99%となる閾値算出
for th in range(101):
```

```
    if val_rec_list[th] < 99.:
        break
th = np.max( [th-1., 0.] )

pred_proba_test_y = model.predict(test_x, batch_size=512)
# 閾値50%としたときの予測ラベル
pred_test_y = [1. if p >= 50./100. else 0. for p in pred_proba_test_y]
temp_cm = confusion_matrix(test_y, pred_test_y)
print(temp_cm)
# 再現率99%となるような閾値を使ったときの予測ラベル
pred_test_y = [1. if p >= th/100. else 0. for p in pred_proba_test_y]
temp_cm = confusion_matrix(test_y, pred_test_y)
print(temp_cm)
```

（1）初期処理（ライブラリ読み込みなど）

　機械学習で読み込んだライブラリ群に加えて、ディープラーニングに必要なライブラリを読み込む必要があります。冒頭で説明したようにKerasを読み込みますが、それ以外にもTensorFlowを読み込む点に注意してください。Kerasはラッパーライブラリであり、実際の計算処理をしているのはTensorFlowなどのフレームワークになります。機械学習ではNumPyの乱数シードを指定しているだけでしたが、TensorFlowは別途乱数シードの指定が必要になります。しかし、乱数シードを指定したにもかかわらず、再現性が得られない場合もあるためモデルを保存し忘れないように注意が必要です。

> **☀ 注意**
>
> ここで紹介している例でも再現性は得られませんでした。読者の皆さんが実際に試した際にも同じ結果が得られない点はご了承ください。

（2）ネットワーク構造の定義

　Kerasの裏ではTensorFlowが動いているので、TensorFlowで必要な手順はKerasを使う場合でも必要になります。TensorFlowはDefine-and-Run方式を採用しているため、事前に計算グラフ（ネットワーク構造）を定義する必要があります。

　ネットワーク構造を定義する際は、まずSequentialオブジェクトを生成します。作成したSequentialオブジェクトからadd()メソッドを呼び出し、層を追加していきます。層は最も基本的な全結合層（dense）を追加します。全結合層は**図5.20**の隠れ層のように、隠れ層のユニットすべてを次の層のユニットにつなげます。1つ目の引数にユニット数を指定し、活性化関数はReLUとするためにactivation='relu'を追加します。Sequentialモ

デルを作る際、最初の隠れ層は入力データの項目数を指定する必要があるため、input_shapeで値を指定しています。

全結合層のあとにdropout層を追加しています。dropout層は1つ前の層からの重みを一定割合で無効にして学習します。一般的には半分を無効化して学習することが多く、これによりネットワークの表現力を低下させて過学習を抑えています。また、dropoutはランダムフォレストのアンサンブル学習と同様の効果があり、性能改善に寄与すると言われています。

この全結合層とdropoutの組み合わせを追加したい隠れ層の分だけ、Sequentialモデルに加えます。隠れ層の定義が終わったあとは、出力層を定義します。ここでは分類器を作りたいため、出力を確率値（0～1の値）にします。そのためにユニット数1の全結合層で、活性化関数をシグモイド関数にします。シグモイド関数を指定するために、activation='sigmoid'としています。

（3）モデルのコンパイル

ネットワーク構造の定義が終わったあとにモデルをコンパイルします。モデルのコンパイルをする際には、主に3つの引数を指定します。

まず、最も重要なのが**損失関数**（Loss関数）の指定です。損失関数とは、実際の値と予測値の差の測り方を定めた関数です。分類する場合、教師ラベルと予測確率のずれをエントロピーで計算するのが一般的です。エントロピーは不確定性の尺度で、わかりやすい日本語にするとどれだけ驚き（予想と実際のギャップ）があったかを示す指標です。本モデルの場合、出力する確率が1つだけなので、'binary crossentropy'（2値交差エントロピー）を指定しています。なお、複数クラスから1つのクラスを選ぶ多項分類を行いたい場合には、出力層のユニットをクラス数、活性化関数を'softmax'（ソフトマックス）と指定し、コンパイル時の損失関数（loss）を'categorical crossentropy'と設定します。

次にmetrics（多クラス交差エントロピー）を指定します。metricsは任意項目で、モデルの評価指標を指定します。分類の場合、正解率を確認すると思いますのでaccとしています。損失関数の値を見ても多くの方はそれがどの程度の性能かがわかりません。そこでmetricsを表示して、人がモデルの性能を理解しやすいようにしています。

最後に最適化アルゴリズムを指定します。最適化アルゴリズムにはさまざまな種類があり、チューニング要素となります。しかし、多くの場合Adamで良い結果が得られるため、まずはAdamで試し、ほかのハイパーパラメータを決めたうえで、余力があれば別のアルゴリズムも試すとよいでしょう。最適化アルゴリズムをAdamにするにはcompile関数に

'optimizer=Adam()' を追加します。

（4）学習の設定と実行

　機械学習では、作成したモデルの fit() メソッドを呼び出していました。この点についてはディープラーニングでも同じですが、バッチサイズ、エポック数、学習率のスケジューリング、途中モデルの保存、評価データの指定などさまざまな設定を追加しなければなりません。

　まず、重要なハイパーパラメータであるバッチサイズを指定します。ディープラーニングは大量のデータを必要とするため、一部のデータのみを使ってモデルを更新するミニバッチ学習が使われます。バッチサイズとは、この更新を行う際に用いるサンプル数です。一般的には大きいバッチサイズにして、より多くの情報をもとにモデルを更新するのが良いとされています。しかし、大きいバッチサイズを用いると GPU メモリ不足でエラーを起こす恐れがあります。さらに、学習初期段階はバッチサイズをある程度小さくして更新回数を多くしたほうがモデルの収束が早いことが多いため、32 ～ 512 などの値をよく使います。

　次に、エポック数を指定します。1エポックとは、すべての学習データを1回は使った状態です。ディープラーニングはミニバッチを用いてモデルの更新を繰り返しますが、何回更新をかければ学習が収束するかが事前にはわかりません。このためユーザー側でおおよその値を指定することになりますが、ディープラーニングでは学習を途中で打ち切ることになるため、大きめの値を指定しておくのが良いです。validation_data で検証データセットを指定し、このデータを用いて打ち切りタイミングの判断やモデルの性能評価を行います。

　さらに、1エポックごとに実行する callbacks に指定します。ここでは学習率のスケジューリング、Early Stop、モデルの保存設定を記述します。

　学習率とは、文字どおりモデルを更新する際に重みをどの程度変更するかを決める値です。学習率は高いほうが早く収束するため可能ならば高い値に設定したいのですが、高すぎると発散して学習がうまく進みません。逆に小さすぎると収束するまでに時間がかかってしまいます。そこで一般的には学習率のスケジューリングが用いられ、大きい学習率から徐々に小さい学習率へと変えていきます。

　Early Stop とは学習を続けて一定エポック数が経過しても検証データでの結果が改善しないときに、処理を中断することです。通常検証データにあてはめた際の損失関数の値を確認しながら、中断の要否を判断します（**図5.26**）。学習は更新すればするほど良くなるとは限らないため、エポックが終わるたびに検証データで評価して暫定ベストのモデルを記録していきます。

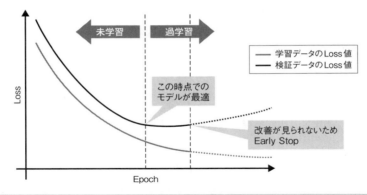

図5.26 Early Stopの考え方

ネットワーク構造のチューニングと同様、ここでも分析担当者の経験と勘が必要となります。学習の設定に悩まれるようであれば類似したネットワーク構造を採用した論文を探し、その値をまず試すとよいでしょう。

（5）ネットワーク構造のチューニング

ネットワーク構造は通常の機械学習のハイパーパラメータの一種であるため、最適な構造を探る必要があります。ここでは隠れ層の数を1から3層、各層のユニットを8から256の値で十分と仮定して、パラメータを探索します。ユニット数は指数的に増やすために8から順に2倍した値にしています。実際にはより多様なネットワーク構造やパラメータを変化させますが、ここではわかりやすさのために検討の範囲を狭めています。検討の範囲を狭めているとは言え、網羅的にグリッドサーチをしようとすると258回学習を行う必要があり、時間がかかります。

そこでよく用いられるのが、ランダムサーチです。機械学習でグリッドサーチを実行している際に気づかれた方もいるかと思いますが、結果が悪かったパラメータに隣接するパラメータはやはり悪い結果である可能性が高いと言えます。グリッドサーチをすると、順に隣接パラメータを調べていくため、悪い結果しか得られないパラメータ範囲をずっと計算し続けてしまいます。

一方、ランダムサーチを行うとまったく異なるネットワーク構造の結果を早い段階で知ることができます。数十種類のネットワーク構成を試せば、有力なパラメータがどのあたりにありそうか予想できます。1回目のランダムサーチの結果を手がかりに、探索範囲を見直して再度ランダムサーチを行うと効率が良いでしょう。ここでは、40個ネットワーク構造を作り、有効なネットワーク構成を探ることにしました。

このように、ディープラーニングのネットワーク構造の最適化は人の経験や勘を交えてチューニングを重ねられているのが実態です。これら一連の作業を行うアルゴリズムの研究も行われていますが、現段階では普及しているとは言い難い状況です。

（6）結果の評価と考察

実行結果を見てみましょう（**表5.6**）。検証データで最も良い結果が得られたのは1層目256ユニット、2層目64ユニット、3層目32ユニットの構成であり、このときの検証データにおける正解率は84.85％でした。機械学習のときと同様に事故防止の観点でRecallを99％になるような閾値（10％）を用いてテストデータに適用すると、Recallは99.01％でPrecisionは71.59％となりました。

表5.6　SVMとディープラーニングの比較

データ	閾値	指標	SVM	SVM（ドメイン知識利用）	ディープラーニング
検証	変更前	Accuracy（閾値50%）	85.25%	88.15%	84.85%
	変更後	Recall	99.09%	99.09%	99.19%
		Precision	72.25%	72.14%	70.76%
評価	変更前	Accuracy（閾値50%）	85.91%	88.69%	84.40%
	変更後	Recall	99.19%	98.81%	99.01%
		Precision	72.63%	73.51%	71.59%

SVMと比較すると、ディープラーニングの結果が良くないことがわかります。新聞、雑誌、ウェブなどで目にするディープラーニングの目覚しい成果からディープラーニングはこれまでの機械学習アルゴリズムを上回る結果が得られると考えがちです。しかし、通常のアルゴリズムより多くのデータを必要とし、チューニングも難しいため、実際に試すと良い結果が得られないことが多々あることは覚えておく必要があります。特に今回扱った例のような構造化データを扱う場合、ディープラーニングで期待したほど成果が得られないことも多いのです。一方、画像、テキストなどの非構造化データでは、畳み込み層、LSTMといった特徴抽出機能によって良い結果が得られる傾向があります。このため、ディープラーニングとこれまでの機械学習の両方を扱えるようになるのが望ましいでしょう。

5.3.5 生成モデル

ディープラーニングを活用した成功例の多くは識別モデル（教師あり学習による分類）でしたが、最近は生成モデルが注目されるようになっています。ここでは、生成モデルの概要とその主な用途や課題について説明します。

（1）生成モデルとは

識別モデルはクラス間の境界線を学習するモデルですが、**生成モデル**はインプットした情報の分布を学習するモデルです。分布を学習するとは**図5.27**のように、サンプルが存在する範囲を学習することです。学習した分布内のデータは、インプットされたデータと近しいと言えます。これを利用して新たにデータを生成するのが生成モデルです。現在最も注目されている生成モデルは**敵対的生成ネットワーク**（Generative Adversarial Network：**GAN**)、です。GANは2つのニューラルネットが相互に影響し合って、学習が進むという特徴があります。

1つ目のニューラルネットは生成器（generator）と呼ばれます。生成器のインプットはノイズ（乱数）でアウトプットは生成されたデータです。最終的に必要となるのがこの生成器であり、学習を進めると収集した実際のデータに類似したデータを生成できるようになります。生成器はよく"贋作家"にたとえられます。

2つ目のニューラルネットは識別器（discriminator）と呼ばれます。識別器のインプットは実際のデータと生成されたデータで、アウトプットは実際のデータか生成されたデータかの判定結果になります。生成器が「贋作家」だとすると、識別器は「鑑定士」と言えます。

生成器のインプットはノイズなので、学習が何も進んでいない状態ではノイズしかアウト

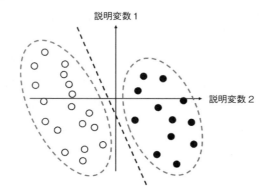

図5.27　分布の学習

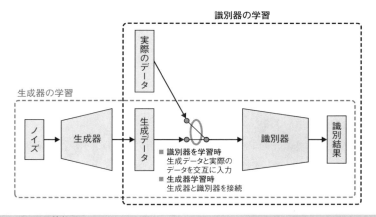

図5.28 GANの仕組み

プットしません。この生成器のアウトプットと実際のデータを識別器に与えて本物と偽物の分布を学習させます（**図5.28**）。識別器の学習はこれまでの分類器と大きく違わないのでわかりやすいと思います。分類器との違いは生成されたデータと実際のデータを交互に入力することです。生成器を学習する際は、生成器のアウトプットと識別器のインプットをつなげて1つのネットワークにします。このようにした状態でインプットにノイズを与えて教師ラベルに実際のデータのクラスを指定して学習すると、生成器はノイズから実際のデータの分布に近いデータを生成するようになります。これは贋作家である生成器が鑑定士である識別器をだますように学習していることになります。生成器を学習後に再び識別器の学習が行われるため、生成器と識別器が切磋琢磨しながら少しずつ良いモデルができあがっていきます。

（2）生成モデルの抱える課題

　GANは学習をさせるのがとにかく難しいのが課題です。GANは生成器と識別器が競い合っているため、学習が不安定になりがちです。どちらか一方の学習が進みすぎると、もう片方の学習が進まなくなります。一般的には識別器のほうが生成器よりも学習が進むのが早いため、失敗するときは生成器の学習が止まってしまいます。これは生成器が最初はノイズしか出力しないため、識別器が簡単に生成された画像（ノイズ）と実際の画像を識別できるようになってしまうことが原因です。

　別の問題として、GANの学習が進んでいるように見えた場合でも"Mode Collapse"と呼ばれる、同じ画像ばかり生成される現象に直面することがあります。生成器は識別器をだますことを目的としているため、ノイズから生成されるデータのバラエティが乏しくてもよい

ためこのような現象が起きます。しかし、GANの用途を考えるとノイズから多様な結果を出力するのが望ましいため、問題となっています。

（3）生成モデルの主な用途

生成モデルはインプットしたデータに近いデータを無数に生成することができます。よく目にする用途は画像や医薬品の生成です。

画像の生成は単純に元のデータを水増しするものもありますが、画像から別の画像を作ったり、文字から画像を作ったりする研究が進められています。これは特にファッション領域を見据えた研究となっていることが多いです。人の画像をインプットして違うポーズの画像を生成したり、違う服を着た画像を生成したりできるようになっています。このような技術進歩が進むと、試着なしに自分にその服が似合うか判断できるようになります。

医薬品については、薬の化学構造式をインプットとして別の類似化学構造式を生成する事例がすでにあります。もちろん。これら化学構造式の多くは効果がないものですし、実際に効果があるかは治験を行わなければわかりません。治験は時間もお金もかかるため、生成モデルを用いることで有力な候補を絞り込むだけでも有益と言えます。

一方で、このような技術が発展すると、実在の人物の特徴を使って偽の動画などを容易に生成することができることから、フェイクニュースなどに使われるのではないかといった危惧も指摘されています。いずれにしても、一般の機械学習の用途（分類や回帰）を超えて、さまざまな可能性を秘めたアプローチであると言うことができます。

■参考文献

[1]　Rサポーターズ『パーフェクトR』、技術評論社、2017年

[2]　朝野熙彦・鈴木督久・小島隆矢『入門 共分散構造分析の実際』、講談社、2005年

[3]　伊藤公一朗『データ分析の力——因果関係に迫る思考法』、光文社、2017年

[4]　岩波データサイエンス刊行委員会編『岩波データサイエンス Vol.1』、岩波書店、2015年

[5]　岩波データサイエンス刊行委員会編『岩波データサイエンス Vol.3』、岩波書店、2016年

[6]　岩波データサイエンス刊行委員会編『岩波データサイエンス Vol.5』、岩波書店、2017年

[7]　小高知宏『人工知能入門』、共立出版、2015年

[8]　キャシー・オニール『あなたを支配し、社会を破壊する、AI・ビッグデータの罠』、久保尚子訳、インターシフト、2018年 (*Weapons of Math Destruction: How Big Data Increases Inequality and Threatens Democracy, Broadway Books,* 2017)

[9]　金明哲（編）、粕谷英一『一般化線形モデル』〈Rで学ぶデータサイエンス 10〉、共立出版、2012年

[10]　金明哲（編）、里村卓也『マーケティング・モデル』〈Rで学ぶデータサイエンス 13〉、共立出版、2015年

[11]　金明哲『Rによるデータサイエンス 第2版——データ解析の基礎から最新手法まで』、森北出版、2017年

[12]　久保拓弥『データ解析のための統計モデリング入門——一般化線形モデル・階層ベイズモデル・MCMC』〈確率と情報の科学〉、岩波書店、2012年

[13]　久保川達也・国友直人『統計学』、東京大学出版会、2016年

[14]　斎藤康毅『ゼロから作る Deep Learning——Python で学ぶディープラーニングの理論と実装』、オライリー・ジャパン、2016年

[15]　Richard S.Sutton, Andrew G.Barto『強化学習』、三上貞芳・皆川雅章訳、森北出版、2000年 (*Reinforcement Learning: An Introduction,* A Bradford Book, 1998)

[16]　清水昌平『統計的因果探索』、講談社、2017年

[17]　巣籠悠輔『詳解 ディープラーニング——TensorFlow・Keras による時系列データ処理』、マイナビ出版、2017年

[18]　瀧雅人『機械学習スタートアップシリーズ これならわかる深層学習入門』、講談社、2017年

[19]　豊田秀樹『因子分析入門——Rで学ぶ最新データ解析』、東京図書、2012年

[20]　豊田秀樹『共分散構造分析 R編——構造方程式モデリング』、東京図書、2014年

[21]　林知己夫『日本らしさの構造 こころと文化をはかる』、東洋経済新報社、1996年

[22]　馬場真哉『時系列分析と状態空間モデルの基礎——RとStanで学ぶ理論と実装』、プレアデス出版、2018年

[23]　藤澤洋徳『ロバスト統計——外れ値への対処の仕方』〈ISM シリーズ：進化する統計数理〉、近代科学社、2017年

[24]　Foster Provost, Tom Fawcett『戦略的データサイエンス入門——ビジネスに活かすコンセプトとテクニック』、竹田正和監訳、古畠敦 [ほか] 訳、オライリー・ジャパン、2014年 (*Data Science for Business: What You Need to Know about Data Mining and Data-Analytic Thinking,* O'Reilly Media, 2013)

[25]　星野崇宏・岡田謙介編『欠測データの統計科学 ——医学と社会科学への応用』〈調査観察データ解析の実際 1〉、岩波書店、2016年

[26]　松浦健太郎『StanとRでベイズ統計モデリング』〈Wonderful R 第2巻〉、共立出版、2016年

[27]　Wes McKinney『Python によるデータ分析入門 第2版——NumPy、pandas を使ったデータ処理』、瀬戸山雅人・小林儀匡・滝口開資訳 、オライリー・ジャパン、2018年 (*Python for Data Analysis: Data Wrangling with Pandas, NumPy, and IPython, 2nd Edition,* O'Reilly Media, 2017)

[28]　アルベルト A. マルチネス『ニュートンのりんご、アインシュタインの神——科学神話の虚実』、野村尚子訳、青土社、2015年 (*Science Secrets: The Truth about Darwin's Finches, Einstein's Wife, and Other Myths,* University of Pittsburgh Press, 2011)

[29]　宮川雅巳『統計的因果推論——回帰分析の新しい枠組み』、朝倉書店、2004年

[30]　Andreas C. Müller, Sarah Guido『Python ではじめる機械学習——scikit-learn で学ぶ特徴量エンジニアリングと機械学習の基礎』、中田秀基訳、オライリー・ジャパン、2017年 (*Introduction to Machine Learning with Python,* O'Reilly Media, 2016)

[31]　吉田寿夫『本当にわかりやすいすごく大切なことが書いてあるごく初歩の統計の本』、北大路書房、1998年

[32]　吉田寿夫『本当にわかりやすいすごく大切なことが書いてあるごく初歩の統計の本 補足I』、北大路書房、1998年

[33]　吉田寿夫『本当にわかりやすいすごく大切なことが書いてあるごく初歩の統計の本 補足II』、北大路書房、1998年

索引

■ 記号

[ ]	72
{ }	48
\	71
<-	73
=	70, 73
%	71

■ 数字

2乗和	48
2値データ	306
2値分類	136

■ A/B/C

abs()	200
accuracy_score()	378, 382
Adjusted R-squared	145
aes()	107
AGPL	38
AI	4, 14
AIC	161, 197
AIC()	163
alpha	106
Anaconda	63
append()	47, 64, 73, 89
arange()	89
array()	89
as.character()	313
BA	15
BaylorEdPsych	316
BI	14
BIC	163, 198
binom.test()	179
biplot()関数	295
boxplot()	106
breaks	106
C (誤分類コスト)	375, 376
c()	44
carライブラリ	206, 207, 261
CART	322
cbind()	321
Chainer	398
chisq.test()	182
Cofficients:	144
confusion_matrix()	378
cor()	128, 255
cor.test()	130
cp値	326
CRISP-DM	16, 17
cutree()関数	268
CVR	367

■ D/E

DataRobot	21
def	81, 82
Define-and-Run	398
Define-by-Run	398
describe()	96
display()	91
dist()関数	268
DMwRライブラリ	261
effsizeライブラリ	184
Estimate	144
Excel	20, 226

■ F/G

fa()	288
FA	276
factor型	58, 232
fa.diagram()	291
False	74
family	303, 314
fa.parallel()	282
feature_importances_	373, 386
fit()	380, 407
for()	60
for文	82
function()	48

gamma	375, 376
GAN	410
geom_density()	106
geom_histogram()	106, 107
geom_point()	96
get_dummies()	380
GGallyライブラリ	126
ggpairs()	126, 127
ggplot()	96, 106, 142, 193
ggplot2	106
GLM	302
glm()	303, 314
glmnetライブラリ	198
GMM	352
GNU Octave	22
GVIF	212

■ H/I

hclust()	268
head()	46, 55, 64, 106
hist()	106
if()	59
if文	82
ilocメソッド	92
import	86, 96
insert()	73, 89
IPythonライブラリ	91
iris	362
is_fat()	85
is.na()	254
Isomap	352

■ J/K/L

JCSI	335
Julia	22
Jupyter Notebook	38, 63, 65
k平均法	273
Keras	397, 405
k-means	273
kmeans()	273, 293
latticeライブラリ	126
Leaky ReLU	394
length()	200
library()	96
LiNGAM	336
list()	53, 72
lm()	142, 144, 156, 158, 190, 193, 202
lm.beta()	217, 218, 318
lm.betaライブラリ	217
LOF	258
lofactor()	261
logit	310
logit()	261
LSTMユニット	396

■ M

MAE	199, 200
MAPE	199, 200
MAR	256
MATLAB	22
Matplotlib	64, 96, 97
max_depth	373
max_features	373
max_leaf_nodes	373
MCAR	256
mean()	116, 254
median()	116
metrics	406
Microsoft Cognitive Toolkit	398
min-max正規化	238
mlogit()	321
mlogitライブラリ	321
MNAR	257
MNIST	362
Mode Collapse	411
MSE	199, 200
Multiple R-squared	145
MXNet	398

■ N/O

NA	252
na.omit()	254, 261
na.rm	254
ndarray	86, 89
n_estimators	373
np.append()	64
NULL	58
numpy	378
NumPy	64, 86
numpy配列	86, 89
OneHotEncoder()	380
OrdinalEncoder()	380

■ P

p値	174
pairs()	126
pandas	64, 91, 96, 378
par()	202
pd.read_csv()	96
permutation()	378
pickleライブラリ	378
plot()	291
plotcp()関数	327
plt.scatter()	96
plt.show	96
prcomp()関数	294
predict()関数	300, 320, 328, 329, 371, 380
predict_proba()	384
print()	43, 70, 71, 288
printcp()関数	327
prp()関数	328
Pr(>|t|)	145, 146
PseudoR2()	316
psych	282, 288
psychライブラリ	288
p-value	145, 146
Python	21, 34, 35, 62
PyTorch	398

■ Q/R

qgraph	128
qgraphライブラリ	128
R	21, 34, 37
random_state	373
range()	72, 89
rangeオブジェクト	83
R Commander	38
RCT	333
read.table()	96
relevel()	232
ReLU	394
reshape()	89
Residuals	146
RFM分析	265
RMSE	200
round()	85
rpart	322
rpart()	322, 326
rpart.plot()	322, 326
RStudio	38

■ S

sapply()	61
SAS	21
scale()	268
scalecolor_manual()	107
scale_fill_manual()	107
scale()関数	216
scatterplot3js()	273
scikit-learn	36, 370, 371
sd()	116
SEM	335
shapeメソッド	89
sigmoid	245
splom()	126
SPSS	21

414

stat_function()	193
StatsModels	35
Std. Error	144
step()	305, 316
str()	55, 106
sum()	200
summary()	96, 114, 116, 140, 144, 217, 294
SVM	374
SVR	375

■ T

t値	144
table()	96, 116, 182
tableplot()	313
tabplot	313
tail()	55
tapply()	117
TD学習	368
TensorFlow	397, 405
text()	291
tf-idf	367
threejsライブラリ	273
train_test_split()	378
True	74
TukeyHSD()	153
t value	144
type()	74

■ V/W/Z

value()	85
value_counts()	96
var()	116, 117
View()	55
vif()	207, 212
VIF	205
which()	60
z-score標準化	238

■ あ行

赤池情報量基準	163, 197
アソシエーションルール	223
アノテーション	363
アンサンブル学習	371
一般化線形混合モデル	305
一般化線形モデル	205, 302
因果関係	119
因果効果	332
因子型	58
因子得点	279
因子負荷量	277
因子分析	276, 280, 290
インスタンス	83
インデックス	46, 47, 75, 90
インデント	81
エステティック	107
エポック数	407
エラスティックネット	198
演繹法	27
応答変数	135
オートエンコーダー	393
オーバーフィッティング	197, 327
オーバーラーニング	197
オープンソースソフトウェア	21
オッズ	311
オブジェクト	43
〜への格納	43
オブジェクト指向	63
オブジェクトの型	45, 57, 74

■ か行

カーネル関数	375
カーネルトリック	375
カイ2乗検定	182
回帰	351
回帰係数	142, 144
回帰不連続デザイン	333
回帰分析	139
回帰モデル	165

回帰問題	136
階級	104
階層型クラスタリング	266, 268
ガウシアンカーネル	375
過学習	197
価格弾力性	250
学習	349, 356, 368
学習率	407
確信度	223
拡張ライブラリ	63
確定的回帰補定	256
確率的回帰補定	256
確率密度	104
過剰適合	197
型	63
片側検定	178
片対数モデル	249, 250
活性化関数	391
カテゴリカルデータ	147
カテゴリカル変数	147
カテゴリ変数	58, 147, 230
間隔尺度	235
関数	39
〜の作成	48, 81
関数型プログラミング	39
観測値	8
ガンマ分布	133
関連性	117
機械学習	5, 11, 13, 36, 348
幾何平均	111
疑似相関	120, 340
記述的な分析	14
記述統計	8
帰納法	27
帰無仮説	176
強化	368
境界線の複雑さ	375, 376
強化学習	352, 368
教師あり学習	264, 350, 351
教師なし学習	264, 350, 351, 352
教師ラベル	31, 359, 378
共通因子	277
共分散	120
共分散構造分析	335
行列	47, 86
クックの距離	205
クラス	45, 63, 74, 83
クラスタリング	223, 264
クリーニング	221, 226
繰り返し処理	39, 60, 82
グリッドサーチ	358
グループ化	264
クロスバリデーション	354, 355
傾向スコア	334
計算グラフ	405
結果	119
欠損値	53, 229, 252, 254
決定係数	145, 146, 186, 188, 189, 190
決定木	224, 322, 330
原因	119
検証	358
検証データ	354
効果量	184
交互作用	160
交差検証	354, 355
合成変数	344
構造方程式モデリング	335
行動価値	368
恒等関数	303
行動特性	223
行動変数	223
勾配降下法	170
交絡変数	339
交絡要因	120
合流点	343
コーエンのd	184
誤差	168
コサイン類似度	223
誤差関数	170

誤差逆伝播法	392
コスト関数	170
混合ガウスモデル	352
コンストラクタ	84
混同行列	357
コンバージョンレート	367
コンパイル	406

■ さ行

サイコグラフィクス	223
最小二乗法	169
最適化アルゴリズム	406
最頻値	112
最尤法	171, 192
サポートベクター回帰	375
サポートベクターマシン	374
サポートベクトル	374
残差	168
〜の分布	173, 201
残差分析	182
算術演算	43
散布図	117
サンプリング	174
サンプル	174
サンプルサイズ	112, 174
シード値	378
ジオグラフィクス	223
閾値	311, 384
識別	264
識別器	410
シグモイド関数	406
シグモイド曲線	311
次元圧縮	276
次元削減	224, 276, 281
自己符号化器	393
字下げ	81
支持度	223
指数表記	145
指数分布	133
事前学習	393
実験計画法	333
実測値	8, 168
重回帰モデル	150
従属変数	135
集団学習	371
自由度	190
自由度調整済み決定係数	145, 146, 190
主成分	279
主成分分析	279, 280
順序尺度	235
条件分岐	59, 82
状態価値	368
商用パッケージ	21
シングルアンサー	147
人工知能	4
深層学習	392
診断プロット	202
信頼区間	130
水準	58, 147, 230, 232
推測統計	8
数値変数	233
スキル	23
スクリープロット	282
スケーリング	234
スケールを揃える	266
ステートメント	81
ステップワイズ法	305
ストラクチャ	45
正規化	238
正規化線形ユニット	394
正規分布	131
制御構造	59
生成器	410
生成モデル	410, 411, 412
正則化	198
セグメンテーション	223
切片	142, 144
説明変数	134, 136, 337, 359
説明・予測の向き	137, 165

415

セルフサービスBI	14
線形回帰モデル	139
層化抽出	175
相加平均	111
相関行列	128
相関係数	118
〜の数学的な意味	120
操作変数	334
相乗平均	111
添字	46, 47, 75, 90
ソシオグラフィクス	223
損失関数	170, 406

┃た行

対数関数	240
対数正規分布	132
対数変換	239, 240
多クラス交差エントロピー	406
多項ロジットモデル	321
多重代入法	256
多重共線性	173, 205, 210
多重比較	152, 153
多層ニューラルネットワーク	391
畳み込み層	395
多段抽出	175
多値分類	136
タプル	75
多変量解析	12
ダミー変数	147, 148, 232, 367, 380
単一代入法	256
単回帰モデル	151
単純無作為抽出	175
チームワーク	26
知的財産権	28
中央値	111, 115
中間変数	344, 345
抽象化	10
中心化	210, 211, 236
チューニング	357
長短期記憶ユニット	396
調和平均	111
ディープラーニング	14, 392
ディクショナリ	76
データ構造	85
データサイエンス	2, 3
〜の限界	27
データサイエンティスト	24
スキルチェックリスト	24, 25
データのクレンジング	221, 226
データフレーム	49, 54, 55, 86, 91, 96
データ分割	353
データマイニング	4, 11, 12
テーブルプロット	313
敵対的生成ネットワーク	410
梃子比	204
テストデータ	354
手続き型プログラミング	39
デモグラフィクス	223
統計	6
統計解析	11, 12
統計的因果推論	332
統計的因果探索	332
統計的機械学習	348
統計的差異	29
統計モデル	8, 9
独自因子	278
特徴抽出	365
特徴ベクトル	365, 366
特徴量	136, 359
独立変数	136
度数	104
ドメイン知識	386
ドリルダウン	15

┃な行

ナレッジディスカバリー	5, 11, 12
二項検定	179
二項分布	132
日本版顧客満足度指数	335

二分木	322
ニューラルネットワーク	390
ネットワーク構造	405
能動学習	363, 365

┃は行

パーセプトロン	390
パーソナルデータ	28
バイオリンプロット	111
ハイパーパラメータ	350
配列	39, 86
箱ヒゲ図	110
パス図	335
外れ値	229, 257, 258
バックスラッシュ (\)	71
バックドア基準	334, 345
バックプロパゲーション	392
パッケージ	19
バッチサイズ	407
バッチ正規化	395
母集団	174
母比率の推定	175
母平均の推定	175
ばらつき	112
パラメータ	140
汎化性能	353
汎化能力	353
半教師あり学習	363, 364
判定	264
非階層型クラスタリング	266, 273
引数	39
ビジネスアナリティクス	15
ビジネスインテリジェンス	14
ヒストグラム	104
ビッグデータ	5
ピボットテーブル	20
評価	356
表記ブレ	227
表記ゆれ	227
標準化	214, 238, 266, 380
標準誤差	144
標準シグモイド関数	311
標準偏回帰係数	173, 214
標準偏差（SD）	112
標本	174
〜の大きさ	112
標本抽出	174
比例尺度	235
頻度	104
フィッティング	10, 186, 349, 356
復元抽出	176
普遍性定理	391
不偏分散	114
プログラミング言語	19
プロファイリング	28
文	81
分散	112
分散拡大係数	205
分散分析	152
分布	104, 303
〜の偏り	114
〜の変換	258
分類	264, 351
分類問題	136
ペアワイズ	255
平均絶対差	199, 200, 357
平均絶対誤差率	199, 200, 357
平均値	111, 115
〜の差の検定	152, 183
平均値補完	256
平均二乗誤差	199, 200, 357
平行分析	282
ベイジアンモデリング	305
ベイズ情報量基準	163, 198
ベースライン	148, 232
ベータ	214
ベクトル	39, 44, 46, 47
ベクトル処理	39, 61
ペナルティ項	197

ベルヌーイ分布	133
偏回帰係数	143, 336
偏差値	113
変数	43, 117, 135
変数減少法	305
変数増加法	305
変数増減法	305
変数の集約	267
ポアソン分布	133
ホールドアウト法	354
ボックスプロット	110

┃ま行

マーケットバスケット分析	223
マージン	374
マクファデンの擬似決定係数	316
マトリクス	47
マルチアンサー	147
密度	104
密度プロット	104
ミニバッチ学習	395
無作為抽出	175
名義尺度	235
メソッド	63, 83, 85
目的変数	134, 135, 359
モザイクプロット	182
文字列	44, 72
モデル	8, 9, 250
〜を評価する	172

┃や行

有意確率	130, 145, 146, 172, 174, 178
有意差検定	174, 179
有意抽出	175
ユークリッド距離	265
尤度	191
ユニット数	391
要約統計量	111, 114
予測	349, 356
予測誤差	168
予測精度を視覚化する	201
予測値	320
予測変数	136

┃ら行

ライブラリ	19, 35, 38
ラッソー	198
ラベル	58
ランダム化比較試験	333
ランダムサーチ	358, 408
ランダムサンプリング	175
ランダムフォレスト	371
ランニングコスト	32
リスト	49, 72, 75
リストワイズ	254
リッカート尺度	236
リッジ回帰	198
リフト	223
両側検定	177
両対数モデル	250
リンク関数	303
累乗	70
ループ処理	39, 60, 82
レコメンデーション	223
連関ルール	223
ロジスティック回帰	306
ロジスティック関数	311
ロジット関数	243, 311
ロジット変換	239
ロバスト推定	263
論理演算	45, 74

┃わ行

ワンホット表現	367

■著者紹介

有賀 友紀（ありが ゆき）
担当：第1章〜第4章、第5章 5.1.1、第5章コラム

株式会社野村総合研究所にて、企業のIT活用動向に関わる調査・研究に携わる。大学での専攻（心理学）で定量分析を扱った経験から、データの適切な活用と課題解決が定着するよう施策検討を行っている。データサイエンスに関する社内研修の企画・コンテンツ作成と講師も手掛ける。修士（人間科学）。

大橋 俊介（おおはし しゅんすけ）
担当：第5章 5.1.2〜5.3.5、第1章コラム

修士（工学）を取得後に株式会社野村総合研究所入社。入社後はサプライチェーン領域でデータを活用したコンサルティングをきっかけにデータサイエンス業務に従事する。現在は、幅広い業種・業務領域において機械学習や混合整数計画などの最適化を用いた業務の効率化・高度化を実施。

- ● 装丁： 斉藤よしのぶ
- ● 本文デザイン＆DTP： 有限会社風工舎
- ● 編集： 川月現大（風工舎）
- ● 担当： 取口敏憲

■ お問い合わせについて

　本書に関するご質問は、本書に記載されている内容に関するもののみとさせていただきます。本書の内容と関係のないご質問につきましては、いっさいお答えできませんので、あらかじめご了承ください。また、電話でのご質問は受け付けておりませんので、本書サポートページ経由かFAX・書面にてお送りください。

＜問い合わせ先＞
- ● 本書サポートページ
  https://gihyo.jp/book/2019/978-4-297-10508-2
  本書記載の情報の修正・訂正・補足については、当該Webページで行います。

- ● FAX・書面でのお送り先
  〒 162-0846
  東京都新宿区市谷左内町 21-13
  株式会社技術評論社　雑誌編集部
  「RとPythonで学ぶ[実践的]データサイエンス＆機械学習」係
  FAX　03-3513-6173

　なお、ご質問の際には、書名と該当ページ、返信先を明記してくださいますよう、お願いいたします。

　お送りいただいたご質問には、できる限り迅速にお答えできるよう努力いたしておりますが、場合によってはお答えするまでに時間がかかることがあります。また、回答の期日をご指定なさっても、ご希望にお応えできるとは限りません。あらかじめご了承くださいますよう、お願いいたします。

RとPythonで学ぶ
[実践的] データサイエンス＆機械学習

| 2019年　4月　9日 | 初版　第1刷発行 |
| 2019年 12月 21日 | 初版　第3刷発行 |

著　者	有賀 友紀、大橋 俊介
発行者	片岡 巌
発行所	株式会社技術評論社
	東京都新宿区市谷左内町 21-13
	TEL：03-3513-6150（販売促進部）
	TEL：03-3513-6177（雑誌編集部）
印刷／製本	昭和情報プロセス株式会社

定価はカバーに表示してあります。
本書の一部あるいは全部を著作権法の定める範囲を超え、無断で複写、複製、転載あるいはファイルを落とすことを禁じます。

©2019　株式会社野村総合研究所

造本には細心の注意を払っておりますが、万一、乱丁（ページの乱れ）や落丁（ページの抜け）がございましたら、小社販売促進部までお送りください。送料小社負担にてお取り替えいたします。

ISBN978-4-297-10508-2　　C3055
Printed in Japan